普通高等教育"十二五"规划教材

冶金工艺工程设计

（第 2 版）

袁熙志　吴秋廷　周若愚　主编

北　京

冶 金 工 业 出 版 社

2014

内 容 提 要

　　全书重点阐述冶炼工艺专业在工程设计中所遵循的程序和方法、设计具体步骤等，这些内容与冶金工程技术公司或设计院冶炼工艺专业要完成的设计内容相适应，且综合了冶金工程设计中具有共性的工艺设计内容，具有突出工程性、实用性的特点。

　　本书除作为高等学校冶金工程专业的本科生、研究生教材外，亦可供从事冶金生产、工程设计、管理、科研等工作的技术人员参考。

图书在版编目（CIP）数据

冶金工艺工程设计／袁熙志等主编．—2 版．—北京：冶金
工业出版社，2014.11
　　普通高等教育"十二五"规划教材
　　ISBN 978-7-5024-6789-0

　　Ⅰ．①冶…　Ⅱ．①袁…　Ⅲ．①冶金工业—工业设计—
高等学校—教材　Ⅳ．①TF

中国版本图书馆 CIP 数据核字（2014）第 244451 号

出 版 人　谭学余
地　　　址　北京市东城区嵩祝院北巷 39 号　　邮编　100009　电话　(010)64027926
网　　　址　www.cnmip.com.cn　电子信箱　yjcbs@cnmip.com.cn
责任编辑　王雪涛　宋　良　美术编辑　吕欣童　版式设计　孙跃红
责任校对　李　娜　石　静　责任印制　李玉山
ISBN 978-7-5024-6789-0
冶金工业出版社出版发行；各地新华书店经销；三河市双峰印刷装订有限公司印刷
2003 年 2 月第 1 版，2014 年 11 月第 2 版，2014 年 11 月第 1 次印刷
787mm×1092mm　1/16；23.75 印张；577 千字；365 页
50.00 元
冶金工业出版社　投稿电话　(010)64027932　投稿信箱　tougao@cnmip.com.cn
冶金工业出版社营销中心　电话　(010)64044283　传真　(010)64027893
冶金书店　地址　北京市东四西大街 46 号(100010)　电话　(010)65289081(兼传真)
冶金工业出版社天猫旗舰店　yjgy.tmall.com
（本书如有印装质量问题，本社营销中心负责退换）

第 2 版前言

《冶金工艺工程设计》自 2003 年 2 月初版以来，经过冶金院校 10 多年的使用，基本上满足了冶金工程专业本科生、硕士研究生以及工程硕士研究生的教学需要。

随着我国高等教育的发展，倡导卓越工程师教育，以满足"重基础、宽口径、复合型、高素质"的人才培养模式的需要，教材内容必须符合加强基础、突出重点、拓宽专业的基本原则，同时教学教材应突出实践性、工程性，达到高级工程技术人才培养的教学目标。针对这些新的教学要求，有必要编写更适用的教材，故对原书进行了修订。

此次修订，保留了原书大部分适合的内容，调整了部分章节顺序，主要更新了图、表，并进行了文字的修改，增补了例题和学习思考题，增加了技术经济分析与评价、总图运输、计算机辅助设计三章内容，把原书第 3 章拆分为第 3 章和第 4 章，篇幅有较大增加。修改后的教材更加系统和完整，便于读者自学。

各校可按照教学时数决定教学内容的取舍。设计课程实践性很强，根据 10 多年来对本课程的课堂教学体会，总学时数可安排 32 学时（2 学分），一般宜安排 12~15 学时的上机操作，针对某一工程的车间配置图，让学生用 Auto-CAD 亲手绘制出 1~2 张 A1 图幅的合格工程图，课堂讲授 15~18 学时。某些内容，如物料衡算与能量衡算、工程项目的财务评价、总图布置、三维绘图软件学习等，各校根据具体教学安排情况进行选择，或安排学生自学，或在课程设计与毕业设计中参考。

本版教材由四川大学化工学院冶金工程系袁熙志教授、攀枝花攀钢集团设计研究院有限公司副院长吴秋廷教授级高级工程师、四川大学周若愚主编。

本次修订过程中，国家工程设计大师、中国工程院张文海院士给予了特别的关心与支持，且提出了宝贵的意见；四川大学化工学院冶金工程系博士生导师张昭教授审读了全稿并提出修改意见；同时还采纳了一些读者和教师的意见和建议；研究生冯珣、罗茂林、王淑杰、刘文韬、谭兴新、陈辉承担了书中部分图表的编排和文字数据的整理工作。在此一并表示衷心的感谢。

　　书中不足之处，恳请读者批评指正。

编　者

2014 年 7 月

cdhyxz@ vip. sina. com

第1版前言

为适应教育部高校专业目录的调整，冶金工程专业涵盖了钢铁冶金、有色冶金的全部专业内容，课程改革已势在必行。一些高校根据冶金工程专业教学计划，开设"冶金工艺工程设计"专业核心课，总学时数为 34 学时，以使学生在较少的学时内，系统学习冶金工厂设计和冶炼工艺与设备设计计算的基本知识，培养学生分析和解决冶金工程实际问题的初步能力。

设计课是一种综合性质的课程，它基于工程科学，但重点是应用。因此，本书的目的是帮助学生认识和进入真实世界，树立判断问题的能力和信心。本书为高校冶金工程专业本科高年级学生的教学用书，也可供从事冶金工程工艺设计、生产、科研的人员参考。

冶金类高校毕业生，到工作岗位后都或多或少会遇到与设计基本知识有关的各种问题。对于到设计院所工作的学生，需要学习设计基本概念这一点是不言而喻的，即使是分配到以应用、开发、研究为主的单位或工厂、政府主管部门的毕业生，熟悉设计的原理、概念、方法，也同样重要。

要使科技成果产业化，一般情况下要求科研阶段的成果应以基础设计或初步设计的方式提供。因为开发的目的是科研成果转化为生产力，开发成果应包括能满足设计所需的一切技术要点。能否做到这一点，除了研究人员自身的理论素养和是否掌握了正确的开发方法外，了解设计的原理和方法是个重要因素。

为了防止教材内容如同设计手册和叙述新颖但目前尚不成熟的设计方法的两种偏向，本书重点是论述冶金工厂设计的内容、程序、方法等，特别是冶炼工艺专业工程设计的基础知识、基本概念、设计思想、设计方法、设计步骤等。书中未列出具体的工艺与设备设计计算实例，在这方面更为详细的内容可在冶金工程工艺课程设计和毕业设计中予以补充，读者在需要时可查阅相关设计手册和设计参考资料。

　　全书共分 6 章，是在参照了正式出版的有关文献资料和手册的基础上编写的，力求内容全面系统，不同点在于：1）包括了钢铁冶金和有色冶金具有共性的冶炼工艺设计内容；2）部分章节内容纳入了编者多年来应用成熟的设计研究成果；3）主要内容与目前各设计研究院冶炼工艺专业要完成的设计内容相适应，针对性、实用性强。为适应课程教学的需要，各章后均配有适量的学习思考题。

　　在全书的编写过程中，分别得到了四川大学冶金工程学科组和化工原理学科组张昭教授和刘钟海教授的大力支持和帮助，审阅了全书的内容，提出了很多宝贵的修改意见，化工学院、化工系的领导对本书的编写给予了大力支持和关注，在此一并表示衷心的感谢！

　　由于冶金工程涉及的知识面非常广泛，而编者的水平有限，书中疏漏之处，恳请同行专家及读者指正。

袁熙志

2002 年 12 月于四川大学

cdhyxz@sina.com

目　录

绪　言

在目前已经发现的118种元素中，有且仅有23种为非金属，对于其中的95种金属元素（尚有一部分未在工业上应用），各国有不同的分类方法。有的分为铁金属和非铁金属两大类：铁金属系指铁和铁基合金，其中包括生铁、铁合金和钢；非铁金属则指铁及铁合金以外的金属元素。有的分为黑色金属和有色金属两大类。我国和前苏联等少数几个国家采用后一种分类方法，即将铁、铬、锰列入黑色金属，因为铬和锰的生产与铁及铁合金关系密切；将铁、铬、锰以外的金属列入有色金属。

黑色金属工业即钢铁工业，是个庞大的工业生产系统，主要生产部门包括采矿、选矿、烧结球团、炼铁、炼钢、压力加工、热处理等；也包括大量的辅助生产部门，如焦化、耐火材料、炭素、机修、电力、检化验、动力、运输等，与钢铁工业相关的单位还包括专门以钢铁工业为工作和研究对象的大专院校、科学研究、经济信息、营销机构、地质勘探、工程设计和建设施工等部门。在金属的生产中，钢铁的产量特别大，有色金属中的铝、铜、锌、铅等次之。与钢铁工业相比，有色金属工业生产系统更为复杂，主要包括采矿、选矿、焙烧、熔炼、精炼、浸出、溶液净化、离子交换、萃取、电解、电积、热处理、压力加工等；同时也有大量的辅助部门。大量生产的金属价格较低，如钢是较便宜的金属；反之，如铂族金属，产量很少，价格却昂贵。

有色金属和黑色金属相辅相成，共同构成现代金属体系。

0.1　冶金和冶金方法

冶金是一门研究如何经济地从矿石或精矿或其他原料中提取金属或金属化合物，并用各种加工方法制成具有一定性能的金属材料的科学。

广义的冶金包括矿石的开采、选矿、冶炼和金属加工。由于科学技术的进步和工业的发展，采矿、选矿和金属加工已各自形成独立的学科。狭义的冶金是指矿石或精矿的冶炼，即提取冶金。

从矿石或精矿提取金属（包括金属化合物）的生产过程称为提取冶金。由于这些生产过程伴有化学反应，又称为化学冶金；它研究火法冶炼、湿法提取或电化学沉积等各种过程的原理、流程、工艺及设备，故又称过程冶金学。习惯上把过程冶金学简称为冶金学。

冶金的方法很多，可归结为以下4种方法：

（1）火法冶金。它是指在高温下矿石或精矿经熔炼与精炼反应及熔化作业，使其中的金属与脉石和杂质分开，获得较纯金属的过程。整个过程一般包括原料准备、熔炼和精炼三个工序。过程所需能源，主要靠燃料燃烧供给，也有依靠过程中的化学反应热来提供的。

（2）湿法冶金。它是在常温（或低于100℃）常压或高温（100～300℃）高压下，用溶剂处理矿石或精矿，使所要提取的金属溶解于溶液中，而其他杂质不溶解，然后再从溶液中将金属提取和分离出来的过程。由于绝大部分溶剂为水溶液，故也称水法冶金。该方法主要包括浸出、分离、富集和提取等工序。

（3）电冶金。它是利用电能提取和精炼金属的方法。按电能利用形式可分为两类：

1）电热冶金：利用电能转变成热能，在高温下提炼金属，本质上与火法冶金相同。

2）电化学冶金：用电化学反应使金属从含金属的盐类的水溶液或熔体中析出。前者称为水溶液电解，如铜的电解精炼和锌的电解沉积可归入湿法冶金；后者称为熔盐电解，如电解铝可列入火法冶金。

（4）生物冶金。这是一门新兴的冶金方法，目前主要包括微生物冶金和植物冶金。微生物冶金是指利用细菌为主体的微生物技术对矿产资源进行提取冶金，在相关微生物存在时，由于微生物的催化氧化作用，将矿物中有价金属以离子形式溶解到浸出液中加以回收，或将矿物中有害元素溶解并除去的方法。微生物冶金包括生物浸出、生物吸附、生物选矿和富集、废弃物生物重整等。植物冶金主要是利用部分植物（学术界称为超富集植物）的独特生理代谢过程，对特定金属元素进行相对富集的冶金方法。目前生物冶金方法大多停留在科研阶段，尚不具备工业可行性，但从资源节约、环境友好等角度看，生物冶金方法仍具备长期价值。

采用哪种方法提取金属，按怎样的顺序进行，在很大程度上取决于金属及其化合物的性质、所用的原料以及要求的产品。冶金方法基本上是火法和湿法。钢铁冶金主要用火法，而有色金属冶金则火法和湿法兼有。

冶金方法的采用，正面临着能源、环境、矿物资源和生产综合利用率等紧迫问题。在一定程度上它支配着冶炼厂的生产、设计、建厂和冶金技术的发展。节约能源依靠新技术和新方法，尤其是要改革电炉熔炼和有色金属电解生产过程的现有工艺，降低能耗。湿法冶金和无污染火法冶金能较好地满足日趋严格的环保要求，具有很大的发展前景。为了维持工业增长的需要，必须采取措施处理贫矿，提高选矿技术，同时研究更有效的冶炼方法。矿物原料，尤其是多金属矿物原料的综合利用，是提取冶金降低生产成本提高经济效益的关键问题。近年来一些金属提取冶金企业正在努力实现多产品经营，并把金属生产和材料加工结合起来，提高冶金产品销售的附加值，借以降低主金属的冶炼成本。

从废金属和含金属的废料中回收金属对于扩大金属资源、降低金属生产能耗，减少环境污染有极其重要的意义和经济效益。常把金属废料称为二次原料以区别于矿物原料；把产出的金属产品称为再生金属以区别于矿产金属。近年来再生金属的产量在有色金属的消费量中已占有很高的比例，例如铜、铝、铅、锌等再生金属产量已占其金属总消费量的30%～50%。同样，钢铁是与环境相对友好的材料，炼铁炉渣、炉尘也可收集二次利用制造水泥和其他建筑材料，有些公司的炉渣、炉尘的利用率可达90%；废钢可回收用于炼钢，但由于成本等原因，2005～2009年世界钢产量中仅30%左右是由废钢生产的，2013年这一数据达到约36%，钢铁再生量占整个回收金属量的91%。再生金属工业已成为冶金工业的重要部分。

冶金和其他学科领域一样，涉及的范围很广，它与化学、物理化学、热工、化工、机械、仪表、计算机等有极其密切的关系。冶金学不断地吸收上述基础学科和相关学科的新成就，指导着生产技术向广度和深度发展，而冶金生产工艺的发展又会对冶金学的充实、更新和发展提供不尽的源流和推动力。

0.2　冶金工艺流程和冶金过程

黑色金属矿石的冶炼，一般情况，矿石的成分比较单一，通常采用火法冶金的方法进行处理；即使有的矿石成分较为复杂，通过火法冶金之后，也能促使其伴生的有价金属进入渣中，再进行处理。如高炉冶炼用钒钛磁铁矿就是属于这种类型。有色金属矿石的冶炼，由于其矿石或精矿的矿物成分极其复杂，含有多种金属矿物，不仅要提取或提纯某种金属，还要考虑综合回收各种有价金属，以充分利用矿物资源和降低生产费用。因此，选择冶金方法时，要用两种或两种以上的方法才能完成。

由矿石或精矿提取和提纯金属不是一步可以完成的，需要分为若干个阶段才能实现，但各个阶段的冶炼方法和使用的设备都不尽相同。各阶段过程间的联系及其所获得的产品（包括中间产物）间流动线路图就称为某一种金属的冶炼工艺流程图。例如，钢铁冶金和镍钴铜的生产流程简图（见图 0 - 1 和图 0 - 2）。根据表示不同的内容，工艺流程图可分为设备连接图、原则流程图（工艺流程框图）和数质量流程图。设备连接图是表示冶炼厂主要设备之间联系的图；原则流程图是以表示各阶段作业间联系为主的图；数质量流程图则是表示各阶段作业所获产物的数量和质量情况的图。

从钢铁冶金和镍钴铜的工艺流程图可知，一种金属的冶炼工艺流程包括多个冶炼阶段，而每一个冶炼阶段可能是火法、湿法或电化学冶金的方法。所以，通常把每一个冶炼阶段称为冶金过程。如高炉炼铁是火法冶金过程，锌焙砂浸出是湿法冶金过程，而净化液电积则为电化学冶金过程。

冶金工艺过程，包括许多单元操作和单元过程（此处仅指冶炼部分，不包括金属压力加工等），主要包括：

（1）焙烧：是指将矿石或精矿置于适当的气氛下，加热至低于它们的熔点温度，发生氧化、还原或其他化学变化的过程。其目的是改变原料中提取对象的化学组成，满足熔炼或浸出的要求。焙烧过程按控制气氛的不同，可分为氧化焙烧、还原焙烧、硫酸化焙烧、氯化焙烧等。

（2）煅烧：是指将碳酸盐或氢氧化物的矿物原料在空气中加热分解，除去二氧化碳或水分变成氧化物的过程，煅烧也称焙解，如石灰石煅烧成石灰，作为炼钢熔剂；氢氧化铝煅烧成氧化铝，作为电解铝原料。

（3）烧结和球团：将粉矿或精矿经加热焙烧，固结成多孔状或球状的物料，以适应下一工序熔炼的要求。例如，烧结是铁矿粉造块的主要方法；烧结焙烧是处理铅锌硫化精矿使其脱硫并结块的鼓风炉熔炼前的原料准备过程。

（4）熔炼：是指将处理好的矿石、精矿或其他原料，在高温下通过氧化还原反应，使矿物原料中金属组分与脉石和杂质分离为两个液相层即金属（或金属锍）液和熔渣的过程，也称冶炼。熔炼按作业条件可分为还原熔炼、造锍熔炼等。

（5）非熔炼还原：随着环境保护、资源节约要求的提升，至今已形成了系统的非熔炼还原工业生产体系，主要包括直接还原法和熔融还原法。直接还原大多以气体、液体或非焦煤为能源,是矿石在软化温度以下进行还原获得金属的冶炼方法。例如,铁矿石直接还原产品呈多孔低密度海绵状结构,含碳低,但几乎未排除脉石杂质。熔融还原则以非焦煤为能源,在熔融状态下进行铁氧化物还原,可以达到一定程度的渣铁分离,得到熔融还原产品。

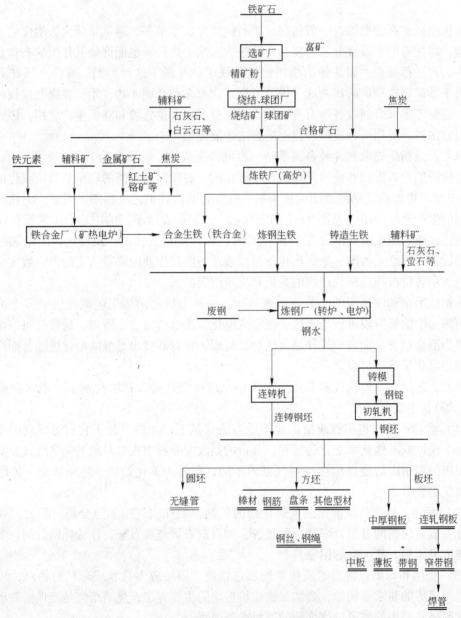

图 0 - 1　钢铁工业生产流程简图

(6) 火法精炼:在高温下进一步处理熔炼、吹炼所得含有少量杂质的粗金属,以提高其纯度。如高炉熔炼铁矿石得到生铁,再经氧气顶吹转炉氧化精炼成钢;火法炼锌得到粗锌,再经蒸馏精炼成纯锌。火法精炼的种类很多,如氧化精炼、硫化精炼、氯化精炼、熔析精炼、碱性精炼、区域精炼、真空冶金、蒸馏等。

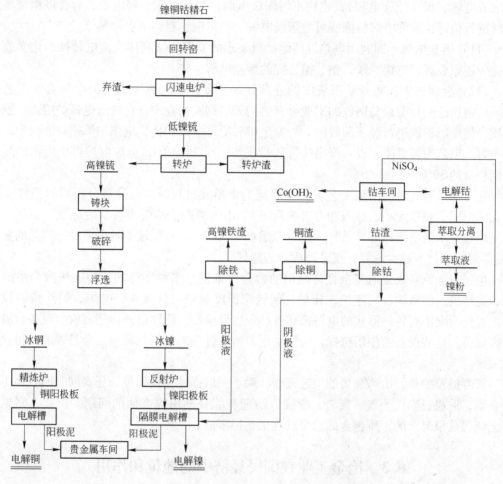

图 0-2　镍钴铜生产流程简图

（7）浸出：用适当的浸出剂（如酸、碱、盐等水溶液）选择性地与矿石、精矿、焙砂等矿物原料中金属组分发生化学作用，并使之溶解而与其他不溶组分初步分离的过程。目前，世界上大约15%的铜、80%以上的锌、几乎全部的铝、钨、钼都是通过浸出，与矿物原料中的其他组分得到初步分离的。浸出又称浸取、溶出、湿法分解，如在重金属冶金中常称浸出、浸取等，在轻金属冶金中常称溶出，而在稀有金属冶金中常常将矿物原料的浸出称为湿法分解。

（8）液固分离：该过程是将矿物原料经过酸、碱等溶液处理后的残渣与浸出液组成的悬浮液分离成液相与固相的湿法冶金单元过程。在该过程的固液之间一般很少再有化学反应发生，主要是用物理方法和机械方法进行分离，如重力沉降、离心分离、过滤等。

（9）溶液净化：将矿物原料中与欲提取的金属一道溶解进入浸出液的杂质金属除去的湿法冶金单元过程。净液的目的是使杂质不至于危害下一工序对主金属的提取。其方法多种多样，主要有结晶、蒸馏、沉淀、置换、溶剂萃取、离子交换、电渗析和膜分离等。

（10）溶液电解：利用电能转化的化学能使溶液中的金属离子还原为金属而析出，或使粗金属阳极经由溶液电解精炼沉积于阴极。前者从浸出净化液中提取金属，故又称电解提取或电解沉积（简称电积），也称不溶阳极电解，如铜电积、锌电积；后者以粗金属为原料进行精炼，常称电解精炼或可溶阳极电解，如粗铜、粗铅的电解精炼。

（11）熔盐电解：即利用电热维持熔盐所要求的高温，又利用直流电转换的化学能自熔盐中还原金属，如铝、镁、钠、钽、铌的熔盐电解生产。

（12）金属再生：随着矿石资源的逐渐稀缺，废弃金属再生成为冶金的重要工艺过程。以钢铁这一目前最易回收的工业材料为例。在钢铁行业中，是通过电弧炉熔炼、脱出杂质，使废旧钢铁进行经济回收的。与原生矿石冶炼生产相比，电弧炉炼钢有流程短，设备布置、工艺衔接紧凑，投入产出快等明显优势。至2013年，全球电炉再生废钢已超过粗钢产量的30%。

在考虑某种金属的冶炼工艺流程及确定冶金单元过程时，应注意分析原料条件（包括化学组成、颗粒大小、脉石和有害杂质等）、冶炼原理、冶炼设备、冶炼技术条件、产品质量和技术经济指标等。另外，还应考虑水电供应、交通运输等辅助条件。其总的要求（或原则）是过程越少越好，工艺流程越短越好。

由于冶金原料成分的复杂性，使用的冶金设备也是多种多样的，如火法冶金中的高炉、烧结机、沸腾炉、闪速炉、转炉、回转窑、反射炉、鼓风炉、电炉、炉外精炼设备等。湿法冶金中有各种形式的电解槽和各种浸出反应器。除此以外，还有收尘设备、液固分离设备。这些设备的使用选择，同样决定着冶金过程的效果，甚至冶金是否能取得成功的关键。

需要提及的是，冶炼金属的工艺流程，除了提取提纯金属以外，还要同时回收伴生有价金属，重视三废（废气、废渣、废液）治理和综合利用等方面的问题。因此，完整的工艺流程是很复杂的，所包含的冶金过程也是很多的。

0.3　冶金工业在国民经济中的地位和作用

冶金工业包括黑色金属和有色金属两个工业门类，是整个原材料工业体系中的重要组成部分，它与能源工业和交通运输业一样，是构成国民经济的基础产业。黑色金属工业的钢铁联合企业系指具备从采矿、炼焦、炼铁、炼钢到成品钢材全部生产过程的企业。有色金属工业的联合企业系指从事采矿、选矿、冶炼的有色金属工业企业。有色金属一般分为轻有色金属和重有色金属。轻有色金属一般指密度在 $4.5t/m^3$ 以下的有色金属，其中有铝、镁、钠、钾等，钛也列为轻有色金属；重有色金属一般指密度在 $4.5t/m^3$ 以上的有色金属，其中有铜、铅、锌、钴、汞、镉、铋等（镍、锡、锑、稀有金属单列）；常用有色金属一般指以下十种有色金属：铜、铅、锌、铝、镍、锑、锡、汞、镁、钛。

材料是人类社会发展的物质基础和先导，没有金属材料便没有人类的物质文明。国民经济各个部门都离不开金属材料。目前，尽管陶瓷材料、高分子材料和复合材料发展很快，但是金属材料在今后很长时间内仍将是占主导地位的。由于铁在地壳中的含量占5%，分布比较集中，适合大量开采和大规模冶炼加工，故在所有金属产品中属于成本低、储量大、用途广和可再生利用的金属产品。人类开采并利用铁这种金属可以追溯到3000多年以前，以铁为主要元素可以生产出各种用途和性能的钢铁产品。这些钢铁产品为人类生活提供了极大的物质财富。钢铁产品作为国民经济重要的基础原材料，是当今世界各国追求工业文明和提高经济实力的重要标志之一。

  钢铁是用途最广泛的金属材料。人类使用的金属中，铁和钢占90%以上。人们生活离不开钢铁，人们从事生产或其他活动所用的工具和设施也都要使用钢铁。由于钢结构建筑的整体抗震性远远优于钢筋混凝土结构，特别是在2008年四川汶川"5·12"大地震中这一优势得到了充分体现。所以，为了提高建（构）筑物的抗震性能，今后无论是工业厂房还是高层民用建筑，采用钢结构的建筑会越来越普遍。钢铁产量往往是衡量一个国家工业化水平和生产能力的重要标志，钢铁的质量和品种对国民经济的其他工业部门产品的质量，都有着极大的影响。

  20世纪70~80年代，受当时国际经济形势的影响，钢铁产品市场一方面趋于饱和，另一方面又面临新型替代材料的冲击，西方一些发达国家的钢铁工业曾一度处于不景气的状态，有些国家的钢铁业甚至出现了萎缩，故产生了"钢铁工业是夕阳工业"之说。然而，世界经济发展到今天的水平，钢铁作为最重要的基础材料之一的地位依然未受到根本性影响，而且，在可预见的范围内，这个地位也不会因世界新技术和新材料的进步而削弱。纵观世界主要发达国家的经济发展史，不难看出钢铁材料工业的发展在美国、前苏联、日本、英国、德国、法国等国家的经济发展中都起到了决定性的作用。亚洲"四小龙"中的韩国和中国台湾，对钢铁工业发展也给予高度的重视，这些国家和地区钢铁工业的迅速发展和壮大对于推动其汽车、造船、机械、电器等工业的发展和经济腾飞都发挥了至关重要的作用。美国钢铁工业曾在20世纪70~80年代遭受来自以日本为主的国外进口材料的冲击而受到重创，钢铁产品生产能力急剧下降，但经过十几年的改造和重建，终于在90年代中期又恢复到1亿吨的钢铁生产规模，为维持其世界强国地位继续发挥着重要的作用。

  中国钢铁工业发展的第一个阶段是1949~1978年，经过30年间的艰苦创业，钢产量增加到3178万吨，年均增加108万吨；第二个阶段是1978年至90年代中期，在改革开放政策的推动下，这个时期的我国钢铁材料工业进入了持续、快速的发展阶段，取得了举世瞩目的辉煌成就，最主要的标志就是1995年我国生铁产量超过1亿吨，而1996年我国粗钢产量首次突破1亿吨，并达到世界第一产钢大国；18年后，再次关注统计数据，2013年中国已连续18年粗钢产量排名世界第一，达到7.8亿吨的惊人数字，世界粗钢产量（2013年为16.07亿吨）中有近一半出自中国。尽管如此，中国钢铁企业仍然存在一些问题，例如资源利用率低、产能分散及部分产能落后等问题。

  2013年，我国主要十种有色金属的产量为4029万吨，虽然跟钢产量相比仅为5.2%，但由于有色金属具有许多特殊的优良性能，例如它们分别具有导电、导热性好，密度低，化学性能稳定，耐热、耐酸碱和耐腐蚀，工艺性能好等特点，是电气、机械、化工、电子、通信、轻工、仪表、航天等工业部门不可缺少的材料，也是其他材料所不能代替得了的材料。据统计，2013年黑色金属冶炼及加工行业创造工业总产值76317亿元，而有色金属冶炼及加工行业创造工业总产值也达20567.2亿元。

  当今国际社会公认，能源技术、信息技术和材料技术是人类现代文明的三大支柱。占元素周期表中约70%的有色金属及其相关元素是当今高科技发展必不可少的新材料的重要组成部分。飞机、导弹、火箭、卫星、核潜艇等尖端武器以及原子能、电视、通信、雷达、电子计算机等尖端技术所需的构件或部件大都是由有色金属中的轻金属和稀有金属制成的。此外，没有镍、钴、钨、钼、钒、铌、稀土元素等有色金属也就没有合金钢的生产发展。有色重金属和轻金属在某些用途（如电力工业等）上使用量也是相当可观的。科技发展需要有色金属，经济发展也需要有色金属，有色金属科技的发展又离不开人类科技和经济的发展，两者相互促进。

我国发展有色金属工业具有潜在的资源优势。我国的矿产资源潜在总值仅次于俄罗斯和美国而居世界第三位，是世界上矿产资源总量丰富，储量可观，品种较齐全，资源配套程度较高的少数国家之一，其中钨、锑、锡、钽、锂、铍、镁、稀土金属的储量占世界首位。

新中国成立以来，我国有色金属工业得到了持续发展，有色金属产量从 1949 年的1.33 万吨增加到 1996 年 523.10 万吨，居世界第二位，仅次于美国。我国有色金属产量位列世界第一的有锌、锑、钨、锡、稀土，列第二位的有铅、镁、钼，列第三位的有汞、铋，列第四位的有铜、铝、钛、镉，另外镍为第七位，银列第八位。我国已稳居世界有色金属生产大国的行列之中。有色金属工业为国民经济创造了巨大财富，钨、锑、铅、锌、锡等有色金属是我国重要的出口产品，每年为国家换回大量的外汇。

在今后，发展我国有色金属工业的目标是充分利用有色金属资源，依靠科学技术进步，高效率、低成本、节能降耗、减少污染，提高综合利用水平，生产品种齐、纯度高、质量优的更多有色金属产品及其材料，以满足国民经济增长的需要，把我国从有色金属大国变成有色金属的强国。

学习思考题

0-1　简述冶金学的主要研究内容及发展。

0-2　描述你所处地区或你所了解的钢铁或有色金属工厂的现状及存在的问题。

0-3　火法、湿法、电化学法三种冶金方法包括哪些基本冶金过程，这些冶金单元过程在提取冶金工艺中各起什么作用？

0-4　发展我国有色金属工业的资源优势何在，我国有色金属工业目前在世界上处于什么样的地位？

0-5　请自行搜集资料编制铝冶金生产工艺流程框图，并用 AutoCAD 制图。

0-6　用 A4 图幅，AutoCAD 软件分别绘制图 0-1 和图 0-2 生产流程框图。

0-7　如何区分轻、重有色金属，指出常用的有色金属有几种，它们都分别属于重金属还是轻金属？

0-8　试分析我国有色金属工业和钢铁工业的发展历程。

0-9　冶金工业是夕阳工业吗，为什么？

1 冶金工厂设计概述

设计的最初含义是将符号、记号和图形记下来。自从有了人类，便随之有了设计。随着生产的不断发展、科学技术的不断进步，设计也不断地向深度和广度发展，以致人类活动的一切领域几乎都离不开设计。设计是把一种计划、规划、设想通过视觉的形式传达出来的活动过程。人类通过劳动改造世界，创造文明，创造物质财富和精神财富，而最基础、最主要的创造活动是造物。设计便是造物活动进行预先的计划，可以把任何造物活动的计划技术和计划过程理解为设计。

生产主要增加产品数量，而产品本身的更新换代、研制新产品等质变飞跃，则依靠工程设计来实现。因此从根本的意义上说，设计是一种创造性劳动，它是设计师（工程师）所从事的工作中最有新意、最能使人感到满足的工作之一。当一项设计任务提出时，设计是并不存在的。设计师从接受之时开始就要根据设计要求构思各种可能的方案，经过反复推敲、比较，选择其中最佳者。

设计工作是工程建设的关键环节，是整个工程建设的灵魂，是把科学技术转化为生产力的纽带，没有现代化的设计，就没有现代化的建设。在建设项目确定之前，它为项目决策提供科学依据，在建设项目确定之后，它又为工程建设提供设计文件。做好设计工作，对加快工程项目的建设速度，节约建设投资，保证项目投产取得好的经济效益、社会效益和环境效益都起着决定性的作用。

一般的设计原则主要有：

（1）需求原则。所谓需求原则是指对产品功能的需求，若人们没有了需求，也就没有了设计所要解决的问题和约束条件，从而设计也就不存在了。所以，一切设计都是以满足客观需求为出发点。

（2）信息原则。设计人员在进行产品设计之前，必须进行各方面的调查研究，以获得大量的必要信息。这些信息包括市场信息、设计所需的各科学技术信息、制造过程中的各种工艺信息、测试信息及装配信息、调整信息等。

（3）系统原则。随着"系统论"的理论不断完善及应用场合的不断增多，人们从系统论的角度出发认识到：任何一个设计任务，都可以视为一个待定的技术系统，而这个待定技术系统的功能则是如何将此系统的输入量转化成所需要的输出量。这里的输入、输出量均包括物质流、能量流和信息流。在这三大流中，有系统需要的输入和输出量，也有系统不需要的输入和输出量，如机床在加工过程中，主轴带动工件旋转及加工出合格的零件是需要的输入、输出量，而主轴的振动、发热、噪声等是不需要的输入、输出量。设计时，应将这些不需要的输入、输出量控制在允许值范围内，且越小越好。

（4）优化、效益原则。优化是设计人员在设计过程中必须关注的又一原则。这里的优化是广义的，包括原理优化、设计参数优化、总体方案优化、成本优化、价值优化和效率优化等。优化的目的是为了提高产品的技术经济效益及社会效益，所以，优化和效益两者应紧密地联系起来。

此外，设计过程中涉及很多法规，如各种标准、政策和法令。这就要求设计人员不但精通本职业务，还应熟悉国家在现阶段的有关法规，以便在设计中认真贯彻执行。

由于设计要求既是设计、制造、试验、鉴定和验收的依据，同时又是用户衡量的尺度，所以在进行设计之前，就必须对所设计的产品提出详细、明确的设计要求。任何一个产品的设计要求都是围绕着技术性能和经济指标提出的，一般设计要求包括下列内容：

(1) 功能要求。用户购买产品实际上是购买产品的功能，而产品的功能又与技术和经济等因素密切相关，功能越多则产品越复杂，设计越困难，人工费用就越大。但产品功能的减少很可能没有市场，这样在确定产品功能时，应保证基本功能，满足使用功能，剔除多余功能，增添新颖及外观功能，而各种功能的最终取舍应按价值工程原理进行技术可行性分析来确定。

(2) 适应性要求。这是指当工作状态及环境发生变化时产品的适应程度，如物料的形状、尺寸、理化性能、温度、负荷、速度、加速度和振动等。人们总是希望产品的适应性强一些，但这将给产品的设计、制造和维护等带来很大困难，有时甚至达不到，因此，适应性要求应合理。

(3) 可靠性要求。可靠性是指系统、产品和零部件在规定的使用条件下，在预期的使用时间内能完成规定功能的概率。这是一项重要的技术质量指标，关系到设备或产品能否持续正常工作，甚至关系到设备或产品以及人身安全的问题。工业中大量生产活动可能由物理因素或化学因素对生产参与者造成生理伤害，部分环节还可能造成心理伤害。因此，设计必须充分考虑各种明显的和潜在的危险，保证生产人员的健康和安全。

(4) 生产能力要求。这是指产品在单位时间内所能完成工作量的多少，即产品的产量及品种。它也是一项重要的技术指标，它表示单位时间内创造财富的多少。提高生产能力在设计上可以采取不同的方法，但每一种方法都会带来一系列的负面问题。只有在这些负面问题得到妥善解决或减少之后，提高产品的生产能力才有现实意义。

(5) 使用经济性要求。这是指单位时间内生产的价值与同时间内使用费用的差值，差值越大，使用经济性越高。使用费用主要包括原材料和辅料消耗、能源消耗、保养维修、折旧、工具耗损以及操作人员的工资等。

由此可见，设计是一个多目标的优化问题，不同于常规的数学问题，不是只有唯一正确的答案。设计师在做出选择和判断时要考虑各种经常是相互矛盾的因素，即技术、经济和环境保护等的要求，在允许的时间及空间范围内选择一个兼顾各方面要求的方案。而且，这种选择或决策贯穿了整个设计过程。

1.1　冶金工厂设计的基本知识

冶金工厂设计，是将一个系统（例如一个冶金工厂、一个生产车间或一套装置等）按照其工艺技术要求，经工程技术人员的创造，将其全部描绘成图纸、表格及必要的文字说明的过程，也就是用文件化的语言（工程语言）将工艺技术转化为图纸的全过程。

1.1.1 基本概念

将一种或多种冶金原料经过一个特定的过程得到另一种或多种冶金原料（或产品），这种特定的过程称为冶金工艺过程。

工艺过程中所包括的冶金或物理反应、反应的空间（冶金炉、设备、管线）和反应的控制等方面的技术称为工艺技术。

设计阶段是指按照建设程序的需要，将设计过程按时间顺序分为几个阶段，它们的划分及关系如下：

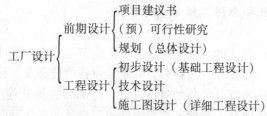

各个设计阶段完成工作的内容不同，所产生设计成品的内容及使用对象也不同，必然要通过不同的过程和手段才能完成，这就是所谓设计程序和方法。设计工作程序框图见图1-1。

专业设置是指工厂设计涉及许多专门的学科，如：冶金工程、冶金机械、工程力学、自动化控制、动力工程、土木建筑、工程材料、总图规划、工程概预算、环境保护、安全、职业卫生等，设计单位根据工厂设计和工程性质的需要，将这些学科重新划分，设立为各个不同的专业。

设计接口与条件关系：两个不同专业衔接处（界面）称为接口；界面之间的信息（设计条件，如参数、尺寸、位置、标高等）传递称为设计条件关系。

1.1.2 设计单位的专业设置

设计单位的专业设置与高等院校的专业设置并不相同。高等院校的专业设置是根据学科性质设置的，如工科、理科、文科、医学及农学等。在工科院校中，根据教育部的规定，与冶炼有关的专业就统称为冶金工程专业，包括了钢铁冶金（含炼铁、炼钢、电冶金等）、有色金属冶金（含重有色金属、轻有色金属、稀有金属、贵金属、稀土等）、冶金物理化学三个专业，冶金工程工艺设计单位则是根据工程性质及工厂特点来设置专业，主要为主导专业及辅助专业两大类。

1.1.2.1 主导专业

主导专业有：冶炼工艺（含炼铁、炼钢、铁

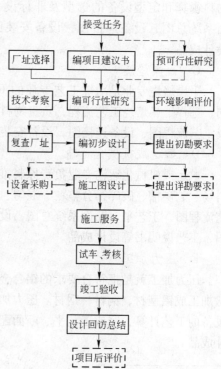

图1-1 设计工作基本程序示意图

合金、重有色金属、轻有色金属、稀有金属、贵金属、稀土等）、烧结球团、采选、贮运、压力加工、工业炉等专业。

1.1.2.2　辅助专业

辅助专业有❶：设备、建筑、结构、电力、电信、自动化仪表、给排水、总图运输、燃气、热力、环境保护、采暖通风、机修、检（化）验、安全生产和工业卫生、能源分析与节能等专业。

除主导专业之外，设计单位为了向建设单位提供冶金工厂建设全过程的服务，另外还设有技术经济、工程经济等专业。

1.1.2.3　主导专业和公用工程专业的职责

A　冶炼工艺

冶炼工艺是冶金工厂设计的龙头专业，负责冶金工厂工艺可行性讨论及流程的选择和确定，进行冶金工厂的能量衡算、物料衡算和定型设备的选型及非标设备的工艺计算。与此同时，冶炼工艺专业还要部分参与如建筑设计、总图布置等其他所有专业的设计工作，与其他所有专业做好沟通协调，确保工艺要求能得到满足。在此基础上完成工艺平、断面配置图，冶金炉砌砖图，设备安装图，工艺非标准设备制造图，设备订货表，工艺说明书等设计成品。

B　烧结球团

烧结球团专业是冶炼工艺专业的重要分支。该专业根据粉矿或精矿（如铁矿或含铁炉尘、锰矿、铬矿、铅锌矿）、其他粉状冶金物料和还原剂及在冶炼各种合金时需要添加的各种有色金属和高纯稀有金属的性质，确定烧结、球团或压块工艺流程，负责物料衡算和定型设备的选型及非标设备的工艺计算，并完成工艺流程图，工艺平、断面系统总图，设备连接图，设备安装图，设备订货表，各车间配置图，工艺说明书等设计成品。

C　干燥焙烧

干燥焙烧专业是冶炼工艺专业的重要分支。该专业根据矿石含水量及粉尘程度的不同，选择干燥焙烧工艺流程，负责物料衡算和设备选、定型及非标设备的工艺计算，并完成工艺流程图，设备连接图，设备安装图，设备订货表，工艺说明书等设计成品。

D　贮运或机械化运输

贮运或机械化运输专业负责原料准备厂（一般简称原料厂或原料车间）的贮矿场或料场、贮矿槽、破碎筛分整粒、混匀、带式输送机系统、各种仓库等设施的设计。完成工艺流程图，工艺平、断面系统总图，设备连接图，设备安装图，设备订货表，各车间配置图，工艺说明书等设计成品。

E　压力加工

压力加工就是把符合要求的铝合金锭、铜合金锭、钢锭或连铸坯按照规定的尺寸和形状加工成铝型材、铜材、钢材。压力加工专业负责确定工艺流程、定型设备的选型及非标设备的工艺计算，完成工艺平、断面配置图，设备安装图，设备订货表，工艺说明书等设计成品。

---

❶　有的设计院还设有地质专业，负责水文地质和工程地质设计。

F 工业炉

工业炉专业负责对加热、燃烧炉型，燃料、装出料方式及标准设备和非标准设备（如燃烧器、水冷装置）进行选择确定，进行燃料燃烧计算和热平衡计算，工业炉砌筑设计，完成车间平、断面配置图，炉体总图，工业炉砌砖图，设备订货表等设计成品。

G 设备

设备专业根据主体专业的设计委托任务，进行非标准设备（主要是冶金炉等带有传动装置的设备）的设计计算。设备专业需完成设备制造版图、地脚螺栓一览表、非标准设备防腐要求等设计成品。

H 建筑

土建分为建筑及结构，建筑与结构专业应分别出图。建筑专业在总图和设备布置的基础上，根据当地气象、地质等自然条件，负责冶金工厂厂房外形结构造型、建筑物定位及设计标高、墙体工程、屋面工程、门窗工程、内外装修工程、建筑防火设计等工作，完成建筑施工图，建筑、节能设计说明书，高阶段设计的土建篇章说明书等设计成品。

I 结构

结构专业根据建筑专业和主导工艺专业提交的设计条件，负责厂房钢筋混凝土结构、框架结构、操作平台、特殊结构、厂房基础、各类设备基础、钢结构、壳体、大直径管道的设计。结构专业提出工程地质勘察委托条件及桩位布置图，并根据工艺物料的性质，对建构筑物的防腐进行设计，完成结构施工图、结构设计说明、基础布置图、建构筑物施工图、钢结构施工图、外管架结构及基础图、结构计算书等设计成品。

J 电力

根据冶金工厂各个装置和设备的用电条件，电力专业进行电气设备的选择、配置、电力传动和安装设计，以及全厂的照明、防雷电设计，同时亦要负责冶金工厂危险区域的划分。电力专业完成电气系统图，设备布置图，电缆敷设图，设备安装图，设备表，危险区划分图，防雷接地系统图，装置动力配线图，照明系统平面图，原理接线图等设计成品。

K 通信

通信专业负责冶金工厂电话、通信网络、报警系统和工业电缆的工程设计。通信专业往往可以与自控专业合并，提高工厂综合控制水平。该专业完成电信系统图、电信用户表、设备平面布置图、电信配线图、安装图与接线图等设计成品。

L 自动化仪表

在工艺控制方案的前提下，自动化仪表专业负责冶金工厂的计器、仪表、自动控制设施的设计，随着冶金工业的自控技术水平的发展，在冶金工厂中对自动控制的要求越来越高。自动控制可以达到的水平也越来越高。一个冶金工厂是否先进，是否现代化，一方面要看工艺的先进性、环保的水平，另一方面还要看自动控制的手段和方法。自动化仪表专业完成仪表数据表、控制室布置图、仪表盘及操作台布置图、仪表汇总表、回路图、供电及接地系统图、仪表安装图、仪表位置图、供气系统图或供气空视图、仪表安装材料表及电气材料表等设计成品。

M 给排水

根据厂区的自然环境和总图要求，给排水专业负责进行冶金工厂中的取水工程、净水工程、软水工程、输配水工程、排水工程、污水处理（煤气洗涤、冲渣水、酸碱废水、重金属废水、含油废水等）工程、循环冷却工程，以及消防水系统的设计。该专业完成厂内外给排水平面布置图及水量平衡图、给排水管道纵断面图或系统图、管道仪表流程图、外部管道平面布置图、系统图、室内给排水管道平面布置图及系统图、给排水设备及综合材料一览表等设计成品。

N　总图运输

总图运输专业根据大区的地形地貌和全年主导风向等因素，进行冶金工厂各个装置及建筑物的布置、规划，在此基础上负责厂区总图管理，铁路、公路交通运输的设计，同时要综合研究全厂外管线走向的合理性和经济性。该专业完成地理及区域位置图，总平面布置图，竖向布置图，土方工程图，厂区道路布置图、路面结构图，管道综合图，围墙及大门施工图，厂区绿化平面图，防、排洪工程图和挡土墙施工图等设计成品。

O　燃气

燃气专业负责煤气洗涤、煤气供应、燃油供应、氧气及氮气供应等设施的设计，完成工艺系统、流程图，燃气平衡图，设备布置及安装图，非标准设备制造图，设备及材料表等设计成品。

P　热力

热力专业负责鼓风机站、蒸汽及压缩空气供应、余热锅炉及汽化冷却系统、煤粉制备等设施的设计，进行全厂蒸汽平衡，确定全厂的供气参数等级，并制定全厂热能综合利用的设计原则和节能措施评述。该专业完成蒸汽、压缩空气平衡图，设备一览表，管道仪表流程图，设备布置及安装图，管道空视图和综合材料表等设计成品。

Q　环境保护

环境保护专业根据生产工艺过程的"三废"排放状况，综述各专业环保措施和工艺控制原理、工厂绿化、环境监测、环境保护管理机构及劳动定员、环保和综合利用投资。在可行性研究和初步设计中，该专业除了完成环境保护篇章说明书的编写、主要环保设施的流程或系统图外，还要完成工程项目高阶段的环境保护的专篇的编写任务，在施工图阶段一般不参与设计。

R　采暖通风

采暖通风专业负责采暖、通风（空调）、除尘、气力输送等设施的设计，完成采暖通风的设备一览表、设备布置图、管道空视图及综合材料表等设计成品，在高阶段设计完成通风除尘篇章说明书的编写任务。

S　机修

机修专业负责备品、备件的供应和车间机修设施的设计，完成车间配置图、设备安装图、非标准设备制造图、设备材料表等设计成品，在高阶段设计完成机修篇章说明书的编写任务。

T　检、化验

检、化验专业负责试验室、化验室的设计，需要为原料、产品选择最稳定、最快捷的物理或化学分析测试方法。该专业负责完成试验室、化验室配置图设计，非标准设备（化验台、架）制造图，化验设备、药品、试剂一览表和仪器设备的后期保养维护事项等设计成品。

U 安全

安全专业负责综述工艺设备及生产过程中可能产生的事故，应采取的安全技术措施和生产过程中的尘、毒源、放射性、噪声、振动等的预防措施，安全的管理机构及防渗设施，安全的预期效果。在可行性研究和初步设计中，该专业除了完成安全篇章说明书的编写外，还应完成工程项目的劳动安全生产专篇的编写，施工图阶段一般不参与设计。

V 职业卫生

职业卫生专业负责综述工程项目的职业卫生危害因素的分析、职业卫生设计中采用的主要防范措施、职业卫生机构设置、职业卫生投资、预期效果及存在的问题与建议。在可行性研究和初步设计中，该专业除了完成职业卫生篇章说明书的编写外，还应完成工程项目的职业卫生专篇的编写，在施工图阶段一般不参与设计。

W 技术经济

技术经济专业负责对工程项目的费用和效益估价，进行产品成本分析、经济效果计算及评价、影响经济效果的因素分析（盈亏分析及敏感性分析）并得出评价结论。在可行性研究和初步设计中，该专业完成技术经济篇章说明书的编写，在施工图阶段一般不参与设计。

X 工程经济

工程经济专业负责概（预）算，提供设备单价、指标及汇总概（预）算。在可行性研究和初步设计中，该专业完成概（预）算篇章说明书的编写，施工图阶段完成工程的总预算及单项预算的汇总，编制施工图预算书。

Y 能源分析与节能

能源分析与节能专业负责能源分析与节能评价，综述工程项目节能减排政策、所在地能源供应情况、能源消耗及能效水平、节能措施、节能减排管理机构、节能投资、节能预期效果等，在高阶段设计完成节能减排专篇说明书的编写任务，施工图设计一般不参与设计工作。

当工程中采用计算机控制时，根据业主方的要求，由计算机专业负责硬件的选用和应用软件的编制。

由此可见，设计研究院内部的专业分工是相当细的，其优点是充分利用各专业的特长，有利于提高设计质量；缺点是专业必须配套才能进行设计，而且专业之间的关系比较复杂，设计周期较长。

1.1.3 专业之间的关系

冶金工厂的设计是一个系统工程，设计单位是由各个不同的专业组成的一个有机整体，虽然各专业的分工不同，但相互间都有非常密切的内在联系，而且这种联系在设计过程中至关重要。各专业必须互相协调、合作，才能保证冶金工厂的设计整体往前推进，才能保证工程设计质量。

1.2 冶金工厂建设程序

冶金工厂建设特指冶金工厂的建造。这不仅包括工厂所在地的施工和安装工作，还包括要建造一座冶金工厂得到产品全过程的工作组合。

1.2.1　建设程序

冶金工厂建设程序是指冶金工厂建设包括的一系列的工作。这些工作按照规定的时间和空间排列形成一定的过程，称为冶金工厂建设程序，或者称工作程序。

1.2.1.1　建设程序的特定性

冶金工业是国民经济发展中的重要支柱产业，它涉及国家自然资源和冶金原料的合理利用，以及冶金产品在工业、农业、国防建设、环境保护等领域的供需平衡和优化配置。另外，冶金工厂的建设是一个较为复杂的过程，与国家或地方的许多部门、行业、单位有着紧密的联系，必须经过一个特定的程序才能建设成一个冶金工厂。

经过不断实践和总结，我国已经建立了一套比较完整、符合客观、系统性较强的建设程序。

1.2.1.2　建设程序的内容

由于冶金工厂的原料、产品（以及它的规格）、规模、所在地不同，项目（冶金工厂未建成之前，往往称它为项目或工程）来源、背景、建设资金等因素的差异，都会使它的建设程序产生部分变动。

下面是适合于国家投资或贷款、符合现实、比较典型的大中型冶金工厂建设程序：

项目建议书→批准立项→厂址选择→可行性研究→批准→总体设计→询价与报价→基础设计（初步设计）→批准→工程设计及设备材料采购→土建施工→设备管道安装→机械完工→单机试车→联运试车→原料试车（冶金投料）→试生产→工厂考核→工厂验收交付使用。

1.2.1.3　建设程序的动态变化

随着整个社会经济的发展，由计划经济向市场经济转变，资金结构和投资主体的变化，工程项目的规模大小不同，业主对设计、建设进度、周期要求各异等，建设程序将根据客观的需要而出现动态变化，具有一定的可变性。

1.2.2　建设中的执行者

1.2.2.1　主要执行者

建设过程中各项工作的主要执行者有以下单位或部门：

（1）政府及有关部门。国家发展改革委员会、工业和信息化部、住房城乡建设部、环境保护部、交通运输部、商务部等及其下属省、市级相关单位。主要涉及金融、环保、消防、交通、国土、供电、供水等部门。

（2）建设单位（业主）。工厂（企业）法人及法人机构、建设指挥部，以及下属的各种组织。

（3）咨询单位。经政府有关部门批准或经认定具有相应咨询资格、资质等级的企业。

（4）设计单位。经政府有关部门批准或经认定具有相应资质等级的一个或多个设计院、设计研究院、设计所、工程技术公司或其他设计咨询机构。

（5）施工单位。具有冶金工厂施工安装资质等级，拥有一定数量的专业技术人员和工人，备有必要的施工机具和设备的一个或多个冶建公司、建安公司、安装队、施工队。

（6）开车单位。从一个或一个以上具有同类冶金工艺流程和产品的生产厂聘请的专业技术人员和工人组成的临时机构。

（7）工程总承包单位。能够履行建设单位、设计单位、施工单位、开车单位相应职责，对建设全过程实施全面管理的公司或企业，一般称工程技术公司。

工程设计建设的前期工作，一般由具有相应资质等级的咨询单位或设计单位或工程技术公司承担。咨询单位不能承担设计、施工、安装等工作。

1.2.2.2　设计单位与工程技术公司的主要区别

工程技术公司与设计院由于工作性质不同，主要差别有以下四个方面：

（1）工程技术公司可以履行设计单位的全部职能，而设计单位只能履行工程技术公司的部分职能。

（2）工程技术公司除完成工程咨询和设计工作外，还可以承担设备材料采购、施工安装管理和试车开车管理，而多数设计单位很难完成后面这部分工作。

（3）工程技术公司一旦承接一个冶金工厂的建设，它可以代表建设单位全部（权）管理和执行建设程序，协调整个建设过程，对质量、工期、费用进行三大控制，最后将工厂的"钥匙"交给建设单位，而设计单位是无法做到的。

（4）工程技术公司在建设中所起的作用，确定了它将与建设单位、施工单位、开车单位，甚至政府有关部门发生接口关系，而设计单位一般仅与建设单位发生关系。由于工程技术公司在建设过程中所起的作用、职能、工作范围等方面与设计单位不同，企业自身的管理体制、经营模式、专业设置等方面也有所不同。

1.3　前期设计

1.3.1　基本概念

1.3.1.1　前期设计

前期设计主要是收集设计基础数据，编制项目建议书、可行性研究报告、厂址选择报告和对外的技术及设备的询价书，完成规划（总体）设计。

1.3.1.2　项目建议书

项目建议书是在对项目进行初步调查、预测、分析后，描述工程项目的建设条件、生产规模与产品方案、生产工艺技术、环境保护、投资与效益等大致设想，并用于向政府部门提出的技术报告书。

1.3.1.3　立项

立项指政府部门对上述项目建议书的初步决策批复意见所形成的书面文本。

1.3.1.4　厂址选择

设计单位协同建设单位和地方部门进行工厂场地踏勘，主要调查当地的水文地质、环境状况、交通运输、社会依托等自然状况。经过多个场地的技术与经济比较，形成报告，供政府部门决策参考。

1.3.1.5　可行性研究

可行性研究就是根据工程项目的要求，在对影响拟建项目的各种因素进行认真的调查研究和深入分析的基础上，提出可能采取的几种建设方案，加以比较、论证，说明其在建设条件上是否具备、技术上是否先进可靠、经济上是否真实合理有利、社会环境上是否符合标准的技术研究报告。

1.3.1.6　项目批准

项目批准是指政府部门对可行性研究报告的批复意见。一个项目如果得到项目批准，就意味着项目进入工程设计阶段，设计单位就可组织人员进行工程的初步设计。

1.3.2　前期沟通

在正式开展工程设计之前，必须与业主方进行充分的协调、沟通，建立起良好的协作关系，收集设计基础资料，了解业主对工程项目的主要设想和要求，同时向业主介绍与本工程项目相关的行业政策及发展前景，特别是国内外市场行情，掌握国家与区域工业布局特点，为设计工作的顺利开展做好铺垫。

1.3.3　设计基础资料

不同设计阶段，因设计深度要求不同，对设计资料内容的多少要求也不一样，如前期设计一般不要求业主提交工程地质及水文地质报告。设计基础资料是进行设计工作的基础。设计资料的质量直接影响设计的质量，资料不准确、不完整、不可靠，将导致不良后果，例如引起设计修改，甚至返工重做或造成施工和生产的困难，招致建设上的失误。设计工作所必需的设计基础资料，大体包括以下各项：

（1）建厂项目建议书、可行性研究有关资料；

（2）项目立项、可行性研究的批准文件；

（3）原料资源地质报告或原料供应协议及有关技术资料；

（4）厂址选择报告或选厂的有关技术文件；

（5）厂区工程地质报告；

（6）土地征用文件；

（7）厂区及矿山地形图（1∶1000或1∶500）；区域地形图（1∶10000或1∶50000）；

（8）水源水质资料；

（9）供电协议书及电源资料；

（10）厂外道路连接协议书及线路地形图；

（11）原煤供应协议及煤质资料；

（12）气象资料；

（13）环境分析报告；

（14）有关企业协作问题的协议；

（15）建厂地区地震烈度和最高洪水位资料；

（16）工程所用原燃料及地方材料的种类、规格和到厂含税价格资料等；

（17）地方政府的税费政策，特别是有无税费的优惠政策。

建厂条件不同，设计基础资料的具体内容也有所不同。为了保质保量如期完成冶金工厂的设计任务，必须重视设计基础资料，使之正规化和完整化。对冶金工厂的设计基础资料的具体要求，应参照上列项目、结合实际情况，由建设单位和设计单位共同商定。

1.3.4 项目建议书

1.3.4.1 项目建议书的作用

项目建议书作为基本建设程序最初阶段的工作，是对建设项目的轮廓设想和立项的先导，是为建设项目取得建设资格而提出的建议，并且作为开展可行性研究的依据。它用于上报政府部门，使之对工程项目做出初步决策。

1.3.4.2 项目建议书的要点

项目建议书是由法人单位根据国民经济和社会发展长远规划，国家的产业政策，行业、地区发展规划，以及国家的有关投资建设法规、规定编制的。项目建议书初步分析建设项目的必要性，包括生产规模、产品方案、技术路线、厂址条件、投资估算和资金筹措以及经济效益初步分析，对项目进行建议综述和预评价。

1.3.4.3 项目建议书的编制程序及基本内容

（1）项目建议书的编制程序。项目建议书的编制程序见图1-2。

（2）项目建议书的基本内容：

1）从国家、地区、部门角度论述建设项目的目的和意义，在资源利用、区域布点、经济发展，特别在人民生活改善、企业改造等方面的必要性、迫切性。

2）从原料燃料供应、生产技术、总图运输、公用工程、当地协作条件、资金筹措等方面，综合阐述建设的可能性与有利条件。

3）详细阐述反应原理、生产技术现状及发展方向，明晰知识产权关系。当需要引

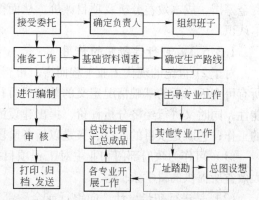

图1-2 项目建议书编制程序示意图

进国外技术和设备时，说明该项技术的国内外概况和差距，以及引进的理由和方式。

4）主要的技术经济指标有：生产规模、原料、燃料及动力消耗、三废排放量、运输量、定员、占地、总投资、总产值、产品工厂成本、投资回收期、贷款偿还年限、投资利税率、年利税总额、年销售收入等，此外需进行一定的敏感性分析，估算项目的抗风险能力。

5）叙述国内外主要国家或地区近期和远期对产品的需求量，国内同类产品近几年的生产能力和产品进口情况估计，综合说明本项目产品的销路预计情况和竞争能力。

6）项目建议综述和预评价，主要涉及：原材料的供应情况，厂址概况，主要生产技术方案，给排水、供电、供热，环境保护，项目的进度安排及建设进度安排，经济和效益分析，并包括投资估算、资金筹措、投资计划等。

（3）项目建议书参考范本的章节格式和内容见附录2。根据工程性质及项目大小，有的内容可适当简化，但重点应放在：

1）项目提出的背景；

2）市场分析；

3）正确地确定工厂的产品方案、生产规模；

4）选择先进可靠、符合国家产业政策的生产工艺技术；

5）是否符合经济、环保、社会"三效益"原则。

1.3.5　可行性研究

政府部门对项目建议书批复意见之后（即立项），设计单位即可进行可行性研究并编制可行性研究报告。

可行性报告有鉴别投资方向的机会可行性研究、初步选择项目的预可行性（初步可行性）研究和拟定项目是否成立的技术经济可行性研究（一般所称的可行性研究），这三种研究的精确度，反映在经济上的结论分别为 $\pm30\%$、$\pm20\%$、$\pm10\%$。对于工程项目，通常要在项目建议书编制之前进行预可行性研究，设计单位通常是在得到项目建议书的批复之后（即项目立项），才进行可行性研究。可行性研究报告要对市场预测，确定工厂厂址，进行工厂规模和工艺技术方案的比较，说明公用工程的配置方案，提出"三废"治理的措施，并在上述基础上做出工厂组织、劳动定员、建设工期、实施进度、投资估算、资金筹措、成本效益分析及项目评价，从而得出拟建工程是否应该建设以及如何建设的基本认识。

1.3.5.1　可行性研究的作用

对于 21 世纪的现代工业工程而言，可行性研究是极其重要的。它是一个工程在考虑所有可变因素后的基础情况定义的总结。可行性研究既充分研究建设条件，提出建设的可能性，同时又进行经济分析评价，提出建设的合理方案，是建设项目在建设前期非常重要的工作；它既是项目的起点，又是以后各阶段工作的基础。它的作用在于以下六个方面：

（1）可作为政府部门和业主对工程项目批准的最终决策和保证投入的资金能发挥最大效益所提供的科学依据。

（2）是进行初步设计、向银行或金融部门申请贷款、业主与有关部门签订合作协议的依据。

（3）是技术开发、设备引进、安排科学研究的依据。有时可以用于进口设备免税申报。

（4）是用于境外投资项目核准，向国家或地方发改委申请备案的依据，并可依此向中国进出口银行申请重点项目信贷。

（5）用于国家或地区编制长远规划的重要参考资料。

（6）是进行环境影响评价、能源评价、安全评价的重要基础资料。

1.3.5.2　可行性研究报告的编制程序和基本内容

（1）可行性研究报告的编制程序见图 1-3。

（2）可行性研究报告的基本要求。根据国民经济发展的长远规划和地区发展规划、行业发展规划的要求，结合自然和资源条件，对建设项目在技术、工程和经济上的先进性和合理性进行全面分析论证。可行性研究报告要通过多方案比较，提出评价意见。

1）是否符合国家的建设方针和投资优先方向；

2）能否与现有企业的生产技术协调配合；

3）产品是否适应市场需求，有足够的销售市场；

4）能否得到足够的投入物；

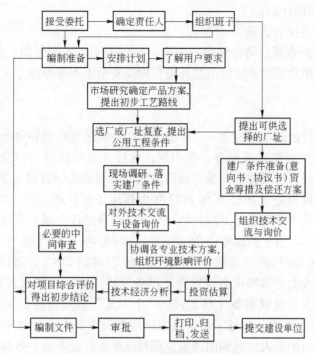

图 1-3 可行性研究报告编制程序示意图

5）引进设备的水平，国内配套设备和操作技术水平能否与之相适应；

6）设计方案和投资计划是否合理；

7）贷款能否按期偿还；

8）财务收益率和经济效益率是否高于规定折现率；

9）项目有无较大的风险；

10）多方案比较时是否属于最佳方案。

（3）可行性研究范本的章节格式和内容见附录2❶。由于在建设的基础条件上的多样性，建设的要求也不尽相同，因而可行性研究的具体内容也就各不相同，但其编写范围须有：

1）项目背景及发展历史；

2）市场分析及风险分析；

3）生产规模及产品方案；

4）原材料供给情况；

5）厂址及环境条件；

6）生产技术及工艺方案；

7）管理组织结构及运营开支；

8）人力资源结构及管理；

---

❶　对于涉外设计项目，应按照联合国工业发展组织（UNIDO）的《工业可行性研究编制手册》（Manual for the Preparation of Industrial Feasibility Studies）执行。

9）制订工程实施计划；

10）财务分析及投资估算。

（4）可行性研究专篇。可行性研究报告一般情况下不编制专篇，但根据工程项目投资规模大小不同及用户要求，可以编制环境保护及安全生产等专篇。

1.3.6　规划

规划为前期设计的基本内容之一，区分为全国性或区域性规划和企业规划。全国性规划是国民经济计划的重要组成部分，在中国，通过"五年计划"对全国重大建设项目、生产力分布和国民经济重要比例关系等做出规划，为国民经济发展远景规定目标和方向。中国的第一个五年计划是指 1953 年到 1957 年发展国民经济的计划，"一五"计划时期，我国对个体农业、手工业和私营工商业的社会主义改造的任务基本完成。"一五"计划期间，重工业在工业总产值中的比重由 26.4% 提高到 48.4%，合计钢产量 1656 万吨，等于旧中国从 1900 年到 1948 年 49 年间钢的总产量 760 万吨的 218%。2011 年 3 月 14 日，第十一届全国人民代表大会第四次会议审查了国务院提出的《中华人民共和国国民经济和社会发展第十二个五年规划纲要（草案）》，"十二五"规划纲要全文共 62 章 5 万余字，另有 5 个图片和 22 个专栏，构建了新阶段中国经济的重要支点。此外的区域性规划，也称行业规划，一般由中华人民共和国国家发展和改革委员会牵头，各部委、地方发改委及主管部门参加，委托权威研究机构及设计机构参加对重大问题进行深入研究。

在冶金行业中，规划工作的任务是根据国家、地区国民经济对冶金产能的需要，项目资源、能源、环境条件及企业经济、定员、建厂条件等，合理部署冶金工厂的建设计划、进度，初步安排冶金工厂的生产规模及产品方案，确定原燃料、水、电供应与产品销售等主要协作关系及项目后期发展方向等。

规划工作的目标是使冶金工业的布局对整个国民经济产生最好的经济效果，并使冶金工业的发展同有关部门互相协调、配合，以保证国民经济有计划按比例地发展。在规划工作中，为了比较各个不同方案的优缺点，常常需要做出包括煤、电、运等各部门的综合经济比较。

企业建设规划按其内容和深度的不同，可以分为总体规划（或长远规划）和详细规划（或近期规划）。总体规划的时间期限一般都在 5 年以上，其主要任务是确定企业的性质、发展方向和规模，安排各项建设的总体布局，制定实施规划的步骤和措施。详细规划则是总体规划的深化和具体化，是实施总体规划的阶段规划，因此也是总体规划的组成部分，其时间期限一般均在 5 年以下。

企业建设规划主要根据建设项目的地理环境、历史情况、资源条件、现状特点并结合国民经济长远规划和区域规划进行编制。单独建设的矿山、选矿厂、冶炼厂、加工厂的规划应根据企业建设总体规划所制订的原则和要求进行编制。

企业建设规划报告是企业建设规划工作的重要文件和成果。企业建设规划工作的内容和深度可根据工程项目、基础资料完备程度以及规划任务要求的不同而不同。

冶金企业建设规划报告的内容包括：

（1）概况（主要叙述任务的来源和依据、企业的交通和地理位置、企业现状、规划工作的进行情况等）。

（2）矿产资源、原材料供应及水、电、交通等建设条件。

（3）规划意见（包括规模、产品方案、厂址、工艺流程、生产和辅助设施、产品、劳动定员、基建投资、经济效益等）。

（4）建设计划安排的初步建议意见。

（5）存在问题及建议。

（6）必要的附图与附表。

企业和行业规划范本的章节内容格式参见附录2。

1.3.7 厂址选择

1.3.7.1 厂址选择

厂址选择就是选择工厂的建设地点。厂址选择是工业基本建设的一个重要环节，冶金企业的建设都需要进行厂址选择。冶炼厂（炼铁、炼钢、铁合金、铜铅锌冶炼厂等）、轧钢厂、铝电解厂、铝加工厂、铜加工厂及其附属企业，如炭素制品厂、工业硅厂、耐火材料厂等，都要进行厂址选择，确定建设地点的工作。

厂址选择工作的好坏对工厂的建设进度、投资数量、经济效益、环境保护及社会效益等方面都会有重大的影响。从宏观上说，它是实现国家长远规划，决定生产力布局的一个基本环节。从微观上看，厂址选择又是进行项目可行性研究和工程设计的前提。因为只有项目的建设地点选择确定后，才能比较准确地估算出项目在建设时的投资和投入生产后的产品成本，也才能对项目的各种经济效益进行分析计算，以及对项目的环境影响、社会效益等进行分析，最终得出建设项目是否可行的结论。

在项目建议书、建厂条件调查、企业规划、可行性研究，甚至初步设计阶段工作中，都不同程度地涉及厂址选择问题。一般来讲，厂址选择安排在可行性研究阶段较为适宜。

1.3.7.2 厂址选择应遵循的基本原则

根据我国国情，选厂工作是在长远规划的指导下，在指定的一个或数个地区（开发区）内选择符合建厂要求的厂址。在选择厂址时，应遵循以下基本原则：

（1）厂址位置必须符合国家工业布局、城市或地区的规划要求，尽可能靠近城市或城镇原有企业，以便于生产上的协作，生活上的方便。工业企业设计卫生防护距离标准见表1-1。

表1-1 工业企业卫生防护距离标准（摘自GBZ1—2010）　　　　m

企业类型	规模	风速/m·s^{-1}		
		<2	2~4	>4
铜冶炼厂（密闭鼓风炉型）	小型	100	800	600
炼铁厂	小型	140	120	100
焦化厂	小型	140	100	800
烧结厂	小型	600	500	400
黄磷厂	小型	100	800	600

（2）厂址宜选在原料、燃料供应和产品销售便利，并在贮运、机修、公用工程和生

活设施等方面有良好基础和协作条件的地区。

(3) 厂址应靠近水量充足、水质良好的水源地，当有城市供水、地下水和地面水三种供水条件时，应该进行经济技术比较后选用。

(4) 厂址应尽可能靠近原有交通线（水运、铁路、公路），即应有便利的交通运输条件，以避免为了新建企业需修建过长的专用交通线，增加新企业的建厂费用和运营成本。在有条件的地方，要优先采用水运。对于有超重、超大或超长设备的工厂，还应注意沿途是否具备运输条件。

(5) 厂址应尽可能靠近热电供应地，一般地讲，厂址应该考虑电源的可靠性，并应尽可能利用热电站的蒸汽供应，以减少新建工厂的热力和供电方面的投资。

(6) 选厂应注意节约用地，不占或少占良田、林地、菜园、果园等。厂区的大小、形状和其他条件应满足工艺流程合理布置的需要，并应有发展的可能性。

(7) 选厂应注意当地自然环境条件，并对工厂投产后对于环境可能造成的影响做出预评价。工厂的生产区、排渣场和居民区的建设地点应同时选定。

(8) 厂址应避离低于洪水位或在采取措施后仍不能确保不受水淹的地段；厂址的自然地形应有利于厂房和管线的布置、内外交通联系和场地的排水。

(9) 厂址附近应有生产污水、生活污水排放的可靠排除地，并应保证不因新厂建设致使当地受到新的污染和危害。

(10) 厂址应不妨碍或破坏农业水利工程，应尽量避免拆除民房或建构筑物、砍伐果园和拆迁大批墓穴等。

(11) 厂址应避免布置在下列地区：地震断层带地区和基本烈度为 9 度以上的地震区；土层厚度较大的Ⅲ级自重湿陷性黄土地区；易受洪水、泥石流、滑坡、土崩等危害的山区；有喀斯特、流砂、游泥、古河道、地下墓穴、古井等地质不良地区；有开采价值的矿藏地区；对机场、电台等使用有影响的地区；有严重放射性物质影响的地区及爆破危险区；国家规定的历史文物，如古墓、古寺、古建筑等地区；园林风景区和森林自然保护区、风景游览地区；水土保护禁垦区和生活饮用水源第一卫生防护区；自然疫源区和地方病流行地区。

1.3.7.3　准备工作阶段的工作内容和选厂工作组织

A　工作班子的组织

在我国，可行性研究一般采取主管部门下达计划或建设单位向设计（咨询）单位委托任务的方式进行。根据国家规定，负责编制可行性研究报告的单位要经过资格审查并对工作成果的可靠性和准确性承担责任。因而，选厂工作应由经过批准的设计（咨询）单位负责。为了做好这一工作，对主持和参加选厂工作的人员的政策和技术水平无疑应有较严格的要求。

选厂工作班子应在有国家有关部门批准的项目建议书（或相关文件）后组建。一般由若干个主要专业——工艺、土建、供排水、供电、总图运输和技术经济等专业人员组成，并由项目总负责人主持工作。

以往，我国选厂工作大多采取由主管部门主持，设计（咨询）部门参加的组织形式。由于选厂工作涉及面很广，设计（咨询）单位承担这项工作时，必须主动争取业务主管部门、地方政府和建设单位的密切配合和支持，充分听取他们的意见并吸收其中合理的部分，才能将这项工作做好。

    B   拟定选厂指标

选厂指标的主要内容是：

（1）拟建工厂的产品方案，产品的品种和规模，主要副产品的品种、规模等。

（2）基本的工艺流程、生产特性。

（3）工厂的项目构成，即主要项目表。

（4）所需原材料、燃料的品种、数量、质量要求，它们的供应来源或销售去向及其适用的运输方式。

（5）全厂年运输量（输入、输出量）、主要包装方式。

（6）全厂职工人数估计，最大班人数估计。

（7）水、电、气等公用工程的耗量及其主要参数。

（8）三废排放数量、类别、性质和可能造成污染程度。

（9）工厂（含生产区、生活区）的理想总平面布置图和它的发展要求，框出拟建工厂的用地数量。

工厂理想总平面布置占地应在主项表建立后，由选厂组一起协力，先框车间（装置）、公用工程及辅助生活设施等，再匡算建筑总面积。

（10）其他特殊要求。如工厂需要的外协项目、洁净工厂的环境要求、需要一定防护距离的要求等。

    C   编写设计基础资料收集提纲

为满足新建工程对设计基础资料的要求，现场工作阶段必须做好设计资料的收集工作。如果有条件，设计基础资料的大部分应在现场踏勘之前，由建设单位提供，这样可以使现场工作更有针对性，从而提高工作效率。

1.3.7.4   现场工作阶段的工作内容

准备工作完成后，开始现场工作。现场工作的目的是落实建厂条件，其工作主要有：

（1）向当地政府和主管部门汇报拟建工厂的生产性质、建厂规模和工厂对厂址的基本要求、工厂建成后对当地可能的影响（好的影响和可能产生的附加影响），听取他们对建厂方案的意见。

（2）根据当地推荐的厂址，先行了解区域规划有关资料，确定踏勘对象，为现场踏勘做进一步准备。

（3）按收集资料提纲的内容，向当地有关部门——落实所需资料和进行必要的实地调查和核实。

（4）进行现场踏勘。对每个现场来说，现场踏勘的重点是在收集资料的基础上进行实地调查和核实，并通过实地观察和了解，获得真实的和直观的形象。现场踏勘应该包括如下内容：

1）踏勘地形图所表示的地形、地物的实际状况，看它们是否与所提供的地形图相符，以确定如果选用，该区是否要进行重新测量，并研究厂区自然地形的改造和利用方式以及场地原有设施加以保留或利用的可能。

2）研究工厂在现场基本区划的几种可能方案。

3）研究确定铁路专用线接轨点和进线方向，航道和建造码头的适宜地点，公路的连接和工厂主要出入口的位置。

4）实地调查厂区历史上洪水淹没的情况。

5）实地观察厂区的工程地质状况。

6）实地踏勘工厂水源地、排水口，研究确定可能的取水方案和污水排除措施。

7）实地调查热电厂及厂外各种管线可能的走向。

8）现场环境污染状况的调查。

9）周围地区工厂和居民点分布状况和协调要求。

10）各种外协条件的了解和实地观察。

在踏勘中，应注意核对所汇集的原始资料，那些无原始资料的项目，应在现场收集，并注意随时做出详细记录。一般应踏勘两个以上厂址，经比较后择优建厂。

1.3.7.5　方案比较和选厂报告

在现场工作结束后，可开始编制选厂报告。项目总负责人应组织选厂工作小组人员在现场工作的基础上，选择几个可供比较的厂址方案，进行综合、分析，对各方面的条件进行优劣比较后做出结论性意见，推荐出较为合理的厂址，并写出报告和绘制拟选厂址方案图。厂址选择报告应包括下列内容：

（1）选厂的根据，新建厂的工艺生产路线，选厂工作的经过。

（2）建厂地区的基本概况。

（3）厂址方案比较。

1）厂址技术条件比较：

①区域基本情况；

②交通运输；

③供排水；

④供气；

⑤供电。

2）建设费用及经营费用比较：

①场地开拓费；

②交通运输设施费用；

③取水、管道、净化设施费用；

④污水处理设施、管道费用；

⑤动力线路、设备、增容费用；

⑥住宅及福利设施费用；

⑦临时住宅建设费用；

⑧建材、大型设备运输费用；

⑨基础处理费用；

⑩其他建设期间发生的工程费用。

（4）对各个厂址方案的综合分析和结论。

（5）当地政府和主管部门对厂址的意见。

（6）附件。区域位置规划图（1:10000～1:50000），内容应包括厂区位置、工业备用地、生活区位置、水源和污水排出口位置、各类管线及厂外交通运输路线规划、码头位置、铁路专线走向方案及接轨站位置等；企业总平面布置方案示意图（1：500～1：2000）；各项协议文件。

1.4 工程设计

根据已批准的可行性研究报告，进一步结合建厂条件，在满足安全、质量、进度以及投资控制的前提下，开展该工程的设计工作，直到将设计成品交付现场施工，这期间的设计工作称为工程设计。工程设计的基本任务是：

（1）提出该工程设备、材料供订货用的图纸和资料，必要时绘制供制造厂订货用的或在施工现场加工用的非定型设备施工图纸。

（2）提出与工程有关的设计规定、说明和完整的图纸资料以满足现场施工安装的需要。

（3）提出供工程正常开停车和事故处理的操作要点。

（4）提出工程修正总概算。

按照国内的设计院目前的通行做法，把工程设计划分为初步设计、技术设计和施工图设计或详细设计三个阶段。我国的设计院目前已按这种做法开展设计工作。

1.4.1 初步设计

初步设计是研究和解决工厂设计各项重大原则和方案的设计阶段。通过初步设计，要确定工厂实际规模和产品品种；要确定工艺流程和主要设备；要确定各种设施的主要方案；要确定概算投资额。简言之，初步设计要解决的工程问题就是要做到六定：定规模、定设备、定方案、定总图、定定员、定投资额。这样的初步设计，才能满足主要设备订货、圈定征地红线范围、进行场地整平、安排培训工人、编制施工组织设计等施工和生产的准备工作。

初步设计的设计深度，应该达到上述"六定"的要求。这样的设计深度，不但是开展施工和生产准备工作所必需的，同时也是指导下阶段施工图设计工作所必需的。"六定"的初步设计深度是适当的。

初步设计必须遵循国家规定的基本建设程序，必须根据上级下达的设计任务书进行编制，必须贯彻执行国家和上级机关制订的有关方针政策、规程、规范和标准，必须具备设计条件和基础资料。初步设计文件的内容和编制有如下要求。

1.4.1.1 设计说明书（按专业分别编写）

（1）总论或综述。要说明设计依据、建设条件、设计原则、设计范围、主要设计内容、存在的主要问题以及主要技术经济指标。

（2）总平面设计。要说明工厂的区域位置和自然条件，土地使用情况、总平面布置原则和方案、工厂的运输量和运输方式以及防洪、绿化等有关问题。

（3）矿山设计。当设有自采矿山时，要说明矿区的交通位置和基本情况，矿区地质构造和矿床特征、矿山贮量和矿石质量，矿山开采运输方案的选择和制定。

（4）工艺设计。要说明原、燃料的来源和质量，冶金炉炉型，产品品种，生产流程和主要工艺设备的选择与计算，物料或金属平衡表、贮存方式和贮存天数，采取的环保设施，对周围环境的影响以及生产车间的工作制度等。

（5）土建设计。要说明建设场地的自然特征，土建设计的原则，结构选型，建筑处理，主要材料的规格、型号或标号，拟定的施工条件以及汇总全厂定员，并据以计算有关生活设施的建筑面积等。

（6）电气设计。要说明供电电源，负荷计算，电力及照明的线路，变配电站，车间电力设备和控制、照明以及防雷接地等措施。

（7）给排水设计。要说明水源、工厂用水量、取水方式、水质处理、供水系统和设备、排水及污水处理、管材及管线的敷设方法等。

（8）其他如采暖通风、动力、自动化、机修等也要简要地说明设计所涉及的主要内容。

1.4.1.2　设计图纸

初步设计一般包括如下图纸：

（1）区域位置图。

（2）厂区总平面图（有自采矿山时还要有矿区总平面图）。

（3）厂区布置效果图。

（4）全厂生产车间平、剖面布置图。

（5）建（构）筑物特征一览表。

（6）其他专业主要的系统、总体图等。

1.4.1.3　设备表（按专业分别填写）

在设备表中写清楚主要设备的型号、规模、技术性能、台数、重量、来源或设备图号等。辅助设备由于设计深度所限，可只填出型号、台数或重量以满足编制概算的要求，详细的规格在施工图设备表中填写。初步设计中各专业的设备表要集中起来，装订成册，作为构成初步设计的文件之一。

1.4.1.4　概算书（包括编制说明和概算表格两部分）

在概算书编制说明中，应包括以下内容：概算表格分总概算表、综合概算表和单项工程概算表。在作为初步设计文件的概算书中，只列入总概算表和综合概算表，而单项工程概算表，只作为存查的草稿，不列入打印的概算书中。这种做法既满足要求又便于使用，还减少了编制和打印的工作量。

此外，初步设计应按可行性研究报告所确定的主要设计原则和方案，如厂址、规模、产品方案、开采方法、主要工艺流程、主要设备选型、主要建筑标准等进行，一般不应有较大的变动。当设计基础资料及其他重要情况发生很大变化，致使原确定的重大工艺方案、设计原则不能继续成立，或初步设计概算突破可行性研究投资估算较大时，必须在充分的技术经济综合分析论证的基础上申明原因，并经原审批可行性研究的主管部门批准，方可修改。

1.4.1.5　初步设计专篇

一般工程项目的初步设计主要编写环境保护专篇、节能减排专篇、消防专篇、职业卫生专篇、安全设施设计专篇5个专篇，对于特大型项目还应编写劳动定员专篇、循环经济专篇两个专篇，就工程项目的某一项特定事项进行专门综述汇总。以节能减排专篇为例，主要内容包括：节能减排政策、工程项目概述、主要能耗、组成比例及产品单位能耗、主要节能措施、节能效果预期效果、节能评价等。

安全设施设计专篇设计内容包含有：设计依据及采用的标准、工程概述、建筑及场地布置、劳动安全危险、危害因素的分析、生产过程危害防范措施、劳动安全机构设置、劳动安全专用投资概算、效果预测及存在的问题与建议等章节。

环境保护专篇设计内容包含有：设计依据及采用的标准、建设地区环境现状、工程概况、主要污染源、污染物的控制措施及符合的标准、绿化设计、环境管理机构及环境监测机构、环保投资、工程投产后的环保预期效果及环境效益分析、问题及建议等章节。

循环经济专篇设计内容有：概述（含发展循环经济的基本思路）、工程概况、资源的循环利用、能源的循环利用、水资源的循环利用、污染物排放减量化、推进循环经济、建立生态型钢厂目标评述、结论与建议等章节。

初步设计范本的章节内容及格式见附录2，初步设计编制程序见图1-4。

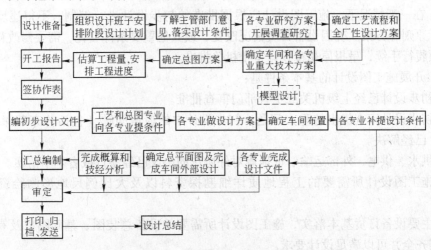

图1-4 初步设计编制程序示意图

1.4.2 技术设计

根据国家基本建设程序的有关规定，对于大中型企业设计，一般采用两个阶段设计，即初步设计和施工图设计。在个别情况下，对于特大规模的工程项目，矿石性质或冶炼工艺极为复杂的工程项目，采用新工艺、新设备而且有待试验研究的新开发工程项目，某些援外的工程项目，以及极为特殊的工程项目，可以根据工程项目的具体条件，上级机关或主管部门要求，才在初步设计与施工图设计之间增加一段技术设计。一般情况下，为了缩短建设工期和设计周期，均将初步设计与技术设计合并为扩大初步设计阶段或初步设计。

技术设计的目的在于，根据批准的初步设计，对设计中比较复杂的项目、遗留问题或特殊需要，通过更为详细的设计和计算，进一步研究和阐明其可靠性和合理性，准确地决定各项主要的技术问题。技术设计的范围应与初步设计中有关范围的内容基本一致。技术设计的深度原则上与对初步设计的要求没有区别，只是在某些技术问题上的设计深度将超过初步设计，如在设备表的基础上提出设备订货表，在投资概算的基础上编制投资预算。

1.4.3　施工图设计

施工图设计或详细设计是把初步设计的内容转化成图纸的过程，是工程设计程序的最后阶段，为工厂设备的加工制造与安装、厂房基础以及其他构筑物的施工提供技术依据。施工图设计一般在技术设计或初步设计批准后进行，但有时针对一些建设项目要求简化设计程序，缩短设计时间，也有在初步设计进行了大部分工作后即开始着手进行施工图设计的。

1.4.3.1　设计原则

（1）在开展施工图设计之前，必须研究和落实上级机关或主管部门对初步设计的审批意见，了解建设单位设备订货的具体情况，以及施工单位的技术和装备水平等情况，切实做好施工图设计的准备工作。

（2）在一般情况下，施工图设计应根据批准的初步设计进行编制，不得违反初步设计的设计原则和方案。确因设备订货情况改变，或其他重要条件变化，需要修改初步设计时，必须履行手续，呈报原初步设计审批机关批准。

（3）开展施工图设计的基本条件是：

1）初步设计已经上级机关或主管部门审查批准。

2）初步设计审查提出的重大问题、初步设计中的遗留问题（包括补充勘探、勘察、试验等）已经解决。

3）供水、供电、外部运输、征地等对外协作的协议已经签订或者基本落实。

4）施工图设计所需要的工程地质详细勘探资料以及大比例尺地形测绘资料已经提供。

5）主要设备订货基本落实，施工图设计所需要的设备总装图、基础图以及有关资料已经收集齐全并可以满足设计要求。

不具备或不完全具备上述条件时，不宜全面开展施工图设计，可以安排施工图设计准备工作，或者局部开展施工图设计。

（4）施工图设计的深度原则上应满足以下要求：

1）设备材料的安排；

2）非标准设备及结构件的加工制作；

3）编制施工图预算和施工预算，并作为预算包干、工程结算的依据；

4）指导施工、安装。

（5）施工图的内容为：

1）企业施工、安装所需要的全部图纸；

2）重要施工、安装部位和生产环节的施工操作说明；

3）施工图设计说明；

4）设备、材料明细表、汇总表。

1.4.3.2　非标准设备技术协议

非标准设备技术协议应包括如下一些内容：

（1）概述。主要讲述该工程的性质、改造内容、新增设备的装备及控制水平，同时应明确本工程实施的具体时间或大概时间，明确供货范围和时间。

（2）环境参数。明确设备使用的外部环境，包括：

1）厂区自然条件。描述海拔高度、大气压力、温度、湿度、主导风向、粉尘含量、地震设防烈度等。

2）设备安装环境。描述设备的安装环境，环境温度、湿度、粉尘、振动等。

3）生产工艺简述及工艺布置。简述车间的生产工艺，采用文字说明或流程框图进行表述；对工艺布置采用附图方式处理，即附工艺平面布置图。

4）供货范围及要求。明确机械及电气设备的供货范围及要求：

①供货设备型号、台数、明细，包括：

主体设备：正常运转及异常运转的设备；

操作控制设备：配电及控制柜（箱）、现场或集中操作设备；

辅助设备：润滑设备、通风冷却设备等；

检测设备；

专业维修设备；

备品备件；

自带走梯平台、安全围护。

②成套设备必需的其他设备、材料（成套设备间的连接管线、设备）。

③安装件（配套底座、支架、地脚螺栓螺母）。

④其他相关订货设备。

⑤技术询价书中规定由设备制造厂负责的设备、设施、材料。

（3）机械设备。

1）功能描述。描述该设备所具备的功能、生产能力指标、输入物的介质以及与相关设备构成的系统特征。

2）技术参数。说明各单体设备的用途、结构形式以及所要求满足的技术参数。

（4）液压设备。明确液油站规格和应满足的技术性能参数，并附液压系统原理图。

（5）润滑设备。明确干（稀）油站规格和应满足的技术性能参数，并附润滑系统原理图。

（6）电气设备。

1）传动控制系统。

①电动机基本性能参数。明确电动机的型号、额定功率、额定电压、电枢电流、转速等。

②传动装置。阐述拟采用的传动装置型号、数量、额定容量、过载要求、可控硅单元形式以及是否可逆，并明确传动装置应具备的通信能力。

③传动装置控制精度要求。应明确所要求精度的主要技术参数，如静态速降、动态速降、恢复时间、动态速度当量及调速范围等。

④操作。说明功能及操作方式。

2）计算机控制系统。

①硬件配置。明确系统的组成（一般由监控站、控制站、操作站组成），并附系统组成图。

②通信要求。明确系统的通信接口，通信方式，通信速率，输出、输入点数及类型。

3）软件功能。详细阐述系统组成的各部分应满足的功能，并明确对动态画面的具体要求。

4）操作。说明操作功能及操作方式。

（7）供、配电系统。阐述现供、配电系统的构成、负荷情况及功率因数，短路参数，高次谐波发生量等，并说明改造后供、配电系统的构成，变压器的型号、容量、电压等级，同时附系统主接线图。

1）无功补偿装置。明确拟采用的无功补偿方式（静态补偿或动态补偿）、安装地点以及该装置应满足的技术要求。

2）高次谐波滤波装置。明确拟采用的滤波装置方式（高压或低压）、安装地点以及该装置应达到的技术指标。

（8）自动化仪表系统。详细说明工艺对特殊仪表的技术要求（包括对输出、输入信号的要求），并明确特殊仪表安装的外部环境（如温度、湿度、粉尘含量、介质等）。

（9）接口。明确接口设备（如法兰、泵）及管线的划分，说明接口位置、接口尺寸、进出的物料或能源介质参数、输入输出量及时间特性。

（10）报价要求。明确要求设备报价商必须按单机单台设备进行报价，并附技术规格书。该书应明确各单体设备重量、装机容量以及其他技术参数。

（11）询价书返回时间。应明确报价书在××年××月××日前有效。

（12）联系人。明确联系人、电话号码、传真、E-mail以及邮编与通信地址。

1.4.3.3　施工图会审会签

A　质量要求

（1）施工图设计应符合经过上级机关或主管部门审批的初步设计所确定的主要设计原则、方案和审批意见，主要设备的选型以及各项技术经济指标，不得擅自修改。

（2）施工图的内容和深度应能够满足施工安装、制造和生产要求，体现初步设计所确定的技术标准，贯彻执行有关规范、规定。要求图面布置合理匀称，表示清楚，字体端正美观，说明及附注简明扼要，没有原则错误，符合制图规定。

（3）所需设计的项目齐全，没有遗漏，整个工程各子项的图纸完整无缺，图纸之间互相衔接，表示清楚，技术条件统一。

（4）在设计中贯彻执行因地制宜和节约的原则。

（5）在采用新技术、新材料以及特殊工程的设计过程中，注意听取施工单位的合理化意见，切实解决施工中可能出现的技术问题，为保证施工质量创造条件。

（6）满足编制施工图预算的要求。

B　会审会签

除上级机关或主管部门指定之外，一般不再单独组织对施工图设计进行审批。设计单位应对施工图设计质量负责。

根据施工图的性质和重要性，决定审签的界限和手续。一般生产工艺流程图、主要车间或厂房的设备配置图、总平面布置图以及与总平面布置有关的图纸（如外部管网（管线）图等），设计室（组）审签后由总设计师审签。其他施工图一律由设计室（组）审签。

工程内部的单元工程或车间（厂房）的施工图完成后，由总设计师负责组织有关专业设计人员认真进行图纸的会审会签。

在施工图设计阶段，施工图纸的会审会签是总设计师的重要工作，必须切实注意抓好。

1.4.3.4 施工图修正概算与预算

在施工图设计阶段，有下列情况之一时，经过上级机关或主管部门同意，可以编制施工图修正概算：

（1）施工图设计与初步设计相比有较大变化。

（2）原初步设计概算的基础资料发生变化。

（3）建设单位提出要求重新编制概算。

如果不存在上述问题，施工图修正概算可以不编。

根据国家有关规定，或应委托单位的要求，施工图设计完成后，应编制施工图预算。

施工图修正概算和施工图预算与初步设计阶段的概算一样，在总设计师的组织下，各专业负责提出本专业概算设计条件，由概预算专业人员完成。

此外，在初步设计工程设备明细表中未列出的辅助设备或其他设备，在施工图设计阶段尚须编制补充设备表，以供订货使用。如果施工图设计阶段有所变动，初步设计选定的设备亦应列入补充设备表中，并加以必要的说明。为了清楚、完整和方便订货，可以在施工图设计阶段重新编制工程设备明细表，列出工程所需的全部设备。施工图的设计程序框图见图1-5。

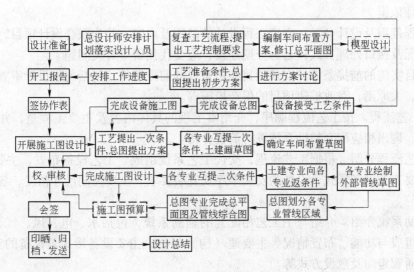

图1-5 施工图设计程序示意图

1.4.4 施工图服务

1.4.4.1 工作内容

施工图服务是设计完成以后，由工程项目总设计师负责，组成现场工作组进行的一项工作。

施工图服务工作的主要内容，一般有以下几项：

（1）设计技术交底。即向工程项目的建设单位、施工单位、基建管理部门等介绍设计意图和内容，并负责解释或解决施工图纸中可能存在的不清楚或不合理的问题。

1）技术交底基本原则。为施工图设计技术交底分为三个部分：即工程概况、工艺流程、施工时应注意的问题。对工程概况及工艺流程的介绍时间不宜长，内容不宜细，应简明扼要，重点是施工时应注意的问题。

原则上由总设计师进行全面交底，各专业在总设计师交底后可以酌情进行补充。

2）技术交底注意事项。交底前，总设计师应召开预备会，请各专业提供书面交底材料，重点是施工时应注意的问题，各专业在提供书面交底材料时应参照本规范中的附录进行。

交底过程中，对提出的问题必须尽可能给予圆满的解答，对重大问题在会上一时解决不了的，说明会后进一步核实，限期给予答复。

分组答疑时，态度要端正。对甲方或施工单位提出的问题，若是设计问题，及时改正；若是对方未理解设计意图，应心平气和地给予清楚的释疑。

施工图技术交底是施工服务的序幕，设计人员要给参加各方留下良好印象，以便营造出良好的施工服务氛围，从而利于下步工作的顺利进行。

（2）技术交底内容。

1）工程概况：

①简介项目的由来、功能及其目标。

②设计依据。

③工程范围及设计分工。介绍工程设计的范围及内容。若为联合设计项目，应介绍设计分工情况及接口处理方式；若为分期建设，应交代预留等有关问题。

④项目实施的前提条件。交代项目实施重要的前提条件，包括前段设计审查纪要中的重大决定、大原则，对改扩建项目的保产措施等。

2）工艺流程。按工艺流程顺序，介绍本工程的具体内容及主要工程量，并以工艺流程为主线，理出相应配套辅助系统进行简要介绍。

①工艺流程介绍。根据工艺流程，交代工艺系统组成、工艺设备布置、主要建（构）筑物、主要工艺设备形式、设备的安装顺序及安装要求、主要控制尺寸精度、各专业设备安装接口等。

②辅助系统介绍。介绍与主工艺相配套的辅助系统，包括水、电、风、气、蒸汽等；交代系统组成与功能、布置情况、主要建（构）筑物、主要设备形式及设备的安装要求、主要管线通廊走向及敷设方式等。

③对于改（扩）建工程，交代新旧关系、改造或拆除内容及工程量。

（3）施工时应注意的问题：

1）对于改（扩）建项目，交代施工时对周围环境设施的影响（如生产设施、公辅设施等），强调应采取的措施。

2）凡因施工可能对现有生产、生活设施造成影响和危害的，除了在设计中要采取措施外，交底时应对施工的步骤、方法及必要的防护措施提出意见。

3）改、扩建工程拆除内容、范围及注意事项。

4）隐蔽工程技术、工程量的确认以及工作程序。

5）工艺关键尺寸的确定、复核。

6）总图。定位基准，平土要求，提出管线综合、放线后经检查无误方可施工。

7）设备。设备清洗、进场顺序、吊装方法、安装调试要求、焊接、地脚螺栓的核对、需要注意的特殊加工方法等。

8）土建。基础验槽达到的要求、特殊地基的处理及注意事项、施工顺序要求、新旧关系处理、钢结构的拼接方式、焊接应力消除、校正（直）等。

9）管道。管道穿（跨）铁路、公路的特殊要求，管道预处理（内防腐、脱脂等）要求，特殊介质管道（如氧气）的安全注意事项，管道的除锈、刷漆等。

10）电力。盘、箱、柜制作要求，特殊设备的安装要求。

11）有关中间检查的要求。施工过程中，需要有关部门中间查验的地方。

12）有关调试的要求。单机试车、联合试车的要求（包括除尘系统风量调试、控制系统调试等）。

13）有关验收的要求。强调设计提供的施工验收应执行的规范，如管道试压规范等，强调规范中重要的参数。

14）交代各专业需配合施工的地方。

15）提请施工单位注意按图施工，若在施工过程中遇到问题应及时与设计人员协商，以便妥善处理。

（4）各专业对施工时应注意问题所必须交代的内容：

1）工艺专业：

①交代施工时对周围环境的影响，强调应采取的措施；

②改、扩建工程拆除内容、范围及注意事项；

③大型设备的进场顺序要求；

④生产线上的各设备安装精度（中心偏差、标高偏差等）；

⑤设备的清洗、除锈、刷漆等要求；

⑥地脚螺栓核对、二次灌浆层的浇灌、特殊设备的安装要求；

⑦安全防护设施情况；

⑧单机试车、联合试车应注意的问题。

2）加热炉专业：

①炉体砌筑；

②有关工业炉设备、装置的冷热态、空负荷、负荷调试（试车）注意事项；

③烘炉程序及注意事项；

④测温、测压孔与计器专业的配合。

3）设备专业（制造交底）：

①加工精度要求；

②特殊要求；

③重点（或特殊）零部件的加工；

④热处理工艺注意事项；

⑤各个部件的安装及整台设备的装配；

⑥调试的内容及注意事项。

4）总图运输专业：

①总图定位是采用坐标定位或是相对关系定位，强调采用相对关系定位时的参照物；

②放线后需验线，放线有异时应及时通知设计人员处理；

③平土范围、平土方式及平土标高，以及平土顺序、平地时修建的临时或永久设施、密实度、土石方倒运地点等；

④平土时开挖方式，是否允许用爆破法开挖；

⑤注意管线综合，如各专业管线有碰撞、打架等情况，应以总图专业的图为准予以调整；

⑥提请施工单位对已有建（构）筑物，管线（特别是未知的地下管线）予以保护，并采取必要的安全保护措施，保证人与设备等的安全；

⑦提请施工单位注意所选用的标准图、复用图，以及配合总图专业完成的挡土墙等设计的土建图等；

⑧隐蔽工程技术、工程量的确认以及工作程序。

5）土建专业：

①建筑

装修：特殊处理，新材料、新技术（如玻璃幕墙），伸缩缝处理，吊顶，顶棚抹灰，厕所地面，地面装修的分区。

屋面：是否上人、排水方式、防水节点（局部）构造新旧间的连接。

细部构造：扶手、地面分格、水池、工作台、踏步、小品建筑物的细部处理、公共建筑中的细部处理。

②结构

基槽开挖后的验槽，分段开挖、跳槽开挖。

基础形式、基坑是否排水、特殊地基的处理及施工注意事项。

新旧结构、基础间的连接、后浇带缝的处理。

砖混结构：构造柱、圈梁、配筋砌体、梁垫、壁柱、过梁。

钢筋混凝土结构：框架节点、钢筋搭接、箍筋形式、分布筋、防渗防腐、拉结筋。

钢结构：板厚、连接、拼接方式、防腐、表面油漆、型钢、对接、加劲肋、切口、焊接应力消除、校正（直）。

需吊装的大件，对施工顺序的要求。

预留孔洞、预埋件、预埋螺栓时配合的专业。

隐蔽工程技术、工程量的确认以及工作程序。

6）水道专业：

①水源接点接管时，应与水源产权单位协商，以免影响正常供水；

②管道穿公路、铁路等有关设施，施工时应取得有关管理部门同意，并按有关要求执行；

③设备基础所设置的地脚螺栓必须待设备到货并核对螺栓位置及规格无误后，方可进行二次浇灌埋设；

④设备安装时，必须按设备生产厂提供的安装说明书执行；

⑤对标高、水平度、垂直度等精度要求严格的设备及构筑物（如：水泵与电动机轴向联结、水处理设施溢流堰口等），施工时应严格控制，必要时应采用测量仪器辅助

施工；

⑥管道的施工安装及验收必须按照国家现行的有关施工验收规范执行；管道安装完毕后，必须按有关规定进行打压试验合格后，方可投入运行；

⑦预留孔洞、预埋件应配合的专业。

7）动力专业：

①管道穿（跨）公路、铁路的特殊要求；

②管道导向、滑动、固定或弹簧等支架的特殊要求；

③管道输水、放水、排空放气的要求；

④管道预处理（如内防腐、脱脂等）要求以及吹扫、试压要求；

⑤管道的保温以及外防腐、刷色等要求；

⑥特殊介质（如氧气等）应注意的安全事项；

⑦动力管线上的小设施（如风量测定孔、观测孔），提请施工单位不要遗漏；

⑧预埋孔洞、预埋件等需配合的专业。

8）电气专业：

①电源接点（短路参数、电压等级、压损等）及走向；

②盘、箱、柜制作要求，包括功能、元件、母线进出线方式、颜色、防护等级等；

③盘、箱、柜安装要求；

④特殊设备的安装要求；

⑤管线及预埋件；

⑥防雷、接地；

⑦消防要求；

⑧改造项目应特别注意的事项，如电源、柜、管线等的接口。

9）仪表专业：

①与电气、计算机等专业的接口分工；

②仪表盘制作（如开孔应以实物尺寸为准）、安装要求；

③检测点位置应与工艺配合；

④特殊介质检测、执行机构等，防火、防爆、防腐等要求；

⑤管线通廊；

⑥接地装置的位置及电阻值要求；

⑦电焊时，注意仪表保护；

⑧检修平台的设置。

10）计算机专业：

①硬、软件的环境要求；

②在安装前应对硬件各部分进行测试；

③管线的走向及敷设方式，注意电压等级及距离要求；

④屏蔽要求及接地位置要求；

⑤通电前，应对所有接线认真校验无误后，方可送电，特别是不同电压等级的电源；

⑥应遵守 PLC、PCS 厂家技术要求进行软、硬件调试；

⑦联动试车时应注意的事项。

11）通信专业：

①电视、通信信号接点及线路走向要求；

②前端箱、配线架、信息插座安装要求；

③电视系统前端箱的接地要求；

④电视系统前端箱的电源引接；

⑤线路敷设距离要求。

（5）补充、修改设计中不合实际的、不全面的甚至错误的部分。

（6）协助解决施工过程中遇到的设备或材料代用、工程质量及施工安装等方面的设计问题，并在工作中贯彻执行设计意图。

（7）根据现场需要，在可能的条件下，配合施工，参加为施工和生产服务的试验研究工作。

（8）了解设计文件执行情况，总结设计和施工服务的经验、教训，不断提高设计工作水平。

（9）参加试车、试生产、投产及竣工验收工作。

1.4.4.2 设计变更

由于设备和材料的订货和到货情况的变化，或由于施工图纸本身在施工中发现有这样或那样的问题，需要对设计进行变更修改，因此设计变更是一项严肃的设计工作，应当履行必要的审批手续。对于施工服务中发现的一般性设计问题，现场工作组人员应就地处理解决。对于设计基础资料动摇或其他重大原因，造成设计原则和方案修改，施工服务人员应与建设、施工单位有关人员研究提出处理意见报设计单位审查批准后，方能发出设计变更进行修改。重大问题有：

（1）生产规模变更；

（2）产品方案变更；

（3）生产方法变更；

（4）工艺流程改变；

（5）主要设备更换；

（6）总平面布置、运输方式的改变；

（7）主要生产厂房内部的重大变化；

（8）主要生产厂房结构的改变；

（9）工程量大、技术复杂的设计的修改；

（10）设计中存在原则性错误、质量事故以及可能造成重大经济损失的问题。

在施工服务中解决的设计问题，除以文字记载发出设计变更通知单外，均须绘制修改图纸，并应登记造册，保存设计变更通知单，以保证现场工作结束时，每项工程都有完整的工程设计变更记录以及修改设计图纸。设计变更和修改设计图纸，都属于重要的施工依据，现场工作结束后应存档保存备查。

此外还要协助建设单位及施工单位做好隐蔽工程的记录并形成隐蔽工程文件，防止工程决算时漏项，影响工程的最终造价，为工程竣工决算做好准备。隐蔽工程是指地基、电气管线、供水供热管线等需要覆盖、掩盖的工程。还应包括：基础各分项工程，混凝土、钢筋、砖砌体等及其他各部位的钢筋分项，屋面工程的找平层、保温层、隔热层、防水层等。一般建筑工程的隐蔽工程包括以下内容：

（1）给排水工程；

（2）电气管线工程；

（3）地板基层；

（4）护墙基层；

（5）门窗套基层；

（6）吊顶基层；

（7）强电线缆；

（8）网络综合布线线缆（网线、电话线、监控线、电梯通话线）。

1.4.4.3 工程竣工验收工作

所有建设项目和单项工程都要按照国家有关规定及时组织竣工验收，竣工验收就是填写交工验收证书，办理固定资产交付使用的转账手续，以缩短工期，提高投资效益。

工程竣工验收应根据上级机关或主管部门批准下达的可行性研究、初步设计、施工图设计（包含设计变更部分）、设备技术说明书、现行施工技术规范以及其他技术文件的要求进行。

工程项目竣工验收工作应组建竣工验收机构。其职责是：

（1）制订竣工验收工作计划；

（2）审查各种竣工技术文件；

（3）审查试车规程，检查试车准备工作；

（4）鉴定工程质量；

（5）处理竣工验收工作中出现的各种问题；

（6）签发竣工验收证书；

（7）提出竣工验收工作报告。

单机试车合格、交工，无负荷联动试车合格，交工，建筑工程竣工交工等，设计院一方可由其驻现场工作组代表参加；全部工程竣工验收机构中的设计院代表，应尽可能由该工程项目的总设计师担任。

设计院一方在竣工验收工作中，主要任务是了解施工中对设计文件的执行情况、施工质量，并在交工验收文件上签署评价意见，履行必要的手续。因此，总设计师或驻现场工作组代表，应充分领会设计原则，了解设计意图，熟悉全部设计文件资料，参加施工过程中的有关技术协调会议，协助做好竣工验收工作。

一般在工程竣工正式验收之前，必须先编制工程竣工决算书。工程项目竣工决算书是由建设单位编制的反映工程项目实际造价和投资效果的文件，是竣工验收文件的重要组成部分。若是设计单位的总承包工程项目，竣工决算书的编制则由设计单位自己完成，建设单位参与。竣工决算书包括：从筹划到竣工投产全过程的全部实际费用，即建筑工程费用、安装工程费用、设备工具、器具购置费用和工程建设其他费用以及预备费和投资方向调节税支出费用等。对于非总承包项目，在竣工决算书编制过程中，总设计师可以为建设单位提供设计变更和修改设计图纸、隐蔽工程等方面的必要协助。

工程竣工决算书的基本格式应包括：一封面；二封皮（同封面）；三竣工决算书汇总表，包含内容：主体工程、6m外超深基础、增加建筑面积和钢材补差价、现场签证增减工程、设计变更增减工程、附属零星工程、其他增减工程的金额以及合计大小写和审定价；建设单位、法定代表人、现场代表、预算审核人（盖公章）；施工单位、法定代表人、现场代表、预算编制人（盖公章、造价员章）；四竣工决算编制说明并附带其依据，如施工合同、桩孔检查记录、工程量签证单、会议记录、钢筋明细表等资料。

工程竣工决算的编制依据竣工决算的编制依据，主要有：

（1）经批准的可行性研究报告及其投资估算书；

（2）经批准的初步设计或扩大初步设计及其概算书或修正概算书；

（3）经批准的施工图设计及其施工图预算书；

（4）设计交底或图纸会审会议纪要；

（5）招投标的标底、承包合同、工程结算资料；

（6）施工记录或施工签证单及其他施工发生的费用记录；

（7）竣工图及各种竣工验收资料；

（8）历年基建资料、财务决算及批复文件；

（9）设备、材料等调价文件和调价记录；

（10）有关财务核算制度、办法和其他有关资料、文件等；

（11）竣工验收报告。

1.4.4.4　设计回访与总结

工程竣工验收后，应根据工程特点，将具有参考价值的主要问题，按总体设计方面和专业设计方面，分别做出必要的设计技术总结。设计总结工作由工程项目总设计师或有关专业人员负责完成。设计总结材料根据需要情况归档或组织交流。

设计总结的主要内容是：

（1）设计中贯彻执行党和国家方针政策情况；

（2）设计方案的合理性；

（3）设计的主要特点；

（4）设计工作中的主要经验和教训。

设计回访就是设计企业投产后，设计单位应进行定期或不定期的到现场了解生产情况的工作。设计回访的主要目的是：

（1）了解企业投产后，对原设计的看法、意见和建议；

（2）总结企业正常生产的技术经济指标及其他技术资料，丰富设计参考资料；

（3）协助解决原设计通过正式生产所暴露和发现的设计问题；

（4）承揽新的设计任务。

原工程项目的总设计师应尽可能参加设计回访工作。设计回访工作应根据需要选派有关专业或其他人员参加并共同完成。设计回访应编制工作记录。

学习思考题

1-1　名词解释：工厂设计，工程语言，建设程序，工程设计，项目建议书，可行性研究，初步设计，施工图设计，施工服务，竣工验收，工程竣工决算书，隐蔽工程，设计回访。

1-2　简述我国冶金工厂建设程序。它的可变性体现在哪些方面？

1-3 为什么说设计院与工程技术公司不一样？

1-4 试比较项目建议书、可行性研究、初步设计、施工图设计各设计阶段工艺专业的职责异同点。

1-5 设计研究院设置有哪些专业，它与高等院校的学科专业分类有什么不同？

1-6 试拟出可行性研究阶段设计应收集资料的目录。

1-7 试分别指出项目建议书、可行性研究、初步设计、施工图设计各设计阶段要解决什么样的工程问题？

1-8 请根据给定某项工程的可行性研究报告（软盘拷贝），编写该项目的项目建议书，要求补充市场分析的最新资料（产品的售价、产量等）。

1-9 试比较前期设计和工程设计的区别与联系。

1-10 说明一般工程项目不进行技术设计的原因，并用 AutoCAD 画出技术设计的设计程序框图，再粘贴到 Word 文档中打印出来。

1-11 指出工艺专业在施工图技术交底时的具体内容及注意事项。

1-12 总图运输专业在施工图技术交底时的内容有哪些？

1-13 进行施工图技术交底有何意义？

1-14 指出结构专业在施工图技术交底应注意的问题。

1-15 给排水专业在施工图技术交底应注意什么问题？

1-16 非标准设备设计，为什么要签订技术协议？

1-17 签订非标准设备技术协议时应注意什么问题？

1-18 试用 Excel 列出概算用表格形式，并设置单元格形式为自动换行与套用相关求和连接关系。

1-19 指出工程概算的依据有哪些？

1-20 指出可行性研究阶段是否需要编制环境保护、节能减排、安全设施设计、职业卫生、消防等专篇？

1-21 简述工程项目进行厂址选择的原因。

1-22 说明出现哪些情况就不适宜建厂？

1-23 试用 AutoCAD 画出厂址选择工程流程框图。

1-24 指出项目建议书与可行性研究的异同点。

1-25 指出可行性研究与初步设计的异同点。

1-26 用 Excel 列出设备订货表表格形式，并设置单元格形式为自动换行与套用相关求和连接关系。

1-27 制订企业发展规划有何意义，指出企业规划应注意什么问题？

1-28 列出行业或企业规划的具体内容。

1-29 简述工程竣工决算书的作用及用途。

1-30 指出工程竣工决算书的内容包括哪些？

1-31 列出编制工程竣工决算书的流程框图。

1-32 指出建筑工程的隐蔽工程内容包括哪些？

1-33 隐蔽工程文件对工程竣工决算有何重要意义？

1-34 在什么工程项目中，竣工决算书不由设计院编制？

1-35 工程竣工验收后，为什么还要进行设计回访？

2 土建基础知识

在冶金工厂的设计中，土木建筑和钢结构占很大比重。作为工艺设计者，除了做好本专业的工艺部分设计外，还应了解土建部分设计的基本知识。在小型冶金工厂或冶金实验室的设计中，简单的土建工程和钢结构设计，可以由工艺设计人员直接做出。但是在对大、中型冶金工厂的设计中，由于分工较细，土建部分，如基础、地基的处理，厂房的结构等需由土建专业人员做施工设计。其中，需要特别注意：土建专业进行工厂设计时需与工艺专业进行密切的沟通，设计的基础资料，如基础和构件的动、静荷载，厂房的柱距、通风和照明的要求等，要由工艺专业设计人员提出，经协商确定；设计方案需充分满足工艺要求，保证生产高效运行。

在土建设计中，应遵循国家建委有关土建的统一基本规则，如模数制、制图规范、常用术语等，工艺设计人员应当而且必须了解和掌握这些规则。

2.1 基本概念

建筑——建筑既表示建筑工程的建造活动，同时又表示这种活动的成果建筑物。建筑也是一个通称，包括建筑物和构筑物。

建筑物——凡供人们在其中生产、生活或其他活动的房屋或场所都称为建筑物，如住宅、学校、影院、工厂的车间等。

构筑物——人们不在其中生产、生活的建筑，则称为构筑物，如水塔、电塔、烟囱、桥梁、堤坝等。

2.2 建筑的分类

2.2.1 按主要承重结构材料分类

（1）砖木结构建筑。如砖（石）砌墙体、木楼板、木屋顶的建筑。

（2）砖混结构建筑。如砖、石、砌块等砌筑墙体、钢筋混凝土楼板、屋顶的多用建筑。

（3）钢筋混凝土结构建筑。如装配式大板、大模板等工业化方法建造的建筑，钢筋混凝土结构用于高层、大跨、大空间结构的建筑。

（4）钢、钢筋混凝土结构建筑。如钢筋混凝土柱、梁，钢屋架组成的骨架结构厂房。

（5）钢结构建筑。如全部用钢柱、钢屋架建筑的厂房。

（6）其他结构建筑。如生土建筑、塑料建筑、充气塑料建筑等。

2.2.2 按层数分类

（1）住宅建筑。低层:1~3层；多层:4~6层；中高层: 7~9层；高层: 10~30层。

（2）公共建筑及综合性建筑的总高度大于24m者为高层（不包括高度超过24m的单层主体建筑）。

（3）建筑物高度大于100m时，不论住宅或公共建筑均为超高层。

（4）工业建筑（厂房）。如单层厂房、多层厂房、混合层数的厂房。

2.3 部分地区主要气象资料

2.3.1 风玫瑰图

风向频率玫瑰图，简称风玫瑰图。所谓风向频率是统计风向频率及静风次数，在一定时间内各种风向出现的次数占所有观察总次数的百分比，用下式表示：

$$风向频率 = 该风向出现次数/风向的总观察次数 \times 100\%$$

所谓内向风频率图是：将风向分为8个或16个方位，按照各个方位风出现的频率以相应的比例长度点在8个或16个轴线图的轴线上，将各相邻方向的线端用直线连接起来形成的闭合折线，此闭合折线即风向玫瑰图。玫瑰图上所表示的吹风，是从外面吹向坐标中心。风玫瑰图最好是由所在地区的气象台站进行实测而提出的。

设计中考虑风向的影响，主要为了尽可能避免因风向而引起的火灾和尽量减少因风向而造成的污染。关于风向的提法过去习惯采用"常年主导风向"。在过去的文献或标准规范中看到的上风向、下风向或侧风向，都是以主导风向而论的，在近年来出版的标准规范中已采用频率风向。

风玫瑰图见图2-1。

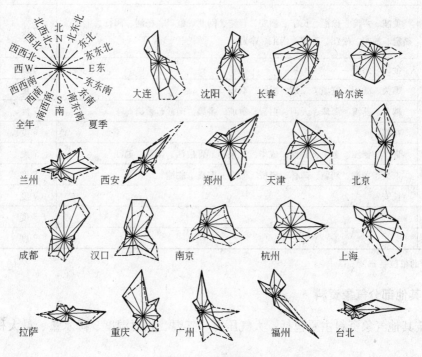

图2-1 风玫瑰图

2.3.2　抗震设防烈度

建筑的抗震设计是非常重要的，建筑经抗震设防后，可减轻建筑的地震破坏，避免人员伤亡，减少经济损失。2008 年四川汶川"5·12"大地震后，国家高度重视建筑抗震设计，住房和城乡建设部随后颁布了《建筑抗震设计规范》（GB 50011—2010），我国部分主要城市抗震设防烈度及设计基本地震加速度见表 2 - 1。抗震设防目标是：当遭受低于本地区抗震设防烈度的多遇地震影响时，主体结构不受损坏或不需修理可继续使用；当遭受相当于本地区抗震设防烈度的设防地震影响时，可能发生损坏，但经一般性修理仍可继续使用；当遭受高于本地区抗震设防烈度的罕遇地震影响时，不致倒塌或发生危及生命的严重破坏。标准规定：抗震设防烈度为 6 度及以上地区的建筑，必须进行抗震设计。最主要的两个设计指标为抗震设防烈度与设计基本地震加速度。

抗震设防烈度是指按国家规定的权限批准作为一个地区抗震设防依据的地震烈度，一般情况，取 50 年内超越概率 10% 的地震烈度。设计基本地震加速度是指 50 年设计基准期超越概率 10% 的地震加速度的设计取值，地震加速度的单位是 m/s^2。

表 2 - 1　我国部分主要城市抗震设防烈度及设计基本地震加速度（摘自 GB 50011—2010）

城　市	区　　　域	抗震设防烈度	设计基本地震加速度
北京	东城、西城、崇文、宣武、朝阳、丰台、石景山、海淀、房山、通州、顺义、大兴、平谷、延庆	8 度	0.20g
	昌平、门头沟、怀柔、密云	7 度	0.15g
上海	黄浦、卢湾、徐汇、长宁、静安、普陀、闸北、虹口、杨浦、宝山、嘉定、浦东、松江、青浦、南汇、奉贤	7 度	0.10g
	金山、崇明	6 度	0.05g
长春	难关、朝阳、宽城、二道、绿园、双阳	7 度	0.10g
广州	越秀、荔湾、海珠、天河、白云、黄埔、番禺、南沙、萝岗	7 度	0.10g
	花都	6 度	0.05g
成都	青羊、锦江、金牛、武侯、成华、龙泉驿、青白江、新都、温江	7 度	0.10g
西安	未央、莲湖、新城、碑林、灞桥、雁塔、阎良、临潼	8 度	0.20g
	长安	7 度	0.15g
中国香港		7 度	0.15g
中国澳门		7 度	0.10g

注：g 的单位是 m/s^2。

2.3.3　其他部分气象资料

建筑其他气象资料主要包括：大气压力、气温、相对湿度、降水量、最大积雪深度和风速等。

具体数据见表 2 - 2 ~ 表 2 - 6。

表 2－2　我国部分主要城市大气压力值（摘自 GB 50178— 93）

地　名	气象台站位置		海拔高度/m	大气压力/hPa		
	北纬	东经		年平均	夏季平均	冬季平均
长　春	43°54′	125°13′	236.8	986.6	977.9	994.1
北　京	39°48′	116°28′	31.5	1010.2	998.6	1020.3
西　安	34°18′	108°56′	396.9	970.1	959.3	978.8
上　海	31°10′	121°26′	4.5	1016.0	1005.3	1025.2
成　都	30°40′	104°01′	505.9	956.4	947.7	963.3
广　州	23°08′	113°19′	6.6	1012.3	1004.5	1019.5
中国香港	22°18′	114°10′	32.0	1012.8	1005.6	1019.5

表 2－3　我国部分主要城市日照情况（摘自 GB 50178— 93）

地　名	日照时数/h				日照百分率/%			
	全年	12 月	1 月	2 月	全年	12 月	1 月	2 月
长　春	2336.9	168.1	194.3	176.6	60	61	68	67
北　京	2776.0	192.5	204.7	196.8	63	66	68	65
西　安	1963.6	129.5	136.3	124.7	44	43	43	41
上　海	1989.9	147.2	138.3	117.5	44	46	43	38
成　都	1200.4	62.4	68.7	61.5	27	20	21	20
广　州	1849.2	168.36	135.8	79.6	42	51	40	25
中国香港	2011.6	179.3	153.5	108.7	45	54	45	34

表 2－4　我国部分主要城市相对湿度、降水、积雪、风速情况（摘自 GB 50178— 93）

地　名	相对湿度/%		降水/mm		最大积雪深度/cm	风速/m·s⁻¹		
	最热月	最冷月	年降水量	日最大降水量		全年	夏季	冬季
长　春	78	68	592.7	130.4	22	4.3	3.5	4.2
北　京	77	44	627.6	244.2	24	2.5	1.9	2.8
西　安	72	67	591.1	95.3	22	1.9	2.1	1.7
上　海	83	75	1132.0	204.4	14	3.1	3.2	3.0
成　都	85	81	938.9	1201.3	5	1.1	1.1	0.9
广　州	83	70	1705.0	284.9		2.0	1.8	2.2
中国香港	81	71	2224.7	382.6		6.0	5.2	6.3

表 2－5　我国部分主要城市温度情况（摘自 GB 50178— 93）

地　名	气温/℃							日平均温度 ≤5℃的天数/天
	最热月	最冷月	年平均	年较差	日较差	极端最高	极端最低	
长　春	23.0	-16.4	5.0	39.4	11.3	38.0	-36.5	170
北　京	25.9	-4.5	11.6	30.4	11.3	40.6	-27.4	125
西　安	26.4	-0.9	13.3	27.3	10.5	41.7	-20.6	100
上　海	27.8	3.5	15.7	24.3	7.5	38.9	-10.1	54

续表 2 - 5

地　名	气温/℃							日平均温度 ≤5℃的天数/天
	最热月	最冷月	年平均	年较差	日较差	极端最高	极端最低	
成　都	25.5	5.4	16.1	20.1	7.4	37.3	-5.9	
广　州	28.4	13.3	21.8	15.1	7.5	38.7	0.0	
中国香港	28.6	15.6	22.8	13.0	5.2	35.9	2.4	

表 2 - 6　我国部分主要城市入射角、最大冻土深度及部分天象情况（摘自 GB 50178— 93）

地　名	入射角/（°）		最大冻土深度 /cm	天气现象			雷暴天数/天
	冬至日	大寒日		大风（风力≥8 级天数）/天			
				全年	最多	最少	
长　春	22.6	25.9	169	45.9	82	5	35.9
北　京	26.7	30.0	85	25.7	64	5	35.7
西　安	32.2	35.5	45	7.2	18	1	16.7
上　海	35.3	38.6	8	15.0	35	1	29.4
成　都	35.8	39.1		3.2	9	0	34.6
广　州	43.4	46.7		5.5	17	0	80.3
中国香港	44.2	47.5					34.0

2.4　建筑定位尺寸

2.4.1　开间和进深

在民用建筑设计中，对常用的矩形平面房间来说，房间的平面尺寸一般不用长宽来表示，而是用开间和进深来表示房间的二维尺寸。

开间也称面阔或面宽，是指一间房屋内一面墙的定位轴线到另一面墙的定位轴线之间的实际距离；垂直于开间的房间纵向轴线间距称为进深（见图 2 - 2）。

这里开间、进深并不是指房间净宽净深尺寸，而是指房间轴线尺寸。

房间一般是由一定厚度的墙体围合而成，这些墙体在平面上的垂直投影便形成房间的平面图。确定房屋墙体位置、构件长度和施工放线的基准线称为轴线，建筑制图中用点划线表示。对建筑设计来说，轴线是房间平面的最基本尺寸线，两条轴线间的距离便构成了房间平面的开间和进深尺寸。轴线和墙体的关系（以砖墙为例）一般是：对内墙来说，轴线多定在墙厚度方向的中心线上；对外墙来说，轴线常定在墙中靠近室内一侧墙面120mm 处（等于半砖墙的厚度）。这样由两条轴线确定的开间、进深尺寸，实际指的是房间净宽（长）再加上两条轴线所包括的墙的厚度。

根据《住宅建筑模数协调标准》（GB J100—87）规定：住宅建筑的开间常采用下列参数：2.1m、2.4m、2.7m、3.0m、3.3m、3.6m、3.9m、4.2m。厂房设计时，需根据工艺要求进行开间设计，而配套用房如计算机控制室、员工休息室等，应考虑上述数据参数。

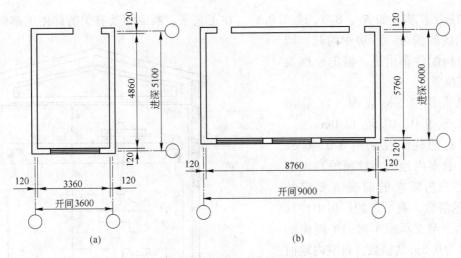

图 2-2　开间、进深示意图

2.4.2　柱距与跨度

　　厂房承重柱在平面中排列所形成的网格称为柱网。确定建筑物主要构件位置及标志尺寸的基准线称定位轴线；平行于厂房长度方向的定位轴线称为纵向定位轴线；垂直于厂房长度方向的定位轴线称为横向定位轴线。纵向定位轴线间距称为跨度，横向定位轴线间距称为柱距。如图 2-3 所示，定位轴线应用细点划线绘制，并需要编号。编号应注写在轴线端部的圆内，圆的直径为 8~10mm。定位轴线圆的圆心，应在定位轴线的延长线上或延长线的折线上。平面图上定位轴线的编号，宜标注在图样的下方与左侧。横向编号应用阿拉伯数字，从左至右顺序编写，竖向编号应用大写拉丁字母，从下至上顺序编写，注意：拉丁字母的 I、O、Z 不得用作轴线编号。如字母数量不够使用，可增用双字母或单

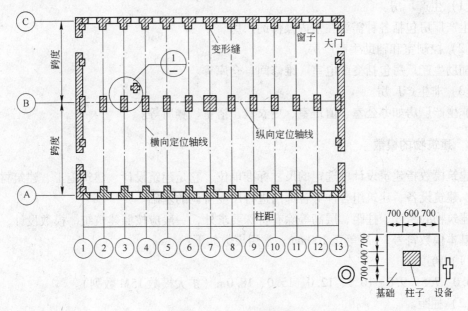

图 2-3　柱网结构图

字母加数字注脚，如 A_A、$B_A Y_A$ 或 $A_1 B_1 Y_1$。在工艺平、断面图及有关的详图上都应注写定位轴线的编号，厂房中的柱、墙及其他构配件都由纵、横定位轴线确定其位置。

应采用 1.5m 数列，宜采用 6.0、7.5、9.0、10.5、12.0m。

厂房的柱距宜采用 6.0、6.6、7.2m。自室内地面至柱顶的高度应在满足工艺需求的前提下要求是 0.3m 的倍数。有吊车的厂房中，自室内地面至支承吊车梁的牛腿面的高度应为 0.3m 的倍数。自室内地面至支承吊车梁的牛腿面的高度在 7.2m 以上时，宜采用 7.8、8.4、9.0、9.6m 等数值。

楼、地面上表面间的层高对于有固定起重设备厂房的高度 H，参照图 2 - 4。

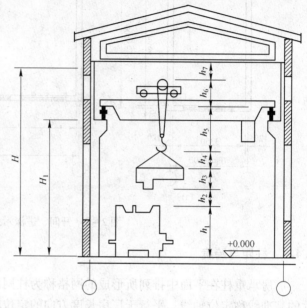

图 2 - 4　厂房高度示意图

2.5　建筑物的一般要求

2.5.1　装置内建筑物

（1）生产厂房。

生产厂房包括各种需要在室内操作的厂房。

（2）控制室和辅助生产厂房。

辅助生产厂房包括变配电室、维修间、仓库等。

（3）非生产厂房。

非生产厂房如办公室、值班室、更衣室、浴室、厕所等。

2.5.2　建筑物的模数

建筑模数指建筑设计中选定的尺寸标准单位。它是建筑设计、建筑施工、建筑材料与制品、建筑设备、建筑组合件等各部门进行尺度协调的基础。

建筑物的跨度、柱距、层高等除有特殊要求外，一般应按照建筑统一模数设计，根据 M 为基本模数符号，1M 等于 100mm。常用模数如下：

（1）跨度。

6.0、7.5、9.0、10.5、12.0、15.0、18.0m（扩大模数 15M 数列）。

（2）柱距。

6.0、9.0、12.0m（扩大模数 30M 数列）；

6.0m 钢筋混凝土结构厂房常用柱距；

4.0m 砖土结构厂房常用柱距。

（3）层高。

2.4 + 0.3 的倍数 m（扩大模数 30M 数列）；

7.2 + 0.6 的倍数 m（扩大模数 60M 数列）。

（4）走廊宽度。

单面 1.2、1.5m，双面 2.4、3.0m。

（5）吊车轨顶。

600mm 的倍数（厂房 ± 200mm）（扩大模数 60M 数列）。

（6）吊车跨度。

600mm 用于电动梁式、桥式吊车：跨度 − 1.5m；对冶金特重级工作制 A7 级的格式吊车：跨度 − 2.0m 较合适；用于手动吊车：跨度 − 1.0m。

2.5.3　地面通道和厂房的门

通道和门除了满足车间内的地面运输、人员往来外，还要保证在发生事故时，人员能很快地疏散出去。

车间内设一条横向通道，约 80m 宽。厂房内至少需设一条横向通道，横向通道要注意安全性。

（1）厂房出入口应便于操作人员通行，并至少应有一个门能使厂房内设备的最大部件出入。但可不考虑安装在厂房内的大型设备如容器的进出，一般此类设备是在吊装以后再行砌墙封闭厂房的。

（2）检修时如有进入车辆，门的宽度和高度，应能使车辆方便地通过。如通行火车的门尺寸一般为 4200mm × 5100mm，这是根据机车高度 4424mm 和拖车宽度 3070mm 的净空要求确定的。

（3）安全疏散出口应向外开启，有可燃介质设备厂房的疏散出口不应少于两个。

2.5.4　吊装孔的位置

在两层和两层以上的生产厂房内布置设备时，应使厂房结构满足设备整体吊装要求，并应按设备检修部件的大小设置吊装孔和通道。吊装孔的位置应设在出入口附近或便于搬运的地方。

2.5.5　其他厂房建筑规定

根据屋架或屋面梁的荷载参数可采用 2.0、2.5、3.0、3.5、4.0、4.5、5.0、5.5、6.0kN/m^2（不包括屋架或屋面梁的自重、支撑重量、天窗重量及悬挂吊车荷载）。厂房建筑结构上的风荷载宜采用基本风压值 0.35、0.50、0.70kN/m^2。厂房屋面坡度宜采用 1：5、1：10、1：50 和 1：100。

2.6　基　　础

地基与基础对房屋的安全和使用年限有很重要的作用。如基础设计不良，地基处理考虑不周，可使建筑物下沉过多或出现不均匀下降，致使墙身开裂，问题严重的将导致建筑物倾斜、倒塌。若房屋建成之后才发现基础有问题，补救也较困难。因此，在设计之前，必须对地基进行钻探，充分掌握并正确地分析地质资料，在此基础上妥善设计，以免造成浪费或后患。

2.6.1　地基与基础概念

基础是房屋在地面以下的承重结构，它承受房屋上部的全部荷载并将它传递到土层。基础下面承受压力的土层称为地基。

2.6.1.1　地基

在做基础设计时，要先掌握当地的土质性质以及地下水的水质和水位。作为地基土，其单位面积能承受基础传下来的载荷的能力，称为地基的允许承载力，也称地耐力，以 MPa 或 t/m^2、kg/cm^2 来表示。

地基土分为岩石类、碎石类、砂类、黏性土等多种。它们的允许承载力差别很大，即使是同一种土质，由于它们的物理力学性质不同，其允许承载力也不相同。硬质的岩石可达 4MPa（$400t/m^2$）以上，淤泥则低到 0.1MPa（$10t/m^2$）以下，土壤允许的承载力见表 2-7。

如建筑物高大而地基较弱，基底压力与地基允许承载力不相适应时，要设法加固地基。如基础下面仅局部为松软土层时，则可将该土挖去，换以砂或低标号的块石混凝土。如若土层很深，则可做桩基，一般多采用预制的钢筋混凝土桩或就地灌注的混凝土桩，以提高地基的允许承载力。

在建筑工程的地基内有地下水存在时，地下水位的变化、水的侵蚀性等，对建筑工程的稳定性、施工及正常使用都有很大的影响，必须予以重视。

表 2-7　土壤允许的承载力

土 壤 种 类	许可压力/kgf·cm^{-2}	
	固体状态	塑体状态
黏土类土壤：		
黏土	2.5~6	1.0~2.5
亚黏土	2.5~4	1.0~2.5
砂土和砾石类土壤：	紧密	中等紧密度
干砂土	2.5	2.0
湿砂土	2.0	1.5
饱和了水分的泥土	1.5	1.0
小块的干砂子	3.0	2.0
小块的湿砂子	2.5	1.5
饱和了水分的小块砂子	2.5	1.5
中块砂子	3.5	2.5
大块砂子	4.5	3.5
砾石和卵石	6.0	5.0

注：$1kgf/cm^2 = 0.098MPa$。

2.6.1.2　基础

图 2 - 5 为一外墙基础剖面。基础的最底面（与地基接触部分）称为基底。混凝土强度等级：地圈梁为 C25，基础垫层为 C15。基础 ±0.000 标高以下为页岩实心砖，其强度等级为 Mu10，水泥砂浆的强度等级 M5 砌筑。基槽开挖后应通知相关单位人员共同验槽。若发现异常现象，及时处理，并清理基槽表土及时浇筑混凝土垫层。

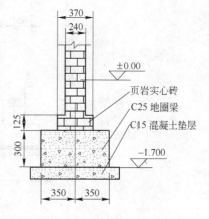

图 2 - 5　外墙基础剖面图

基础的底宽与其底面积有关，而基底面积的大小则由基础所承受的荷载和地基的承载能力来决定，也就是要满足：

$$p \leqslant R$$

式中　p——基础底面传给地基的平均压力，t/m^2；

R——地基允许承载力，t/m^2。

如建筑物高大或地基的允许承载力小时，为满足上述条件，基础的底面积要加大，基底的宽度也随之加大。

2.6.2　基础的类型和材料

2.6.2.1　承重墙下的基础

以砖石砌筑的承重墙多用条形基础，所用材料可以与墙身相同，即墙身用砖，基础也用砖；或墙身用砖，基础用石（图 2 - 6）。当地下水位较高、槽底湿软或见水时，则用混凝土或毛石混凝土，即在混凝土中渗入毛石以节约水泥用量（图 2 - 7）。当遇到地质较软而荷载又较大的房屋，常用抗弯性能较高的钢筋混凝土基础（图 2 - 8）。

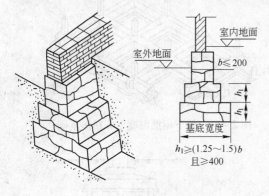

图 2 - 6　石砌条形基础

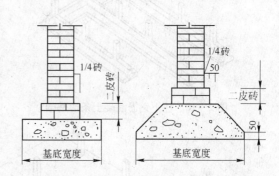

图 2 - 7　混凝土（或毛石混凝土）基础

2.6.2.2　骨架结构的基础

由于骨架结构的垂直承重结构是柱，所以一般做成单独的基础，其材料常用钢筋混凝土（图 2 - 9）。

在比较软弱的地基上建造单独基础时，由于基底面积为适应地耐力而需扩展，以致相邻的基础靠得很近。这时，为施工方便和加强结构的整体性，常将这些单独基础连接起

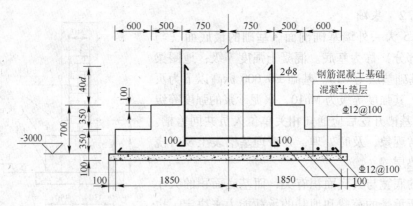

图 2-8 钢筋混凝土基础

来，做成柱下的钢筋混凝土条形基础（图
2-10）。如土质更弱，单向联合也无法保
证房屋的整体性时，可考虑在纵横双向采
用条形基础，做成十字形相交的井格形基
础。这样，不但可以进一步扩大基础的底
面积，而且能够增强其刚度，有利消除房
屋的不均匀沉陷（图2-11）。

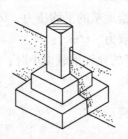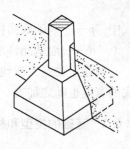

当土质很弱而上部荷载又很大，如果

图 2-9 柱的单独基础

采用井格基础仍不能满足要求时，可将基础做成整片的钢筋混凝土筏式基础（图2-12）
或桩基础（图2-13）。

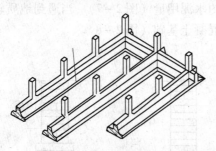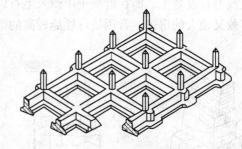

图 2-10 柱下钢筋混凝土条形基础   图 2-11 柱下钢筋混凝土井格形基础

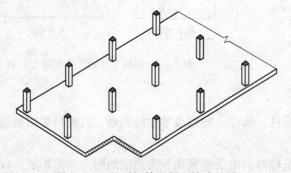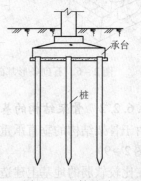

图 2-12 柱下钢筋混凝土筏式基础   图 2-13 桩基础

2.6.3 基础的埋置深度

在保证坚固安全的前提下，从经济方面考虑基础应尽量浅埋，但地层表面有一层松软的腐殖土，不宜用作地基，故埋置深度（简称埋深）一般不得小于0.5m。基础埋深与建筑物的用途有关，当有地下室、地下管沟或设备基础时，基础就应埋得深些。基础埋深还与地基土层分布的状况有关，如上层土的承载力小于下层土时，则要深埋；如上层土的承载力大于下层土时，则要浅埋，利用上层土作为地基的持力层。

冻结深度对基础埋深也有影响，一般地说在冻结深度内的土壤都要冻结，但因土的种类不同，冻结后有两种情况：

（1）属于粗颗粒的土（如岩石类、大块碎石类、砾砂、粗砂、中砂）在冻结后不膨胀或膨胀很小，对基础影响不大，建造在这类土上的基础，其埋深不受冻结深度的影响。

（2）属于细颗粒的土（如细砂、粉砂、黏土等），在地下水位较高的情况下（含水量很小和地下水位很低的情况除外），冻结后其体积膨胀增大，这类土称为冻胀性土。当基础底面放在这类土的冻结深度以内时，则由于地基土冻胀而引起基础上升，解冻时基础又会下沉。若房屋各部基础下的地基土冻融情况不同，将会产生不均匀沉降，甚至使上部结构砖墙等断裂和破坏。因此，在确定这类土上的基础埋深时，应仔细考虑。

施工图设计时，具体基础埋深多少，由结构专业设计人员根据工程地质报告的建议数据来综合确定。

2.7 单层厂房结构

单层厂房是指工业厂房中，层数为一层的厂房，通常是使用大型机器设备或有重型起重运输设备的工厂采用。

2.7.1 单层厂房的特点

（1）从建筑上讲，要求构成较大的空间。单层厂房是冶金、机械等车间的主要厂房形式之一。为了满足在车间中放置尺寸大、较重型的设备生产重型产品，要求单层厂房适应不同类型生产的需要，构成较大的空间。

（2）从结构上讲，要求单层厂房的结构构件要有足够的承载能力。由于产品较重且外形尺寸较大，因此作用在单层厂房结构上的荷载、厂房的跨度和高度都往往比较大，并且常受到来自吊车、动力机械设备的荷载的作用，这就要求单层厂房的结构构件有足够的承载能力。

（3）为了便于定型设计，单层厂房常采用构配件标准化、系列化、通用化、生产工厂化和便于机械化施工的建造方式。

一般来说，单层厂房属于特殊厂房，只有一些特殊的行业才需要使用单层厂房，比如说，冶金行业的炼铁车间的出铁场，炼钢与铁合金浇注车间，连铸、轧钢车间，另外如五金塑胶、机械设备、印刷纸品、模具、仓库等行业。

2.7.2 单层厂房的分类

单层厂房的结构形式按它所用的材料来分，有砖混结构、钢筋混凝土结构、钢-钢筋混凝土结构、钢结构等。

2.7.2.1　从高度上分类

单层厂房滴水位高度很重要，有的厂房高 $4\sim5m$，有的 $6\sim7m$，有的可高达 $11\sim12m$ 或更高。一般的厂房越高建造起来会越困难，所需材料成本等也会越高。

2.7.2.2　从外部建筑结构上分类

A　普通结构

（1）简易铁皮：就是最简单的，用铁皮比较随意搭建的厂房。

（2）钢结构厂房：钢结构工程是以钢材制作为主的结构，是使用钢材质的构件承受荷载的结构形式。其主要优点包括自重较轻、可靠性较高、抗震、抗冲击性好、工业化程度较高、建筑工期短、厂房跨度大等，一般大型桥式吊车的厂房均采用钢结构，但钢结构厂房的耐蚀性、耐高温、耐低温性相对不太好，且工程造价相对较高。钢结构厂房又分彩钢结构或普通钢结构。彩钢结构比普通钢结构好很多。

（3）混凝土结构：是用砖头建墙，混凝土封顶，这种结构安全性、隔热性都要比上两种好。

（4）砖混结构：是指建筑物中竖向承重结构的墙、柱等采用砖或者砌块砌筑，横向承重的梁、楼板、屋面板等采用钢筋混凝土结构。这种结构一般是由带壁柱的砖墙和钢筋混凝土屋架（或屋面架）组成，小型高炉的出铁场常采用这种形式。如厂房设有吊车，则可在壁柱上设置吊车梁。为节约材料的用量，也可将吊车轨道铺在砖墙上。为了保证吊车行驶，砖壁柱和吊车以上的砖墙向外移，此种结构造价较低，节约钢材和水泥，便于就地取材，施工简便，唯因受砖和强度所限，故只适用于跨度不大于 $15m$，檐高在 $8m$ 以下，吊车吨位不超过 $5t$ 的小型厂房。目前，这种单层厂房结构基本已被淘汰。

B　钢筋混凝土结构。

单层厂房结构是由横向骨架和纵向联系构件组成。

横向骨架由屋架、柱和基础组成，它承受天窗、屋顶及墙等部分传来的荷载以及自重。有吊车的厂房，还要承受由吊车所产生的各种荷载。这些荷载由柱传至基础。纵向联系构件由联系梁、吊车梁、屋面板（或檩）、柱间和屋架间支撑等组成。它们的作用是保证横向骨架的稳定性，并承受山墙及天窗端壁的风力以及吊车纵向水平荷载，这些荷载也通过柱传至基础。

骨架结构的外墙只起围护作用，除承受风力和自重外并不承受其他荷载。

装配式钢筋混凝土结构的柱、基础、联系梁、吊车梁及屋顶承重结构等都是采用预制构件，目前国家把各地区比较先进的、成熟的、常用的构件编制成标准图，以便设计单位选用。

（1）柱。在无吊车的厂房中，柱的截面常采用矩形，截面尺寸不小于 $300\times300mm$。在有吊车的厂房中，一般在柱身伸出牛腿以支承吊车梁，常用的有矩形柱、工字形柱、双肢柱等（图 2-14）。

工字形柱的截面较矩形柱受力合理，材料较省，是目前采用较多的一种形式（图 2-14b）。

双肢柱是由两根主要承受轴向力的肢杆用腹杆联系而成（图 2-14c、d），能充分利用混凝土的强度，材料较省，自重也轻。吊车的垂直荷载通过肢杆轴线，受力合理，不需另设牛腿，从而简化该处构造。但双肢柱的节点多，构造较复杂。当柱的高度和荷载较大时，宜采用双肢柱。

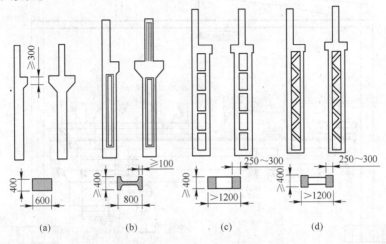

图 2 – 14   钢筋混凝土柱

（a）矩形柱；（b）工字形柱；（c）平腹杆双肢柱；（d）斜腹杆双肢柱

（2）吊车梁。在有吊车的厂房中，需设置吊车梁，一般是支承在柱的牛腿上。吊车梁上有钢轨，吊车的轮子沿钢轨运行。吊车梁承受吊车的垂直及水平荷载并传给柱子，同时也增加了骨架的纵向刚度。

2.7.2.3　从内部结构上分类

从内部结构上分为有牛腿和没有牛腿的，有牛腿的车间才可以装吊车（也称行车），这在工业生产中是很重要的一环，如果机器设备要装吊车，就一定要有牛腿才能使用。

2.7.3　单层厂房的结构形式

单层厂房的结构形式主要有排架结构和钢架结构两种。

2.7.3.1　排架结构

单层厂房排架结构（图 2 – 15）是目前单层厂房的基本结构形式。其跨度可超过30m，高度达 20～30m 或更高，吊车吨位可达 150t 以上。排架结构传力明确，构造简单，施工亦较方便。

门式钢架一般适用于吊车起重量 10～20t，跨度不超过 16～34m 的金工、机修、装配等车间或仓库。它是目前最基本、最普遍的结构形式，由屋面（或屋面梁）、柱和基础组成，柱与屋架铰接，与基础刚接。根据生产工艺和使用要求的不同，排架结构可做成等高、不等高和锯齿形等多种形式。

2.7.3.2　钢架结构

钢架结构（图 2 – 16）是柱与横梁刚体接成一个构件，柱与基础通常为铰接。钢架的优点是梁柱合一，构件种类少，制作较简单，且结构轻巧。当跨度和高度较小时，其经济指标稍优于排架结构。钢架的缺点是钢架较差，承载后会产生跨变，梁柱转角处易产生早期裂缝，所以对于有较大吨位吊车的厂房，钢架的应用受到一定的限制。

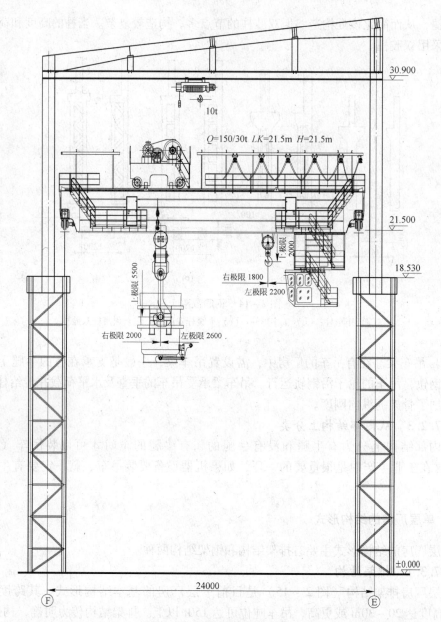

图 2 – 15 单层厂房排架结构

2.7.4 单层厂房的构件组成

以钢结构单层厂房排架结构为例，它主要由承重构件和维护构件两部分组成。

2.7.4.1 承重构件

（1）柱。承受屋架、吊车梁、支撑、联系梁和外墙传来的荷载，并把它传给基础。

（2）基础。承受基础梁和柱子传来的全部荷载，并传至地基。

（3）屋架。屋盖结构的主要承重构件，承受屋盖上的全部荷载，再由屋架传给柱子。

（4）屋面板。直接承受板上的各类荷载，并将荷载传给屋架。

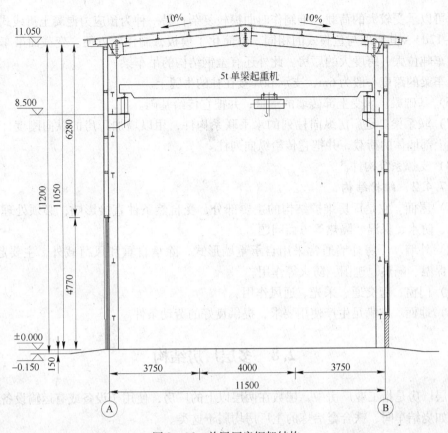

图 2-16 单层厂房钢架结构

（5）吊车梁。设置在柱子的牛腿上，承受吊车和起重、运行中所有的荷载，并将其传给柱子。吊车梁的形式有梁式和桁架式，在梁式吊车梁中，又可分为等截面的和变截面的两种。

等截面吊车梁有两种形式：一种是用普通钢筋混凝土制成的，其截面形式为 T 形（图 2-17a），其上部翼缘较宽，以增加承压面积和横向刚度，薄腹板的厚度为 120～180mm，在梁的端部则要加厚。另一种是用预应力混凝土制成的，为制成的需要，在 T 形截面下增添下翼成工字形（图 2-17b）。这种等截面吊车梁比前一种能承受较大的吊车荷载。

变截面吊车梁也有两种形式。一种为混凝土鱼腹式吊车梁（图 2-17c），将梁的下部设计成抛物线形，比较符合梁的受力特点，能充分利用材料强度，减轻自重，节约

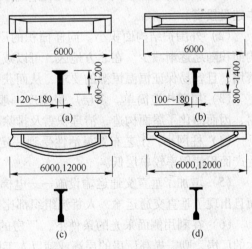

图 2-17 钢筋混凝土吊车梁

（a）钢筋混凝土等截面吊车梁；

（b）预应力混凝土等截面吊车梁；

（c）混凝土鱼腹式吊车梁；

（d）预应力混凝土折线式吊车梁

材料，可以承受较大的荷载，唯制作时曲模较复杂；另一种为预应力混凝土折线式吊车梁（图 2 - 17d），其原理与鱼腹式的相同，但简化了模板，制作较方便。变截面吊车梁一般用于吊车吨位大、跨度大的厂房。此外还有全钢结构的吊车梁。

吊车梁的跨度一般为 6m，支承和焊接在柱的牛腿上。

（6）基础梁。承受上部砖墙的重量，并把它传给基础。

（7）联系梁。是厂房纵向柱列的水平联系构件，用以增加厂房的纵向刚度，承受风荷载或上部墙体的荷载，并把它传给纵向列柱。

（8）支撑系统构件。

2.7.4.2 维护结构

（1）屋面。它是厂房维护结构的主要部分，受自然条件直接影响，必须处理好屋面的排水、防水、保温、隔热等方面问题。

（2）外墙。厂房外墙通常采用自承重墙形式，除承自重和风荷载外，主要起防风、防雨、保温、隔热、遮阳、防火等作用。

（3）门窗，起交通、采光、通风作用。

（4）地面。它满足生产使用要求，提供良好的劳动条件。

2.8 多层厂房结构

多层厂房是指工业厂房中，层数在两层以上的厂房，使用于设备或有运输设备较多的工厂，如烧结车间、铁合金冶炼的主厂房均属于这类。

2.8.1 多层厂房的特点

（1）占地面积小，可以节约用地，缩短各种工程管线以及道路的长度，可以节约基本建设投资。

（2）外围护结构面积小。同样面积的厂房，随着层数的增加，单位面积的外围护结构面积随之逐渐减少。在北方地区，可以减少冬季采暖费用；在空调房间则可以减少空调费用，且容易保证恒温恒湿的要求，从而获得节能的效果。

（3）屋盖构造简单。多层厂房宽度一般都比单层的小，可以利用侧面采光，不设天窗，因而简化了屋面构造，清理积雪及排除雨雪水都比较方便。

（4）柱网小，工艺布置灵活性受到一定限制。由于柱子多，结构所占面积大，因而生产面积使用率较单层低。

（5）增加了垂直交通运输设施——电梯和楼梯。在多层厂房中，不仅有水平向运输，而且出现了垂直交通运输，人货流组织都比单层厂房复杂，而且增加了交通辅助面积。

（6）在利用侧面采光的条件下，厂房的宽度受到一定的限制。如果生产上需要宽度大的厂房，则需提高厂房的层高或辅以人工照明。

究竟是采用单层厂房还是多层厂房，要根据生产工艺、用地条件和施工技术等具体情况进行综合比较，才能获得合理的方案。

在多层厂房中必然有大部分工序分别布置在各个楼层上，各工序之间以楼梯、电梯或其他形式的运输工具保持竖向联系，因而产品或设备过重或过大以及不宜采用垂直运输的生产就不宜采用多层厂房。

多层厂房具备单层厂房所不及的一些优势，过去曾经一度认为冶金重工业不需要像部分轻工业和高精工业需要纵向组织生产的需要，但在环境保护、能源节约的要求日趋严格的 21 世纪，冶金工业也可通过此种方式进行例如物料热装料等工艺安排，不过冶金多层工业厂房的高度一般考虑尽量低。

多层工业厂房首先应考虑在确保工业安全的情况下，尽量配合工业实际，并且在满足区域规划、经济条件等前提下为生产提供便利。多层工业厂房的跨度、柱距等一般应满足《住宅建筑模数协调标准》（GB J100—87）规定，但更重要的是满足生产工艺和设备布置要求。

2.8.2 钢筋混凝土结构

钢筋混凝土结构材料易得，施工方便，耐火耐蚀，适应面广，可以预制，也可现场浇注，为中国目前多层厂房所常用。

2.8.3 钢结构

钢结构则多用在大跨度、大空间或振动较大的生产车间，但要采取防火、防腐蚀措施，最好采用工业化体系建筑，以节省投资、缩短工期。此外，由于钢结构具有较大的塑性，钢结构建筑具有更强的抗震性能，2008 年"5·12"大地震发生时，凡是全钢结构厂房基本上都未遭到太大损坏而保留下来。钢结构厂房的造价要比钢筋混凝土结构的造价高30% 左右。钢结构多层厂房见图 2 - 18。

2.9 单层厂房平面布置

厂房平面布置以工艺需求为前提。平面布置方式主要有内廊式、统间式、混合式和套间式，下面分别叙述。

A 内廊式

各生产工段需用隔墙分隔成大小不同的房间，用内廊联系起来，这样对某些有特殊要求的工段或房间，如恒温、恒湿、防尘、防振等可分别集中。这种布置方式适用于各工部或房间在生产上要求有密切联系，又要求生产过程中不互相干扰的厂房。在小规模高精度的冶金生产及冶金实验室等地适用，冶金实验室布置如图 2 - 19 所示。

B 统间式

统间式对自动化生产及流水线生产更为有利。它适于生产工艺相互之间联系紧密，彼此无干扰，不需设分隔墙，生产工艺又要求大面积、大空间或考虑有较大的通用性、灵活性的厂房。在冶金生产实践中，大部分工艺厂房就是使用统间式的建筑平面来适应冶金生产安排的。

C 混合式

混合式能更好地满足生产工艺的要求，并具有较大的灵活性。但其缺点是易造成厂房平、立、剖面的复杂化，使结构类型增多，施工较复杂，且对防震不利。

D 套间式

通过一个房间进入另一个房间的布置形式为套间式。它适用于特殊工艺要求的生产，

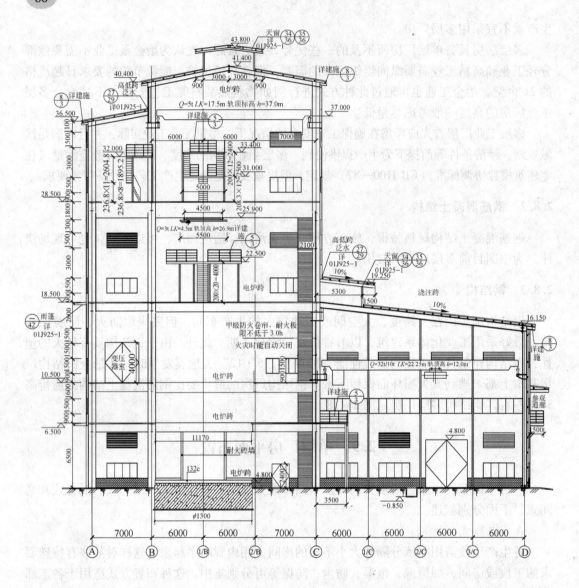

图2-18　钢结构多层厂房

例如精度逐渐提高、附加值逐渐提高的工艺生产，利于流程化管理。

"十二五"期间，工业生产技术将以更快的速度迅速发展，生产体制变革和产品更新换代频繁，冶金企业必须实现产品多样化、能源节约化、环境友好化、资源集中化。在流程缩短、精度提高等现代生产要求下，工业厂房在向大型化和微型化两极发展；同时普遍要求其在使用上具有更大的灵活性，以利模块化的发展和扩建，并利于运输和改装。

2.10　多层厂房平、剖面布置

多层厂房平、剖面布置是确定建筑体型及人、货流出入口位置，必须与企业总体布置及周围环境相协调。影响平、剖面设计因素很多，主要有以下几个方面。

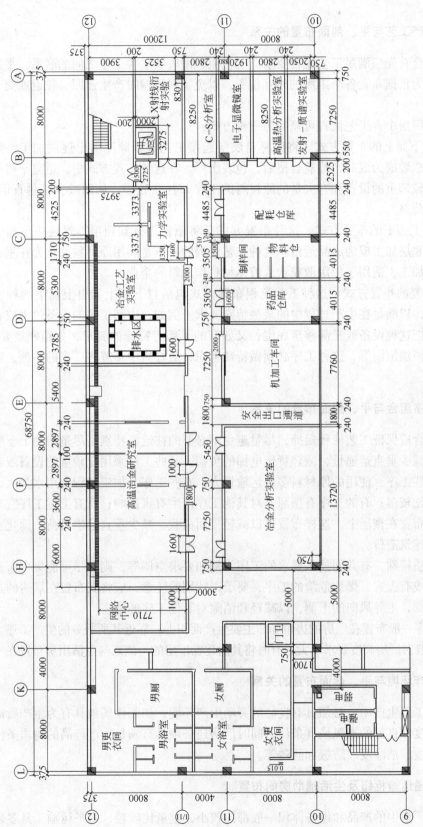

图 2-19 某冶金实验室(内廊式)平面布置

2.10.1　生产工艺与平、剖面布置的关系

平面组合首先应满足工艺流程要求。工艺流程图表明了各工序之间的联系，平面组合时应该以此为依据布置各个工序的相互位置，以免物料运输时产生迂回、往返或交叉等不合理现象。

在多层厂房中，工艺流程可概括为三种方式：

（1）自下而上的布置方式。将原料自底层起按工艺流程顺序向上逐层加工，到顶层进行组装和总装成为成品，检验合格后，包装出厂。在这种布置方式中，适宜于将初加工时所用的比较笨重的设备和有大量的原材料的工序布置在底层，从而减少了垂直运输量，减轻了楼板荷载。

（2）自上而下的布置方式。这种布置方式是将原料提升到顶层，然后按照加工顺序逐层下降至底层加工成为成品运出。这种工艺流程的特点是利用原材料的重力在垂直运输过程中进行加工，适用于使用散粒状或液体材料作原料的企业。

（3）往复的布置方式。这种工艺流程布置方式包括自下而上和自上而下两种工艺流程布置方式，以满足在生产过程中的某些特殊要求。例如，中间工序的设备过大或者有振动，不得不把这种设备或工部移至底层；又如有的工部有特殊的要求，如精密度要求高，要求防振或恒温恒湿等，这种工序必须做特殊考虑，最好集中布置在厂房的一侧，以便采取措施。

2.10.2　工序组合与平、剖面布置的关系

工序组合应保证工艺流程短捷，尽量避免不必要的往返，特别是尽量避免上下层之间的往返，以减少垂直运输量，减轻货运电梯的负荷。某些工序采用比较重的设备或者有吊车运输；有些工序，使用的原材料多，运输量大；有些工序，加工过程中用水量大，有湿过程，地面比较湿；有的工序有振源，对其他工序产生有害影响；所有上述工序宜布置在底层，避免布置在楼层上。这样布置可以减轻楼面荷载，减少垂直运输负荷，简化土建处理，并降低建筑造价。

生产性质特殊，有共同技术要求的工序，例如要求空调等，则宜尽可能集中布置。散发有害气体或有火灾、爆炸危险的工序，要予以特别的注意，应将其布置在厂房的边角或是走廊的端部，主导风向的下侧，以减轻和消除对其他工序的危害。

辅助工序一般布置在厂房的边角等非主要生产面积上，靠近其所服务的生产工序。由于辅助工序一般对厂房高度要求不大，有时将其附建在厂房的一侧或与生活用房布置在一起。

2.10.3　生产环境与平、剖面布置的关系

在冶金工厂生产中，必须具有良好的劳动生产环境，如工作场地具有为生产所需的足够空间、照度和良好的通风换气条件；同时厂房还必须具有满足生产产品的物质条件，如一定的温湿度、洁净度、防振和防磁等。

2.10.4　交通运输枢纽及生活辅助房间布置

在多层厂房中的产品和设备体积一般都比较小，重量比较轻，水平运输工具多采用手

推车或运输带，而各层之间的垂直交通运输则主要通过楼梯和电梯来解决。楼梯、电梯经常布置在一起组成交通运输枢纽。为了方便人员上下楼，生活辅助房间多布置在楼梯、电梯附近。

2.10.5 生活辅助房间布置

在多层厂房中，除布置各生产部门外，还需设置各种辅助和生活用房，例如存衣室、厕所、盥洗室、淋浴室、休息室以及行政、技术管理办公室等，其内容和组成与单层厂房类似。

2.11 柱网选择与结构选型

2.11.1 柱网选择

在多层厂房中，除底层外，设备荷载全部由楼板承受，因此柱网受到比较大的限制。柱网选择应满足工艺要求，在结构上要经济合理。

2.11.2 结构选型

多层厂房常用的结构类型可分为以下两大类。

2.11.2.1 砖石钢筋混凝土混合结构

砖石钢筋混凝土混合结构即楼板和层盖用钢 – 钢筋混凝土制作，砖墙承重。

2.11.2.2 框架结构

框架结构是目前多层厂房最常用的结构形式。这种结构形式，构件截面小，自重轻，厂房的层数和跨度都无严格限制，门窗大小及位置都比较灵活。墙体仅作为填充起隔离围护的作用，所以以应选择轻质材料，以减轻荷载。

常用的框架结构有梁板结构和无梁楼盖两类；此外，还有门式钢架结构和大跨度桁架式框架结构等。

A 梁板框架结构

这种结构形式，柱承受梁板传递来的荷载。柱有长柱、短柱、明牛腿和暗牛腿之分；板可用空心板、槽形板或 T 形板。梁则一般采用叠合梁，以减小结构高度。这种梁的下部是预制的，其上部则在现场叠浇混凝土。为了保证楼层的整体性，在浇注叠合梁时，同时在楼板上浇注一层结合层，其厚度为 50 ~ 80mm。

长柱框架结构，柱子长度是整个厂房的高度，在每层的横梁下伸出牛腿或设置暗牛腿，柱子上没有接头，刚度较短柱好；但柱子长度受施工条件的限制，一般不超过 30m。短柱按楼层高度设置，厂房高度不受限制。短柱与梁的搭接，与长柱相同，有明牛腿和暗牛腿两种方式。明牛腿方案中，梁柱连接构造简单，用钢量少，但室内不够整齐美观，伸出的牛腿容易积灰；暗牛腿方案的梁柱连接比前者复杂，用钢量多，但室内平整美观，要求防尘的洁净厂房多采用这种结构方案。

B 无梁楼盖框架结构

无梁楼盖框架结构是多层厂房经常采用的一种结构形式，适用于楼板荷载超过

$1000kg/m^2$ 的厂房，仓库多采用这种结构。由于在这种结构方案中的板是双向受力，宜采用方形柱网。这种结构类型的优点是天花板平整美观，为充分利用厂房内部空间创造了条件。

装配式无梁楼盖的承重骨架是由柱子、柱帽、柱间板和跨间板等构件组成。柱子四周伸出牛腿支承柱帽，在柱帽四周凹缘上搁置柱间板，作为骨架的水平构件，在柱间板的凹缘上再安放跨间板。如为整浇结构，在炎热地区，可将边柱外形成的空间围在室外，形成遮阳外廊，提高造型效果。

C　大跨度桁架式框架结构

当工艺要求厂房跨度大及需设置技术夹层安放通风及各种工程管线时，可采用平行弦桁架。在桁架上下弦上各铺一层楼板或轻钢骨架吊顶，上层为生产车间。而在夹层内既可安放工程管线，也可作为生活辅助房间。

2.12　多层厂房层数、层高与宽度的确定

2.12.1　层数的确定

多层厂房层数的确定受到多种因素的制约。在我国建设实践中，初期的多层厂房多为3层，目前4~5层居多，但是由于工艺的特殊要求以及城市地皮的限制等因素影响，6层以上的厂房逐年增加，个别厂房已达12层。多层厂房的层数由生产工艺、城市规划和技术经济的条件来确定。

2.12.1.1　生产工艺要求

工艺流程及其各生产工序所需面积的比例、材料的运行和加工过程确定了层数。在多层厂房中布置的各主要工序面积的相互比例，对厂房层数也起着重要作用。

2.12.1.2　城市规划的要求

按生产性质，工业企业大约有40%左右可布置在市区和近郊区。当厂房建在城市干道旁或广场附近时，厂房的层数由于用地紧张，地价昂贵，迫使厂房向高空发展，增加了厂房的层数。

2.12.1.3　层数的技术经济分析

层数的技术经济指标与所在地区的地质、建筑材料、建筑面积及其长宽都有关系。在地质条件较差的地区建厂时，厂房的层数不宜过多。若增加层数，则需采取相应的地基加固措施，有时是不经济的。混合结构与框架结构相比较，在层数较少的情况下，混合结构是经济的，但当为高层时，则必须采用框架结构。

2.12.2　层高与宽度的确定

多层厂房的层高与宽度同生产工艺、采光、节能、通风和建筑造价都有密切关系。

2.12.2.1　生产工艺及设备

工艺布置及设备大小和排列对厂房的层高和宽度起着决定性作用。

2.12.2.2　采光

在多层厂房中，天然采光主要靠外墙上的侧窗来解决，因此厂房的宽度在自然采光的

条件下，受采光的制约。

2.12.2.3　工程管道

在精密性生产的多层厂房中，需要设置空调管道，这些管道的断面一般比较大，为了保持空间的整洁，有时还需要吊顶，因而影响了厂房高度的确定。此外，在空调的房间内，层高还要满足新风和室内空气混合时空气层的高度要求以及恒温区的高度要求。

2.12.2.4　工程造价

层高和宽度与建筑造价有关，单位面积的造价是随着层高的提高而增加，一般情况下，层高每增加0.6m，造价提高8.3%。当厂房宽度增加时，单位面积的承重结构和围护结构的造价却随之降低。目前我国常用的多层厂房宽度在18～36m之间，大于36m的宽度由于受天然采光的制约，采用的尚少。

学习思考题

2-1　试述"建筑统一模数制"中基本模数和扩大模数的尺寸各是多少。

2-2　说明用图示定位轴线的画法与编号的标注方法。

2-3　什么是绝对标高、相对标高，一般工厂的相对标高零点定在哪里？

2-4　什么叫跨度、柱距、变形缝、单层厂房的横向骨架和横向联系构件、平腹杆双肢柱？

2-5　如何确定基础的埋置深度和面积？

2-6　何谓风玫瑰图，其表示的吹风的含义是什么，对设备布置设计有什么作用？指出北京和成都的主导风向。

2-7　基础底面传给地基的平均压力除了各专业设备荷载外，还应当考虑哪些荷载？

2-8　多层厂房布置有几种形式，根据什么来确定其采用的形式？

2-9　钢结构厂房有什么优缺点？

2-10　砖混结构建筑的基础及材料有什么不同？

2-11　用AutoCAD画出大跨度吊车的侧面及断面结构形式。

2-12　什么因素决定着厂房的层数及高度？

2-13　多层厂房的柱网布置要考虑哪些因素？

2-14　如何优化工序组合来降低厂房建筑造价？

2-15　单层厂房的布置形式有哪几种形式？

2-16　高层建筑与超高层建筑有何区别？

2-17　钢筋混凝土结构厂房与全钢结构厂房各有何优缺点？

2-18　高层建筑与超高层建筑的结构形式有什么不同？

2-19　我国南北方工业建筑结构有什么区别？

2-20　厂房层高与宽度除满足主体工艺设备操作安装要求外，还应当考虑什么因素？

3 冶金工艺设计

冶金工艺设计是整个冶金工厂设计的核心。这是由于在任何一项完整的工程设计中，绝大多数原始设计条件都是由工艺专业提出或经过工艺专业确认后提出的，所以说工艺专业在项目设计中起着灵魂和龙头的作用。

3.1 工艺专业的设计任务

工艺专业的设计任务包括9个方面的内容：

(1) 接受并审查项目中有关冶金工艺设计的原始条件。

(2) 进行工艺方案比较，确定工艺流程，绘制工艺流程图、工艺平断面配置图。

(3) 进行物料、能量计算，编制物料衡算表。

(4) 确定主要设备操作条件，进行冶金设备、单元操作计算，确定设备选型。

(5) 汇总编制工艺设备表。

(6) 编写工艺说明书。

(7) 提出各专业的设计条件。

(8) 提出特殊用电要求。

(9) 提出"三废"处理的项目和技术建议。

3.2 工艺专业的资料交接

3.2.1 收集设计条件

工艺专业在设计工作开始前应具备必要的条件和资料才能进行设计，下面介绍该专业应必备的基本设计条件。

(1) 设计合同书和设计任务书。

(2) 可行性研究。

(3) 设计基础资料。由建设单位提供的当地工程地质、水文地质、气象、地形图、环保的具体要求（国家环保标准）等资料。

(4) 由用户提供的与本工程有关的协议文件，如供电、供水、供气、运输、原燃料供应、产品销售等。

(5) 设计规定和工程标准。

(6) 从技术管理部门获得已评审的物性数据、冶金单元计算公式、数据，以及计算机程序使用说明。

(7) 对于新工艺、新流程，需要掌握冶金反应实验的结论及报告，掌握实验数据。

3.2.2 提出设计条件

工艺专业向其他专业所提的设计条件，有些是需要经过专业间的多次条件往返修正才能确定的，工艺专业工作提交的设计条件见本章 3.4 节设计委托任务书部分。

3.3 工艺流程的设计

由于冶金工业各生产过程的工艺流程相对比较成熟、稳定，如闪速炉炼铜、电解铝、高炉炼铁、转炉炼钢等。在进行设计时，一般都有现成的工艺流程作参照。工艺流程设计主要包括确定工厂规模和工艺流程，绘制工艺流程图等内容。

3.3.1 冶金工厂的规模

世界上工业发达国家都以企业主要产品的综合生产能力（年产多少万吨）作为衡量企业规模的标准。

企业规模有大、中、小型之分。一般来说，大型企业可以采用现代化的高效率设备和装置，广泛应用最新科学技术成就；便于开展科学研究工作，担负各种高级、精密、大型和尖端产品的生产，解决国民经济中的关键问题；有利于"三废"处理及综合利用，防止污染，保护环境；便于专业化协作等。大型企业能减少单位产品的基建投资，降低消耗和成本，取得较大的经济效益。因此凡是产量大、产品品种单一、生产过程连续性强、产量比较稳定的工业，如冶金、石油化工、火力发电、水泥工业等都比较适合于大规模生产。

在冶金工业中，中、小型企业也占有相当大的比例，在国民经济中曾经发挥了一定的作用。由于我国冶金行业面临产能过剩的严重局面，大多数中、小型企业目前还存在管理水平低、技术力量较为薄弱，设备陈旧，专业化水平不高，资源和能源消耗大，成本高等问题，有待进一步整顿与改造，将逐渐被淘汰。

大生产的经济效果并不是在任何部门、任何条件下都好，对于品种多、生产批量小且变化大的产品，往往在中、小型企业里生产更为经济合理。因中、小型企业在生产、技术、经济等各方面有许多大型企业所缺少的优点，即：一次基建投资少，建设时间短，投资效果发挥快；布点可以分散，就地加工，就地销售，节约运输，利于各地区特别是边远和少数民族地区的经济发展，改善工业布局；生产比较灵活，设备易于调整与更换，能更好地按需要组织生产，为大企业协作配套服务，为满足多种多样的需要服务，利于利用分散的资源、人力、物力，解决就业问题等。因此，工业企业规模结构的发展趋势仍然是：一方面，大企业产量在该部门总产量中的比重日益增加，企业的平均规模日益扩大；另一方面，在大企业的周围，又有大量的中、小企业并存。

划分大、中、小型企业的标准，依其生产技术经济特点、产品品种及生产技术发展水平的不同而不同，并会不断变化。例如，我国曾经将年产 3 万吨铝电解厂划分为大型企业，而现在年产 20 万吨铝电解厂才算大型企业；又如，有的国家把年产钢 500 万吨以上的钢铁企业划为大型企业，而我国现在则把年产钢 600 万吨以下的企业列为中型企业。目前国家发展和改革委制订的新行业准入条件及产业政策规定，冶金企业的规模具体如下：

钢铁工业

钢铁联合企业　年产钢1000万吨及以上；总资产700亿元及以上

独立铁矿　年产铁矿石能力600万吨及以上；生产用固定资产原值8亿元及以上

有色金属工业

有色金属联合企业

镍、锑、锡加工企业　年产能力5万吨及以上；生产用固定资产原值6亿元及以上

铜、锌冶炼企业　年产能力10万吨及以上；生产用固定资产原值10亿元及以上

氧化铝企业　年产氧化铝能力60万吨及以上；生产用固定资产原值6亿元及以上

铝电解企业　年产电解铝能力20万吨及以上；生产用固定资产原值8亿元及以上

随着人类社会的进步和需求的不断增加，冶金企业同时也在不断发展，近年出现了一些钢年产量9000万吨以上超特大型冶金集团公司，部分钢铁及有色冶金企业生产实际年产量见表3-1~表3-6，从表中不难看出，钢铁企业的产能确实是有色冶金企业无法比拟的，但有色金属的价格却比钢铁要高得多，例如目前市场上1号电解铜的售价为45900元/t，而ϕ25Ⅲ级螺纹钢的售价仅为3300元/t，价格差近14倍。

表3-1　2013年、2012年世界排名前10的钢铁企业规模　　　　　　$10^6 t/a$

钢　铁　企　业	地　区	2013年		2012年	
		名次	产量	名次	产量
安赛乐米塔尔钢铁集团	欧　盟	1	91.2	1	88.2
新日铁住友金属钢铁集团	日　本	2	48.2	2	47.9
河北钢铁集团	中　国	3	45.8	3	42.8
宝钢集团	中　国	4	43.9	4	42.7
武钢集团	中　国	5	39.3	6	36.4
浦项制铁集团	韩　国	6	36.4	5	37.9
江苏沙钢集团	中　国	7	35.1	7	32.3
鞍本钢铁集团	中　国	8	33.7	10	30.2
首钢集团	中　国	9	31.5	8	31.4
日本钢铁工程控股JFE	日　本	10	31.2	9	30.4

表3-2　2009年世界主要铜企业产量　　　　　　$10^4 t/a$

制　铜　企　业	地　区	精铜产量
智利国家铜	智　利	178.1
自由港迈克墨伦铜金	美　国	161.1
必和必拓	澳大利亚	116.84
斯特拉塔	瑞　士	83.7
亚力拓	英国/澳大利亚	82.2
江西铜业	中　国	81.62
铜陵有色	中　国	71.86
英美资源	英　国	68.6

续表 3-2

制 铜 企 业	地 区	精铜产量
嘉能可	瑞 士	67.1
南方铜业	美 国	48.7
金 川	中 国	约46
凯戈汉姆铜业	波 兰	43.6
诺里尔斯克镍	俄罗斯	38.5

表 3-3 2009 年世界主要镍企业产量 10^4 t/a

制 镍 企 业	地 区	镍产量
诺里尔斯克镍	俄罗斯	34.77
金 川	中 国	13.01
必和必拓	澳大利亚	11.81
淡水河谷	巴 西	9.87
斯特拉塔	瑞 士	8.86
埃赫曼	法 国	5.22
住友金属	日 本	4.92
英美资源	英 国	3.84
谢里特国际	加拿大	3.36
米纳罗资源	澳大利亚	3.30

表 3-4 2010 年世界各地区总铝产量 10^4 t/a

非洲	北美洲	拉丁美洲	亚洲其他地区（中国）	西欧	中东	大洋洲	波斯湾
158.9	429.0	211.1	228.5（1565）	346.5	388.4	208.3	245.6

表 3-5 2009 年世界主要锡企业产量 10^4 t/a

企 业	地 区	精锡产量
云南锡业	中 国	55898
天 马	印 尼	45800
马来西亚冶炼公司	马来西亚	36407
米苏尔	秘 鲁	33920
泰沙科	泰 国	19300

表 3-6 2009 年世界主要锌企业产量 kt

企 业	地 区	锌矿产量
斯特拉塔	瑞 士	1140
印度斯坦锌业	印 度	1078
泰克资源	加拿大	710
中国五矿	中 国	518
嘉能可	瑞 士	438

企　业	地　区	锌矿产量
沃尔坎	秘　鲁	349
玻利顿	瑞　典	307
住　友	日　本	290
必和必拓	澳大利亚	218
乌拉尔矿冶	俄罗斯	179

确定企业的最优规模是一个比较复杂的课题，一方面受企业内部因素的影响，如生产技术、生产组织和管理水平等，这些因素影响着生产效率和产品成本；另一方面受企业外部因素的影响，如市场需求、原材料及水电的供应、运输条件等，这些因素影响着产品的销售费用和运输成本。在确定最优规模时，要对各种因素和条件进行分析对比，做出最优方案的选择。

最优生产规模，就是成本最低、效益最高时的生产规模。选择这种规模，是以采用先进技术设备和先进工艺，充分发挥生产潜力为基础的。如果对产品需求量很大，超过了各厂的生产能力，就应按最优规模安排几个厂点；有的产品需要量小，或者虽然需求量大，但供应距离太远，运输费用高，则应相对缩小规模。

要合理确定企业规模，除探索完善的数学计算方法外，还必须对现有企业的规模进行调查研究和分析，总结国内外确定企业规模的经验，从实践中找出企业的最优规模。

根据冶金生产的特点，在确定冶金工厂的规模时，应充分考虑以下问题：

（1）市场供需条件，矿产资源及主要原材料、水、电等的供应，技术及资金条件。

（2）中小型冶金工厂一般可一次建成投产，大型冶金工厂可考虑分期分批建设，分系列建成投产，在短期内形成生产能力。

（3）冶金工厂一般具有高温、粉尘、噪声、废水排放的特点，在确定规模时，要充分考虑环保要求，现在的产业政策是环保一票否决制，环评不合格的项目，坚决不能建设。

3.3.2　工艺流程选择

冶金工艺流程是指从单一的矿物原料（如铁矿、锰矿、铬矿、氧化矿、硫化矿或碳酸盐等）或复杂的矿物原料（如含氧化矿、硫化矿的混合矿或多金属的钒钛、含铁铌稀土的复合矿物）经过若干工序加工成产品（金属、化工产品、合金等）的过程，因此工艺流程的选择，实质上就是生产方法及生产工艺路线的选择。

钢铁冶金的工艺流程选择相对要简单一些，如铁矿粉烧结或球团、高炉炼铁、直接还原、转炉炼钢、电炉炼钢、高炉铁合金、电炉铁合金、连铸连轧、一火成材、棒线材轧制、钢管生产、冷轧板、型钢生产等，从生产方法大体上可以看出所采用的工艺流程。有色冶金工艺流程，由于矿物原料成分、性能及储量等的不同，各个国家技术水平和技术政策的差别，乃至同一国家不同地区自然条件、环保要求等的不同，所选择的工艺流程也不同。

所选工艺流程在技术上是否先进可靠，经济上是否合理，将直接关系到企业的投资水平和建成后的生产水平、经济效益乃至工厂的前途。总之，一座新建冶金工厂的全部设计内容，都是围绕着确定的工艺流程而展开的。因此，工艺流程的选择是一项十分重要的工作。

3.3.2.1 选择准则

（1）对原料有较强的适应性，能使产品品种具有可变性和多样性，不致因原料成分有所变化而影响产品的产量和质量。

（2）在确保产品符合国家及市场需求的前提下，能充分利用原料中各有价元素并获得最高的金属回收率、设备利用率；能有效地进行"三废"治理，保护环境；能简化工艺，缩短流程，降低能耗，从而节省投资，降低成本。

（3）技术上要先进可靠，采用的装备及材料易于加工制造、检修、维护和就地解决。在资金许可的条件下，尽可能采用现代化生产手段，提高技术水平，减轻劳动强度，改善管理水平。

（4）应能做到投资省、占地面积小、建设期短，投资后经济效益大、利润高。

3.3.2.2 工艺流程选择应考虑的基本因素

（1）矿物原料（精矿或原矿）的物理性质、化学组成及矿相特点。在冶金生产中，同一种类的矿物原料，由于物理性质、化学组成及矿相特点的差异，以及所建厂区的自然经济条件及环保要求的不同，可以有各式各样的生产工艺流程，如：

1）不同的熔炼方法对原料的水分和粒度有不同的要求；

2）原料的化学组成不同，采用的工艺流程差别更大；

3）物料的矿相特点不同，选择的工艺流程也不同。

（2）综合利用矿物原料，提高经济效益。

（3）主要金属的回收率是评价流程好坏的主要标志。

（4）生产所需的燃料和水电资源也常常左右工艺流程的选择。

（5）深度加工问题。

（6）基建投资费用和经营管理费用。

总的要求是所选工艺流程投资要省，经营管理费用要少，但两者往往发生矛盾，要全面衡量和比较。

影响工艺流程选择的因素很多，但在这许多影响因素中，必有少数几个是起主导作用的，要全力抓主导作用的因素，进行细致的调查研究，掌握确切的数据和资料，进行技术经济比较，选择最佳工艺流程。

3.3.3 工艺流程方案的技术经济比较

在冶金工厂设计过程中，必须坚持多种方案的技术经济比较，才能选择符合客观实际、技术上先进、经济上合理、能获得较好经济效益的方案。

设计方案可分为两种类型，一种是总体方案，一种是局部方案。总体方案涉及的问题一般是全局性或基本性的问题，例如冶金厂是否要建设，企业的规划和发展方向，企业的专业化与协作及冶炼方法的确定，厂址选择、产品品种及数量的确定等，这些都是冶金厂设计的根本性的问题，一般在设计任务书下达前确定，相当于技术经济可行性研究。局部方案是指在初步设计过程中对某些局部问题所提出的不同设计方案，例如工艺流程方案、设备方案、配置方案等。总体方案通常由技术经济专业通过扩大指标或估算指标的计算与比较来完成，局部方案则一般由工艺专业完成。但对于一些中、小型厂的设计，工艺专业人员往往要承担全部设计方案的技术经济比较，只是依要求不同，其深度和广度有别罢了。

各种设计方案技术经济比较的程序和方法基本相同，下面主要结合工艺流程方案的技术经济比较进行讨论。

3.3.3.1　方案比较的步骤

（1）提出方案。坚持多方案比较，杜绝未经任何分析说明的单一方案。所提出的方案应该技术上先进，工艺上成熟，生产上可靠，技术基础资料准备充分，选用的设备、材料符合国情。

（2）对所提出的方案进行技术经济计算。

（3）根据计算结果，评价和筛选出最佳方案。

3.3.3.2　方案的技术经济计算内容

（1）根据工业试验结果或类似工厂正常生产期间的有关年度平均先进指标并参考有关文献资料，确定所选工艺流程方案的主要技术经济指标和原材料、燃料、水、电、劳动力等的单位消耗定额。如高炉的焦比、利用系统，硅铁的冶炼电耗指标等。

（2）概略算出各方案的建筑及安装工程量，并用概略指标计算出每个方案的投资总额。

（3）根据单位消耗定额确定冶金厂每年所需的主要原材料、燃料、水、电、劳动力等的数量，再计算出产品的生产费用或生产成本。

（4）根据产品的市场价格，求出未来企业的总产值，由总产值和生产成本计算出企业年利润总额，再由投资总额和年利润总额计算出回收期。

（5）列出各方案的主要技术经济指标及参数一览表（表 3 – 7），以便对照比较。

在计算过程中，需按每个方案逐项进行计算；分期建设的项目、设计方案的投资和生产费用应按期分别计算；对于比较复杂或影响方案取舍的重要指标，应进行详细的计算。

表 3 – 7　主要技术经济指标及参数一览表

m

项　目	单　位	方　案		
		1	2	3
1. 年产量	t/a			
2. 主要生产设备及辅助设备情况（规格、主要尺寸、数量、来源等）				
3. 厂房建筑情况				
3.1 全厂占地面积	m²			
3.2 厂房建筑面积	m²			
3.3 厂房建筑系数	%			
4. 主金属及有价元素的总回收率	%			
5. 主要原材料消耗情况	t/a			
6. 能源消耗情况（燃料、水、电、蒸汽、压缩空气、富氧等）	t/a 或 m³/a			

续表 3 - 7

项　目	单　位	方　案		
		1	2	3
7. 环境保护情况				
8. 安全保护措施				
9. 劳动定员（生产工人、非生产工人、管理人员等）	人			
10. 基建投资费用	万元			
10.1 建筑部分投资	万元			
10.2 设备部分投资	万元			
10.3 辅助设施投资	万元			
10.4 其他有关费用（如相关投资等）	万元			
11. 技术经济核算				
11.1 主要技术经济指标				
11.2 年生产成本（经营费用）	万元/a			
11.3 企业总产值	万元/a			
11.4 企业年利润总额	万元/a			
11.5 投资回收期	a			
11.6 投资效果系数	%			
12. 其他				

3.3.3.3 方案比较的定量分析法

工艺流程方案或其他设计方案的技术经济分析，有定性分析和定量分析两种，两者是互为补充和相互结合使用的。定性分析法一般是根据经验积累及可能的客观实验对方案进行主观分析判断后，用文字将分析结果描述出来；而定量分析法则要进行具体的技术经济计算，把计算结果用数值或图表表达出来，并加以分析研究，确定最佳方案。因此，定量分析法比定性分析法更具有说服力，在工程建设中，越来越广泛地采用。

（1）产量不同的可比性。若两个比较方案的净产量不同，则要先把各方案的投资和经营费用的绝对值换算成相对值，即化为单位产品（每吨产品）投资额和单位产品经营费用，再进行比较。

（2）质量不同的可比性。产品质量应符合国家规定的质量标准。如有 A、B 两个比较方案，方案 A 的产品质量符合国家标准，而方案 B 的产品质量超过国家规定的标准，并对方案 B 的技术经济效果有显著影响，则应对方案 B 的投资和费用进行调整，然后再与方案 A 比较。调整时，可用使用效果系数 α 进行修正：

$$\alpha = \frac{产品改进后的使用效果}{产品改进前的使用效果} \qquad (3-1)$$

产品的使用效果指标依产品不同而异，如使用寿命、可靠性、理化性能等。

调整后的经营费用 $\qquad C_\alpha = C\frac{1}{\alpha}$

调整后的基建投资费用 $\qquad K_\alpha = K\frac{1}{\alpha}$

式中，C、K 分别表示调整前的经营费和投资费。

品种不同的调整方法与上述基本相同，使用效果可用材料的节约和工资（或工时）的节约等来表示。

（3）时间因素的可比性。由于投资的时间不同和每次投资额的不同，最后的投资总额会有较大的差别，在比较不同方案的投资总额时，应把投资总额折算成同一时间的货币价值，方可比较。

例如，某项工程需三年建成，若一次性投资为 30000 万元，贷款年利率 i 为 6%，则三年后的投资总额为：

$$S = P(1+i)^n = 30000 \times (1+0.06)^3 = 35730.48 \text{ 万元}$$

假如把 30000 万元分成 10000 万元、15000 万元、5000 万元，并在一、二、三年分别投入使用，则三年后的投资总额为：

$$S = P_1(1+i)^n + P_2(1+i)^{n-1} + P_3(1+i)^{n-2}$$

$$= 10000 \times 1.06^3 + 15000 \times 1.06^2 + 5000 \times 1.06^1 = 34064.16 \text{ 万元}$$

两者的投资差额为：35730.48 − 34064.16 = 1666.32 万元。

可见，由于投资的安排时间与方式不同，总投资额也不同。若是现金就没有可比性，必须把现金都换算成未来值才有可比性的基础。如上述两种投资方案，前者比后者须多付本利 1666.32 万元，说明后者的投资安排比前者好。

当然也可以换算成现值来比较，即三年后的投资相当于现在的资金是多少，用节约投资额来比较。仍以上例说明，前者投资现值为 30000 万元，而后者折算如表 3 − 8 所列。

两方案投资的现值差额为 30000 − 28600.92 = 1399.08 万元，即后者比前者节约 1399.08 万元。若把它换算成三年后的未来值，则 1399.08 × (1 + 0.06)³ = 1666.32 万元，结果一致。

表 3 − 8 资金折算表

项 目	换算成第三年末未来值	折算成现值
第一年初的投资额 10000 万元	$10000 \times (1+0.06)^3 = 11910.16$ 万元	$11910.16 \times (1+0.06)^{-3} = 10000$ 万元
第二年初的投资额 15000 万元	$15000 \times (1+0.06)^2 = 16854$ 万元	$16854 \times (1+0.06)^{-3} = 14150.94$ 万元
第三年初的投资额 5000 万元	$5000 \times (1+0.06)^1 = 5300$ 万元	$5300 \times (1+0.06)^{-3} = 4449.98$ 万元
合 计	34064.16 万元	28600.92 万元

（4）不同方案经营费用比较。经营费用包括原材料、燃料、水、动力等的消耗费用，工资费用，基本折旧及大修理费用，车间经费及企业管理费等。比较各方案的经营费用时，不一定要计算每个方案的全部经营费用，只需计算各比较方案有差别的项目即可。令 ΔC 为两个比较方案经营费用的总差额，ΔC_j 为经营费用中某项费用的差额，n 为两比较方案经营费用中互不相同的费用项目，则两比较方案的经营费用差额可用下式表示：

$$\Delta C = \sum_{j=1}^{n} \Delta C_j \tag{3-2}$$

（5）不同方案投资额的比较。比较各方案的投资额时，除计算本方案的直接投资外，还应计算与方案投资项目直接有关的其他相关投资。比较时，也不一定计算每个方案的全部投资项，只计算有差别的项目即可。令 ΔK 为投资总差额，ΔK_j 为某个构成项目的投资差额，n 为各方案投资额不相同的构成项目，则同样有：

$$\Delta K = \sum_{j=1}^{n} \Delta K_j \qquad (3-3)$$

（6）计算不同方案的投资回收期。

1）当两个比较方案的年产量 Q（净产量）相同时，有两种情况：

方案 1 的投资 K_1 大于方案 2 的投资 K_2，方案 1 的成本 C_1 大于方案 2 的成本 C_2，即投资越大成本越高，显然方案 2 比方案 1 为好（投资小的方案好）。

方案 1 的投资 K_1 小于方案 2 的投资 K_2，方案 1 的成本 C_1 大于方案 2 的成本 C_2，$K_1 < K_2$，$C_1 > C_2$，即投资小的成本高，投资大的成本低。根据追加投资回收期 τ_a 的计算公式求得：

$$\tau_a = \frac{K_2 - K_1}{C_1 - C_2} = \frac{\Delta K}{\Delta C} \qquad (3-4)$$

式中，τ_a 为全部追加投资从成本节约额中收回的年限。

当 τ_a 计算值小于国家或部门规定的标准投资回收期（τ_n）时（我国冶金工业系统过去在设计中常采用 5~6 年作为标准投资回收期），表明投资大的方案 2 是比较好的；反之则投资小的方案为好。同样，由于投资回收期的倒数是投资效果系数，若计算出来的投资效果系数大于国家规定的标准值，则投资大的方案好，反之则投资小的方案好。

2）当两个比较方案的年产量 Q 不同时，即 $Q_1 \neq Q_2$ 时，若有方案 1 的单位产品成本 C_1/Q_1 大于方案 2 的单位产品成本 C_2/Q_2，方案 1 的单位产品投资 K_1/Q_1 大于方案 2 的单位产品投资 K_2/Q_2，则方案 2 肯定比方案 1 为好；但若 $\frac{C_1}{Q_1} > \frac{C_2}{Q_2}$，$\frac{K_1}{Q_1} < \frac{K_2}{Q_2}$ 时，则有：

$$\tau_a = \frac{\dfrac{K_2}{Q_2} - \dfrac{K_1}{Q_1}}{\dfrac{C_1}{Q_1} - \dfrac{C_2}{Q_2}} \qquad (3-5)$$

当 $\tau_a > \tau_n$ 时，方案 1 为优；当 $\tau_a < \tau_n$ 时，方案 2 为优。

（7）多方案比较。若有两个以上的比较方案时，按各可行方案的经营费用大小的次序（或投资大小的次序）由小到大依次排列，把经营费用小（或投资小）的方案排在前面，然后用计算追加投资回收期（或投资效果系数）的方法一个个进行淘汰，最后得出最佳方案。

例如：设 K 为投资额，C 为经营费用

方案 1：$K_1 = 1000$ 万元，$C_1 = 1200$ 万元/a

方案 2：$K_2 = 1100$ 万元，$C_2 = 1150$ 万元/a

方案 3：$K_3 = 1400$ 万元，$C_3 = 1050$ 万元/a

标准回收期 $\tau_n = 5$ 年，试选出最优方案。

解：第一步，方案 3 与方案 2 比较

$$\tau_a = \frac{K_3 - K_2}{C_2 - C_3} = \frac{1400 - 1100}{1150 - 1050} = 3 \text{ 年}$$

由于 3 年 < 5 年，故取方案 3。

第二步，方案 3 与方案 1 比较

$$\tau_a = \frac{K_3 - K_1}{C_1 - C_3} = \frac{1400 - 1000}{1200 - 1050} = 2.67 \text{ 年}$$

由于 2.67 年 < 5 年，所以取方案 3。

结果淘汰方案 1 与方案 2，取方案 3 为优。

由于这种比较步骤较为麻烦，方案多时容易出错，为简化起见，可采用"年计算费用法"（最小费用总额法）来选择最合理的方案：

令方案 i 的总投资额为 K_i，年经营成本费用为 C_i，标准回收期为 τ_n，则在标准偿还年限内方案 i 的总费用 Z_i 为：

$$Z_i = K_i + \tau_n C_i \tag{3-6}$$

总费用最小的方案即为最佳方案。

若将式（3-6）除以标准回收期 τ_n 进行整理，令 $\tau_n = \dfrac{1}{E_n}$，则得：

$$y_i = C_i + E_n K_i \tag{3-7}$$

式中　y_i——方案 i 的年计算费用；

　　　C_i——方案 i 的年经营费用；

$E_n K_i$——方案 i 由于占用了资金 K_i 而未能发挥相应的生产效益所引起的每年损失费。

同样，年计算费用 y_i 最小的为最佳方案。

用上例的数据，标准回收期按 5 年计算如下：

方案 1：$y_1 = C_1 + \dfrac{K_1}{\tau_n} = 1200 + \dfrac{1000}{5} = 1400$ 万元/a

方案 2：$y_2 = C_2 + \dfrac{K_2}{\tau_n} = 1150 + \dfrac{1100}{5} = 1370$ 万元/a

方案 3：$y_3 = C_3 + \dfrac{K_3}{\tau_n} = 1050 + \dfrac{1400}{5} = 1330$ 万元/a

计算结果表明还是方案 3 年计算费用最低，选择方案 3 为推荐方案。

在进行设计方案的技术经济比较时，除了计算与本方案直接相关的投资外，还应从国民经济角度出发，计算对设计方案影响重大、关系密切的相关部门的投资与效果，如冶金矿山的建设，有关的大型电站的建设等。在处理含多种金属矿物原料时，还要进行主、副产品投资和成本分摊的计算。

在上述比较方法中，所考虑的只是投资额、产品成本和产品价值等经济指标，由于这些经济指标不可能把所有影响方案选择的因素都包括进去，而且在概略计算时，某些条件对这些指标的影响不可能估计得准确，故方案的技术经济计算有时并不能最后解决方案选择的问题，还需考虑其他一些影响冶金工厂建设和生产的条件，如建筑和安装的复杂程度、完工期限、工作安全程度、卫生条件、环境保护等，有时这些条件对最终方案的选择起着决定性作用。

因此，选择最终方案的总原则是在保证满足国家需要的条件下，经济效果是决定设计方案的主要依据，同时也应考虑其他因素。当几个方案的经济效果相差很大时，应首先选择最经济的方案。如果几个方案的经济效果相差不大，而其他条件的差异较大时，则应选择其中条件较好的方案。

3.3.4 工艺流程的设计方法

工艺流程方案确定后，就要进行工艺流程的设计。

工艺流程设计的主要任务，一是确定生产流程中各个生产过程的具体内容、顺序和组合方式；二是绘制工艺流程图，即以图解的形式表示出整个生产过程的全貌，包括物料的成分、流向及变化等。工艺流程设计的步骤和方法介绍如下。

（1）确定生产线数目。这是流程设计的第一步。若产品品种牌号多，换产次数多，可考虑采用几条生产线同时生产，这在湿法冶金厂和化工厂的设计中较为常见。

（2）确定主要生产过程。一般是以主体过程作为主要生产过程的核心加以研究，然后再逐个建立与之相关的生产过程，逐步勾画出流程全貌。

（3）考虑物料及能量的充分利用：

1）要尽量提高原料的转化率，如采用先进技术、有效的设备、合理的单元操作、适宜的工艺技术条件等。对未转化物料应设法回收，以提高总回收率。

2）应尽量进行"三废"治理工程的设计。

3）要认真进行余热利用的设计，改进传热方式，提高设备的传热效率，最大限度地节约能源。

4）尽量采用物料自流，如注意设备位置的相对高低，充分利用位能输送物料；充分利用静压能进料，如高压物料进入低压设备，减压设备利用真空自动抽进物料等。

（4）合理设计各个单元过程或车间。合理设计包括每一单元车间的流程方案、设备形式、单元操作及设备的安排顺序等。

（5）工艺流程的完善与简化。整个流程确定后，要全面检查和分析各个过程的连接方式和操作手段，增添必要的预备设备，增补遗漏的管线、阀门、采样、排空、连通等设施，尽量简化流程管线，减少物料循环量等。

3.3.5 工艺流程图的绘制

工艺流程图的幅面可考虑采用 A1 或 A2，一般不按比例绘制。工艺流程图按其作用和内容，可分为工艺流程框图、设备连接图和带控制点的工艺流程图或施工流程图三种。

3.3.5.1 工艺流程框图

工艺流程框图采用方格、文字、直线、箭头等表示从原料到产品的整个生产过程中，原料、燃料、水、添加物、中间产品、成品、"三废"物质等的名称、走向、引起物料物理和化学变化的工序名称，以及重要的工艺数据。常用在初选工艺流程的方案讨论及通常的工艺概念介绍等方面，在一般书刊中尤为常见。其形式如图 3 - 1 所示。

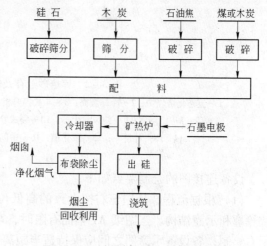

图 3 - 1 工业硅生产工艺流程框图

在绘制工艺流程框图时，应注意以下几点：

（1）流程图中的原料、燃料、添加物、中间产品和产出的废料，在其名称下画一条横粗实线，如：块矿、烧结矿、水渣、烟尘、烟气、硅石、焦炭等；最终产品名称下加一粗实线和一细实线，如生铁、铝锭、焊管等。

（2）主要工序名称不能单纯用设备名称表示，还要尽可能明确标出工序的特点，即把设备名称、冶炼方法、工序功能或表示程度、性质、次数等的名称明确表示出来，并加实线外框，比如：矿热炉熔炼、转炉吹炼、电解精炼、火法精炼、中性浸出、炉外二次精炼、一次洗涤、二次洗涤等。

（3）上下工序和工序与物料之间用细实线联系，并加箭头表示物料流向；流程线应以水平或垂直绘制，线段交叉时，后绘线段在交叉处断开；若联系线段过长或交叉过多时，为了保持图面清晰，可直接在线段始端或末端用文字表示物料的来源或去向。

（4）如某一过程有备用方案时，备用方案工序名称外框线和与该工序联系的线段用虚线表示。

3.3.5.2 设备连接图

设备连接图又称为装置简示流程图，如图 3-2 和图 3-3 所示。其特点是画出流程中主要设备的大致轮廓和示意结构，再用流程线连接而成。有的还常标明比较关键性的操作条件，如温度、压力、流量、物料量等。

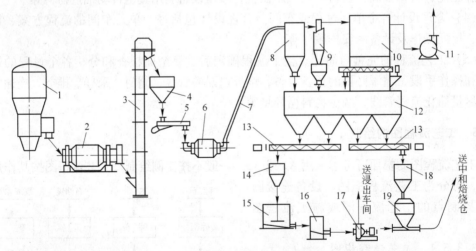

图 3-2   锌焙砂贮存及输送装置设备连接图

1—流态化焙烧炉；2—冷却圆筒；3—斗式提升机；4—料仓；5—电磁振动给料机；6—球磨机；
7—输送管；8—沉降室；9—旋风收尘器；10—袋式除尘器；11—风机；12—贮砂仓；13—螺旋输送机；
14，18—计量斗；15—浆化槽；16—中间槽；17—矿浆泵；19—脉冲输送装置

设备连接图的绘制要点如下：

（1）根据流程，从左至右按大致的高低位置和近似的外形尺寸，画出各个设备的大致轮廓和示意结构。当图纸 A1 幅面有限时，可加长图纸或在原图纸上往下按流程再从左至右绘制；各设备示意图之间应保持适当距离，以便布置流程线；设备和设备上重要接管口的位置，一般要大致符合实际情况。

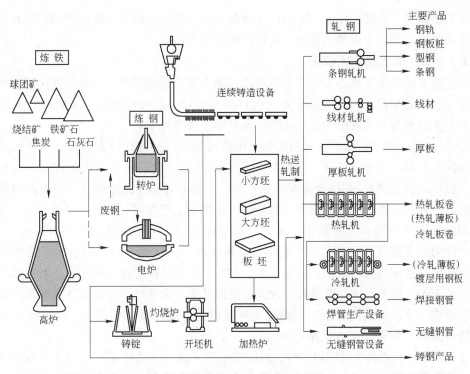

图 3-3 钢铁工业生产流程图

（2）设备轮廓用中实线（线宽约 $b/2$，以下同）绘制，改建或扩建工程的原有设备用细实线绘制。某一过程有备用方案时，备用方案用中实线绘制，设备连接范围加细实线外框。设备图形可不按比例绘制，但图形大小要相称。此外，主要物料也应形象地表示出来，并标其名称。

（3）工艺过程中采用数台相同规格的设备时，应按工序分别绘制。同一工序的相同设备只绘一个图形，用途不同时则按用途分别表示。同一张图纸上的相同设备用同一种图形表示。

（4）用粗实线画出主要物料的流程线，用稍粗于细实线的线画出一部分其他物料（如水、蒸气、压缩空气、真空等）的流程线，在流程线上画出流向箭头。线段交叉、线段过长和交叉过多时的画法与工艺流程简图的画法相同。

（5）设备连接图一般不列设备表或明细表。设备名称、主要规格、数量可直接标在设备图形旁，如 IS300 水泵 6 台标为：

$$\frac{水泵-6}{IS300}$$

外专业设备和构筑物可只标注名称、数量和专业名称，如：

料槽 8 座：$\dfrac{料槽-8}{土建专业}$；风机 4 台：$\dfrac{风机-4}{热工专业}$

对于较复杂的设备连接图，为清楚起见，一般要对设备进行编号，并在图纸下方或其他显著位置按编号顺序集中列出设备的名称，这在一般书刊中更为多见。

为了给工艺方案的讨论和施工流程图的设计提供更为详细的具体资料，还常常将工艺流程中的物流量、温度、压力、液面以及成分等测量控制点画在上述两种图形的有关部位上，这种图样与下面介绍的工艺施工流程图较为接近。

3.3.5.3　工艺施工流程图

工艺施工流程图又称为工程流程图或带控制点的工艺流程图。这种图形应画出所有生产设备（包括备用设备）和全部管路（包括辅助管路、各种控制点以及管件、阀门等），是设备布置图和管道布置图的设计依据，也可用于指导施工。

图3-4是一种工艺施工流程图实例。由图可见，这种图样内容详尽，但仍然是一种示意性的展开图。图中设备按一定比例用细实线画出示意图形（当设备过大、过长或过小时，也可不按比例），并按流程顺序编号和注写设备名称，设备编号一般应同时反映工艺系统的序号和设备的序号。图中一般应绘出全部的工艺设备及附件，但当有两套或两套以上相同系统（或设备）仅画出一套时，被省略部分，可用双点划线绘出矩形框表示，在框内注明设备的编号和名称，并绘出与其相连的一段支管。对于用途和规格相同的设备，可在编号后加注脚码，如试液泵205_1、205_2、205_3，如仅画出一台时，则在编号中应注全，如205_{1-3}是表示该种设备有三台。若流程简单、设备较少时，设备名称可填在设备编号标注线之下。但流程复杂时，则可在标题栏上方编制设备一览表，自下而上列出序号、设备编号、名称、规格及备注等。

流程图中工艺物料管道用粗实线，辅助管道用实线（线宽约$b/2$），仪表用细实线或细虚线。流程管线除应画出流向箭头，并用文字注明其来源和走向外，一般还应标注管道编号、管材规格以及管件、阀件和各种控制点的符号或代号，并在图幅的显著位置编制图例，说明这些符号和代号的涵义。管线同样应以水平或垂直绘制，尽量避免穿过设备或使管线交叉，必须交叉时，后绘线段在交叉处断开。当辅助管道系统比较简单时，可将总管绘制在流程图的上方并向下引支管至有关设备内，但比较复杂时，需另绘辅助管道系统图予以补充。

工艺施工流程图一般以车间（装置）或工段（工序）为主项进行绘制，原则上一个主项绘一张图样，如流程复杂可分为数张，但仍算一张图样，使用同一个图号。绘制比例一般为1:100，也有1:200或1:50者，未按比例绘制时，标题栏中"比例"一栏不予注明。表3-9为带控制点工艺流程图中常用参量代号及功能代号一览表，可供绘图和识图参考。

表3-9　常用参量代号及功能代号一览表

序号	参量或功能	代号	序号	参量或功能	代号	序号	参量或功能	代号	序号	参量或功能	代号
1	长度	L	11	面积	A	21	液位	H	31	调节	T
2	宽度	B	12	体积	V	22	热量	Q	32	积算	S
3	高度	H	13	质量	G 或 W	23	转速	N	33	信号	X
4	平径	R 或 r	14	重度	γ	24	频率	f	34	手动遥控	K
5	直径	ϕ	15	温度	t	25	分析	A	35	比例	M
6	直径（外径）	D	16	温差	Δt	26	浓度	c	36	效率	η
7	直径（内径）	d	17	压力	P	27	湿度	Φ	37	弧度	$\frown$
8	公称直径	Dg	18	压差	ΔP	28	氢离子浓度	pH	38	角度	θ
9	厚度	δ	19	公称压力	Pg	29	指示	Z	39	坡度	i
10	位移	S	20	流量	Q 或 G	30	记录	J			

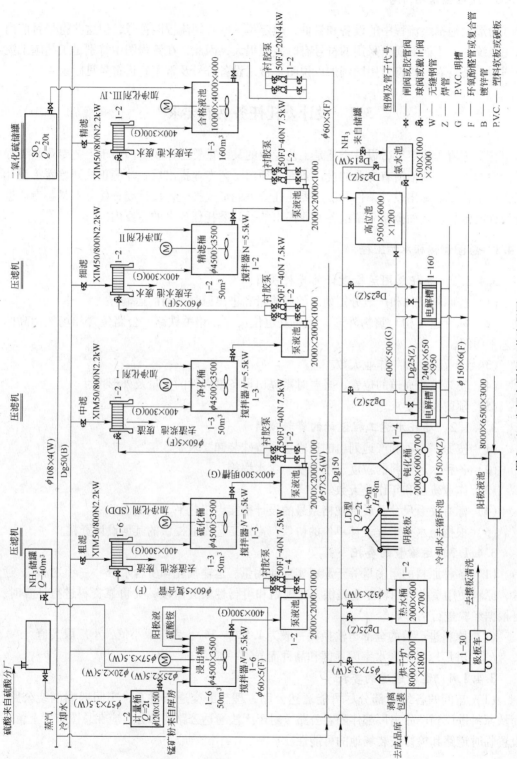

图 3-4 电解金属锰工艺流程图

3.3.6 流程图常用符号

为形象地描绘流程中的设备和管件,规定了一些常用流程图符号,但这些符号目前尚未完全统一,不同部门所采用的符号有时差距很大,因此,在流程图中特别是工艺施工流程图中,还需对这些符号用图例加以说明,常用设备符号及常用管道符号见附录4。

3.4 设计委托任务书的要求[①]

在工艺流程确定后,设计委托是工艺专业的又一重要工作职责。由于工艺专业是工程设计中的主体,其他所有专业的设计条件必须由工艺专业提出后,才能正式开始着手设计工作。工艺专业提出设计条件一般用委托任务书的形式提交,设计委托任务书是各专业进行设计的依据。下面概略介绍给各专业提出的设计委托任务书的主要内容。

3.4.1 总图运输和水运工程

3.4.1.1 委托总图运输设计的资料项目

(1)按原料品种和产地分别列出的运输量和进出原料车间的运输方式。

(2)标有建(构)筑物外形,标高及定位尺寸,相关铁路、公路位置和场地标高的工艺平面图。

(3)作业班制和年作业天数。

(4)安装检修通道的位置,必要时需提出设备最大件的重量及外形尺寸。

(5)预留发展要求。

3.4.1.2 委托水运工程设计的资料项目

(1)按原料品种和产地列出的运输量和特殊装卸要求。

(2)各种水运原料的粒度、堆密度、含水率等。

(3)作业班制和年作业天数。

(4)标有关系尺寸及设备规格型号的设计衔接点工艺平、剖面图。

(5)根据与水运工程设计单位的协议,需由工艺专业提供的其他设计资料。

3.4.1.3 运输量的委托

(1)各种原料的运输量等于原料实际使用量、运输损耗和所含水分"三项之和"。通常,原料使用量由各用料专业提供,在规划和可行性研究阶段,无可靠资料进行计算时,可根据经验进行估算。

(2)原料进厂后的全部运输损耗一般为1.5%~3%,大厂取小值,小厂取大值。

(3)进厂原料的含水率因地区和品种而异,一般为3%~35%。

3.4.1.4 运输通道的委托

(1)车间的各组成部分尽可能通达公路,理想的交通条件是,车间四周围绕公路,而从原料进厂到产品出厂都伴随着公路。对于无法通达公路的部分,应在总图布置上留有设置临时道路和检修安装场地的可能性。

---

❶ 有的设计院把设计委托任务书称为设计条件书。

（2）车间主要建（构）筑物四周应留有一定空间场地，供临时堆置设备和检修材料之用。

（3）规划车间的预留发展要求时，应将预留通道，一并考虑在内。

3.4.2 建筑和结构

3.4.2.1 委托建筑和结构设计的资料项目

（1）工艺平、剖面图中需标出所有建（构）筑物的平面外形及尺寸，初定的柱网布置。设有起重设备的建（构）筑物还应标出吊车轨顶标高或工字梁底面标高；多层建（构）筑物还应标出各层标高；料仓、料槽还应标出容积、上下口尺寸和标高等。

（2）对建（构）筑物结构形式、防雨、防水、防腐、防磨损、采暖通风和防火等级方面的特殊要求。

（3）主要荷载，包括重要的和多层的建（构）筑物、料仓、料槽、料场地坪、大型设备和门型起重机的轨道基础等的荷载或最大轮压，室内起重设备的最大起重吨位和最大轮压力等。

（4）作业班制、定员表、最大班人数和女工比例。

3.4.2.2 设计荷载的委托

作用于建（构）筑物上的荷载分为工艺荷载和非工艺荷载两大类。工艺荷载是工艺作业设备作用于建（构）筑物上的荷载，由工艺专业负责提出；非工艺荷载一般是指行人、积尘、积雪、积水和其他非工艺原因作用于建（构）筑物上的荷载，由建筑和结构专业自行决定。

工艺荷载一般分为设备集中荷载和设备四周场地的均布荷载两种。

（1）设备集中荷载。设备集中荷载包括静荷载和动荷载两部分，委托设备集中荷载时，还要考虑这两部分荷载超载的可能性。通常设备集中荷载等于设备静荷载、动力系数（1~6）和超载系数（1.2~1.5）的乘积。

1）设备静荷载。静荷载是静止状态下，设备作用于建（构）筑物上的荷载。基本的设备静荷载，多数情况下就是设备的自重，可方便地从本书有关章的设备主要性能和规格表或产品样本中查得。另一部分基本的设备静荷载需由计算确定。如带式输送机各部分作用于建（构）筑物的垂直力和水平力，埋设吊环处承受的拉力和剪力等。

此外，设备上一般还有附加的静荷载，包括：

①附属设备的重量，如连挂于主体设备上的防尘罩、漏斗、溜槽和设备底座等的重量。

②设备上承载的物料重量。

③事故状态下可能增加的物料重量，如堵料时，物料可能将输送机头部漏斗充满，物料可能溢出料仓顶面以上等。

提供委托设计的资料时，注意不要遗漏任何一项设备静荷载。

2）设备动荷载。动荷载是启动、制动或设备运转时，设备作用于建（构）筑物上的荷载。一般动荷载可根据已知设备参数进行计算，绝大部分情况下采用设备静荷载乘以动力系数的方法予以考虑。

3）设备的超载。实际的设备静荷载和动荷载都有可能超过规定值。如设备的实际重量可能超过产品样本上的重量，实际的物料堆密度超过计算数值等。设备超载的可能性，通常用设备荷载乘以超载系数的方法予以考虑。

4）设备集中荷载委托要求：

①建筑和结构专业在考虑设备动荷载和超载条件时，可能会采用其他方法，因而在提供委托设计资料时，应将静荷载、动力系数（或动荷载）和超载系数逐项列出，一并提供给建筑和结构专业，不必算出设备集中荷载的总值。

②在委托给建筑和结构专业的工艺平、剖面图上，应标出荷载的方向和作用点的位置。

③设于吊车梁或屋架上的各类起重设备，除要求提出设备自重和最大轮压外，还要求提供同一跨间的起重机台数、轮距和工作级别等资料。

④进出转运站的输送机为多线并列时，要提供输送机同时启动，同时运转的线路等资料。

⑤对于有较大振动荷载的破碎机等设备，需提供设备的振动频率、振幅等资料，供建筑和结构专业计算确定动荷载（扰力）大小。

⑥有条件时，对于大型工程的重要设备，最好用计算法准确地确定动荷载的大小和超载的可能程度，以便在确保建（构）筑物绝对安全的条件下，尽量节省投资。

（2）设备四周场地的均布荷载。设备四周场地的均布荷载，是在设备安装或检修时，临时作用于其四周的场地、楼板、平台和走道上的荷载，俗称活荷载，包括：

1）放置或拖运设备荷载。

2）堆置材料和工具的荷载。

3）安置起吊设备或临时挂吊重物的荷载。

4）安装或检修工人负重或扛抬重物通行的荷载等。

这些荷载的性质难确定，作用点不固定，根据经验常将它们设定为均布荷载并取值。

指定用途的楼板和平台，最好根据实际需要准确计算活荷载值，以确保建（构）筑物的安全和节省投资。

（3）火车和汽车荷载：

1）通行火车和汽车的铁路、公路和场地地坪荷载，一般由总图运输专业确定。需由工艺专业确定荷载的，主要是车间内部和火车受料槽上的铁路、地下式汽车受料槽附近的道路和地坪、高架式汽车受料槽的引桥和地坪、车间内部停留汽车的地坪和道路等。

2）火车荷载一般均按铁路标准荷载（俗称中华-22级）提供。它实际上是铁路机车的各轴荷载。

3）汽车荷载分为汽车-10级、15级、20级和超20级，工艺设计中一般按标准荷载中的汽车20级提供。

3.4.2.3　设备基础和埋设件的委托

设备基础和埋设件的委托要求，必须符合建筑和结构专业的有关规范，使其在技术上可行。这些规范要求的有关部分列在下面。当满足这些规范要求有困难时，应与建筑和结构专业事先商量处置办法。

（1）设备基础设计要求：

1）除岩石地基外，设备基础不应与厂房基础相连，特别是破碎机和磨机的基础。当两基础处于同一标高时，其间隙不应小于100mm。

2）设备底座边缘至基础边缘的距离一般不应小于100mm，对于破碎机和磨机基础，不宜小于150mm。

3）设备基础一般不宜与厂房结构和构件直接相连，但对次要的平台柱、梁和板等，在采取相应措施后，可自由搭放在设备基础上。

4）二次浇灌层的厚度一般为50mm。

（2）地脚螺栓设计要求。地脚螺栓中心距基础边缘的距离不应小于$4d$（d为地脚螺栓直径），且最小不应小于150mm。设备的地脚螺栓可采用死螺栓和活螺栓两种形式。

死螺栓的锚固有三种方式：

1）一次埋入法。浇灌混凝土时，把螺栓埋入。

2）预留孔法。浇灌基础混凝土时，预先留出孔洞，放入螺栓并调整设备就位后，用无收缩细石混凝土或细石混凝土灌入孔内固定。

3）钻孔锚固法。基础混凝土浇灌完毕并达到一定强度后，按要求钻孔，用环氧砂浆或其他胶结材料注入孔中，插入地脚螺栓，经一定养护期后再安装设备。

活螺栓的锚固：螺杆穿过埋设于基础中的套管，下端以T形头、固定板或螺帽固定，在套管上端200mm范围内，填塞浸油麻丝予以覆盖保护。

当设备固定于钢结构楼板或平台上时，一般采用活螺栓方式。

3.4.2.4 贮料场地坪及轨道基础的委托

（1）贮料场地坪及轨道基础的设计要求要同时委托，以便建筑和结构专业统一考虑基础处理方案。

（2）在委托建筑和结构专业的工艺平、剖面图上，需标注料堆的形状、堆高、堆积角和平面尺寸，堆积物料的最大粒度和堆密度，要求的单位面积堆存量（t/m²）等。

（3）贮料场堆料方式和分期堆高要求。

（4）堆取料机和门式起重机的最大轮压、轮距、钢轨型号、端部缓冲器的中心标高、锚固器和车挡设置要求。

（5）与贮料场地坪和轨道基础相关联的设备安装和检修基础的各部标高，各承力点的荷载、外形尺寸和定位尺寸等。

3.4.2.5 起重机械用建（构）筑物的委托

（1）设备集中荷载资料。

（2）轨顶标高及钢轨型号、工字梁底标高及型号、操作室位置及进出操作室方向、上下操作室平台的标高及其楼梯的位置等。

（3）起重机顶部与厂房屋架下弦的最小距离。

（4）电动葫芦和手动单轨吊的轨道工字钢型号，轨底标高，曲率半径及定位尺寸，电动葫芦检修平台的标高、平面尺寸和位置。

3.4.2.6 料仓和料槽的委托

（1）料仓和料槽的几何形状及尺寸、顶面标高、锥形斗嘴倾角、位置及定位尺寸、初定的支承梁柱的位置。

（2）要求的有效容积，贮存散状原料的粒度和粒度组成、堆密度、含水率、磨蚀性等。

（3）仓壁防护要求、仓顶格栅的位置和格孔尺寸、人孔和爬梯位置等。

（4）仓壁振动装置的位置、要求的开孔尺寸和定位尺寸等。

（5）料仓结构要求。

（6）料仓设有压力传感器时，要示出其位置和与压力传感器的相关尺寸。

3.4.3　机械设备

委托机械设备专业或设备制造厂设计的资料项目有以下方面：

（1）设备的名称、用途和平均作业能力。

（2）设备的结构形式和标有主要控制尺寸的简图。

（3）作业对象的特性，包括散状原料的粒度、温度和含水率、堆密度、堆积角、磨蚀性等；整件货物的体积和外形尺寸等。

（4）工作制度，包括年工作日、日作业班制和作业小时数、工作级别、间歇作业设备的作业周期等。

（5）安装地点的环境条件，包括温度、湿度、风速，以及防爆、防水、防尘和防噪声要求等。

（6）表明设备性能特征的主要参数。

（7）设备动力源及供应方式，包括电动设备的电源种类、供电电压、移动式用电设备的供电方式；液压和气动设备的动力源、接口处压力和管径等。

（8）传动方式和要求，包括机械传动的传动类型，是否需要液力耦合器、制动器和防逆转装置等；液力传动的液力泵类型和压力级别等。

（9）设备润滑方式和要求。

（10）设备操作方式和装备水平，包括机上检测仪表、监视和通信设备的设置要求，操作室防寒、采暖、防尘条件等。

（11）安装要求，包括搬运时的尺寸、体积和重量限制、拼装要求，对最大件重量的限制和安装用钩环的设置等。

（12）其他需由工艺专业决定的特殊要求，如链斗卸车机和螺旋卸车机下是否需要通过机车等。

3.4.4　电力

3.4.4.1　委托电力设计的资料项目

（1）电力负荷和供电电压，包括用电设备装机总容量（kW）、总需要系数（%）或同时作业的最大容量。逐一列出用电设备的名称、电动机型号、容量、台数和电压等级。直流用电设备另行开列。

（2）标有用电设备和操作室位置的工艺平、剖面图。

（3）工作制度，包括年工作日、日作业班制和运转小时数。

（4）设备联锁要求、设备联锁图和联动系统设备组合表。

（5）操作方式和控制水平，包括启动、停机、紧急停机、故障、系统组合、系统转换和控制等联动运转方式与设备的联动程序和要求等。

（6）照明要求，包括生产照明、事故照明和设备检修时的临时照明等。

（7）设备保护和安全措施。

（8）检修用电焊机和硫化器插座要求。

3.4.4.2　设备联锁的委托

（1）设备联动系统中，某一设备的开停对其前后设备产生影响的，都必须联锁。非联动系统的单独作业设备，不参与联锁。

（2）联动系统的联锁要求一般是：

1）启动时，自系统的终端设备开始，逆物料输送方向顺序启动。

2）停机时．自系统始端的供料设备开始，顺物料输送方向依次停机。

3）当某一设备故障停机时，其来料方向的所有设备同时停机，后面的设备继续运转，直至物料全部排空为止。

4）用手按动中控室或机旁的紧急停止开关，可使联动系统所有设备一齐停机。

5）联动系统中的破碎机和磨机，必须先于联动系统的其他设备启动，并于系统其他设备停机后延时停机。

6）除有特殊要求的设备外，系统中移动设备的行走机构一般不参与联锁。这类移动设备包括其他堆取料机、卸料车和梭式输送机等。

（3）联动系统中的作业系统的名称及其组成设备的代号，应列表提供给电力专业。

（4）委托联锁要求时，必须同时提供设备联锁系统图。

3.4.4.3　操作方式和控制要求的委托

（1）车间的联动系统必须采用集中操作。大中型企业一般设中央控制室，小型企业一般设独立的操作室。

（2）联动系统的操作方式有自动、半自动、手动和机旁手动四种，其中机旁手动在任何条件下都是必需的，基本按一台设备一台手动操作箱设置。其他三种集中操作方式，应根据系统的控制与管理所定原则进行选择。

（3）输送机线的运转方式，包括启动、停机、紧急停机、故障、系统组合、系统转换和卸料控制七种功能要求，均采用联动运转方式，实行有效的联锁。启动、停机、紧急停机和故障停机是任何设备运转都必须具备的基本功能。

3.4.4.4　设备保护和操作信号的委托

（1）带式输送机的设备保护项目有：输送带跑偏、打滑、纵向撕裂、断带和头部漏斗堵料等。

（2）移动设备的限位保护，除设有车挡外，还必须设置双程限位保护，即一程报警减速，二程报警并紧急停车。限位开关设于移动设备行程的两端，并尽量不使移动设备碰车挡。

（3）清除金属和其他杂物：主要是检出混入原料中的金属杂质和大块非金属杂物，用以保护输送机、破碎机和其他重要设备不被损坏和堵塞。

（4）开车信号：联锁系统开始作业前，发出声光信号并维持 20～30s，通知沿线人员离开设备，然后再启动设备。声光信号应沿系统设置在人员可能看到和听到的地方。在各类车间的所有联锁系统沿线，不管有无自动广播和生产扩音等设备，都必须设置声光开车信号。

（5）事故开关：所有作业设备的近旁都必须设有标志明显的事故紧急停车开关，使操作工人能方便地使用。带式输送机线的事故开关应沿线设置，每30~50m一个。

（6）行走警报信号：设置警报信号，在设备移动的同时发出间断的或连续的声光信号。

3.4.4.5　照明要求的委托

（1）各类建（构）筑物和设备的一般照明要求，由电力专业根据有关规范自行确定，特殊的照明要求由工艺专业委托。

（2）贮料场和混匀场等露天作业场地，除作业设备自身需有相应的照明设备供司机观察作业情况外，一般设有场地灯塔照明。灯塔座数和位置由工艺和电力专业协商确定。

（3）固定设置的主要工艺设备，一般需设置检修照明插座。

（4）厂房除设置一般照明外，还需设置事故照明。

（5）贮料槽、配料槽和容积较大的输送机头部漏斗等处，需设置安全电压的手提式照明设备。

（6）地下构筑物的照明，需设置单独的照明开关。

3.4.5　自动化仪表和电信

3.4.5.1　委托自动化仪表设计的资料项目

（1）混匀配料槽定量配料装置的控制，包括混匀配料槽的槽容和槽数，连同最大料重在内的每槽最大重量；给料设备和称量设备的规格型号，电动机型号、功率和转速；称量设备上的每米料重，原料堆密度和系统精确度要求，排料能力及调整范围；仓壁振动器的规格型号，混匀配料槽支承传感器设置要求和布置位置以及联动控制要求等。

（2）原料计量，包括电子皮带秤和其他形式电子称量设备的用途、设置地点、规格型号和台数。提供原料的堆密度和称量精确度要求、现场环境条件、仪表盘安装位置（包括是否需要双表头）、控制信号的输出要求等。

（3）料位检测和报警：料仓、料槽的名称、数量，贮存原料的名称，检测点的位置，测量精确度和信号的输出要求等。

（4）主机设备的规格型号，测点位置，安装条件，最高测量温度、流量、压力和控制信号的输出要求等。

（5）标有各种控制和检测设备安装位置的工艺平、剖面图。

（6）设有计量设备的联动系统设备联锁图。

3.4.5.2　委托电信设计的资料项目

（1）生产调度电话（直通电话）用户表。

（2）对讲通信电话用户表和关系图。

（3）自动电话用户表。

（4）无线通信统计表。

（5）有线广播或生产扩音统计表。

（6）工业电视统计表和首（摄像机）尾（监视器）关系图。

（7）标有建筑物和主要设备的名称和位置的工艺平、剖面图。

3.4.5.3　委托铁路信号设计的资料项目

（1）翻车机卸车作业线、火车地下受料仓、链斗卸车机和螺旋卸车机等铁路作业设备的作业方式及其与车场作业的联络信号要求。信号设置地点和环境条件等。

（2）翻车机卸车作业线重车作业区的轨道电路设计要求和空车铁牛区段的铁路警示信号要求等。

（3）翻车机卸车作业线工艺平面图。

3.4.5.4 配料控制和原料计量的委托

（1）大中型企业的混匀配料槽一般采用自动控制的定量给料装置。定量给料装置的系统称量精确度不低于±1%，在可能条件下，尽量选择更高的精确度，以确保混匀矿质量指标的有效性。

（2）定量给料装置的控制设备和操作盘，应尽量设于中控室并靠近联动系统的操作台，以方便观察和操作；条件不具备时，也可在混匀配料槽附近设独立操作室。

（3）计量电子皮带秤一般用作进出原料车间和车间内工序间的计量，大中型企业计量秤的仪表盘设于中控室，有条件时，也可设双表头，将其中的一个仪表盘设于机旁。

（4）控制用电子皮带秤和兼作控制用的计量电子皮带秤。皮带秤主要用作控制取样机动作、改变贮料场取料机的取料量或者调节带式输送机料流情况（充作料流信号）。无需中控室观察的这类电子秤，可将仪表设于机旁。

（5）电子皮带秤安装的位置和其他技术要求。

3.4.5.5 料位检测要求的委托

（1）大中型企业的各种贮料槽、配料槽和部分受料仓设置的料位检测装置，一般至少设有高料位和低料位两个测点。需要时，尚可考虑增加一个中间测点，作为要求或允许装料的信号。有条件时，最好采用可连续显示料位的检测装置。

（2）高料位与仓满位置间应留有足够距离，以确保从停止装料信号发出到装料停止期间装入的料不溢出槽外。

（3）低料位与仓空位置间应有足够距离，以确保从要求装料信号发出到装料设备开始往料槽装料期间，槽内仍有一定余料，避免空槽装料时，对槽下排料设备的冲击。

（4）自动化操作水平要求不高时，火车和汽车受料仓可只设一个低料位，并在操作室内显示仓内存料情况。此时低料位即被视作仓空信号。

3.4.5.6 各类通信的委托

（1）生产调度电话（直通电话）：生产调度电话的总台设在中控室的操作室内，用户主要包括：

1）各车间的调度室、工厂总调度室；

2）主要联系单位的调度室，包括各作业区、供电车间、供水车间等单位的调度室；

3）车间内部的主要生产岗位，各有人值班的转运站、制样间、化验室、各电气室、污水净化站等。

（2）对讲通信电话：对讲通信电话的总台设在中控室的操作室内，各分台设在分操作室和重点生产岗位的值班室内，对讲通话点的点数和设置位置，应使各生产岗位工人都能就近与总台或分台通话。

（3）自动电话：车间的自动电话一般只设于中控室，各分操作室，行政、生产和技术管理部门的办公室等处。

3.4.6 计算机

委托计算机专业设计的资料项目，除前述电力（照明除外）、自动化仪表和电信（铁路信号除外）委托资料要悉数提供外，还需提供如下资料：

（1）计算机的控制范围。

（2）计算机控制功能项目与示意图。

（3）输出报表和显示画面的名称和内容。

（4）车间的计算机之间的信息交换和数据传输要求。

3.4.7 给水排水

3.4.7.1 委托给水排水设计的资料项目

（1）各给水点的用水量、用水制度，对水温、水压和水质的要求。

（2）需喷洒水、覆盖剂和防冻剂的用量及对有关装置设置的要求。

（3）建（构）筑物和场地排水要求。

（4）标有给水点位置，建（构）筑物和场地尺寸，用水设备接口坐标和接口管径的工艺平、剖面图。

3.4.7.2 用水量和供水要求的委托

车间的生产用水，主要是设备冷却、冲渣、清洗、洒水防尘、冲洗进出贮料场的车辆和冲洗楼板地坪等。其用水量和供水要求各不相同。

（1）设备冷却用水的水温和水质均有较高要求，委托供水要求时，一般应以产品样本和说明书所载要求为依据。

（2）冲渣、清洗输送带和冲洗车辆，一般均采用各自独立的循环供水和水处理系统。使用循（浊）环水，定期补充少量新水。补充新水的用水量由给水排水专业自定。

（3）贮料场洒水一般按喷头洒水能力确定用水量。喷洒水管设于料堆两侧，一侧喷头同时喷水或分组先后喷水，然后另一侧喷头同时或分组喷水。有多条料堆时，可按此程序逐个料堆顺次洒水。一般每日喷洒3次，每次3~5min。洒水的控制可采取中控室遥控和机旁操作两种方式，根据车间总体控制水平选择。

（4）车间冲洗地坪的场所主要是：厂房内易积尘和污泥的楼板、平台、走道和地坪。为保证冲洗效果，地坪需有不小于1%的坡度，有条件时，可设有2%~3%的坡度。地坪不应漏水，并在孔洞和墙边设防水凸台，其高度不小于50~100mm。

3.4.7.3 排水要求的委托

（1）地下受料槽沟底和地下输送机通廊等地下构筑物的地面，需有0.5%~1%的排水坡度和排水沟槽，并设置集水坑，用砂泵抽排积水。

（2）翻车机作业线的重车铁牛和空车铁牛的沟和卷扬机房、摘钩平台和迁车台坑、带式输送机浅沟式通廊和重锤坑等浅沟式地下构筑物，除沟面有排水坡度及排水沟槽外，应尽量利用地形通过管沟排除积水。无地形可利用时，要设置临时抽排设备。

（3）露天场地的雨水，需采取有效措施及时排除，防止积水。

(4) 洗矿后的含泥污水，冲洗输送带、汽车和地坪的污水，暴雨后的贮料场排水等，均需经处理后才能排出厂外，沉淀后捞出的含铁或有色金属污泥应争取利用。

3.4.8 采暖通风

3.4.8.1 委托采暖通风设计的资料项目

(1) 除尘点的名称、位置和对除尘方式的特殊要求。

(2) 扬尘原料的名称、堆密度、粒度和原始含水率等。

(3) 除尘设备的作业方式、建议的安装位置。

(4) 建（构）筑物和设备通风要求。

(5) 采暖建（构）筑物的名称，主要尺寸和特殊采暖要求。

(6) 设备的防噪声要求。

(7) 标有建（构）筑物尺寸和设备定位尺寸的工艺平、剖面图。

3.4.8.2 除尘要求的委托

(1) 车间粉尘的来源，主要是各种散状原料在装卸、转运和破碎筛分过程中产生粉料并被扬起，设备尾端排出的带尘烟气、煤气等。

(2) 原料车间的除尘多数采用洒水除尘方式，当不允许对原料洒水或洒水除尘无效时，才采用抽风除尘，如铁合金炉、高炉布袋除尘。但无论采用何种除尘方式，都应尽可能对尘源处予以密闭。

3.4.8.3 采暖要求的委托

(1) 在北方采暖地区，气温过低影响设备正常运转时，应按规定设置采暖设备。

(2) 设计需采暖的建（构）筑物时，应预先留出设置采暖设备的位置。

3.4.8.4 通风要求的委托

车间的通风场所主要是密闭的地下构筑物、灰尘浓度大的车间、要求排风的密闭料槽和特种电动机。

3.4.9 工业炉

设计加热、烘干机的燃烧室，风扫煤磨的热风炉和解冻室的燃烧炉时，委托工业炉专业设计的资料项目有：

(1) 待加热、干燥和需解冻的物料名称，初始和最终含水率，物料粒度。

(2) 燃料品种和供应条件。

(3) 干燥设备的总装图、烘干能力（t/h）和转速等。

(4) 风扫磨热风炉的尺寸要求、热风温度和供风要求、热风管的接口尺寸和接口位置等。

(5) 加热、干燥间，风扫磨间，解冻室的平、剖面图。

3.4.10 热力和燃气

3.4.10.1 委托热力设计的资料项目

(1) 冷风、蒸汽、压缩空气用气点的名称、用气量、接口压力和供气要求。

(2) 标有冷风、蒸汽、压缩空气用气点坐标位置和接口管径的工艺平、剖面图。

（3）作业班制和年作业天数。

3.4.10.2　委托燃气设计的资料项目

（1）煤气、氧气、氮气、液化气和燃油的用量、接口压力和供气要求。

（2）标有煤气、氧气、氮气、液化气和燃油使用点坐标位置和接口管径的工艺平、剖面图。

（3）作业班制和年作业天数。

3.4.11　机修和检验

3.4.11.1　委托机修设计的资料项目

（1）车间的规模和组成。

（2）作业班制和年作业天数。

（3）主要设备明细表和设备总重量。有条件时，可提出主要设备的易损件名称、规格、材质、消耗定额和备品备件要求。

（4）中小修时间、间隔和关于设立修理间及其修理内容的建议。

（5）标有修理设施位置的工艺平面图。

3.4.11.2　委托检验设计的资料项目

（1）各种原料的名称、进厂方式、日到达批量和年处理量等。

（2）各种原料的基本理化性质，包括主要化学成分、粒度和粒度组成、含水率、主要成分的标准偏差等资料。

（3）要求的检验化验项目。

（4）作业班制和年作业天数。

（5）标有取样设备位置的工艺平面图。

3.4.11.3　修理项目和修理量的委托

（1）大中型企业一般设有修理间，小型企业不设独立的修理间。

（2）修理量可由机修专业根据设备总重量和车间的作业特性，自行确定。

3.4.11.4　检验化验要求的委托

（1）工厂规模不同，对检验化验设备的要求不同。大中型企业一般设有检验室或原料试验中心。

（2）检验化验项目根据冶炼生产的要求确定。

3.4.12　技术经济

委托技术经济专业设计的资料项目有以下 8 项：

（1）与工艺投资方、工艺专业共同讨论的总投资及运行成本估算。

（2）车间的规模、组成和产品方案。

（3）作业制度和年作业天数。

（4）包括水、电、风、气消耗量在内的主要技术经济指标表。

（5）按作业班制和生产岗位详细列出的定员表。

（6）工厂现状、改建或扩建前后的比较、经济效益和社会效益以及计算两种效益需要的其他资料。

（7）原料及产品市场波动及其他潜在风险情况。

（8）预留发展的初步设想或具体规划。

3.4.13 能源、环保、安全和工业卫生

3.4.13.1 委托能源设计的资料项目

（1）电、煤气、液化气、焦炭、燃油和各类煤的消耗总量，折合标准煤的消耗总量和单位能耗（$t_{煤}/t_{料}$）。

（2）节能措施和效果。

（3）能源方面存在的问题及可能采取的解决方案。

3.4.13.2 委托环保设计的资料项目

（1）现有环保设施及污染控制情况。

（2）主要污染源。

（3）采取的各项环保措施。

（4）废弃物的综合利用和处理措施。

3.4.13.3 委托安全和工业卫生设计的资料项目

（1）安全技术方面：

1）预防暴雨和暴风雪等自然灾害的措施；

2）防火措施；

3）防止运输和装卸伤害的措施；

4）防止机械伤害和人体坠落的措施；

5）防止可燃气体、粉尘爆炸和气体中毒窒息的措施；

6）防止热辐射和触电伤害的措施。

（2）工业卫生方面：

1）车间尘源、毒源及其控制措施；

2）岗位噪声、振动及其防治措施；

3）防暑降温和防寒措施。

3.4.14 工程经济

委托工程经济专业设计的资料项目有如下4项：

（1）车间的规模和组成。

（2）设备及安装工程概算表，包括设备名称及主要规格型号，重量，单、总价值及其依据等。

（3）建筑工程概预算表，包括建（构）筑物或工程名称，建设内容，计算单位及工程量等，委托建筑和结构专业设计，并由该专业提供此表。

（4）概算总值一般可分子项列出。

设计委托任务书的深度可根据工程项目的大小、工程内容的复杂程度、设计阶段的不同而增减，如炼铁专业给各专业提出设计委托任务书的内容就与上述内容略有差别，可参见附录3。

3.5　设计说明书

工艺设计说明书是工艺专业对工艺生产原理、工艺流程、产品规格及规模、主要原材料、用水、用电、用气等规格和数量，生产控制及生产检验分析的要求及三废排放情况等所编写的重要设计文件。工艺设计说明书的内容主要包括概述和设计决定与特点，设计的原、燃料等条件与主要工艺设备的技术性能，产品和副产品的处理手段与措施等。各设计阶段的工艺设计说明书内容略有差别。工艺设计说明书一般在工艺专业给各专业提出设计委托任务书后进行编写，下面以炼铁专业初步设计阶段编写的工艺设计说明书内容和格式为例进行介绍。

3.5.1　概述

首先简述设计任务书和上级下达的有关文件中有关炼铁工艺设计的要求和规定、对外协作关系和协议及设计遗留问题和解决意见。

对外协作关系和协议包括原材料和能源等的供应、主要设备设计制造供应的安排、与有关单位的设计分工协作协议等。

设计遗留问题和解决意见说明设计中遗留的问题及审批设计时需要解决的问题和项目，并提出解决意见。

3.5.2　主要设计决定和特点

（1）简述主要设计决定和主要设备结构的特点、生产操作制度、工艺改进等。

1）工艺流程和设备布置。

2）主要设备特性：

①简述各系统主要装备水平及采用的新技术、新设备等；

②简述采取的环保、节能措施和自动化水平。

（2）分期建设和远景发展

注：如为旧厂改（扩）建需说明旧厂现状并提出利用现有设备和挖、革、改的措施。

（3）主要设计条件。

1）原料、燃料和辅助材料：

①简述来源、供应方式、冶炼前的加工准备；

②原料、燃料及辅助材料的主要成分和性能；

③原料、燃料和辅助材料的使用量和配比；

④特殊原料冶炼制度的论述。

2）产品：

①生铁产量、成分；

②炉渣产量、成分；

③煤气产量、发热值。

3）操作条件：

①送风条件，指高炉的透气性（包括风口前风压、炉内料柱阻损、送风系统阻损）、

鼓风量、富氧量、喷吹量；

②风温；

③鼓风湿度；

④炉顶压力。

4）动力消耗（包括水、电、风、蒸汽、压缩空气、煤气、氧气、氮气等）。

5）环保和节能设施（包括消音、除尘等）达到的标准，采取的措施。

6）安全和工业卫生措施。

7）炼铁设备的操作制度：

①选择炼铁设备的形式、容量和座数并做必要的方案比较（对特殊原料，在冶炼上有特殊要求时，要根据生产实践经验或科学试验结果，论证冶炼工艺的可靠性和合理性）；

②简述冶炼操作制度及造渣制度；

③冶炼技术操作指标；

④生铁平衡表；

⑤炉渣和煤气等副产品的综合利用。

3.5.3 主要工艺设备的技术性能

（1）工艺设备流程图，车间的布置、组成等，并说明原材料及燃料的运入和产品、副产品及废料的运出方式。

（2）高炉及附属设备：

1）高炉本体（炉体结构形式及高炉内容特性等）；

2）炉体冷却设备及冷却方式；

3）高炉内衬；

4）炉顶设备；

5）高压操作设备；

6）炉体附属设备；

7）出铁场附属设备；

8）喷吹方式及设备。

（3）热风炉及附属设备：

1）热风炉本体（热风炉结构形式及热风炉特性）；

2）燃烧系统；

3）送风系统；

4）热风炉附属设备（包括余热回收利用设施）；

5）热风炉及热风系统耐火材料。

（4）煤气除尘设备：

1）概况；

2）除尘器及其附属设备；

3）煤气净化设备；

4）煤气净化的配管及附属设备；

5）炉顶均、排压系统及设备；

6）简述炉顶余压回收利用设施。

（5）料仓及上料系统：

1）概况；

2）设备的主要技术特性；

3）设备能力及容积计算等。

（6）喷吹设施（包括制粉、输煤、喷煤在内）：

1）概况（系统流程及方式、工艺参数等）；

2）主要设备及其主要技术特性。

（7）炉渣处理设施：

1）概况；

2）设备的主要技术特性；

3）生产操作及主要技术指标。

（8）碾泥设备：

1）概况；

2）原料种类及理化性能；

3）原料配比及消耗指标；

4）生产流程及工艺布置；

5）设备的主要技术特性；

6）生产操作及产品质量。

（9）铸铁设备：

1）概况；

2）设备的主要技术特性；

3）生产操作及消耗指标。

（10）铁水罐（或混铁车）修理库：

1）概况；

2）设备的主要技术特性；

3）耐火材料库；

4）主要耐火材料品种及消耗量、罐位、主要操作制度。

（11）炼铁厂设备材料仓库。

3.6   物料与能量衡算

3.6.1   物料与能量衡算的意义

3.6.1.1   冶金过程衡算的目的

物料与能量衡算是冶金工艺设计的重要组成部分和基础，是决定设计过程中所需设备数量及其主要尺寸的依据。

通过对生产装置的物料衡算和能量衡算进行分析，还可以找出初步确定的工艺方案中的不尽完善和不尽合理之处，从而完成工艺方案优化工作，达到设计的生产装置高效低耗、先进合理的目的。在冶金工程中，设计或改造工艺流程和设备，了解和控制生产过程，核算生产过程的经济效益，确定原材料消耗定额，确定生产过程的损耗量，对现有的工艺过程进行分析，选择最有效的工艺路线，对设备进行最佳设计以及确定最佳条件等都要进行物料衡算，且冶金工程的开发与放大都是以物料衡算为基础的。

物料衡算是质量守恒定律的一种表现形式。凡引入某一设备的物料成分、质量或体积必等于操作后所得产物的成分、质量或体积加上物料损失。物料衡算就是将工艺流程中全部工艺设备物料进出点的物流通过平衡计算，以确定各物料点的物流量。

工艺物料衡算用的原料、燃料的质量组成，现场自然条件等基础数据必须是建设单位提供的正式资料。而物料衡算后得到的产品产量及质量组成、原材料的消耗定额应符合设计合同规定的要求。根据冶金过程的基本原理，用数学分析的方法从量的方面来研究冶金工艺过程，这是冶金工厂设计的必需环节。通过冶金过程衡算，不仅可以确定生产过程中各个工序物料处理量，中间产物的组成和数量，产品产量，废水、废渣和废气的排放量以及原辅材料、燃料、水、电等的消耗量，同时还可以从量的方面来研究各个工序间的相互关系，使整个生产过程的各个环节协调一致。通过冶金过程衡算，可以为整个生产过程中设备的选型，决定设备尺寸、台数及辅助工程和公共设施的规模、能量的提供和利用提供依据。

在现代冶金中，为了提高产品的产量和质量，降低产品成本（即实现高产、优质、低消耗），或者提高设备的利用率和延长设备的使用寿命，严格控制生产过程的技术条件等，都需要在冶金过程衡算的基础上来分析和进行，因此，冶金过程衡算不但对于设计工作，而且对于生产现场工作人员来说都是不可少的。它是冶金过程的分析方法，是冶金工程师管理生产的重要手段，是研究冶金过程必不可少的工具。通过冶金过程衡算，可找出过程的薄弱环节，挖掘生产潜力，以便采取措施提高过程的总回收率和降低生产成本。

3.6.1.2 物料与能量衡算的内容

冶金过程衡算的内容很广，它包括生产过程所必需的一切计算在内，与设计有关的内容大体上包括：物料的合理成分计算、配料计算、冶金过程中有价成分平衡计算、冶金过程中物料平衡计算、冶金过程能量（热量）平衡计算、电解过程电压平衡计算。

物料的合理成分计算（包括原料、中间产品、产品及废料）的目的在于确定这些物料中各种化学形态物质所占的百分比，从而了解物料的形态、特征、活性和反应能力，以便生产中采取必要的措施，提高过程中有价金属的总回收率。例如在铜精矿造锍熔炼过程中，首先要根据精矿中含硫、铜、铅、锌、硅、钙等的量计算出铜精矿的合理组成，即铜精矿中含 $CuFeS_2$、Cu_2S、$Cu_2(OH)_2CO_3$、PbS、ZnS 等各种形态化合物的量，同时也要根据要求计算冰铜和炉渣的组分，以便了解铜精矿在熔炼过程中的各种行为，并控制适当的工艺条件保证熔炼过程的正常进行和得到高质量的冰铜。在科研工作中为了考察物料的组成及化学成分时也经常用到这种计算。

冶金过程的配料计算是以特定的工艺出发，根据过程所发生的化学反应及生产实际要求，计算出处理一定量的原料所需的各种物料（反应剂、添加剂等）的数量及百分比。

3.6.2 有价成分计算

冶金过程的有价成分衡算及物料衡算是计算主要金属及全部物料在整个工艺流程中各

个工序的分配和流动情况。通过有价成分衡算可以知道主要金属在各个工序中损失量大小和整个工艺过程的回收率，从而可针对具体情况改进流程的薄弱环节，提高金属总回收率。物料衡算反映出流程中各工序处理物料量的多少，是设计中进行设备选型和计算的依据。例如在湿法浸出过程中，根据计算的每日处理矿浆的量就可进行浸出槽体积和台数的设计。在有价成分平衡计算的基础上，可进行各工序的物料平衡计算，也可直接进行物料平衡计算。

3.6.2.1　有价成分衡算和物料衡算的基本原则

有价成分衡算和物料衡算是以质量守恒定律和化学计量关系为基础的，其总的原则是"收支平衡"。它是指进入系统的全部物料量必定等于离开系统的全部产物量和损失掉的物料量之和。用公式表示为：

$$\sum G_1 = \sum G_2 + \sum G_3$$

式中　　$\sum G_1$——所有进料量之和；

　　　　$\sum G_2$——全部产物量之和；

　　　　$\sum G_3$——所有损失物料量之和。

进入的或产出的物料可以是液相、固相或气相。

理论上的物料衡算是根据反应的平衡方程式的计量关系进行的，只要知道了反应的方程式就可以建立这种平衡，然而在实际生产过程中，要考虑到许多实际因素的影响，诸如原料和最终产品、副产品的实际组成，反应剂的过剩系数、转化率以及原料和产物在整个过程中的损失等。这些都使冶金过程物料衡算复杂化。

物料衡算的类别，按计算范围划分有单个工序和全流程的物料衡算，也有反应过程和非反应过程的物料衡算。但是，一般冶金过程都是化学反应过程，不论是哪种类型衡算，其基本原理都是一样的。

3.6.2.2　物料衡算步骤

有价成分衡算和物料衡算是冶金过程计算的基础，因而计算结果的准确程度至关重要。为此必须掌握和采用正确的计算步骤，不走或少走弯路，争取做到计算迅速，结果准确。

（1）资料收集。有价成分衡算和物料衡算是根据已经确定的生产流程和已选定的技术指标来进行的。在计算之前，必须获得足够的尽量准确的（合乎实际而正确的）数据，这些数据是整个计算的基本依据和基础。因此，要了解工艺流程和主要原料、燃料、溶（熔）剂等的物理化学性质，矿相特点，一般都要画出生产流程图，以利考虑计算步骤，避免遗漏，便于检查计算结果，故在进行计算之前，必须详细调查和掌握如下资料：

1）画出较详细的工艺流程图，将所有原始数据标在图的相应部位，未知量也同时指出。

2）工艺过程的技术条件，如回收率、分解率、浸出率、脱硫率、炉渣成分、过剩系数、液固比等。

3）各工序有价成分的损失数据（包括可返回损失和不可返回损失）。

4）原料、各种中间产品、产品的化学成分、物相特点以及它们在各个工序中的分布情况。

5）明确衡算对象，搞清已知量和未知量之间的关系，通过计算得到生产能力、纯度、得率等；所设计工厂（或车间）的物料处理量或产品产量。

6）写出化学反应方程式（包括主、副反应），由此可以知道反应前后的物料组成以及它们之间的摩尔比。

物料衡算通常是按工艺流程中的物料流向，对全部的工艺设备逐位（号）进行进出设备的物流量的平衡计算，从而得出整个工艺流程中全部物料点的平衡物流量。

由于实际冶金过程是一个非常复杂的物理化学过程，反应条件经常变化，不可能确切地判断每一过程的真实情况，为使冶金计算能够进行，往往需要根据工厂实际情况假设一些条件和技术数据。但必须注意的是，这些假设条件及选取的有关数据并不是可以随心所欲的，而是来源于工厂实践并经过科学分析而得到的，只有这种科学的衡算才是可靠的。同时，物料衡算中所用到的各种物料的物相状态、化学成分及物理性质都应以代表性样品经过科学的鉴定分析所提供的专门报告作为依据。

（2）确定计算方法。要根据工艺流程图和给定的已知条件来确定采用何种计算方法比较简便。

（3）选择计算基准。计算基准也即计算的范围。在有价成分和物料平衡计算中，恰当地选择计算基准可以使计算简化，同时也可以缩小计算误差。计算基准一般有质量基准和时间基准两种。质量基准是选择一定量的原料或产品作为计算基准，如以 100kg 原料或以 100kg 产品为基准进行计算，然后再根据设计任务书所确定的生产规模换算成各种原材料、中间产品的量。时间基准是以一小时或一天的物料量作为计算基础。由于在实际设计时，常常要知道单位时间（小时或昼夜）内的物料流量，故用时间基准有时还方便些，它可以直接联系到设备的设计计算。

（4）进行有价成分和物料平衡计算。

（5）列出物料衡算式：
$$\sum G_1 （输入的物料总量） = \sum G_2 （输出的物料总量） + \sum G_损 （物料损失量）$$
列出有价成分平衡表和物料平衡表，并进行审核。

（6）根据有价成分和物料平衡表，对整个流程进行分析。

3.6.2.3 有价成分衡算和物料衡算流程简图及衡算式

对一个具体的工艺过程来说，首先要根据给定条件画出流程简图，把已知数据及欲求量标在图上有关部分（图 3-5），然后列出衡算方程式。

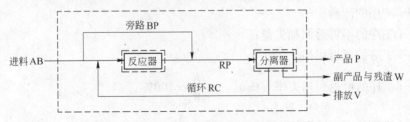

图 3-5 冶金过程流程示意图

冶金过程一般都是稳定过程，故可按质量守恒定律写出：

进入系统的物料量 = 系统输出的物料量

这是一般表达式，在具体计算时列什么样的衡算式要加以分析，要使衡算内容具体化，根据要求在图上画出计算范围，如图 3 - 5 所示。图中字母代表各股物流，虚线是欲衡算的范围，即系统边界。

如果对总系统进行物料衡算，其边界线就是大虚线框线，系统进出物流分别为进料 AB、产品 P、副产品与残渣 W 以及排放物流 V。那么该衡算系统的物料平衡式为：

$$进料（AB）= 出料（P + W + V）$$

这样做无法求解系统内各设备单元间的物料流量，比如循环流 RC 或 BP、RP 等，为此可将有关单元过程分割出来作为衡算系统，比如把反应器虚线框边界划分出来作为衡算系统，其物料平衡式可写成：

$$进料（AB）+ 循环流（RC）- 旁路（BP）= 出料（RP）$$

循环流 RC 作为未知量包括在方程式中，因而得以求解。同样也可把分离器划分出来作为衡算系统，相应地列出物料平衡式求解有关物流。

当涉及化学反应的问题进行计算时，必须使用化学反应方程式和化学计量关系。

3.6.2.4　有价成分衡算和物料衡算技术指标的确定

在进行有价成分和物料衡算之前，首先要选择和论证有关技术指标，所选的技术指标应该是生产实践的平均先进指标，那些经过工业性试验或工业性试验所取得的试验数据也可以作为设计的依据，但必须是稳定可靠的。对于每一个具体技术指标数据，应该进行充分的分析研究和论证，分析它与哪些措施和技术条件有关，有否进一步改进的措施和途径，要做到既先进，又可靠。

冶金生产领域包括几十种金属的生产，各种矿物原料的组分、含量、矿相结构又十分复杂，加之各国及国内各自然区域的经济水平不同，所采用的生产工艺方法有别，因此，生产工艺过程中涉及了各种各样的技术指标，如火法冶金过程中一般有脱硫率、熔解率、炉渣成分等；湿法冶金过程有浸出率、液固比等。关于这些指标的具体计算方法在工艺课中已经学过，现在将各种生产工艺中都要涉及的一个重要的技术经济指标——回收率简要地加以叙述。

在生产工艺过程中，原料经过各工序的一系列物理化学变化后，都会发生一定量的损耗（废渣、废气、废液带走或飞扬、撒失等机械损失），因此就出现了主要金属料或有价成分的回收程度问题。为了概括说明问题起见，根据不同情况规定了下面一套符号。

W_i——i 工序的处理量（按物料中所含有价成分的数量计算，以下同）；

Q_i——i 工序的产量；

X_i——i 工序的不可返回损失量；

R_i——i 工序的可返回损失量；

r_i——i 工序的可返回损失率（%），$r_i = \dfrac{R_i}{W_i} \times 100\%$；

x_i——i 工序的不可返回损失率（%），$x_i = \dfrac{X_i}{W_i} \times 100\%$。

根据上述定义，有下列平衡关系式：

$$W_i = Q_i + R_i + X_i$$

整理后有：　　　　　$$\frac{Q_i}{W_i} + \frac{R_i}{W_i} + \frac{X_i}{W_i} = 1，\ \lambda_i + r_i + x_i = 1$$

利用上述符号，可说明下面一些具体概念：

（1）λ_i：i 工序的直接回收率（%），它表示工序中主要产物中的有价成分的量与进入该工序被处理物料中所含有价成分的量之比的百分数，也可按 100% 与总损失率的差值计算：

$$\lambda_i = \frac{Q_i}{W_i} \times 100\% \quad \text{或} \quad \lambda_i = 100\% - (x_i + r_i)$$

（2）λ_i'：i 工序的总回收率（%），是 i 工序主要产物和副产物（包括返回料）中的有价成分量与进入该工序被处理物料中所含有价成分之比的百分数，可用 100% 与不可返回损失率差值计算，即：

$$\lambda_i' = \frac{Q_i + R_i}{W_i} = \frac{Q_i}{W_i} + \frac{R_i}{W_i} = \lambda_i + r_i = 100\% - x_i$$

（3）λ：生产过程的直收率，或称为过程的实收率（%），它是最终产品中含有价成分的量 Q 与原料中含有价成分量 W 之比的百分数：

$$\lambda = \frac{Q}{W} \times 100\%$$

当工艺过程中各工序没有返料，即 $R = R_1 + R_2 + \cdots + R_n = 0$ 时，生产过程的关系有：

$$W = W_1, Q = Q_n$$

$$Q_1 = W_2, Q_2 = W_3, Q_3 = W_4, \cdots, Q_{i-1} = W_i, \cdots, Q_{n-2} = W_{n-1}, Q_{n-1} = W_n$$

可用各工序的直收率的乘积计算，代入上式，约分整理下式：

$$\frac{Q_1}{W_1} \frac{Q_2}{W_2} \frac{Q_3}{W_3} \cdots \frac{Q_i}{W_i} \cdots \frac{Q_{n-1}}{W_{n-1}} \frac{Q_n}{W_n} = \frac{Q_n}{W_1} = \frac{Q}{W} = \lambda$$

即可得：

$$\lambda_1 \lambda_2 \lambda_3 \cdots \lambda_i \cdots \lambda_n = \lambda$$

（4）λ'：生产过程的总回收率（%），是最终产品 Q 与副产品中有价成分量 R 之和与原料中有价成分量 W 之比的百分数。

$$\lambda' = \frac{Q + R}{W} \times 100\%$$

显然，在没有其他副产品，即 $R = R_1 + R_2 + \cdots + R_n = 0$ 时，

$$\lambda' = \frac{Q + 0}{W} \times 100\% = \frac{Q}{W} \times 100\% = \lambda$$

当有副产品时，过程的总回收率 λ' 大于过程的直接回收率 λ：

$$\frac{Q + R}{W} \times 100\% > \frac{Q}{W} \times 100\%$$

即 $\lambda' > \lambda$（实际生产中 $R \geqslant 0$）。

生产过程中主要金属的总回收率是一项很重要的技术经济指标，金属回收率高，标志着生产单位产品原料的消耗量小，这不仅有利于充分利用矿物资源，更重要的是大大降低了生产成本。据统计，许多有色金属生产的产品成本中，原料费用占有很大的比例。如由铜精矿生产电解铜时，铜精矿费用占整个生产成本的 70% 以上；由锌精矿生产电解锌时，锌精矿费用占整个生产成本的 50%～60%；由钨精矿生产仲钨酸铵时，钨精矿费用占整个生产成本的 80% 以上等。因此，在生产过程中，回收率哪怕是提高 1%，其经济效益就相当可观。

3.6.2.5 有价成分衡算和物料衡算的方法

在冶金工厂设计中，通常所给定的已知数据可以是物料处理量，也可以是最终产品产

量，而且，所使用的工艺流程也各有不同。因此，在进行有价成分和物料衡算时要根据具体情况选择计算方法，也就是说，可按流程从头到尾进行，从原料求产品，也可以反过来，从产品推算所需要的原料，还可从流程的某一中间工序开始，分别向前后推算。一般来说，依下列几个不同的工艺情况而有所不同：

（1）工艺流程中有没有返料；

（2）所给的原始数据是生产成品量还是原料处理量。

以处理辉钼精矿生产仲钼酸铵（包括酸法处理浸出渣）流程的有价成分平衡计算为例加以说明。该工艺流程如图3-6所示。各工序的金属损失率列入表3-10中。

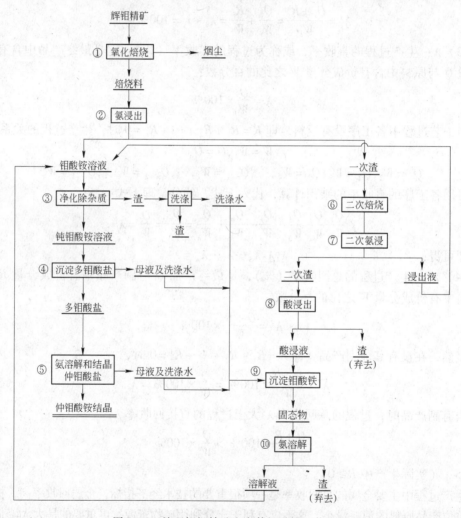

图3-6 处理辉钼精矿生产仲钼酸铵工艺流程

表3-10 各工序金属损失率

工序号	工序名称	工序不可返回损失率/%	工序可返回损失率/%	工序直接回收率/%
1	氧化焙烧	3		97
2	氨浸出	0.2	6.8	93

工序号	工序名称	工序不可返回损失率/%	工序可返回损失率/%	工序直接回收率/%
3	净化除杂质	0.3	1	98.7
4	沉淀多钼酸盐	0.2	1.8	98
5	氨溶解和结晶	0.5	9.5	90
6	浸出渣回收	30		70
7	母液和洗涤水回收	14.5		85.5

为计算方便，可将处理一次浸出渣的⑥、⑦、⑧、⑨、⑩工序合为浸出渣处理工序6，其直收率为70%，不可返回损失率为30%。而将③、④、⑤工序中的母液和洗涤水经⑨、⑩工序处理过程合为母液及洗涤水处理工序7，其直收率为85.5%，不可返回损失率为14.5%。

根据上述指标，便可进行整个工艺流程金属钼的平衡计算。计算可从产品产出工序（工序⑤）开始，并以产出的仲钼酸铵中含100kg金属钼为基准，然后再根据所给定的产品产量进行换算。

工序5：$Q_5 = 100$kg（以下的单位都为kg）；$\lambda_5 = 90\%$；$W_5 = \dfrac{Q_5}{\lambda_5} = \dfrac{100}{90\%} = 111.11$；

$X_5 = W_5 x_5 = 111.11 \times 0.5\% = 0.56$；$R_5 = W_5 r_5 = 111.11 \times 9.5\% = 10.56$

工序4：$\lambda_4 = 98\%$；$Q_4 = W_5 = 111.11$；$W_4 = \dfrac{Q_4}{\lambda_4} = 111.11/98\% = 113.38$

$X_4 = W_4 x_4 = 113.38 \times 0.2\% = 0.23$；$R_4 = W_4 r_4 = 113.38 \times 1.8\% = 2.04$

工序3：$\lambda_3 = 98.7\%$；$Q_3 = W_4 = 113.38$；$W_3 = \dfrac{Q_3}{\lambda_3} = \dfrac{113.38}{98.7\%} = 114.87$

$X_3 = W_3 x_3 = 114.87 \times 0.3\% = 0.34$；$R_3 = W_3 r_3 = 114.87 \times 1\% = 1.15$

工序6：处理量为工序2产出的金属钼（即工序2的可返回损失量），由于工序2的处理量未知，故无法算出其渣中钼量。这时可假设工序2的处理量为W_2，则工序2的可返回损失量为$R_2 = 0.068 W_2$，即：

$\lambda_6 = 70\%$；$W_6 = 0.068 W_2$；$Q_6 = \lambda_6 W_6 = 70\% \times 0.068 W_2 = 0.0476 W_2$

$X_6 = W_6 x_6 = 0.068 W_2 \times 30\% = 0.0204 W_2$；$R_6 = 0$

工序7：根据上述假设，③、④、⑤工序中的母液和洗涤水经⑨、⑩工序处理过程合为母液及洗涤水处理工序7，工序7的处理量W_7即为③、④、⑤工序中的母液和洗涤水中的金属钼量：

$\lambda_7 = 85.5\%$；$W_7 = R_3 + R_4 + R_5 = 1.15 + 2.04 + 10.56 = 13.75$

$Q_7 = \lambda_7 W_7 = 85.5\% \times 13.75 = 11.76$；$X_7 = x_7 W_7 = 14.5\% \times 13.75 = 1.99$

工序2：从工序3的处理量W_3分析看，应包括工序2的产出量Q_2，工序6和工序7的产出量Q_6和Q_7，即：$W_3 = Q_2 + Q_6 + Q_7$，代入各项数据后有：

$114.87 = \lambda_2 W_2 + 0.0476 W_2 + 11.76$，$\lambda_2 = 93\%$

解方程得：

$W_2 = \dfrac{114.87 - 11.76}{\lambda_2 + 0.0476} = \dfrac{114.87 - 11.76}{93\% + 0.0476} = 105.47$；$X_6 = 0.0204 W_2 = 0.0204 \times 105.47 = 2.15$

$$X_2 = W_2 x_2 = 105.47 \times 0.2\% = 0.21 ; R_2 = 105.47 \times 6.8\% = 7.17$$
$$Q_2 = W_2 \lambda_2 = 105.47 \times 93\% = 98.1$$

工序 1：$\lambda_1 = 97\%$；$Q_1 = W_2 = 105.47$；$W_1 = \dfrac{Q_1}{\lambda_1} = \dfrac{105.47}{97\%} = 108.73$

$$X_1 = W_1 x_1 = 108.73 \times 3\% = 3.26 ; R_1 = 0$$

生产过程中的直接回收率 λ：

因为 $\qquad\qquad\qquad\qquad W = W_1 = 108.73 ; Q = Q_5 = 100$

所以 $\qquad\qquad\qquad \lambda = \dfrac{Q}{W} \times 100\% = \dfrac{100}{108.73} \times 100\% = 91.97\%$

生产过程的总回收率 λ'：

因为各工序的总不可回收损失量为：

$$X = \sum_{i=1}^{7} X_i = 3.26 + 0.21 + 0.34 + 0.23 + 0.56 + 2.15 + 1.99 \approx 8.73$$

最终产品中金属钼量 Q，即工序 5 的产出量和全部不可返回损失金属钼量 X 之和等于工序 1 处理的金属钼量 W，即：

$$Q + X = 100 + 8.73 = 108.73 = W$$

又因为 $W = Q + R + X$

所以 $R = W - (Q + X) = 108.73 - 108.73 = 0$

$$\lambda' = \dfrac{Q + R}{W} \times 100\% = \dfrac{100 + 0}{108.73} \times 100\% = 91.97\%$$

所以该流程中钼金属的生产过程直接回收率 λ 也就等于总回收率 λ'。

物料衡算可在有价成分衡算的基础上进行，也可直接进行，其基本方法是一样的，一般以工序为单位进行，可列出各工序的物料平衡表。物料平衡表中列出了进入工序的各种物料量和工序产出的各种物料量，是设备选择和计算的依据。

在设计过程中，为了概括整个工艺流程的物料流动情况，通常还要在各工序物料衡算的基础上列出全流程的物料平衡总图。从总图中可全面了解整个生产过程中消耗的各种物料的量、最终产品、副产品及废品量、流程的总损失量。同样地，流程产出量和总损失量之和等于进入流程的各种物料量之和。图 3 - 7 为年产 1000 万吨钢的钢铁联合企业生产工艺金属料流程图，图 3 - 8 为年产 380 万吨钒钛成品钢材生产工艺物料流程图。

从图 3 - 7 中可知，从铁精矿到烧结、高炉炼铁后的金属料的各个工序中处理物料量和产出物料量，并以此为基础来进行转炉、模铸、板坯连铸、初轧、热连轧、冷连轧等车间设备的设计和计算。

工序 1：一炼钢，$\lambda_1 = 94\%$；$W_1 = 660 + 96.5 = 756.5$；$Q_1 = 711.1$；
$$R_1 = 26.5 ; X_1 = 18.9$$

$$x_1 = \dfrac{X_1}{W_1} \times 100\% = \dfrac{18.9}{756.5} \times 100\% = 2.5\% ; r_1 = \dfrac{R_1}{W_1} \times 100\% = \dfrac{26.5}{756.5} \times 100\% = 3.5\%$$

工序 2：二炼钢，$\lambda_2 = 94\%$；$W_2 = 290 + 43.5 = 333.5$；$Q_2 = 313.5$；
$$R_2 = 11.7 ; X_2 = 8.3$$

$$x_2 = \dfrac{X_2}{W_2} \times 100\% = \dfrac{8.3}{333.5} \times 100\% = 2.5\% ; r_2 = \dfrac{R_2}{W_2} \times 100\% = \dfrac{11.7}{333.5} \times 100\% = 3.5\%$$

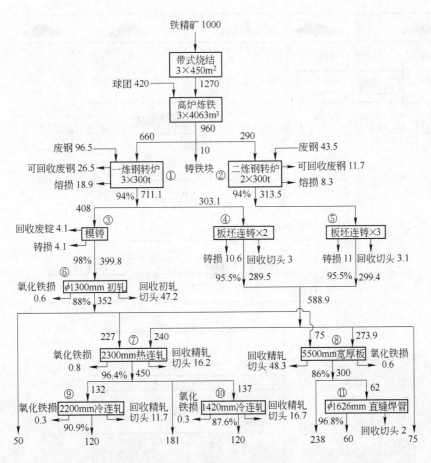

图 3-7 年产 1000 万吨钢生产工艺金属料流程图（单位：$\times 10^4$ t/a）

工序 3：模铸，$\lambda_3 = 98\%$；$W_3 = 408$；$Q_3 = 399.8$；$R_3 = 4.1$；$X_3 = 4.1$

$$x_3 = \frac{X_3}{W_3} \times 100\% = \frac{4.1}{408} \times 100\% = 1\% ; r_3 = \frac{R_3}{W_3} \times 100\% = \frac{4.1}{408} \times 100\% = 1\%$$

工序 4：一连铸，$\lambda_4 = 95.5\%$；$W_4 = 303.5$；$Q_4 = 289.8$；$R_4 = 3.1$；$X_4 = 10.6$

$$x_4 = \frac{X_4}{W_4} \times 100\% = \frac{10.6}{303.5} \times 100\% = 3.5\% ; r_4 = \frac{R_4}{W_4} \times 100\% = \frac{3.1}{303.5} \times 100\% = 1\%$$

工序 5：二连铸，$\lambda_5 = 95.5\%$；$W_5 = 313.5$；$Q_5 = 299.4$；$R_5 = 3.1$；$X_5 = 11$

$$x_5 = \frac{X_5}{W_5} \times 100\% = \frac{11}{313.5} \times 100\% = 3.5\% ; r_5 = \frac{R_5}{W_5} \times 100\% = \frac{3.1}{313.5} \times 100\% = 1\%$$

工序 6：初轧，$\lambda_6 = 88\%$；$W_6 = 399.8$；$Q_6 = 352$；$R_6 = 47.2$；$X_6 = 0.6$

$$x_6 = \frac{X_6}{W_6} \times 100\% = \frac{0.6}{399.8} \times 100\% = 0.15\% ; r_6 = \frac{R_6}{W_6} \times 100\% = \frac{47.2}{399.8} \times 100\% = 11.8\%$$

工序 7：热连轧，$\lambda_7 = 96.4\%$；$W_7 = 227 + 240 = 467$；$Q_7 = 450$；$R_7 = 16.2$；$X_7 = 0.8$

$$x_7 = \frac{X_7}{W_7} \times 100\% = \frac{0.8}{467} \times 100\% = 0.17\% ; r_7 = \frac{R_7}{W_7} \times 100\% = \frac{16.2}{467} \times 100\% = 3.5\%$$

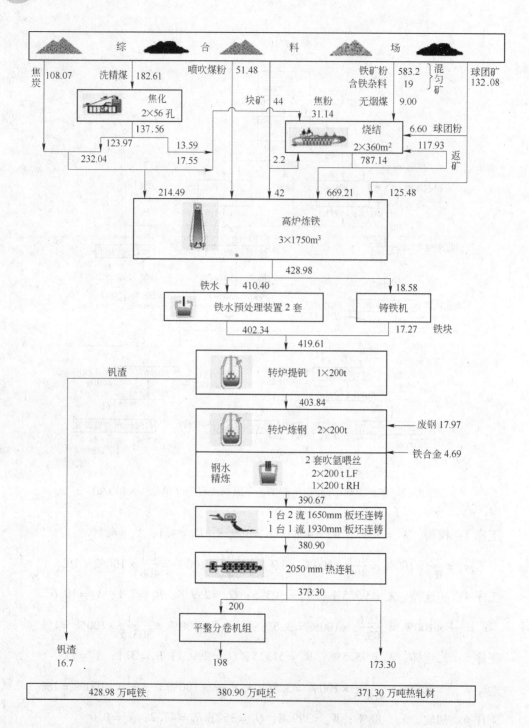

图 3-8　年产 380 万吨成品钢材生产工艺物料流程图（单位：$\times 10^4$ t/a）

工序 8：宽厚板，$\lambda_8 = 86\%$；$W_8 = 75 + 275 = 350$；$Q_8 = 300$；$R_8 = 49.4$；$X_8 = 0.6$

$$x_8 = \frac{X_8}{W_8} \times 100\% = \frac{0.6}{350} \times 100\% = 0.17\% \ ; r_8 = \frac{R_8}{W_8} \times 100\% = \frac{49.4}{350} \times 100\% = 14.1\%$$

工序 9：冷连轧，$\lambda_9 = 90.9\%$；$W_9 = 132$；$Q_9 = 120$；$R_9 = 11.7$；$X_9 = 0.3$

$$x_9 = \frac{X_9}{W_9} \times 100\% = \frac{0.3}{132} \times 100\% = 0.2\% \ ; r_9 = \frac{R_9}{W_9} \times 100\% = \frac{11.7}{132} \times 100\% = 8.9\%$$

工序 10：冷连轧，$\lambda_{10} = 87.6\%$；$W_{10} = 137$；$Q_{10} = 120$；$R_{10} = 16.7$；$X_{10} = 0.3$

$$x_{10} = \frac{X_{10}}{W_{10}} \times 100\% = \frac{0.3}{137} \times 100\% = 0.2\% \ ; r_{10} = \frac{R_{10}}{W_{10}} \times 100\% = \frac{16.7}{137} \times 100\% = 12.2\%$$

工序 11：直缝焊管，$\lambda_{11} = 96.8\%$；$W_{11} = 62$；$Q_{11} = 60$；$R_{11} = 2$；$X_{11} = 0.0$

$$x_{11} = 0.0\% \ ; r_{11} = \frac{R_{11}}{W_{11}} \times 100\% = \frac{2}{62} \times 100\% = 3.2\%$$

生产过程中金属的直接回收率 λ：

因为 $\qquad W = W_1 + W_2 = 756.5 + 333.5 = 1090$

$$Q = 50 + Q_9 + 181 + Q_{10} + 238 + Q_{11} + 75 = 50 + 120 + 181 + 120 + 238 + 60 + 75 = 844$$

所以 $\qquad \lambda = \frac{Q}{W} \times 100\% = \frac{844}{1090} \times 100\% = 77.43\%$

生产过程金属的总回收率 λ'：

因为 $\qquad R = \sum_{i=1}^{11} R_i = 26.5 + 11.7 + 4.1 + \cdots + 2 = 190.5$

$$X = \sum_{i=1}^{11} X_i = 18.9 + 8.3 + 4.1 + \cdots + 0 = 55.5$$

$$Q + R + X = 844 + 190.5 + 55.5 = 1090 = W$$

所以 $\qquad \lambda' = \frac{Q+R}{W} \times 100\% = \frac{844 + 190.5}{1090} \times 100\% = 94.91\%$

同理可推算出图 3 - 8 中各工序的 R_i、r_i、X_i、x_i、λ_i、λ_i'、λ、λ' 数据。

提取冶金过程主要为化学反应过程，例如，在湿法冶金中经常用到各种酸、碱、盐去浸出金属氧化物、金属硫化物；在火法冶金中要用到碳、活泼金属、一氧化碳、氢气等物质去与金属氧化物发生氧化还原反应，同时也常常要用氧（如氧气转炉炼钢）去氧化金属硫化物、碳化物和进行燃料燃烧，以及加入适当的熔剂造渣等。因此，在物料平衡计算中，通常要计算由于产生化学反应所需要各种试剂量、为了造渣所需要的熔剂量以及为了提供热量所需要的燃料和氧气量等。在处理一定量的金属矿物原料时，需要消耗的各种化学试剂量完全可以按照发生的化学反应平衡方程式计算。但生产实践表明，欲使生产所要求的反应完满进行，这些参加反应的物质仅取理论量是不行的，实际用量一般要比理论用量大些，一般把实际用量与理论用量的比值称为过量系数。因此，在实际计算中，常用理论用量乘以过量系数作为所需试剂的消耗量。例如，铁合金冶炼中碳的过剩系数为 1.0 ~ 1.1，在碱分解钨精矿过程中，氢氧化钠的用量一般为理论量的 1.5 ~ 2.0 倍，铜精矿火法熔炼过程中，硫的氧化所需要的氧量一般为理论量的 1.05 倍。生产实践中也常使用经验配比来计算各种化学试剂的消耗量，如单位矿量需要加入多少试剂量。

火法熔炼过程中造渣所需的熔剂量是根据所选用的炉渣成分和炉渣数量来计算。如在铜精矿闪速熔炼中，一般加石英砂进行造渣，假设炉渣中 SiO_2 34%，渣率为 42%，所用石英砂中含 SiO_2 92%，铜精矿中含 SiO_2 5.56%，设熔炼 100kg 铜精矿时石英砂用量为 $x$kg，所产出渣量为 $y$kg，则可列出如下方程式：

按 SiO_2 平衡有：　　　　　　$100 \times 5.56\% + 92\% x = 34\% y$　　　　　　　　①

按渣率计算有：　　　　　　　　$y \div (100 + x) = 0.42$　　　　　　　　　　　　②

联解方程① - ②得：　　　　　$x = 11.18kg, y = 46.70kg$

因此可得出，熔炼 100kg 铜精矿需加熔剂石英砂 11.18kg。

火法冶炼过程中燃料（加重油、煤、焦炭等）的消耗量通常是根据需要提供给过程的热量，是在热平衡计算的基础上进行的，用燃料的发热值去除过程所需热量即可得到燃料的消耗量。本书附录 7 列有常用燃料的发热值数据，可供选用。上面只是简单介绍了冶金过程中有价成分衡算和物料衡算的基本方法。实际上，其计算的方法很多，不同的流程有不同的计算方法，同一流程也可以有多种计算方法，但都要以质量守恒定律和化学计量关系为原则，由已知数据求未知数据。在具体计算中，一般采用代数法，根据已知的或确定的条件建立衡算方程式，求解未知数。它是要根据已知的条件和数据，编制程序，输入计算机，得出计算结果，这大大提高了工作效率，并使计算的精确度得到提高。

3.6.3　能量平衡计算

3.6.3.1　能量平衡计算的作用

能的形式有多种，但在冶金生产中常常遇到的能量衡算是热量衡算。

物料从一个体系进入另一个体系，在发生质量传递的同时也伴随着能量的消耗、释放和转化。

物料质量变化的数量关系，可以从物料衡算中求得，能量的变化则根据能量守恒定律，利用能量传递和转化的规律，通过平衡计算求得，这样的冶金计算称为能量衡算。

冶金过程的能量平衡计算包括电能平衡计算和热平衡计算。能量平衡是指进入某体系的能量与从体系放出的能量之间的平衡关系，即 $A_{收} = A_{支}$。

在冶金生产中，有些过程需消耗巨大的能量，如还原、熔化、干燥、蒸馏等；而另一些过程则可释放大量能量，如燃烧、放热化学反应过程等。为了使生产保持在适宜的工艺条件下进行，必须掌握物料带入或带出体系的能量，控制能量的供给速率和放热速率。为此，需要对各生产体系进行能量衡算。

能量衡算和物料衡算一样，对于生产工艺条件的确定、设备的设计是不可缺少的一种冶金基本计算。

冶金生产的能量消耗很大，能量消耗费用是化工产品的主要成本之一。衡量冶金产品能量消耗水平的指标是能耗，即制造单位质量（或单位体积）产品的能量费用。能耗也是衡量化工生产技术水平的主要指标之一。能量衡算可为提高能量的利用率，降低能耗提供主要依据。通过能量衡算，整个工艺系统的能耗应符合设计合同的能耗要求。冶金过程能量平衡计算一般都是以某一过程（如还原熔炼过程、浸出过程、电解过程等）来进行，而大部分冶金过程是在加热的情况下才能实现，如高炉炼铁、转炉炼钢、铜精矿造锍熔炼过程、钨精矿的碱分解过程、铜的电解精炼过程等。有的冶金过程消耗电能（如电炉熔炼过程和电解过程），有的冶金过程消耗燃料（如硅铁冶炼、反射炉熔炼、闪速炉熔炼等）。在这种情况下，能量衡算的目的就是要计算出需要为过程的进行提供多少能量，即电能或燃料的消耗量，或两者并有。有的冶金过程为放热反应，反应时放出的热量使过程的温度升高，这时就需要采取措施控制反应温度；有的过程反应放出的热量还可以加以利用。同时，火法冶炼过程中的烟气会带走大量的热，如何利用烟气中的这部分热量是冶金过程节能的一个重要方面。因此，通过对冶金过程能量平衡计算，要达到如下目的和要求：

（1）用以确定外加能量的数量或需要导走的多余能量的数量，从而确定燃料或电能的消耗量及进行焦炉、加热器、散热器、电炉变压器的设计。

（2）余热的利用。

（3）用以分析和研究节能的可能途径。

冶金过程的能量平衡计算是在物料平衡计算的基础上进行的。热量衡算是在物料衡算基础上进行的。进行热量衡算时，首先也要划定衡算范围、选取衡算基准。与物料衡算不同的是，衡算基准除了选取时间基准或物料基准外，还需选取物流焓的基准态。

物流焓的基准态包括物流的基准压强、基准温度、基准相状态。应注意两点：

（1）基准压强通常取 100kPa，一般在压强不高的情况下，压强对焓的影响常可忽略。

（2）基准温度可取 0℃。这是因为，从手册中可以查到的有关数据如比焓、质量热力学能、平均等压比热容等数据通常都是以 0℃ 为基准的。

采用同一基准温度，便于直接引用手册上的数据。有时也可取某一物流的实际温度作为基准温度，如果忽略压强的影响，则这一股物流的焓值为零，可使热量衡算适当简化。

3.6.3.2 能量平衡计算的步骤

冶金过程能量平衡计算的理论基础是能量守恒定理，即过程中经过各种途径吸收的能量必然等于经过各种途径放出的能量。因此，其总原则是"能量收入 = 能量支出"。这就是说，如果过程支出的能量大于收入的能量，则需从外界提供能量（燃料或电能），反之，若过程收入的能量大于支出的能量，则需从过程中导出多余的能量。

实际的冶金过程繁简不一，在进行能量平衡计算时有的比较简单，有的比较复杂。为使计算过程正确进行，通常应遵循以下步骤：

（1）确定计算体系。计算体系是指计算对象的边界或范围。因为能量平衡计算是以某一过程来进行，因此通常是以实现该过程的主体设备内进行反应的基本组成部分作为计算体系。如铜精矿的闪速熔炼过程是以闪速炉作为计算体系，浸出过程是以浸出槽作为计算体系，炼铁以高炉本体和热风炉作为计算体系。对于预焙阳极电解槽来说，可取槽底 – 槽壳 – 壳面 – 阳极作为计算体系。体系以外和体系有联系的物质则为环境。

（2）确定过程进行的各种工艺条件，如反应温度、压力、升温保温时间、加热方式等。

（3）准确的过程物料衡算数据，如使用的原料量、产品和中间产品量以及它们的化学成分和物相组成。

（4）确定过程中各种物料之间所发生的化学反应。

（5）确定过程所使用的主体设备的形状、尺寸、材料以及所使用的保温材料的种类和炉子的构筑方法等。

（6）选定能量衡算的基准温度。因为物质能量的绝对值不知道，必须事先选定合适的基准状态。一般冶金炉的热平衡计算多以 0℃ 或工作温度为计算的温度基础。而电解槽的能量平衡计算，则多取电解的实际温度为计算基础，也有以车间温度为基础的。不管以哪种温度为基础进行计算，其能量平衡状态不变，只是计算项目不同。

（7）分别计算过程中进入体系的能量和体系消耗的能量，并列出平衡方程式：

$$\sum A_入 = \sum A_出$$

（8）列出整个过程能量平衡表，并进行详细分析研究，寻找节能的措施。

3.6.3.3 能量平衡方程式的建立

进行能量平衡计算，首先是正确拟定能量平衡方程式，但选定的基准温度不同时，方程式的具体项目也不同。一般情况下，多选用摄氏零度或工作温度为计算的基准温度。

（1）以摄氏零度为计算基准。此时物料的化学反应热效应是以0℃的反应物反应生成0℃的生成物的热效应。热收入项包括进炉物料带入的物理显热 $Q_显$、0℃时的化学反应热效应 $Q_反应$（假设为放热反应）以及燃料燃烧（或电炉加热）提供的热 $Q_外$ 等项。热支出包括将0℃的生成物升温到高炉温度时所需要的热 $Q_产$、消耗在反应设备上的热量 $Q_设备$（对于周期性作业的设备），以及设备向周围空气的热损失 $Q_损失$ 等项。其能量平衡方程式为：

$$Q_外 + Q_反应 + Q_显 = Q_产 + Q_设备 + Q_损失$$
$$（热收入）\qquad\qquad（热支出）$$

（2）以工作温度 t_1 为计算基准计算物料的化学反应热效应即是以工作温度 t_1 下的反应物反应生成 t_1 下的生成物的热效应。相应地热收入为工作温度 t_1 下的反应热效应 $Q_反应$（假设为放热反应）、燃料燃烧（或电炉加热）提供的热 $Q_外$、温度为 t_1 的生成物改变为离炉温度 t_2 时留下的热量 $Q_留$。热支出为物料由入炉温度升至工作温度 t_1 时所需的热 $Q_料$、消耗在反应设备上的热 $Q_设备$（对于周期性作业的设备）、设备向周围空气散失的热量 $Q_损失$，其能量平衡方程式为：

$$Q_外 + Q_反应 + Q_留 = Q_料 + Q_设备 + Q_损失$$
$$（热收入）\qquad\qquad（热支出）$$

3.6.3.4 具体计算方法

冶金过程的能量平衡计算包括能量收入和能量支出两项。

能量收入一般包括：

（1）过程参加反应物料的放热热效应 $Q_反应$（kJ）：

$$Q_反应 = \sum_{i=1}^{n} G_i \Delta H_{iT} \times 10^3 / M_i \qquad\qquad (3-8)$$

式中 G_i——参加反应的物料 i 的质量，kg；

      ΔH_{iT}——参加反应的物料 i 的摩尔反应热效应，kJ/mol，

$$\Delta H_{iT} = \Delta H_{298} + \int_{298}^{T} \Delta c_p \mathrm{d}T$$

      Δc_p——物料的比定压热容，J/(kg·K)；

      M_i——参加反应的物料 i 的摩尔质量，g/mol。

注意：大部分反应放热热效应以上式进行计算，小部分定容反应例如部分金属精炼的放热热效应 $Q'_反应$（kJ）：

$$Q'_反应 = \sum_{i=1}^{n} G_i \Delta U_{iT} \times 10^3 / M_i$$

式中 G_i——参加反应的物料 i 的质量，kg；

ΔU_{iT}——参加反应的物料 i 的摩尔反应定容热容，kJ/mol，

$$\Delta U_T = \Delta U_{298} + \int_{298}^{T} \Delta c_V dT$$

Δc_V——物料的比体积热容，J/(kg·K)；

M_i——参加反应的物料 i 的摩尔质量，g/mol。

（2）燃料燃烧热或电炉加热所供给的热 $Q_{外}$（kJ），其中燃料燃烧热为：

$$Q_{外} = GJ \tag{3-9}$$

式中　G——燃料的质量，kg；

J——燃料的燃烧发热值，kJ/kg。

如果是电炉供热，则：

$$Q_{外} = 3595 P_0 \tau$$

式中　P_0——炉子正常工作的实际功率，kW；

τ——炉子作业时间，h；

3595——换算系数（由 kW 换算成 kJ/h），1kW = 3595kJ/h。

（3）炉料的物理显热 $Q_{显}$（kJ）：

$$Q_{显} = Gct \tag{3-10}$$

式中　G——炉料的质量，kg；

c——预热空气的比热容，kJ/(kg·K)；

t——炉料进入设备时的温度，℃。

（4）预热空气的物理显热 $Q'_{显}$（kJ）：

$$Q'_{显} = V c_V t \tag{3-11}$$

式中　V——预热空气的体积，m³（标准状态）；

c_V——预热空气的比体积热容，kJ/(m³·K)（标准状态）；

t——预热空气的温度，℃。

能量支出一般包括：

（1）过程中参加反应物料的吸热反应热效应 $Q'_{反应}$，其计算方法和 $Q_{反应}$ 相同。

（2）反应生成产物（主要产品、炉渣、烟尘等）带走的热量 $Q_{产}$（kJ）：

$$Q_{产} = \sum_{i=1}^{n} G_i c_i t \tag{3-12}$$

式中　G_i——反应生成物 i 的质量，kg；

c_i——反应生成物 i 的比热容，kJ/(kg·K)；

t——反应生成物的离炉温度，K。

（3）烟气带走的热量 $Q_{烟}$（kJ）（烟气组分一般为 SO_2、CO_2、H_2O、O_2、N_2 等）：

$$Q_{烟} = \sum_{i=1}^{n} V_i c_{Vi} t \tag{3-13}$$

式中　V_i——烟气中 i 组分的体积，m³（标准状态）；

c_{Vi}——烟气中 i 组分在温度 t 时的平均比体积热容，kJ/(m³·K)（标准状态）；

t——烟气离炉温度，℃。

（4）水分蒸发热 $Q_{蒸}$（kJ）：

$$Q_{蒸} = G(t_1 - t_0)c_1 + Gq + (t_2c_3 - t_1c_2)V \tag{3-14}$$

式中　G，V——分别为水的质量和水蒸气体积，kg、m^3（标准状态）；

t_0，t_1，t_2——分别为水的始温、沸点和水蒸气离炉温度，℃；

q——水的相变热，2253kJ/kg；

c_1——水的比热容，4.18kJ/(kg·K)；

c_2——100℃时水蒸气的比体积热容，1.5kJ/(m^3·K)（标准状态）；

c_3——温度为 t_2 时水蒸气的比体积热容，kJ/(m^3·K)（标准状态）。

（5）炉料由进炉温度加热到反应温度所需热量 $Q_{料}$：

$$Q_{料} = Gc(t_{反应} - t_{进炉}) \tag{3-15}$$

式中　G——炉料量，kg；

c——炉料的比热容，kJ/(kg·K)；

$t_{进炉}$——炉料进炉时的温度，℃；

$t_{反应}$——炉料进行反应时的温度，℃。

其中，炉料比热容：

$$c = \sum_{i=1}^{n} c_i w_i$$

式中　c——炉料的比热容，kJ/(kg·K)；

c_i——炉料中 i 组分的比热容，kJ/(kg·K)；

w_i——i 组分的质量分数。

（6）设备由室温加热到反应温度所需热量 $Q_{设备}$（对于周期性作业）：

$$Q_{设备} = Gc(t_{反应} - t_{室}) \tag{3-16}$$

式中　G——反应设备的质量，kg；

$t_{室}$——室温，℃；

c——反应设备的比热容，kJ/(kg·K)。

在进行能量平衡计算时，常常要用到各种物质的比热容，冶金过程几种常用物质的比热容见表3-11，其余的可查相关设计手册和设计参考资料。

（7）设备向周围散失的热量 $Q_{损失}$。$Q_{损失}$ 的计算要根据炉子的结构和材料、耐火材料种类、传热方式（对流、传导、辐射）等具体情况进行。热量散失计算在热量传递学中已经学过，这里不再重复。有的时候在计算中取经验数据，如铜精矿闪速熔炼过程的热损失约占总热损失的15%左右。一般的蒸气加热的浸出槽向周围空气的热损失 $Q_{损失}$（kJ）可用下式计算：

$$Q_{损失} = F\alpha_T(t_w - t)\tau \tag{3-17}$$

式中　F——浸出槽的散热面积，m^2；

α_T——散热表面向周围介质的散热系数，kJ/(m^2·h·℃)；

t_w——浸出槽四壁的表面温度，℃；

t——周围空气温度，℃；

τ——过程的持续时间，h。

α_T 的计算：空气作自然对流，壁面温度50~350℃时，

$$\alpha_T = 8 + 0.05t_w$$

空气沿粗糙壁面作强制对流，当空气速度 $w \leqslant 5\text{m/s}$ 时，

$$\alpha_T = 5.3 + 3.6w$$

当空气速度 $w > 5\text{m/s}$ 时，

$$\alpha_T = 6.7w^{0.78}$$

进行能量平衡计算后，列出过程能量平衡总表。例如，铜精矿反射炉熔炼过程热量平衡和铝电解槽能量平衡分别如表3-12、表3-13所示。

表3-11 冶金过程几种常用物质的比热容

物 质	比热容/kJ·(kg·K)$^{-1}$	物 质	比热容/kJ·(kg·K)$^{-1}$
铜精矿	0.55	炉渣（酸性）	1.2
锌精矿	0.84	炉渣（碱性）	1.0
铜焙砂	0.97	汽 油	2.2
锌焙砂	0.84	煤 油	2.1
泥土（矿石平均）	0.85	氮气（常温）	1.04
铜烟尘	0.76	CO_2（常温）	0.84
锌烟尘	0.84	空气（600℃）	1.36
冰铜（Cu_2S-FeS）	0.6	钢筋混凝土	0.84
铬矿砂（$FeCr_2O_4$）	0.92	无烟煤	0.91
钢 铁	0.45	土	0.52
硅石（SiO_2）	0.78	烟气中各成分（1300℃）	kJ/(m³·K)（标准状态）
石灰石	0.90	SO_2	2.306
焦炭块	0.85	CO_2	2.297
赤铁矿	0.49	H_2O (g)	1.810
磁铁矿（天然）	0.65	O_2	1.516
石墨	0.84	N_2	1.428

表3-12 铜反射炉熔炼的热平衡（以100kg干精矿计）

热 收 入			热 支 出		
项 目	热量/kJ	%	项 目	热量/kJ	%
燃料燃烧热	671532	79.38	冰铜带走热	43514	5.14
空气带入物理显热	5359	0.63	炉渣带走热	117570	13.90
炉料带入物理显热	2008	0.24	烟气带走热	467631	55.25
转炉渣物理显热	55647	6.58	烟尘带走热	5941	0.70
粉煤物理显热	745	0.09	炉子散热	51463	6.07
造渣反应热	48744	5.76	吸入空气带走热	16610	1.97
离解 S-SO$_2$ 放热	61920	7.32	炉料水分带走热	31777	3.77
			吸热反应耗热	38773	4.58
			不完全燃烧	33556	3.97
			其他热损失	39120	4.65
合 计	845955	100	合 计	845955	100

表 3 – 13　62A 自焙旁插棒铝电解能量平衡

能 量 收 入			能 量 支 出		
项　目	kW · h/h	%	项　目	kW · h/h	%
			1. 补偿分解氧化铝的全能	104.75	40.95
			2. 加热原材料到反应温度	12.91	5.05
			3. 补偿热损失	131.10	51.25
			（1）阳极糊表面	(9.15)	(7.0)
			（2）阳极侧面	(25.32)	(19.3)
电 能	255.8	100.00	（3）阳极棒	(16.84)	(12.9)
			（4）氧化铝料面	(17.19)	(13.10)
			（5）打开结壳	(8.29)	(6.20)
			（6）槽沿板	(13.36)	(10.20)
			（7）槽壳	(28.9)	(21.10)
			（8）阴极棒	(455)	(3.5)
			（9）槽底	(7.5)	(5.7)
总　计	255.8	100.00	—	248.76	97.25
平衡差额	—	—	—	7.04	2.75

　　电解槽的能量平衡是指电解槽单位时间内由外部供给的能量（电能）与电解槽本身同周围环境进行物质交换与热量交换过程中所消耗的能量之间的平衡。通过电解槽能量平衡计算，可以确定保证电解过程正常进行所消耗的电能，同时也可以确定电解槽适宜的保温条件，即确定出适宜的热损失与恰当的极间距离，并为调整电解槽的热损失的分配与事先估计电能效率提供必要的资料。根据能量平衡计算，可以看出能量在电解槽上的分配与利用，找出降低电耗的途径，为改善电解槽的工作提供条件。

3.6.3.5　冶金过程节能措施分析

　　冶金过程中一般都要消耗大量的燃料或电能，因此，降低能耗是节约能源、降低产品成本的重要途径之一。一般来说，冶金过程节能可从以下几方面着手：

　　（1）预热炉料。根据式（3 – 10）和式（3 – 11），炉料进入设备时温度越高，其物理显热也越大，因此将炉料进行预热和提高预热空气的温度，可增大进入体系的热量。

　　（2）强化燃料燃烧过程。采用氧或富氧鼓风，强化燃料燃烧过程，燃料中的热量可得到充分利用。同时，根据式（3 – 13），采用氧气或富氧鼓风，可减少烟气中 N_2 和 H_2O 的量，使烟气中带走的热量减少。

　　（3）减少热损失。在冶金炉构筑时，采用保温性能好的材料，防止热量损失。同时采用连续作业，可减少消耗在设备上的热量。此外，根据式（3 – 12）和式（3 – 14），降低反应产物出炉温度，使炉料干燥入炉，可减少由产物带走的热量和由于水分蒸发带走的热量。

　　（4）充分利用精矿本身的热能和烟气的余热。从表 3 – 12 可知，在铜精矿反射炉熔炼过程中，燃料燃烧占总热收入的 79.38%，其他热收入来自加入物料的物理显热和硫化矿中硫的氧化反应。因此，反射炉热收入的主要来源是燃料燃烧，而精矿本身的热能只利用了离解后产生的元素硫的氧化及造渣热，大量的 FeS 未被氧化而进入冰铜，故反射炉熔炼过程能耗高。要减少燃料消耗，就必须强化反应过程，如使用闪速炉熔炼就可大大降低能耗。同时，从热支出项可知，烟气中带走的热量占总热支出的 55.25%。因此，如何充分利用烟气中的余热是非常重要的。通常是将离炉后的烟气引入余热锅炉，产生蒸气发电，约可回收 50%~60% 的热能，再经换热室将燃烧用空气预热到 200~500℃，又可回收 10%~15% 的热能。

最后还要指出的是，在冶金过程衡算中，还有电解过程电压平衡计算的问题。例如铝、镁电解槽的电压平衡计算，金属电解精炼槽的电压平衡计算等。其目的在于了解电解过程的电压分配，寻找降低电耗的途径。

3.6.4　物料与能量衡算实例

本节以炼铁设计的工艺计算作为例题来更好理解物料与能量衡算的内容，同时掌握炼铁工艺计算方法，为后续相关课程设计提供参考。

已知某设计高炉的冶炼条件如下：

（1）原料成分。高炉采用烧结矿、生矿两种矿石冶炼，矿石、石灰石成分已经过整理计算，如表 3-14 所列，其混合矿是按烧结矿：块矿为 9:1 配成。

表 3-14　原料成分（质量分数）　　　　　　　　　　　　　　　　　%

原　料	烧结矿	块　矿	混合矿	石灰石
Fe	52.80	48.50	52.37	
Mn	0.093	0.165	0.100	
P	0.047	0.021	0.044	0.005
S	0.031	0.134	0.041	0.029
Fe_2O_3	55.30	62.40	56.01	
FeO	18.18	6.20	16.98	
CaO	11.70	2.12	10.74	54.11
MgO	3.74	0.40	3.41	1.16
SiO_2	9.76	14.84	10.27	0.73
Al_2O_3	1.00	2.32	1.13	0.13
MnO_2		0.26	0.03	
MnO	0.12		0.11	
FeS_2		0.25	0.03	0.07
FeS	0.09		0.08	
P_2O_5	0.11	0.05	0.10	0.01
CO_2		2.11	0.21	43.79
H_2O		9.05	0.90	
Σ	100.00	100.00	100.00	100.00

（2）燃料成分。高炉使用的焦炭及喷吹的无烟煤粉，其成分如表 3-15 和表 3-16 所列。

表 3-15 焦炭成分（质量分数） %

固定碳	灰分（13.66%）						
	SiO_2	Al_2O_3	CaO	MgO	FeO	FeS	P_2O_5
83.83	6.36	5.42	0.87	0.12	0.85	0.03	0.01

挥发分（0.99%）					有机物（1.52%）			合计	全硫	游离水
CO_2	CO	CH_4	H_2	N_2	H	N	S			
0.10	0.65	0.10	0.10	0.01	0.70	0.27	0.55	100.00	0.561	3.24

表 3-16 煤粉成分（质量分数） %

C	H	O	N	S	H_2O	灰 分					合 计
						SiO_2	Al_2O_3	CaO	MgO	FeO	
75.30	3.26	3.16	0.34	0.36	0.80	9.39	5.82	0.20	0.16	1.21	100.00

（3）炼钢用生铁，规定生铁成分

$$w[Si] = 0.7\% , w[S] = 0.03\%$$

（4）设计焦比 $K = 500kg/t$，煤比 $M = 75kg/t$。

（5）炉渣碱度 $R = w(CaO)/w(SiO_2) = 1.03$。

（6）元素在生铁、炉渣与煤气中的分配率，如表 3-17 所列。

表 3-17 元素分配率

项 目	Fe	Mn	P	S
生 铁	0.997	0.5	1.0	
炉 渣	0.003	0.5	0	
煤 气	0	0	0	0.05

（7）选取铁的直接还原度 $r_d = 0.45$，氢的利用率 $\eta_{H_2} = 35\%$。

（8）鼓风湿度测定为 $12.5g/m^3$（湿风）。

（9）鼓风温度为 1100℃。

（10）高炉使用冷烧结矿，炉顶温度为 200℃。

3.6.4.1 配料计算

（1）吨铁矿石用量计算。

燃料带入铁量 m（Fe.f）：

$$m(Fe.r) = K \times [w(FeO_K) \times 56/72 + w(FeS_K) \times 56/88] + M \times w(FeO_M) \times 56/72$$
$$= 500 \times (0.0085 \times 56/72 + 0.0003 \times 56/88) +$$
$$75 \times 0.0121 \times 56/72 = 3.40 + 0.71 = 4.11kg$$

式中 $w(FeO_K)$，$w(FeS_K)$ ——焦炭中 FeO、FeS 的质量分数，%；

$\qquad w(FeO_M)$ ——煤粉中 FeO 的质量分数，%。

计算矿石用量 A：

根据生铁含碳估算式：

$$w[C] = 4.3\% - 0.27w[Si] - 0.32w[P] - 0.32w[S] + 0.03w[Mn]$$

而

$$w[Fe] = 100\% - \{w[C] + w[Si] + w[Mn] + w[P] + w[S]\}$$

$$= 95.7\% - 0.73w[Si] - w[S] - 0.68w[P] - 1.03w[Mn]$$

得

$$A = \frac{1000 \times (95.7 - 0.73w[Si]_\% - w[S]_\%) - 100m(Fe.r) \times \eta_{(Fe)}}{w(TFe)_\% \times \eta_{(Fe)} - 0.68w(P_矿)_\% \times \eta_{(P)} + 1.03w(Mn_矿)_\% \times \eta_{(Mn)}}$$

$$= \frac{1000 \times (95.7 - 0.73 \times 0.7 - 0.03) - 100 \times 4.11 \times 0.997}{52.37 \times 0.997 + 0.68 \times 0.044 \times 1 + 1.03 \times 0.1 \times 0.5}$$

$$= 94749.23/52.294 = 1811.85 kg$$

式中　$\eta_{(Fe)}$，$\eta_{(P)}$，$\eta_{(Mn)}$——分别表示铁、磷、锰元素在生铁中的分配率；

　　　　　$w(TFe)$——矿石中全铁质量分数，%；

　　$w(P_矿)$，$w(Mn_矿)$——矿石中磷、锰元素质量分数，%。

（2）生铁成分计算。

$$w[Fe] = [A \times w(TFe) + m(Fe.r)] \times \eta_{(Fe)}$$

$$= (1811.85 \times 0.5237 + 4.11) \times 0.997 = 950.1 kg/t = 95.01\%$$

$$w[P] = [A \times w(P_矿) + K \times w(P_2O_{5K}) \times 62/142] \times \eta_{(P)}$$

$$= (1811.85 \times 0.00044 + 500 \times 0.0001 \times 62/142) = 0.8 kg/t = 0.08\%$$

$$w[Mn] = A \times w(Mn_矿) \times \eta_{(Mn)}$$

$$= 1811.85 \times 0.001 \times 0.5 = 0.9 kg/t = 0.09\%$$

$$w[C] = 100\% - w[Fe] - w[Si] - w[Mn] - w[P] - w[S]$$

$$= 100\% - 95.01\% - 0.70\% - 0.09\% - 0.08\% - 0.03\% = 4.09\%$$

式中　$w(P_2O_{5K})$——焦炭中 P_2O_5 质量分数，%。

计算的生铁成分见表 3-18。

表 3-18　生铁成分（质量分数）　　　　　　　　　　　　　%

Fe	Si	Mn	P	S	C	Σ
95.01	0.70	0.09	0.08	0.03	4.09	100.00

（3）石灰石用量计算。

矿石、燃料带入的 CaO 量：

$$\alpha = A \times w(CaO_A) + K \times w(CaO_K) + M \times w(CaO_M)$$

$$= 1811.85 \times 0.1074 + 500 \times 0.0087 + 75 \times 0.0020$$

$$= 199.09 kg$$

式中　$w(CaO_A)$，$w(CaO_K)$，$w(CaO_M)$——分别为矿石、焦炭、煤粉中 CaO 的质量
　　　　　　　　　　　　　　　　　　　　　　　　　　分数，%。

矿石、燃料带入的 SiO_2 量（要扣除还原 Si 消耗的）

$$\beta = A \times w(SiO_{2A}) + K \times w(SiO_{2K}) + M \times w(SiO_{2M}) - w(SiO_{2r})$$

$$= 1811.85 \times 0.1027 + 500 \times 0.0636 + 75 \times 0.0939 - 10 \times 0.7 \times 60/28$$

$$= 186.08 + 31.80 + 7.04 - 15 = 209.92 kg$$

式中　$w(SiO_{2A})$，$w(SiO_{2K})$，$w(SiO_{2M})$——分别为矿石、焦炭、煤粉中 SiO_2 的质量

分数,%;

$w(SiO_{2r})$——还原消耗的 SiO_2,%。

石灰石的有效熔剂性:

$$w(CaO_{有效}) = w(CaO_{\Phi}) - R \times w(SiO_{2\Phi})$$
$$= 54.11 - 1.03 \times 0.73 = 53.36\%$$

式中　$w(CaO_{\Phi})$, $w(SiO_{2\Phi})$——石灰石中 CaO、SiO_2 的质量分数,%。

石灰石用量:

$$\Phi = (\beta \times R - \alpha)/w(CaO_{有效}) = (209.92 \times 1.03 - 199.09)/0.5336 = 32.10 kg$$

(4) 渣量及炉渣成分计算。

炉料带入的各种炉渣组分的数量为:

$$\sum m(CaO) = \alpha + \Phi \times w(CaO_{\Phi}) = 199.09 + 32.10 \times 0.5411 = 216.46 kg$$

$$\sum m(SiO_2) = \beta + \Phi \times w(SiO_{2\Phi}) = 209.92 + 32.10 \times 0.0073 = 210.15 kg$$

$$\sum m(MgO) = A \times w(MgO_A) + K \times w(MgO_K) + M \times w(MgO_M)$$
$$= 1811.85 \times 0.0341 + 500 \times 0.0012 + 75 \times 0.0016 + 32.10 \times 0.0116$$
$$= 62.87 kg$$

$$\sum m(Al_2O_3) = A \times w(Al_2O_{3A}) + K \times w(Al_2O_{3K}) + M \times w(Al_2O_{3M})$$
$$= 1811.85 \times 0.0113 + 500 \times 0.0542 + 75 \times 0.0582 + 32.10 \times 0.0013$$
$$= 51.98 kg$$

渣中 MnO 量 $= A \times w(MnO_A) \times \mu_{(Mn)} \times 71/55$
$$= 1811.85 \times 0.001 \times 0.5 \times 71/55 = 1.17 kg$$

渣中 FeO 量 $= 1000 \times w[Fe] \times (\mu_{(Fe)}/\eta_{(Fe)}) \times 72/56$
$$= 950.1 \times 0.003/0.997 \times 72/56 = 3.68 kg$$

式中　$\mu_{(Fe)}$, $\mu_{(Mn)}$——分别表示铁、锰元素在炉渣中的分配率。

1t 生铁炉料带入的硫量(硫负荷):

$$\sum m(S) = A \times w(S_A) + K \times w(S_K) + M \times w(S_M) + \Phi \times w(S_{\Phi})$$
$$= 1811.85 \times 0.00041 + 500 \times 0.00561 + 75 \times 0.0036 + 32.10 \times 0.00029$$
$$= 0.743 + 2.805 + 0.270 + 0.009 = 3.827 kg$$

进入生铁的硫量 $m(S_i) = m_{生铁} \times w[S] = 1000 \times 0.0003 = 0.3 kg$

进入煤气的硫量 $m(S_g) = \sum m(S) \times \lambda_{(S)} = 3.827 \times 0.05 = 0.19 kg$

进入渣中的硫量 $m(S_s) = \sum m(S) - m(S_i) - m(S_g) = 3.827 - 0.3 - 0.19 = 3.337 \approx 3.34 kg$

式中　$\lambda_{(S)}$——硫在煤气中的分配率。

计算的炉渣成分如表 3-19 所示:

表 3-19　炉渣组成

项　目	CaO	MgO	SiO_2	Al_2O_3	MnO	FeO	S/2	Σ
数量/kg	216.46	62.87	210.15	51.98	1.17	3.68	1.67	547.98
质量分数/%	39.50	11.48	38.35	9.49	0.21	0.67	0.30	100.00

炉渣性能校核:

炉渣实际碱度 $R = \sum w(CaO)/\sum w(SiO_2) = 216.46/210.15 = 1.03$ (与规定碱度相

符）；

  炉渣脱硫的硫的分配系数 $L_S = 2 \times w(S_{\frac{1}{2}/\mu})/w[S] = 2 \times 0.30/0.03 = 20$；

  查阅炉渣相图可知，该炉渣熔化温度为 1350℃；

  炉渣黏度：1500℃时，0.25Pa·s；1400℃时，0.4Pa·s。

  由炉渣成分及性能校核可以看出，这种炉渣是能够符合高炉冶炼要求的。

3.6.4.2 物料平衡计算

  对于炼铁设计的工艺计算，直接还原度 r_d 及氢的利用率等指标是已知的，它们在前面已经给出。这里还假定入炉碳量的1%与氢反应生成 CH_4。按鼓风湿度的换算公式，对于本例鼓风湿度应为

$$\varphi = \frac{22.4}{28 \times 1000} \times 12.5 = 0.0156 \quad （即 1.56\%）$$

  (1) 鼓风量的计算。每吨生铁的各项耗碳是：

  燃料带入的可燃碳量 $m(C_f)$：

$$m(C_f) = K \times w(C_K) + M \times w(C_M)$$
$$= 500 \times 0.8383 + 75 \times 0.7530 = 419.15 + 56.48 = 475.63 kg$$

  生成 CH_4 耗碳 $m(C_{CH_4}) = m(C_f) \times 1\% = 475.63 \times 0.01 = 4.76 kg$

  生铁渗碳 $m(C_C) = 1000 \times w[C] = 10 \times 4.09 = 40.90 kg$

  氧化碳量 $m(C_O) = m(C_f) - m(C_{CH_4}) - m(C_C) = 475.63 - 4.76 - 40.90 = 429.97 kg$

  其他因素直接还原耗碳 $m(C_{da})$：

$$m(C_{da}) = 10 \times (w[Si] \times 24/28 + w[Mn] \times 12/55 + w[P] \times 60/62) + \Phi \times w(CO_{2\Phi}) \times$$
$$\alpha \times 12/44 + U \times w(S) \times 12/32$$
$$= 10 \times (0.7 \times 24/28 + 0.09 \times 12/55 + 0.08 \times 60/62) + 32.10 \times 0.4379 \times$$
$$0.5 \times 12/44 + 3.34 \times 12/32$$
$$= 6.97 + 1.92 + 1.25 = 10.14 kg$$

式中 $w[Si]$，$w[Mn]$，$w[P]$ ——生铁中相应元素质量分数，%；

        Φ——每吨生铁的石灰石用量，kg；

     $w(CO_{2\Phi})$——石灰石中 CO_2 质量分数，%；

        α——石灰石在高温区分解率，通常取 $\alpha = 0.5$；

        U——每吨生铁的渣量，kg；

      $w(S)$——渣中硫质量分数；

      1.25——脱硫耗碳量，kg。

  铁的直接还原耗碳

$$m(C_{dFe}) = m(Fe.r) \times r_d \times 12/56 = 950.1 \times 0.45 \times 12/56 = 91.62 kg$$

式中 $m(Fe.r)$——冶炼每吨生铁的还原铁量，kg。

  风口前燃烧碳量

$$m(C_b) = m(C_O) - m(C_{da}) - m(C_{dFe}) = 429.97 - 10.14 - 91.62 = 328.21 kg$$

  风口碳量所占比例为 $m(C_b)/m(C_f) = 328.21/475.63 = 69.01\%$

  鼓风含氧量 $\varphi(O_{2b}) = 0.21 + 0.29 \times \varphi = 0.21 + 0.29 \times 0.0156 = 0.2145$

  因此，每吨生铁的鼓风量 V_b

$$V_b = [m(C_b)/24 - M \times (w(O_M) + w(H_2O_M) \times 16/18)/32] \times 22.4/w(O_{2b})$$
$$= [328.21/24 - 75 \times (0.0316 + 0.008 \times 16/18)/32] \times 22.4/0.2145$$
$$= (13.675 - 0.091) \times 22.4/0.2145 = 1418.56 m^3$$

鼓风密度 $\rho_b = 1.288 - 0.484 \times \varphi = 1.288 - 0.484 \times 0.0156 = 1.280 kg/m^3$

每吨生铁的鼓风质量 $G_b = V_b \times \rho_b = 1418.56 \times 1.280 = 1815.76 kg$

（2）煤气组分及煤气量计算。

1）CH_4

$$V_{CH_4} = 22.4K \times w(CH_{4K})/16 + 22.4m(C_{CH_4})/12$$
$$= 500 \times 0.001 \times 22.4/16 + 4.76 \times 22.4/12$$
$$= 0.70 + 8.89 = 9.59 m^3$$

式中　$w(CH_{4K})$ ——焦炭中 CH_4 的质量分数,%。

2）H_2

鼓风湿分分解的氢 $= V_b \times \varphi = 1418.56 \times 0.0156 = 22.13 m^3$

燃料带入的氢 $= [K \times w(H_{2K}) + M \times (w(H_{2M}) + w(H_2O_M) \times 2/18)] \times 22.4/2$
$$= [500 \times (0.001 + 0.007) + 75 \times (0.0326 + 0.008 \times 2/18)] \times 22.4/2$$
$$= (4.0 + 2.51) \times 11.2 = 72.91 m^3$$

入炉总氢量 $V_{\Sigma H_2} = 22.13 + 72.91 = 95.04 m^3$

生成 CH_4 耗氢 $V_{H_2CH_4} = m(C_{CH_4}) \times 2 \times 22.4/12 = 4.76 \times 2 \times 22.4/12 = 17.77 m^3$

设定有35%的氢参加还原（$\eta_{H_2} = 35\%$），还原氢量为
$$V_{H_2r} = \Sigma V_{H_2} \times \eta_{H_2} = 95.04 \times 0.35 = 33.26 m^3$$

进入煤气的氢量
$$V_{H_2} = \Sigma V_{H_2} - V_{H_2CH_4} - V_{H_2r} = 95.04 - 17.77 - 33.26 = 44.01 m^3$$

高炉中氢的还原度（假定还原氢均参与浮氏体 Fe_xO 的还原）
$$r_{i(H_2)} = \frac{V_{H_2r} \times 56}{22.4 \times m(Fe.r)} = \frac{33.26 \times 56}{22.4 \times 950.1} = 0.087(0.088)$$

3）CO_2

矿石带入的 $V_{CO_2} = A \times w(CO_{2A}) \times 22.4/44 = 1811.85 \times 0.0021 \times 22.4/44 = 1.94 m^3$

熔（溶）剂分解出的 CO_2 （取石灰石高温区分解率 $\alpha = 0.5$）
$$= \Phi \times w(CO_{2\Phi}) \times (1 - \alpha) \times 22.4/44 = 32.10 \times 0.4379 \times (1 - 0.5) \times 22.4/44 = 3.58 m^3$$

焦炭带入的 $V_{CO_2} = K \times w(CO_{2K}) \times 22.4/44 = 0.25 m^3$

由炉料共带入 $V_{CO_2} = 1.94 + 3.58 + 0.25 = 5.77 m^3$

式中　$w(CO_{2A})$，$w(CO_{2\Phi})$，$w(CO_{2K})$——分别为矿石、溶剂、焦炭中 CO_2 的质量分数,%。

高级氧化铁还原生成的 $V_{CO_2} = A \times w(Fe_2O_{3A}) \times 22.4/160$
$$= 1811.85 \times 0.5601 \times 22.4/160 = 142.07 m^3$$

矿石中 MnO_2 还原成 MnO 生成的 $V_{CO_2} = A \times w(MnO_{2A}) \times 22.4/87$
$$= 1811.85 \times 0.0003 \times 22.4/87 = 0.14 m^3$$

式中　$w(Fe_2O_{3A})$，$w(MnO_{2A})$——分别为矿石中相应成分的质量分数,%。

由 FeO 还原成 Fe 生成的 $V_{CO_2} = m(\text{Fe.r}) \times (1 - r_d - r_{i(H_2)}) \times 22.4/56$

$$= 950.1 \times (1 - 0.45 - 0.088) \times 22.4/56 = 175.58 \text{m}^3$$

CO 的还原度 $r_{i(CO)} = 0.463$

因还原共生成 $V_{CO_2} = 142.07 + 0.14 + 175.58 = 317.79 \text{m}^3$

煤气中 CO_2 总量

$$V_{CO_2} = 317.79 + 5.77 = 323.56 \text{m}^3$$

4）CO

风口前燃烧碳生成的 $V_{CO} = m(C_b) \times 22.4/12 = 328.21 \times 22.4/12 = 612.66 \text{m}^3$

铁直接还原生成的 $V_{CO} = m(C_{dFe}) \times 22.4/12 = 91.62 \times 22.4/12 = 171.02 \text{m}^3$

其他直接还原生成的 $V_{CO} = m(C_{da}) \times 22.4/12 = 10.14 \times 22.4/12 = 18.93 \text{m}^3$

合计上列三项 CO 量 $V_{CO} = 612.66 + 171.02 + 18.93 = 802.61 \text{m}^3$

（此量亦可由氧化碳量直接求得，即 $V_{CO} \times 22.4/12 = 429.97 \times 22.4/12 = 802.61 \text{m}^3$，
与上面计算值相同）

焦炭挥发分带入的 CO 量

$$V_{CO} = K \times w(CO_K) \times 22.4/28 = 500 \times 0.0065 \times 22.4/28 = 2.60 \text{m}^3$$

熔（溶）剂在高温区分解出 CO_2 转变成 V_{CO}：

$$V_{CO} = \Phi \times w(CO_{2\Phi}) \times \alpha \times 22.4/44 = 32.10 \times 0.4379 \times 0.5 \times 22.4/44 = 3.58 \text{m}^3$$

（碳参与溶损反应转变成的 CO 量已在直接还原生成项中计算）

扣除间接还原消耗的 CO 后，进入煤气中的 CO 总量为

$$V_{CO} = 802.61 + 2.60 + 3.58 - 317.79 = 491 \text{m}^3$$

5）N_2

鼓风带入的 $V_{N_{2g}} = V_b \times 0.79 \times (1 - \varphi) = 1418.56 \times 0.79 \times (1 - 0.0156) = 1103.18 \text{m}^3$

焦炭、煤粉带入的 $V_{N_{2c}} = [K \times w(N_{2K}) + M \times w(N_{2M})] \times 22.4/28$

$$= [500 \times (0.0027 + 0.0004) + 75 \times 0.0034] \times 22.4/28$$

$$= 1.44 \text{m}^3$$

式中 $w(N_{2K})$，$w(N_{2M})$——分别为焦炭、煤粉中氮的质量分数，%。

煤气中的 N_2 总量

$$V_{N_2} = V_{N_{2g}} + V_{N_{2c}} = 1103.18 + 1.44 = 1104.62 \text{m}^3$$

将上列计算结果列入表 3-20，求出煤气（干）总量及煤气成分。

表 3-20　煤气组成

项　目	CO_2	CO	H_2	CH_4	N_2	Σ
体积/m^3	323.94	490.66	43.91	9.58	1104.73	1972.82
体积分数 φ/%	16.42	24.87	2.22	0.49	56.00	100.00

煤气与鼓风的体积比为 $V_g/V_b = 1972.82/1418.56 = 1.391$

煤气密度

$$\rho_g = \frac{\varphi(CO_2) \times 44 + [\varphi(CO) + \varphi(N_2)] \times 28 + \varphi(H_2) \times 2 + \varphi(CH_4) \times 16}{22.4}$$

$= [0.1642 \times 44 + (0.2487 + 0.56) \times 28 + 0.0222 \times 2 + 0.0049 \times 16]/22.4 = 1.339\text{kg/m}^3$

式中　$\varphi(CO_2), \varphi(CO), \varphi(N_2), \varphi(H_2), \varphi(CH_4)$——分别为炉顶煤气中相应组分的体积
分数,%。

每吨生铁的煤气质量 $G_g = V_g \times \rho_g = 1972.82 \times 1.339 = 2641.61\text{kg}$

（3）煤气中水量计算。

还原生成的 $m(H_2O) = m(H_{2r}) \times 18/22.4 = 33.26 \times 18/22.4 = 26.73\text{kg}$

矿石带入的结晶水 $= A \times w(H_2O_A) = 1811.85 \times 0.009 = 16.31\text{kg}$

（矿石结晶含水量不多,计算时按全部析出考虑）

焦炭带入的游离水

$= \{K/[1 - w(H_2O_K)]\} \times w(H_2O_K) = [500/(1 - 0.0324)] \times 0.0324 = 516.74 \times 0.0324 = 16.74\text{kg}$

式中　$w(H_2O_A), w(H_2O_K)$ ——分别为矿石、焦炭中 H_2O 的质量分数,%。

进入煤气的 H_2O 总量 $= 26.73 + 16.31 + 16.74 = 59.78\text{kg}$

（4）考虑炉料的机械损失,实际入炉量：

矿石量 $= A \times 1.03 = 1811.85 \times 1.03 = 1866.21\text{kg}$

焦炭量 $= \{K/[1 - w(H_2O_K)]\} \times 1.02 = 516.74 \times 1.02 = 527.07\text{kg}$

灰石量 $= \Phi \times 1.01 = 32.10 \times 1.01 = 32.42\text{kg}$

因此,机械损失（含炉尘）量为

$(1866.21 - 1811.85) + (527.07 - 516.74) + (32.42 - 32.10)$

$= 54.36 + 10.33 + 0.32 = 65.01\text{kg}$

（5）列物料平衡表,见表 3 - 21,计算物料平衡误差。

表 3 - 21　物料平衡表

物　料　收　入		物　料　支　出	
项　　目	数量/kg	项　　目	数量/kg
矿　石	1866.21	生　铁	1000.00
焦　炭	527.07	炉　渣	547.98
煤　粉	75.00	煤　气	2641.61
石灰石	32.42	煤气中水	59.78
鼓　风	1815.76	炉　尘	65.01
总　计	4316.46	总　计	4314.38

物料平衡误差：

绝对误差 $= 4316.46 - 4314.38 = 2.08\text{kg}$

相对误差 $= 2.08/4316.46 = 0.05\%$

3.6.4.3　热平衡计算

热平衡计算是按热化学的盖斯定律,依据入炉物料的最初形态和出炉的最终形态,来
计算产生和消耗的热量,而不考虑高炉内实际的化学反应过程。

（1）热收入。

1）碳素氧化热

由还原反应生成的 CO_2 为 317.17m^3,相当于氧化成 CO_2 的碳量是

$$m(C_{O(CO_2)}) = 317.79 \times 12/22.4 = 170.24kg$$

氧化成的 CO 的碳量则为

$$m(C_{O(CO)}) = m(C_O) - m(C_{O(CO_2)}) = 429.97 - 170.24 = 259.73kg$$

碳素氧化热为

$$Q_{S1} = 33356.4 \times m(C_{CO_2}) + 9781.2 \times m(C_{CO})$$
$$= 33356.4 \times 170.24 + 9781.2 \times 259.73$$
$$= 8219064.6kJ$$

（1kg CO 生成热为 9781.2kJ，1kg CO_2 生成热为 33356.4kJ）

2）鼓风带入的热量

已知 1100℃时，干空气比焓 1567.92kJ/m³，水蒸气比焓 1912.77kJ/m³。每吨生铁的风量为 1418.56m³，喷吹煤粉用的压缩空气数量很少（大约 15~30kg/kg（空气）），这里就不予考虑了，因而鼓风带入的物理热为

$$Q_{S2} = V_b \times [h_b \times (1 - \varphi) + h_{H_2O} \times \varphi]$$
$$= 1418.56 \times [1567.92 \times (1 - 0.0156) + 1912.77 \times 0.0156]$$
$$= 1418.56 \times 1573.30 = 2231820.5kJ$$

式中　V_b——每吨生铁的风量，m³；

　　　φ——鼓风湿度；

h_b，h_{H_2O}——热风温度时干空气及水蒸气的体积比焓，kJ/m³。

3）氢氧化热及 CH_4 生成热

氢参加还原生成的水量为 $m(H_2O_f) = 26.73kg$，生成 CH_4 的耗碳是 $m(C_{CH_4}) = 4.76kg$，1kg 水生成的热为 13421.98kJ，氢和碳生成 1kg 甲烷放热 4698.32kJ，这两部分热量为

$$Q_{S3} = 13421.98 \times m(H_2O_f) + 4698.32 \times m(C_{CH_4}) \times \frac{16}{12}$$
$$= 13421.98 \times 26.73 + 4698.32 \times 4.76 \times \frac{16}{12}$$
$$= 388588.2kJ$$

式中　$m(H_2O_f)$——还原生成的水量。

4）成渣热（由石灰石及生矿带入的 CaO、MgO 计算）

每千克 CaO（或 MgO）成渣放热 1128.6kJ

$$Q_{S4} = 1128.6 \times m[CaO + MgO]$$
$$= 1128.6 \times [32.10 \times (0.5411 + 0.0116) + 1811.85 \times 0.10 \times (0.0212 + 0.0040)]$$
$$= 25176.3kJ$$

式中　$m[CaO + MgO]$——冶炼每吨生铁由溶剂、生矿带入 CaO 和 MgO 的总量，kg。

5）因采用冷矿，炉料带入物理热可忽略不计。

以上各项热收入总计为：

$$Q_S = 8219064.6 + 2231820.5 + 388588.2 + 25176.3 = 10864649.6kJ$$

（2）热支出。

1）氧化物分解耗热

①铁氧化物分解耗热

烧结矿、球团矿中的 FeO 一般有 20% ~25% 以硅酸铁（$2FeO \cdot SiO_2$）形态存在，酸性烧结取高值，此处取低值。烧结矿中以硅酸铁形态存在的 FeO 量为

$$m(FeO'_{(硅)}) = A \times a \times w(FeO_a) \times 0.2$$
$$= 1811.85 \times 0.9 \times 0.1818 \times 0.2 = 59.29 kg$$

式中 $w(FeO_a)$——烧结矿（包括球团矿）中 FeO 质量分数，%；

　　　　a——炉料中人造富矿配比；

　　　　A——吨铁矿石用量，kg。

以 Fe_3O_4 形态存在的 FeO 量则为

$$m(FeO_{(磁)}) = A \times w(FeO_A) - m(FeO'_{(硅)}) = 1811.85 \times 0.1698 - 59.29 = 248.36 kg$$

以 Fe_3O_4 形态存在的 Fe_2O_3 量为

$$m(Fe_2O_{3(磁)}) = m(FeO_{(磁)}) \times 160/72 = 248.36 \times 160/72 = 551.91 kg$$

因此，矿石带入的 Fe_3O_4 量为

$$m(Fe_3O_4) = m(Fe_2O_{3(磁)}) + m(FeO_{(磁)}) = 551.91 + 248.36 = 800.27 kg$$

矿石带入的赤铁矿量为

$$m(Fe_2O_{3(赤)}) = A \times w(Fe_2O_{3A}) - m(Fe_2O_{3(磁)}) = 1811.85 \times 0.5601 - 551.91 = 462.91 kg$$

式中 $w(Fe_2O_{3A})$——混合矿中 Fe_2O_3 的质量分数，%。

燃料带入的 FeO 量（均为 Fe_2SiO_4）为

$$m(FeO_{(燃)}) = K \times w(FeO_K) + M \times w(FeO_M) = 500 \times 0.0085 + 75 \times 0.0121 = 5.16 kg$$

进入炉渣的 FeO 量 $= 3.68 kg$

需分解的硅酸铁中的 FeO 总量为

$$m(FeO_{(硅)}) = 59.29 + 5.16 - 3.68 = 60.77 kg$$

$FeO_{(硅)}$、Fe_3O_4、Fe_2O_3 的分解热效应分别为 4068.39、4791.95、5144.33kJ/kg。因此，铁氧化物分解耗热为：

$$Q_{dl.1} = 4068.39 \times m(FeO_{(硅)}) + 4791.95 \times m(Fe_3O_4) + 5144.33 \times m(Fe_2O_3)$$
$$= 4068.39 \times 60.77 + 4791.95 \times 800.27 + 5144.33 \times 462.91$$
$$= 6463451.7 kJ$$

②其他氧化物分解耗热

1kg MnO_2 分解成 MnO 时需要热量 1425.798kJ，这部分耗热由炉料计算；由 MnO 分解出 1kg Mn 耗热 7350.53kJ，这部分耗热由生铁计算。由 SiO_2 分解出 1kg Si 耗热 30789.88kJ。由 $Ca_3(PO_4)_2$ 分解出 1kg P 耗热 35697.2kJ。

$$Q_{dl.2} = 1425.798 \times A \times w(MnO_{2A}) + 7350.53 \times 10 \times w[Mn] + 30789.88 \times 10 \times w[Si] +$$
$$35697.2 \times 10 \times w[P]$$
$$= 1425.798 \times 1811.85 \times 0.0003 + 7350.53 \times 10 \times 0.09 + 30789.88 \times 10 \times 0.7 +$$
$$35697.2 \times 10 \times 0.08$$
$$= 251477.4 kJ$$

铁氧化物和其他分解耗热总量

$$Q_{dl} = Q_{dl.1} + Q_{dl.2}$$
$$= 6463451.7 + 251477.4 = 6714929.1 kJ$$

2）脱硫耗热

炉渣反应是 $FeS + CaO \!=\!\!= CaS + Fe + \frac{1}{2}O_2$，耗热 8339.1kJ/kg

脱硫耗热 $Q_{d2} = 8339.1 \times m(S_S) = 8339.1 \times 3.34 = 27852.6kJ$

3）碳酸盐分解耗热

生矿中 CO_2 量 $= A \times 0.1 \times w(CO_{2\text{生}}) = 1811.85 \times 0.1 \times 0.0211 = 3.82kg$

其中，以 $CaCO_3$ 形态存在的为

$$m(CO_{2\text{生}(CaCO_3)}) = 3.82 \times \frac{w(CaO_\text{生})}{w(CaO_\text{生}) + w(MgO_\text{生})} = 3.82 \times 2.12/(2.12 + 0.40) = 3.21kg$$

式中 $w(CO_{2\text{生}})$，$w(CaO_\text{生})$，$w(MgO_\text{生})$ ——生矿中 CO_2、CaO、MgO 的质量分数，%。

以 $MgCO_3$ 形态存在的则为

$$m(CO_{2\text{生}(MgCO_3)}) = 3.82 - 3.21 = 0.61kg$$

石灰石中 CO_2 量 $= \Phi \times w(CO_{2\Phi}) = 32.10 \times 0.4379 = 14.06kg$

其中，以 $CaCO_3$ 形态存在的为

$$m(CO_{2\Phi(CaCO_3)}) = \Phi \times w(CaO_\Phi) \times 44/56 = 32.10 \times 0.5411 \times 44/56 = 13.65kg$$

以 $MgCO_3$ 形态存在的则为

$$m(CO_{2\Phi(MgCO_3)}) = 14.06 - 13.65 = 0.41kg$$

$CaCO_3$、$MgCO_3$ 分解出 CO_2 的耗热分别为 4039.552kJ/kg 和 2484.174kJ/kg。

$$Q'_{d3} = 4039.552 \times \left[m(CO_{2\text{生}(CaCO_3)}) + m(CO_{2\Phi(CaCO_3)}) \right] + 2484.174 \times$$
$$\left[m(CO_{2\text{生}(MgCO_3)}) + m(CO_{2\Phi(MgCO_3)}) \right]$$
$$= 4039.552 \times (3.21 + 13.65) + 2484.174 \times (0.61 + 0.41)$$
$$= 70640.7kJ$$

在这里需要提及的是，对于使用石灰石较多的高炉，石灰石在高温区分解出的 CO_2 参与溶损反应，需消耗碳量和大量热量，以往在进行热平衡时，这部分热量常常给遗漏了，这是不对的。这部分热量应按下面方法计算：

对于反应 $\frac{1}{2}CO_2 + C \!=\!\!= 2CO$，可以看出由两个反应组成

$$CO_2 \!=\!\!= CO + \frac{1}{2}O_2 \qquad 23575.5kJ/kg(C)$$

$$C + \frac{1}{2}O_2 \!=\!\!= CO \qquad 9781.2kJ/kg(C)$$

亦即 $\qquad C + CO_2 \!=\!\!= CO + CO \qquad 13961.2kJ/kg(C)$

对于 C 氧化成 CO 的热量，应在碳素氧化热项内计算，例如本例的 $m(CO_{CO}) = 259.52kg$ 已包含这项耗碳；对于 CO_2 分解耗热 Q''_{d3} 的计算是

$$Q''_{d3} = 23575.5 \times m(CO_2)_\text{石灰石}$$
$$= 23575.5 \times 32.10 \times 0.4379 \times 0.5 \times 12/44$$
$$= 45189.1kJ$$

这部分耗热或算进氧化物分解耗热项内，或算进碳酸盐分解项内。因此，本例

$$Q_{d3} = Q'_{d3} + Q''_{d3} = 70640.7 + 45189.1 = 115829.8kJ$$

4）水分分解耗热

$$Q_{d4} = Q'_{H_2O} + Q''_{H_2O}$$
$$= 10784.4 \times 1418.56 \times 0.0156 + 13422.0 \times 75 \times 0.008$$
$$= 246707.0 kJ$$

式中　Q'_{H_2O}——鼓风带入水分解耗热；

　　　Q''_{H_2O}——煤粉带入水分解耗热。

鼓风中的湿分与喷吹燃料所含有的水分分解耗热分别为10784.4kJ/m³，13422.0kJ/m³。

5）游离水蒸发耗热

$$Q_{d5} = Q'_{游离水} + Q''_{游离水}$$
$$= 2591.6 \times 16.74 + (2591.6 + 330.2) \times 1811.85 \times 0.009$$
$$= 91028.2 kJ$$

式中　$Q'_{游离水}$——焦炭带入游离水蒸发耗热；

　　　$Q''_{游离水}$——矿石结晶水蒸发耗热。

（16.74kg为焦炭带入的游离水量。另外，这里矿石结晶水是按全部析出蒸发而没有在高温区分解来计算的）

6）喷吹煤粉分解耗热（按无烟煤分解热1045kJ/kg考虑）

$$Q_{d6} = 1045 \times 75 = 78375 kJ$$

7）铁水带走热量（取铁水比焓1170.4kJ/kg）

$$Q_{d7} = 1170.4 \times 1000 = 1170400 kJ$$

8）炉渣带走热量（取炉渣比焓1755.6kJ/kg）

$$Q_{d8} = 1755.6 \times 547.98 = 962033.7 kJ$$

9）煤气带走热量

当炉顶温度200℃时，查表可知各气体组分的体积比焓（kJ/m³）为：

CO_2	CO	H_2	CH_4	N_2	H_2O
356.97	262.50	260.00	365.33	261.67	304.30

干煤气带走的热量

$$Q_{d9.1} = Q_{CO_2} + Q_{CO} + Q_{H_2} + Q_{CH_4} + Q_{N_2}$$
$$= 356.97 \times 323.56 + 262.50 \times 491 + 260.00 \times 44.01 + 365.33 \times 9.59 + 261.67 \times 1104.46$$
$$= 548338.9 kJ$$

（此时，煤气比焓为277.97kJ/m³，其平均热容 $\bar{c}_p$ 为1.3899kJ/(m³·℃)）

煤气中水蒸气带走热量

$$Q_{d9.2} = V_{H_2Or} \cdot h_{H_2Ot_g} + 22.4/18 \times [m(H_2O_A) + m(H_2O_K)] \cdot (h_{H_2Ot_g} - h_{H_2O100})$$
$$= 33.22 \times 304.30 + 22.4/18 \times (16.31 + 16.74) \times (304.30 - 150.48)$$
$$= 16435.3 kJ$$

式中　　　　　V_{H_2Or}——还原反应生成的体积，等于参加还原反应的氢气体积（由物料平衡计算得出），m³（标准态）；

$m(H_2O_A)$，$m(H_2O_K)$——分别为矿石带入的结晶水和焦炭带入的游离水的质量，kg；

　　$h_{H_2Ot_g}$，h_{H_2O100}——炉顶温度 t_g 下及100℃下水的体积比焓（因已计算了100℃的蒸发热，此处计算要扣除），kJ/m³。

（33.22m^3 为还原生成水量）

炉尘带走热量

$$Q_{d9.3} = 0.711 \times 200 \times 65.01 = 9244.4\text{kJ}$$

（炉尘比热容值此处取值 $0.711\text{kJ/(kg} \cdot \text{℃)}$）

因此，煤气带走热量为

$$Q_{d9} = Q_{d9.1} + Q_{d9.2} + Q_{d9.3}$$
$$= 548338.9 + 16435.3 + 9244.4 = 574018.6\text{kJ}$$

10）热损失

上列 9 项热支出总和为

$$Q_d = Q_{d1} + Q_{d2} + Q_{d3} + Q_{d4} + Q_{d5} + Q_{d6} + Q_{d7} + Q_{d8} + Q_{d9}$$
$$= 6714929.1 + 27852.6 + 115829.8 + 246707.0 + 91028.2 + 78375.0 +$$
$$1170400.0 + 962033.7 + 574018.6$$
$$= 9981174\text{kJ}$$

高炉热损失

$$Q_{失} = 10864649.6 - 9981174 = 883475.6\text{kJ}$$

热损失所占比例

$$R = 883475.6 / 10864649.6 = 8.13\%$$

（3）列热平衡表、计算热平衡指标。

将上列计算结果列成热平衡表如表 3 - 22 所示。

表 3 - 22　热平衡表

热　收　入			热　支　出		
项　目	kJ	%	项　目	kJ	%
1. 炭素氧化热	8219064.6	75.65	氧化物分解热	6714929.1	61.81
2. 鼓风物理热	2231820.5	20.54	脱硫耗热	27852.6	0.26
3. 氢氧化放热	388588.2	3.58	碳酸盐分解热	115829.8	5.23
4. 成渣热	25176.3	0.23	水分分解热	246707.0	2.27
5. 炉料物理热	0.0	0.00	游离水蒸发热	91028.2	0.84
6.			喷吹物分解热	78375.0	0.72
7.			铁水带走热量	1170400.0	10.77
8.			炉渣带走热量	962033.7	8.85
9.			煤气带走热量	574018.6	5.28
10.			热损失	883475.6	8.13
总　计	10864649.6	100.0	总　计	10864649.6	100.0

高炉有效热量利用系数 $K_T = 1 - \varphi_{煤热} - \varphi_{热损} = 100 - (5.28 + 8.13) = 86.59\%$

高炉碳素热能利用系数

$$K_C = \frac{Q_C}{33356.4 \times C_{氧化}} = \frac{8219064.6}{33356.4 \times 429.97} = 57.3\%$$

（4）三种高温区界限温度热平衡计算对比。

一般将 900~1000℃ 定为高温区界限温度，国外有人定为 1200K，这相当于 927℃。究竟多高温度合适，这与高炉本身的情况和具体的冶炼条件、冶炼状况不无关系，不过通常情况下把 950℃ 定为界限温度是更合适的，这可以通过下面计算说明。

对于高温区热平衡计算，界限温度不同时将影响高温区范围的大小，影响物理热量项的计算，对化学反应热量项并无太大影响。这里对 900℃、950℃、1000℃ 三种界限温度进行高温区热平衡计算。这三种情况下具有相同的热量值的项目是：

1）风口前碳燃烧热；
2）铁及合金元素直接还原耗热；
3）碳酸盐分解及分解出 CO_2 参与溶损反应耗热；
4）喷吹煤粉的分解耗热（煤粉升温到界限温度耗热是不同的）。

因此，这里仅计算那些不同的热量项。

1）鼓风带入的有效热量

当界限温度 900℃，鼓风湿度 $\varphi = 0.0156$ 时：干空气比焓 1260.27kJ/m³，水蒸气比焓 1518.18kJ/m³，鼓风比焓为 $1260.27 \times 0.9845 + 1518.18 \times 0.0156 = 1264.42$kJ/m³。风温 1100℃ 时鼓风比焓为 1573.27kJ/m³。因此，当界限温度为 900℃ 时，每吨生铁鼓风带入的有效热量为

$$Q'_{hs2} = V_b \times [(h_{w(1100℃)} - h_{w(900℃)}) - 10784.4 \times \varphi]$$
$$= 1418.56 \times [(1573.27 - 1264.42) - 10784.4 \times 0.0156]$$
$$= 199468.5 \text{kJ}$$

式中 V_b——每吨生铁的风量（湿风），m³；

$h_{w(T_b)}$——温度 T_b 时鼓风（湿风）的体积比焓，kJ/m³；

φ——鼓风湿度。

当界限温度 1000℃ 时：干空气比焓 1412.84kJ/m³，水蒸气比焓 1713.8kJ/m³，鼓风比焓为 $1412.84 \times 0.9845 + 1713.8 \times 0.0156 = 1417.68$kJ/m³。这种情况下鼓风带入的有效热量为

$$Q''_{hs2} = V_b \times [(h_{w(1100℃)} - h_{w(1000℃)}) - 10784.4 \times \varphi]$$
$$= 1418.56 \times [(1573.27 - 1417.68) - 0.0156 \times 10784.4]$$
$$= -17934.7 \text{kJ}$$

2）铁水带走物理热

$$Q'_{hd3} = 1000 \times (1170.4 - 606.1)(900℃)$$
$$= 564300 \text{kJ}$$
$$Q''_{hd3} = 1000 \times (1170.4 - 668.8)(1000℃)$$
$$= 501600 \text{kJ}$$

3）炉渣带走热量

$$Q'_{hd4} = 547.98 \times (1755.6 - 877.8)(900℃)$$
$$= 481016.9 \text{kJ}$$
$$Q''_{hd4} = 547.98 \times (1755.6 - 961.4)(1000℃)$$
$$= 435205.7 \text{kJ}$$

4）煤粉升温及分解耗热

$$Q'_{hd5} = 75 \times (1379.4 + 1045)(900℃)$$
$$= 181830kJ$$

$$Q''_{hd5} = 75 \times (1504.8 + 1045)(1000℃)$$
$$= 191235kJ$$

5）煤粉升温及分解耗热

$$Q'_{hd6} = 3210288 + 201190.5 - 1383383 - 45030.3 - 564300 - 481016.8 - 181830(900℃)$$
$$= 755917.9kJ$$

$$Q''_{hd6} = 3210288 - 16187.89 - 1383383 - 45030.3 - 501600 - 435205.7 - 191235(1000℃)$$
$$= 637645.6kJ$$

将上述计算结果列于表3-23。

表3-23 不同界限温度时高温区热平衡对比

项 目	900℃		950℃		1000℃	
	kJ	%	kJ	%	kJ	%
1. 碳燃烧放热	3210287.7	94.15	3210287.7	97.24	3210287.7	100.56
2. 鼓风有效净热量	199468.5	5.85	91240.9	2.76	-17934.7	-0.56
3. 热收入总和	3409756.2	100	3301528.6	100	319235	100
4. 直接还原耗热	1383384.4	40.57	1383384.4	41.9	1383384.4	43.33
5. 碳酸盐分解耗热	45030.2	1.32	45030.2	1.36	45030.2	1.41
6. 铁水带走热量	564300	16.55	543400	16.46	501600	15.7
7. 炉渣带走热量	481016.9	14.1	458111.3	13.88	435205.7	13.63
8. 煤粉升温分解热	181830	5.33	186532.5	5.65	191235	5.99
9. 高温区热损失	755917.9	22.17	685070.2	20.75	637645.6	19.97
燃烧每千克碳有效热量	10388.9		10059.2		10059.2	

不同界限温度时，高温区热损失占全炉热损失比例为：

900℃时 755917.9/883463.4 = 85.56%

950℃时 685070.2/883463.4 = 77.54%

1000℃时 637645.6/883463.4 = 72.18%

一般认为高温区的热损失约占全炉热损失的75% ~ 80%，由上述计算可以看出，把950℃作为高温区界限温度，进行高炉高温区热平衡计算，是更为合适的。

3.6.4.4 理论焦比计算

利用高炉高温区热平衡计算方法，按工程计算法计算本例条件下的理论焦比问题。

由配料及物料平衡计算已经算出：鼓风湿度 $\varphi = 0.0156$（不富氧）；石灰石用量 $\Phi = 32.1kg$，渣量 $U = 548.0kg$，进渣硫量3.3kg；生铁成分（%）（冶炼中不加废铁）如下所示：

Fe	Si	Mn	P	S	C
95.01	0.70	0.09	0.08	0.03	4.09

取用数据有：

鼓风温度1100℃；煤比$M = 75$kg；炉渣碱度$R = 1.03$；直接还原度$r_d = 0.45$；高温区氢的利用率取0.45；高炉利用系数$\eta_V = 1.60$t/(m³·d)，以及有关成分：焦炭含碳$w(C_K) = 83.83\%$；煤粉含碳$w(C) = 75.30\%$，H_2 3.26%，$w(H_2O) = 0.80\%$；石灰石含CO_2 43.79%，CaO 54.11%。

计算如下：

（1）直接还原耗碳计算

$$m(C_d) = m(C_{dFe}) - m(C_{da})$$
$$= 12 \times 10 \times (w[Fe] \times r_d/56 + 2w[Si]/28 + w[Mn]/55 + 5w[P]/62) + 12\Phi \times$$
$$\varphi(CO_{2\Phi}) \times \alpha/44 + 12 \times U \times w(S)/32$$
$$= 2.143w[Fe] \times r_d + 8.571w[Si] + 2.182w[Mn] + 9.677w[P] + 0.273\Phi \times$$
$$\varphi(CO_{2\Phi}) \times \alpha + 0.375U \times w(S)$$
$$= 2.143 \times 95.01 \times 0.45 + 8.571 \times 0.7 + 2.182 \times 0.09 + 9.677 \times 0.08 +$$
$$0.273 \times 0.5 \times 32.10 \times 0.4379 + 0.375 \times 3.30$$
$$= 101.75\text{kg}$$

（2）生铁渗碳$m(C_c) = 40.90$kg

（3）喷吹燃料碳量$m(C_j) = 75 \times 0.753 = 56.48$kg

（4）风口前燃烧碳量计算

鼓风口含氧量$\varphi(O_{2b}) = 0.21 + 0.29 \times 0.0156 = 0.2145$

计算1m³鼓风的碳素燃烧热

$$q_R = 9781.2 \times \varphi(C_O) = 9781.2 \times 1.071 \times 0.2145 = 2247.03\text{kJ/m}^3$$

计算1m³鼓风的物理热

$$q_W = q_{W1} - q_{W0} - 10784.4 \times \varphi$$
$$= 1573.27 - 1340.69 - 10784.4 \times 0.0156$$
$$= 64.34\text{kJ/m}^3$$

（鼓风1100℃时比焓1573.27kJ/m³，界限温度950℃时比焓1340.53kJ/m³。这里未考虑喷煤用压缩空气的影响）

鼓风中湿分分解出氢参加浮氏体Fe_xO还原，1m³鼓风氢的还原耗热为

$$q_F = 1235.2 \times 0.45 \times \varphi = 1235.2 \times 0.45 \times 0.0156 = 8.67\text{kJ/m}^3$$

因此，1m³鼓风给高温区的综合热量是

$$q = q_R + q_W - q_F = 2247.03 + 64.34 - 8.67 = 2302.7\text{kJ/m}^3$$

铁的直接还原耗热

$$Q_{hdFe} = 27132.4 \times 95.01 \times 0.45 = 1160031.3\text{kJ}$$

高温区其他因素耗热

$$Q_{其他} = 224048w[Si] + 52166.4w[Mn] + 262295w[P] + 1235.2 \times 0.45 \times \varphi(H_{2j}) +$$
$$329.38w(FeO_{硅}) + 6361.96 \times \Phi \times \varphi(CO_{2\Phi}) \times \alpha + (543400 + 836 \times U) +$$
$$2487.1 \times M + (0.70 \sim 0.80) \times 10^3 Z_0 C_K/\eta_V$$
$$= 156833.6 + 4695 + 20963.6 + 1359 + 15636.13 + 20016.77 + 44713.88 +$$
$$1001528 + 186532.5 + 525614.1$$

$$= 1976553.5kJ$$

（1kg 碳的热损失值 $Z_0 = 1254kg/kg(C)$，高温区热损失为全炉热损失的 80%）

因此，1t 生铁的鼓风量为

$$V_b = (Q_{hdFe} + Q_{其他})/(q_R + q_W - q_F)$$
$$= (1160031.3 + 1976553.5)/2302.7$$
$$= 1362.13m^3$$

风口前燃烧碳量则为

$$m(C_b) = 24V_b \times O_{2b}/22.4 = 1.071 \times O_{2b} \times V_b$$
$$= 1.071 \times 1362.13 \times 0.2145 = 312.92kg$$

（5）理论焦比计算

取生成 CH_4 的碳量 $\alpha' = 0.01$，在本题冶炼条件下，理论焦比应为

$$K = \frac{m(C_d) + m(C_b) + m(C_c) - m(C_j)}{m(C_K) \times (1 - \alpha')}$$
$$= \frac{101.75 + 312.92 + 40.90 - 56.48}{0.8383 \times (1 - 0.01)}$$
$$= \frac{398.94}{0.8299} = 480.88kg$$

对于本例计算，尽管热损失项及各因素都取了较大的值（ $Z_0 = 1254kJ/kg(C)$，高温区热损失占全炉热损失 80%），冶炼强度取了中等水平（利用系数 $\eta_V = 1.6$），其热损失（ $Q_{其他}$ 最后一项 525614.1kJ）比起前面高温区热平衡计算中的热损失值（685070.2kJ）为小。本例设计焦比取 500kg，计算的理论焦比为 480.88kg，设计焦比比其高出 19.12kg。设计时的热损失占全炉热收入的 8.13%，已达到 3% ~ 8% 的上限。这些情况表明，在本例条件下，当喷煤 75kg，直接还原度 r_d 为 0.45 时，焦比最低可达 480kg，设计焦比取 500kg 是稍显多些的。按设计焦比比理论焦比高出 2% ~ 3% 考虑，设计焦比取 490 ~ 495kg 可能是合适的。

由上面计算能够看出，用高温区热平衡来计算风量、风口前燃烧碳量，进而计算理论焦比是可行的，这也是炼铁焦比的一种工程算法。

学习思考题

3-1 试分析冶金工厂规模划分的依据，并举例说明。

3-2 指出工程设计过程中工艺流程的确定原则，钢铁厂与有色金属工厂有什么区别？

3-3 某年产 4000t 高载能产品项目，总投资 1800 万元，有 A、B、C 三个厂址可供选择，分别距火车站的公路运输里程是 1km、180km、350km，单位产品原料消耗为 3000kg/t，运费为 50 元/(t·km)，C 地有 2/3 的原料可就地解决；产品单位电耗是 14000 kW·h/t，三地电价分别是 0.22 元/(kW·h)、0.16 元/(kW·h)、0.12 元/(kW·h)。（1）要在 5 年内收回投资，每年花钱最少，工厂应建在何地？（2）当建厂地确定后，计划一年建成投产，月贷款利息为 0.5%，首次投入总投资 30% 的自有资金，应当如何安排贷款的投入量和投入时间（可按季度划分）才最经济？

3-4 简述工艺流程的设计程序。

3-5 说明带控制点的工艺流程图的绘制要点。

3-6　比较工艺流程框图与施工工艺流程图的区别与联系。

3-7　试用 AutoCAD 画出钢铁联合企业生产工艺流程框图。

3-8　工艺专业除了确定工艺流程外，还有什么重要工作职责，为什么？

3-9　施工图设计为什么工艺专业一般都不给能源、环保、安全和职业卫生等专业提交设计任务书？

3-10　指出工艺专业给技术经济专业提交设计条件的内容，并说明项目建议书、可行性研究、初步设计阶段有什么差别？

3-11　工艺专业给总图运输专业提交的设计条件，在可行性研究、初步设计和施工图设计阶段时有什么差别，为什么？

3-12　工艺专业在给总图运输专业提交设计条件时，为什么必须提交各车间的工艺平、剖面配置图？

3-13　工艺专业在可行性研究和初步设计阶段是否要给结构专业提交设计条件？

3-14　物料平衡和热平衡计算在工艺设计中有何作用，为什么？

3-15　分析比较各生产工序中有、无可返回金属损失量 R_i 时，生产过程直接回收率 λ 与总回收率 λ' 的相互关系，并画出各工序流程框图予以说明。

3-16　结合炼钢生产工艺设备配置情况，根据图 3-7 中的相关计算结果，分析说明金属料平衡中可能存在什么问题？

3-17　试推算出图 3-8 中各工序的可返回金属损失率 r_i、不可返回金属损失率 x_i、工序直接回收率 λ_i、工序总回收率 λ_i'、生产过程的直接回收率 λ、生产过程的总回收率 λ' 数据。

3-18　试根据铜反射炉熔炼的热平衡表 3-12 数据，分析节能减排可能的途径和方法。

3-19　铬铁矿粉烧结生产工艺物料流程如图 3-9 所示，以 100kg 成品烧结矿为计算基准进行物料平衡计算，其中返矿和铺底料的用量基于返矿平衡和铺底料平衡，两个平衡是烧结生产得以进行的必要条件，试推算出工序①、②、③物料的直接回收率 λ_i 与总回收率 λ_i'，生产过程直接回收率 λ、生产过程总回收率 λ' 数据。

3-20　高炉冶炼中总有少量铁以硅酸铁的形态进入炉渣，而焦炭和喷吹煤粉灰分中的铁是硅酸铁，工艺设计中可将生铁中的铁 [Fe] 全部由铁矿石带入，炉渣中的铁由燃料带入进行计算。生铁中除 Fe 外主要含 C、Si、Mn、P、S 成分，且规定生铁中 [Si] 0.7%，[S] 0.03%，烧结矿与球团矿组成的混合铁矿石中 TFe 59.62%、Mn 0.03%、P 0.032%，冶炼焦比 480kg/t，焦炭中含 P_2O_5 0.01%，冶炼过程中 Mn 还原进入生铁比例 50%，试确定吨铁耗矿量及生铁最终成分。

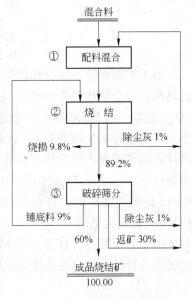

图 3-9　习题 3-19 图

3-21　高炉冶炼中，已知燃料中固定碳含量及其他成分质量分数和吨生铁燃料消耗量（kg）如下：

燃料种类		固定碳/%	$w(O)$/%	$w(H)$/%	$w(N)$/%	$w(H_2O)$/%	吨生铁燃料消耗量/kg
焦 炭		84.74					400
喷吹燃料	重油	84.32	0.76	11.19	0.57	3.00	50
	煤粉	77.83	2.33	2.35	0.46	0.83	30

设干鼓风中含氧 21%；湿风含 H_2O 1.493%；焦炭中有 65% 的炭素在风口前燃烧，喷吹燃料中炭素 98% 在风口前燃烧，且其中的水分同时发生分解。试计算：(1) 高炉内风口前吨铁燃

烧的碳量（kg/t）？（2）燃烧 1kg 碳需要的湿风量（m^3/kg（标态））？（3）每吨生铁湿鼓风量（m^3/t（标态））？（4）高炉内风口前燃烧带炉缸煤气的百分组成（%）？

3-22　根据题 3-21 的条件，在不考虑生成 CH_4 的耗碳量时，高炉内吨生铁直接还原耗碳量 C_d 为 102kg，试计算当焦炭中固定碳含量为 84.5% 时，高炉炼铁的吨生铁理论焦比是多少（kg/t）？

3-23　在铁合金矿热炉内冶炼含 Si 75% 的硅铁产品，除铁外其余杂质之和为 3.36%。原料硅石含 SiO_2 97%，兰炭含 C 80%，含 H_2O 10%，其料面烧损 10%，钢屑含 Fe 97%。还原反应按：$SiO_2 + 2C = Si + 2CO$ 进行。冶炼过程中 Fe、Si 的回收率均为 98%。（1）试计算冶炼 1t 硅铁需要的兰炭和应加入的钢屑量。（2）若以 500kg 硅石为一批料，确定其料批组成。

3-24　根据题 3-21 的条件，若采用含氧量 28% 空气鼓风，应当如何计算？试说明富氧鼓风的意义。

3-25　已知原燃料成分（%）如下：

成　分	$w(TFe)$	$w(SiO_2)$	$w(CaO)$	$w(MgO)$	$w(Al_2O_3)$	$w(MnO)$	烧损	水分
精矿 A	59.06	7.38	2.55	2.12	2.96	1.58	2.85	10
精矿 B	56.36	13.13	0.81	1.27	3.14	0.95	2.87	12
富矿粉	50.52	12.85	0.62	0.95	11.65	3.56	0.6	9
石灰石	2.53	52.2	0.37	3.51			41.39	3
白云石	5.00	32.0	16.0	4.3			42.7	3
焦粉灰分		53.77	5.93	1.46	19.84			

　　焦粉：固定碳 77.37%，灰分 18.76%，挥发分 3.53%，水分 15%；要求烧结矿 $w(TFe) =$ 43% ±0.5%，$w(FeO) = 12\%$，$w(MgO) = 2.5\% \sim 3.5\%$，碱度 $R = 1.8 \pm 0.05$；精矿中 Fe 以 Fe_3O_4（$Fe_2O_3 \cdot FeO$）的形式存在，富矿粉中 Fe 以 Fe_2O_3 的形式存在。根据生产实践，各种矿物原料的湿配比为精矿 A：精矿 B：富矿粉 = 15：8：10；生产 1kg 烧结矿需加入白云石 0.08kg，焦粉为 0.06kg（均为湿物料）。

试计算：

　　（1）生产 1t 烧结矿的各种原料湿料消耗量（kg/t）？

　　（2）烧结矿的化学成分（%）？

3-26　采用熔剂法在矿热电炉内冶炼高碳铬铁的配料计算。

　　已知条件：铬矿中 Cr_2O_3 95%、FeO 98% 被还原进入合金，化学反应式分别为 $Cr_2O_3 + 3C = 2Cr + 3CO$；$FeO + C = Fe + CO$；其余入渣；焦炭炉口烧损、出铁口跑焦 10%，矿石中其他氧化物的还原用碳由电极补充，焦炭灰分入渣；合金成分（质量分数）：C 9%，Si 0.5%，其余为铬和铁；焦炭成分（质量分数）：固定碳 83.7%，灰分 14.8%，挥发分 1.5%；原料成分（%）如下：

成　分	$w(Cr_2O_3)$	$w(FeO)$	$w(MgO)$	$w(Al_2O_3)$	$w(SiO_2)$	$w(CaO)$
铬　矿	41.3	13	19.3	12.18	11.45	1.5
硅　石		0.5	0.4	0.8	97.8	0.03
焦炭灰分		7.44	1.72	30.9	45.8	4.3

3-27　用题 3-26 中冶炼出的高碳铬铁采用两步法冶炼硅铬合金，同时采用本题中的硅石、焦炭和 $w(Fe) = 95\%$ 的钢屑作为原料，硅石中硅回收率为 95%；高碳铬铁中铁回收率为 94%，硅、铁全部进入合金；焦炭炉口烧损 10%；钢屑中铁全部进入合金。硅铬合金成分（质量分数）：Cr 32%；Si 47%；C 0.5%；Fe 20%。计算生产 1t 该硅铬合金所需消耗的硅石、高碳铬铁、焦

炭、钢屑量。

3－28　电硅热法冶炼低碳铬铁的配料计算，计算铬矿、硅铬合金、石灰的比例。

原料成分：

铬矿：$w(FeO)=23\%$、$w(Cr_2O_3)=45\%$、$w(CaO)=2\%$、$w(MgO)=8\%$、$w(Al_2O_3)=13\%$、$w(SiO_2)=5\%$、$w(C)=0.03\%$。

硅铬合金：$w(Cr)=28\%$、$w(Si)=48\%$、$w(Fe)=23\%$、$w(C)=0.5\%$、$w(P)=0.02\%$。

石灰：$w(FeO)=0.5\%$、$w(CaO)=80\%$、$w(MgO)=1\%$、$w(Al_2O_3)=5\%$、$w(SiO_2)=1\%$、$w(C)=0.03\%$。

计算条件：（1）以100kg铬矿为基础进行计算。（2）铬矿中Cr_2O_3有75%被还原，有25%进入炉渣（15%以Cr_2O_3形式存在，10%呈金属粒状）。（3）硅铬合金中硅的利用率为80%（其中进入合金3%），7%以SiO_2、Si形式挥发，13%进入炉渣。铁和铬各入合金95%，入渣5%。（4）原料中磷有50%入合金，25%入渣，25%挥发。

3－29　Cu－Ni硫化精矿在1100K、101325Pa下硫酸化焙烧，焙烧所得的凝聚相产物为$CuSO_4$、$NiSO_4$、Fe_2O_3，气相组成为SO_2、SO_3、O_2、N_2、H_2O，烟气中SO_2摩尔分数为12%，求所需含20.7%O_2的空气量及焙烧后烟气组成。

已知 $SO_2+\dfrac{1}{2}O_2=SO_3$，$\Delta G^{\ominus}=-94558+89.4T$

硫化物焙烧精矿组成如下：

元素	Cu	Ni	Fe	S	H_2O
质量分数/%	10	5	35	35	15
质量摩尔/mol·kg^{-1}	1.57	0.85	6.27	10.92	8.33

4 冶金设备设计

冶金工厂是由一系列定型或标准设备、非标准设备、冶金炉、工艺管道、控制系统以及公用工程设施等组成，它的核心是标准和非标准设备。

4.1 设备设计的任务

4.1.1 冶金设备的类型

冶金工厂使用的设备多种多样，按使用功能可分为如下 12 类：

(1) 动力设备。如蒸气锅炉或余热锅炉（常配发电机组）等。

(2) 热能设备。如煤气发生炉、热风炉等。

(3) 起重运输设备。如皮带运输机、桥式吊车、斗式提升机等。

(4) 备料设备。如各种破碎机、圆盘配料机、圆盘造球机、调湿与混合机、制粒机、压团机等。

(5) 流体输送设备。如各种类型的泵、空压机、通风排气设备等。

(6) 电力设备。如各种电动机、变压器、整流设备、高低压控制柜等。

(7) 火法冶炼设备。如闪速炉、铅鼓风炉、炼铁高炉、炼钢转炉等各种冶金炉。

(8) 收尘设备。如旋风收尘器、袋式收尘器和电收尘器、高温过滤器等。

(9) 湿法冶金设备。如浸出槽、电解槽、高压釜、离子交换塔等。

(10) 液固分离设备。如浓缩槽、抽滤机、压滤机等。

(11) 电冶金设备。如铁合金矿热炉、炼钢电弧炉、水溶液电解槽、熔盐电解槽等。

(12) 生物冶金设备。如以富集金属（离子）为目的的发酵容器、相应培养基等。

上述 12 类设备按其在冶金过程中所起的作用，前 6 种可称为辅助设备，后 6 种可称为主体设备。辅助设备并不是它们的作用是次要的，如电解车间的整流器，无论是对电解过程的顺利进行，还是节约电能，都起着极为重要的作用，设计时必须高度慎重选用。

这里所述的"选用"对于具体设计工作来说，是处在次要的地位。有一些辅助设备如运输设备对冶金过程的作用当然是次要的。

冶金工厂使用的辅助设备，大都是定型产品，应尽量从定型产品中选用，在迫不得已的条件下，才按冶金过程的特殊要求定购。

4.1.2 冶金设备及炉窑的设计任务

冶金工厂使用的主体设备，几乎全是非标准产品，以冶金炉窑为主，应根据冶金过程的要求及原料特性等具体条件进行精心设计。对于某些收尘设备及液固分离设备，在有专门厂家生产时，亦可以选用为主，以减少设计单位人力及资金投入费用。

冶金工厂设备的设计任务包括：

(1) 正确选用辅助设备；

(2) 精心设计冶金主体设备；

(3) 全车间乃至全厂的设备能力平衡统计。

4.1.3　冶金设备设计资料

为完成冶金设备设计任务，应该掌握的资料包括：

(1) 全冶金过程的物料衡算与能量衡算数据；

(2) 厂外的供电、供水及交通条件，水文气象资料；

(3) 冶金过程的有毒气体与含尘气体的排放、热辐射等条件；

(4) 冶金过程的高温熔体、腐蚀流体的产生情况。

4.2　部分冶金主体设备设计原则

冶金工厂的主体设备类型繁多，形式多样，规模不一。进行冶金主体设备的设计是冶金工艺设计的重要组成部分，它是在冶金过程衡量计算的基础上，进一步具体完成冶金过程的工艺设计，为整个冶金过程的顺利投产打下可靠的基础。因此冶金主体设备的设计，是冶金工厂设计的重要内容，也是主要内容，具体包括以下几方面：

(1) 设备的选型与主要结构的分析和研究；

(2) 主要尺寸的计算与确定；

(3) 某些结构改进的论述；

(4) 相关设备的配备；

(5) 主要结构材料的选择与消耗量的计算；

(6) 对外部特殊条件的要求等。

4.2.1　冶金主体设备的选型与结构的改进

在进行冶金主体设备设计时，首先应该对冶金过程的主要目的、发生的主要物理化学反应及其特点有很深入的了解，并要开展广泛的调查研究，了解完成某一冶金过程曾经采用过什么设备？发展过程如何？目前国内工厂通用哪一种设备？国外还有哪些更为先进的设备与技术等。有了这种概略的认识，便可选定某几个工厂进行现场生产实践考察，做出较为详细、论证充分的考察报告，根据需要还可出国考察。

选择设备的基本要求是：

(1) 满足生产工艺要求；

(2) 设备的先进性；

(3) 操作的稳定性和安全性；

(4) 设备的操作弹性；

(5) 技术经济指标先进；

(6) 操作控制的有效性和先进性；

(7) 加工、安装和运输的可能性；

（8）材质选择经济合理。

当设备类型选定之后，就应该详细研究这种设备的具体结构了。这种研究的特点，主要是对设备使用过程中的运转情况、生产指标及产生的问题的调查，经过充分研究之后做出改进设计的方案，必要时还要委托科研院所与有关厂矿做一些模拟试验，才能在正式设计中采纳。

4.2.2 冶金主体设备的尺寸及台件的确定

当设备选型已经确定，在进行施工图之前，应该确定设备的主要尺寸，一般需要经过准确的计算。冶金设备主要尺寸的计算方法，通常以工厂实践资料为依据，由于设备的类型差别较大，故计算方法也就较多，基本上可以分为三类：

（1）按设备主要反应带的单位面积生产率计算，几乎所有火法冶金炉都可按这种方法计算。

（2）按设备的有效容积生产率计算，冶金厂特别是湿法冶金厂的大部分设备是以这种方式进行设计的。

（3）按设备的负荷强度计算，如各种电解过程所用的电解槽，是以通过的电流强度来计算的。

这些计算方法是目前设计工作中常用的，下面将分别举例加以说明。

关于确定设备尺寸的理论计算法，已有一些文献资料介绍，但由于目前的研究还不够完善，只能作为辅助手段，要达到与生产实践完全吻合的程度，需要进一步开展这方面的研究工作。

4.3 部分主要冶金设备设计计算

4.3.1 高炉

高炉横断面为圆形的固气液多相反应竖炉，多用于铁矿石氧化物与气体和固体还原剂反应生成生铁的工业过程，也用作其他部分有色金属的氧化还原反应设备。高炉用钢板作炉壳，壳内加冷却壁并砌耐火砖内衬。高炉本体自上而下分为炉喉、炉身、炉腰、炉腹、炉缸 5 部分（见图 4-1）。高炉间歇式出铁渣，连续作业。

（1）高炉有效容积的计算是根据高炉有效容积利用系数 η_v 和日产量来确定，计算如下式：

$$V_u = \frac{P}{\eta_v \times \theta \times d} \tag{4-1}$$

式中　V_u——高炉有效容积，m^3；

　　　P——设计年产量，t/a；

　　　θ——设计年作业率，96%，设计作业天数 350d；

　　　d——年日历天数，365d；

　　　η_v——设计年平均有效容积利用系数，$t/(m^3 \cdot d)$。

对于高炉进行薄壁内型设计时，由国内外高炉统计数据（见表 4-1），得出 2000 ~

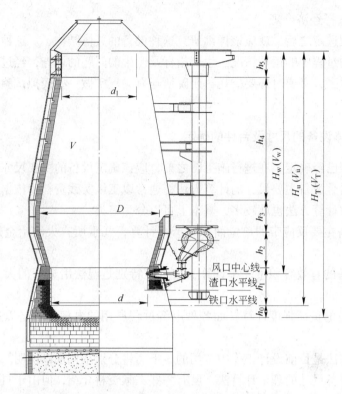

图 4-1　高炉剖面示意图

d—炉缸直径；D—炉腰直径；d_1—炉喉直径；H_u—有效高度；h_1—炉缸高度；h_2—炉腹高度；
h_3—炉腰高度；h_4—炉身高度；h_5—炉喉高度；h_0—死铁层高度；H_w—工作高度；H_T—全高

表 4-1　推荐的薄壁高炉内型尺寸及实际高炉尺寸对比

有效容积/m³	2000	3000	3500	4500	5500	5800（沙钢）
炉缸直径/mm	9710	11621	12442	13908	15201	15300
炉腰直径/mm	11338	13423	14313	15892	17277	17500
炉喉直径/mm	7498	8768	9306	10254	11080	11000
有效高度/mm	27107	28982	29729	30987	32031	33200
炉缸高度/mm	3880	4526	4800	5280	5699	6000
炉腹高度/mm	3652	3992	4129	4363	4560	4000
炉腰高度/mm	2013	2164	2224	2325	2410	2400
炉身高度/mm	15663	16272	16497	16851	17123	18600
炉喉高度/mm	1898	2028	2080	2167	2239	2200
死铁层高度/mm	2305	2848	3087	3519	3908	3200

$6000 m^3$ 的高炉内型公式为：

$d = 0.3346 V_u^{0.4431}$，$D = 0.4786 V_u^{0.4164}$，$d_1 = 0.3988 V_u^{0.386}$，$H_u = 7.728 V_u^{0.165}$，$h_1 = 0.216 V_u^{0.38}$，$h_2 = 0.688 V_u^{0.22}$，$h_3 = 0.54 V_u^{0.178}$，$h_5 = 0.549 V_u^{0.163}$，$h_4 = H_u - (h_1 + h_2 + h_3 + h_5)$。

高炉有效容积与炉型各尺寸的关系：

$$V_u = \frac{\pi}{4}d^2h_1 - \frac{\pi}{12}h_2(D^2 + Dd + d^2) + \frac{\pi}{4}D^2h_3 + \frac{\pi}{12}h_4(D^2 + Dd_1 + d_1^2) + \frac{\pi}{4}d_1^2h_5$$

（2）高炉有效容积利用系数。高炉有效容积利用系数 η_v 是衡量高炉生产强化程度的重要指标，表示每昼夜 $1m^3$ 高炉有效容积能生产生铁量，单位为 $t/(m^3 \cdot d)$。

$$\eta_v = P/V_u \qquad (4-2)$$

式中　η_v——高炉有效容积利用系数，$t/(m^3 \cdot d)$；

　　　V_u——高炉有效容积，m^3；

　　　P——高炉生铁日产量，t/d。

η_v 越高，说明高炉生产率越高，每天所产生铁越多。目前我国大中型企业的平均利用系数约 $1.8 \sim 2.5t/(m^3 \cdot d)$，中型高炉有的甚至超过 $3.0t/(m^3 \cdot d)$。2011 年 2 月，中国新余钢铁集团有限公司 6 号高炉月平均高炉有效容积利用系数达 $3.152t/(m^3 \cdot d)$。

（3）燃料比 R 指生产 $1t$ 生铁所需燃料量的总和，是冶炼先进化程度的表现之一，单位为 kg/t。

$$R = K + M + Y \qquad (4-3)$$

式中　K——焦比（小块焦比），kg/t；

　　　M——煤比，kg/t；

　　　Y——油比，kg/t。

焦比 K 指单位产铁（小块）焦炭消耗量，目前国内高炉吨铁焦比一般为 $400 \sim 600kg$。煤比 M 指单位产铁喷煤量，油比 Y 指单位产铁喷油量。

（4）冶炼强度。冶炼强度 I 是指单位体积高炉有效容积焦炭日消耗量，它是高炉冶炼作业中强化程度的指标，单位为 $t/(m^3 \cdot d)$。

冶炼强度：

$$I = \frac{1}{1000}K \cdot \eta_v \qquad (4-4)$$

式中　K——焦比（小块焦比），kg/t；

　　　η_v——高炉有效容积利用系数，$t/(m^3 \cdot d)$。

下面举一个计算实例。

【例 4 - 1】 一座年产 150 万吨炼钢生铁的高炉，高炉有效容积利用系数 $2.0t/(m^3 \cdot d)$，有人设计其主要内型尺寸如图 4 - 2 所示，问是否合理？

解：

$$V_u = \frac{P}{\eta_v \times \theta \times d} = \frac{150 \times 10000}{2.0 \times 350} = 2142.857 m^3$$

$$d = 0.3346V_u^{0.4431} = 0.3346 \times 2142.857^{0.4431} = 10.011 m$$

$$D = 0.4786V_u^{0.4164} = 0.4786 \times 2142.857^{0.4164} = 11.668 m$$

$$d_1 = 0.3988V_u^{0.386} = 0.3988 \times 2142.857^{0.386} = 7.700 m$$

$$H_u = 7.728V_u^{0.165} = 7.728 \times 2142.857^{0.165} = 27.396 m$$

$$h_1 = 0.216V_u^{0.38} = 0.216 \times 2142.857^{0.38} = 3.983 m$$

$$h_2 = 0.688V_u^{0.22} = 0.688 \times 2142.857^{0.22} = 3.719 m$$

$$h_3 = 0.54V_u^{0.178} = 0.54 \times 2142.857^{0.178} = 2.115 m$$

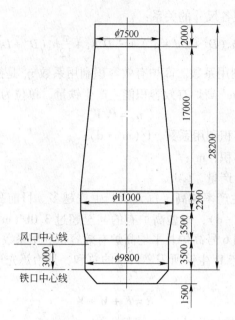

图 4 - 2 例 4 - 1 图

$$h_5 = 0.549 V_u^{0.163} = 1.917 \text{m}$$

$$h_4 = H_\mu - (h_1 + h_2 + h_3 + h_5) = 27.396 - (3.983 + 3.719 + 2.115 + 1.917) = 15.662$$

$$V_u = \frac{\pi}{4} d^2 h_1 + \frac{\pi}{12} h_2 (D^2 + Dd + d^2) + \frac{\pi}{4} D^2 h_3 + \frac{\pi}{12} h_4 (D^2 + Dd_1 + d_1^2) + \frac{\pi}{4} d_1^2 h_5$$

$$= \frac{\pi}{4} \times 10.011^2 \times 3.983 + \frac{\pi}{12} \times 3.719 \times (11.668^2 + 11.668 \times 10.011 + 10.011^2) +$$

$$\frac{\pi}{4} \times 11.668^2 \times 2.115 + \frac{\pi}{12} \times 15.662 \times (11.668^2 + 11.668 \times 7.700 + 7.700^2) +$$

$$\frac{\pi}{4} \times 7.700^2 \times 1.917$$

$$= 2142.5 \text{m}^3$$

所以合理。

4.3.2 反射炉

反射炉是一种室式火焰炉。炉内传热方式不仅是靠火焰的反射，而更主要的是借助炉顶、炉壁和炽热气体的辐射传热。就其传热方式而言，反射炉在有色金属冶炼中用途很广，用于干燥、焙烧、精炼、熔化、保温和渣处理等工序，反射炉一般断续工作，例如铜精炼反射炉及炼锡反射炉都是周期性作业反射炉，其尺寸的经验计算方法如下。

（1）反射炉炉床面积 F（单位为 m^2）：

$$F = \frac{A}{a} \tag{4-5}$$

式中 A——冶金过程一天所需处理的物料数量，t/d；
　　　a——单位面积生产率，$\text{t/(m}^2 \cdot \text{d)}$。

（2）炉膛长度 L（单位为 m）：

$$L = \sqrt{\frac{F \cdot n}{\varPhi}} \qquad (4-6)$$

式中　F——反射炉炉床面积，m^2；

　　　n——炉膛长宽比，$n = \dfrac{L}{B}$，一般为 $1.7 \sim 3.5$，根据采用的燃烧方式确定，火炬式

　　　　　可取较高值，层式宜取较低值，B 为炉膛宽度；

　　　$\varPhi$——形状系数，实际面积与矩形面积的比值，一般为 $0.8 \sim 0.9$。

为保证熔炼炉内温度均匀，对层式燃烧室供热的炉子，其长度不超过 $7 \sim 8m$，长度越小，煤的挥发越少。

（3）炉宽 B（单位为 m）：

$$B = \frac{F}{\varPhi L} \qquad (4-7)$$

式中　F——反射炉炉床面积，m^2；

　　　$\varPhi$——形状系数；

　　　L——炉膛长度，m。

（4）炉膛高度 h（单位为 m）：

$$h = h_{熔池} + h_{空} \qquad (4-8)$$

式中　$h_{熔池}$——熔池深度，m；

　　　$h_{空}$——炉膛净空高度，m。

其中：

$$h_{熔池} = \left(\frac{G_{金}}{\rho_{金}} + \frac{G_{渣}}{\rho_{渣}} \right) \frac{1}{F} \qquad (4-9)$$

式中　G——物质的质量，t；

　　　ρ——物质的密度，t/m^3。

$$h_{空} = \frac{B\left(1 - \cos\dfrac{\theta}{2}\right)}{2\sin\dfrac{\theta}{2}} + \frac{\dfrac{V_0(1 + \beta t_{气})}{3600\omega_t} - \dfrac{1}{2}\left(\dfrac{B}{2\sin\dfrac{\theta}{2}}\right)^2\left(\dfrac{\pi\theta}{180} - \sin\theta\right)}{B} \qquad (4-10)$$

式中　θ——炉顶中心角，（°），一般为 $45° \sim 60°$；

　　　β——气体体积膨胀系数，$1/℃$；

　　　V_0——炉气量，m^3/h（按燃烧计算）；

　　　ω_t——炉气在炉内的流速，m/s（按生产情况）；

　　　$t_{气}$——炉气进口、出口平均温度，℃（按生产情况）。

下面举一个粗铜精炼反射炉计算实例。

【例 4-2】已知条件：粗铜年处理量：3 万吨；粗铜品位：99%，全部冷料；年工作日：320 天；炉作业时间：14.5h；日作业率 η 为 0.97；取炉子单位生产率 $a = 7.5t/$（$m^2 \cdot d$），$V_0 = 3497 m^3/h$，炉头温度 1640℃，炉尾温度 1300℃。

（1）日处理量：

$$A = \frac{\text{炉子实际年处理量}}{\text{炉子平均年工作日数}} = \frac{30000}{320} = 94\text{t/d}$$

（2）装料量：

$$G = \frac{A \times \text{每炉作业时间}}{24\eta} = \frac{94 \times 14.5}{24 \times 0.97} = 59\text{t/炉}$$

（3）炉床面积，按式（4-5）：

$$F = \frac{A}{a} = \frac{94}{7.5} = 12.5\text{m}^2$$

（4）长度与宽度（L 与 B）：

选取炉膛长宽比 $n = 2.7$，并取形状系数 $\Phi = 0.8$，按公式（4-6）：

$$L = \sqrt{\frac{Fn}{\Phi}} = \sqrt{\frac{12.5 \times 2.7}{0.8}} = 6.6\text{m}$$

则按式（4-7）：

$$B = \frac{F}{\Phi L} = \frac{12.5}{0.8 \times 6.6} = 2.7\text{m}$$

（5）炉膛高度（h），按式（4-8）：

$$h = h_{熔池} + h_{空}$$

（6）熔池深度（$h_{熔池}$）：

熔池深度（$h_{熔池}$），按式（4-9），并取产渣率 1.8%

$$h_{熔池} = \left(\frac{G_{金}}{\rho_{金}} + \frac{G_{渣}}{\rho_{渣}}\right)\frac{1}{F} = \left(\frac{59}{8.2} + \frac{0.018 \times 59}{3.6}\right) \times \frac{1}{12.5} = 0.60\text{m}$$

周期作业反射炉熔池深度一般为 0.5~0.9m，铜精炼反射炉比炼锡、炼铋、铅浮渣反射炉的熔池要深些。铜料中杂质多时，熔池深度不宜太大；铜料较纯时，可以深些。考虑到全部加冷料及加料机操作方便，宜将熔池适当加深，本题取 $h_{熔池} = 0.75$m。

（7）炉膛净空高度（$h_{空}$）：

按式（4-10）计算：

$$h_{空} = \frac{B\left(1 - \cos\dfrac{\theta}{2}\right)}{2\sin\dfrac{\theta}{2}} + \frac{\dfrac{V_0(1 + \beta t_{气})}{3600\omega_t} - \dfrac{1}{2}\left(\dfrac{B}{2\sin\dfrac{\theta}{2}}\right)^2\left(\dfrac{\pi\theta}{180} - \sin\theta\right)}{B}$$

取炉内平均流速：$\omega_t = 8$m/s，炉拱顶中心角 $\theta = 38°$，则

$$h_{空} = \frac{2.7 \times (1 - \cos 19°)}{2\sin 19°} + \frac{\dfrac{3497 \times \left(1 + \dfrac{1470}{273}\right)}{3600 \times 8} - \dfrac{1}{2}\left(\dfrac{2.7}{2\sin 19°}\right)^2\left(\dfrac{\pi \times 38}{180} - \sin 38°\right)}{2.7} = 0.60\text{m}$$

故 $h = 0.75 + 0.60 = 1.35$，取 $h = 1.5$m。

4.3.3　闪速炉

闪速炉是处理粉状硫化矿物的一种强化冶炼设备。闪速炉熔炼是将干燥后的物料与热风和辅助燃料通过精矿喷嘴进行混合并高速喷入反应塔内，物料在高温作用下，迅速进行

氧化脱硫、熔化、造渣等反应，在反应塔内下落并迅速熔化后生成并分离粗金属熔液及炉渣的火法熔炼过程。为维持一定的反应温度，在反应塔和沉淀池内可适当补充一些燃料。闪速炉陆续加料，间歇式出铁渣，连续作业，其结构由精矿喷嘴、反应塔、沉淀池及上升烟道四个主要部分组成（见图4-3）。

4.3.3.1　闪速炉生产率的计算

反应塔单位生产率 a 是生产效率的重要表现，单位为 $t/(m^2 \cdot d)$：

$$a = \frac{86400\omega_{塔}\eta}{V_{烟}(1 + \beta t_{塔})} \tag{4-11}$$

式中　$\omega_{塔}$——烟气通过反应塔平均速度，m/s（按生产情况），一般取 2.5 ~ 3.5；

　　　$V_{烟}$——反应塔内熔炼每吨精矿产生的烟气量，m^3/t（按冶金计算）；

　　　$t_{塔}$——反应塔内平均温度，℃；

　　　β——气体体积膨胀系数，1/273，1/℃；

　　　η——作业率，即每日作业时间与24h之比，一般取 0.95 ~ 0.98。

4.3.3.2　闪速炉主要尺寸计算

（1）反应塔直径 $d_{塔内}$（单位为 m）：

$$d_{塔内} = 1.13\sqrt{\frac{A}{a}} \tag{4-12}$$

式中　A——每日处理精矿量，t/d。

（2）反应塔高 $H_{塔}$（单位为 m）：

$$H_{塔} = \tau\omega_{塔} \tag{4-13}$$

式中　τ——烟气从反应塔顶至沉淀池液面的停留时间，s。一般取值为 2.5 ~ 3.5s，对于易熔物料或采用高温富氧操作燃烧效果好时取低值。

（3）渣线长度 $L_{渣}$（单位为 m）：

$$L_{渣} = \frac{\tau_{分}(G_{锍}/\rho_{锍} + G_{渣}/\rho_{渣})}{F} \tag{4-14}$$

式中　$\tau_{分}$——渣锍分离时间，h，一般在 8 ~ 15h 之间；

　　　$G_{渣}$，$G_{锍}$——单位时间内产生炉渣及粗金属的质量，t/h；

　　　$\rho_{渣}$，$\rho_{锍}$——炉渣及粗金属的密度，t/m^3；

　　　F——沉淀池熔体梯形横截面积，m^2。

此长度计算是熔体上部的液面长度，炉身是梯形，故顶部长度应略大于 $L_{渣}$，而底部应略小于 $L_{渣}$。

（4）沉渣池渣线处宽度 $B_{渣}$（单位为 m）：

$$B_{渣} = d_{塔内} + 2b - 2h_{净}\tan\alpha$$

式中　$d_{塔内}$——塔内径，m；

　　　b——反应塔内壁至沉淀池内壁之距离，m，一般为 0.5 ~ 1.0m；

　　　$h_{净}$——净空高度，熔池液面至拱顶的距离，m，一般为 2.2 ~ 3.2m；

　　　α——炉墙倾角，（°），一般为 9° ~ 12°。

（5）沉淀池上部净空梯形截面积 $F_{梯}$（单位为 m^2）：

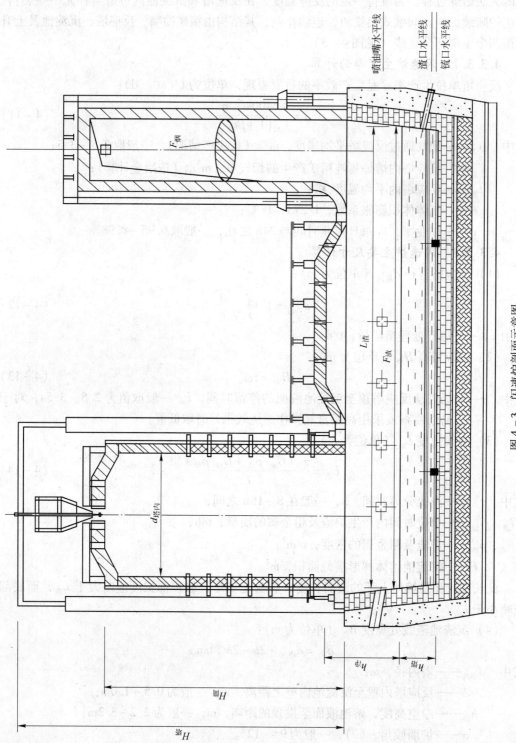

图 4-3　闪速炉剖面示意图

$$F_{梯} = \frac{V_{池}(1 + \beta t_{池})}{w_{池}} - \frac{R^2}{2}\left(\frac{\pi\theta}{180} - \sin\theta\right) \tag{4-15}$$

$$h_{熔} = R\left(\cos\frac{\theta}{2} - 1\right) + h_{净} \tag{4-16}$$

式中　$V_{池}$——通过沉淀池的炉气量（标准状态），m^3/s；

　　　β——气体体积膨胀系数，$1/273$，$1/℃$；

　　　$t_{池}$——沉淀池炉气温度，$℃$，一般为 $1300 \sim 1350℃$；

　　　$w_{池}$——炉气通过沉淀池空间的实际流速，m/s，一般为 $6 \sim 9m/s$；

　　　R——沉淀池顶曲率半径，m，大型炉取 $8 \sim 12m$；

　　　θ——拱顶中心角，$(°)$，大型炉取 $44° \sim 52°$。

（6）上升烟道截面积 $F_{烟}$（单位为 m^2）：

$$F_{烟} = \frac{V(1 + \beta t)}{w} \tag{4-17}$$

式中　V——通过上升烟道出口的烟气量，m^3/s；

　　　t——上升烟道出口的烟气温度，$℃$；

　　　β——气体体积膨胀系数，$1/273$，$1/℃$；

　　　w——上升烟道出口烟气流速，m/s，一般为 $6 \sim 10m/s$。

上升烟道出口距池顶应大于 $2.5m$，并应考虑炉体结构及余热锅炉入口连接等问题。

【例 4-3】日处理铜精矿 350t，计算所需闪速炉的主要结构尺寸。

已知：熔炼每吨精矿产生的烟气量 $1430m^3/t$，沉淀池内产生的烟气量 $1853m^3/t$，上升烟道内产生的烟气量 $1893m^3/t$，炉渣及粗金属的密度分别为 $3.5t/m^3$ 和 $4.9t/m^3$，反应塔内平均温度 $1300℃$，沉淀池内温度 $1350℃$，上升烟道出口烟气温度 $1380℃$，每天产生炉渣及粗金属量为 $225.23t$ 和 $92.40t$；其他数据如需要可视具体情况取值。

（1）单位生产率，按式（4-11）计算，取 $w_{塔} = 3.0m/s$，取 $\eta = 0.95$

$$a = \frac{86400 w_{塔} \eta}{V_{烟}(1 + \beta t_{塔})} = \frac{86400 \times 3.0 \times 0.95}{1430 \times \left(1 + \frac{1300}{273}\right)} = 29.8 t/(m^2 \cdot d)$$

（2）主要尺寸。

1）反应塔直径，按式（4-12）计算：

$$d_{塔内} = 1.13\sqrt{\frac{A}{a}} = 1.13 \times \sqrt{\frac{350}{29.8}} = 3.9m$$

取塔内直径为 4m。

2）反应塔高度，按式（4-13）计算，τ 取 $2.8s$

$$H_{塔} = \tau w_{塔} = 2.8 \times 3.0 = 8.4m$$

3）熔体高度，按式（4-16）计算，取沉淀池顶曲率半径 $R = 6.8m$，拱顶中心角 $\theta = 45°$，$h_{净} = 1.3m$，$b = 0.6m$，$\alpha = 10°$，$w_{池} = 6.0m/s$，则：

$$h_{熔} = R\left(\cos\frac{\theta}{2} - 1\right) + h_{净} = 6.8 \times \left(\cos\frac{45°}{2} - 1\right) + 1.3 = 0.8m$$

$$B_{渣} = d_{塔内} + 2b - 2h_{净}\tan\alpha = 4 + 2 \times 0.6 - 2 \times 1.3 \times \tan10° = 4.7m$$

$$F_{梯} = \frac{V_{池}(1 + \beta t_{池})}{w_{池}} - \frac{R^2}{2}\left(\frac{\pi\theta}{180} - \sin\theta\right) = \frac{7.5 \times (1 + 1350/273)}{6.0} - \frac{6.8^2}{2}\left(\frac{\pi \times 45}{180} - \sin45°\right) = 5.6\,m^2$$

4）渣线长度，按式（4-14）计算，取渣锍分离时间 10h

$$L_{渣} = \frac{\tau_{分}(G_{锍}/\rho_{锍} + G_{渣}/\rho_{渣})}{F} = \frac{10 \times \left(\frac{3.85}{4.9} + \frac{9.38}{3.5}\right)}{5.8} = 6.0\,m$$

5）上升烟道截面积 $F_{烟}$，按式（4-17）计算，取 $w = 6.5\,m/s$

$$F_{烟} = \frac{V(1 + \beta t)}{w} = \frac{\frac{1893 \times 350}{24 \times 3600} \times \left(1 + \frac{1380}{273}\right)}{6.5} = 7.1\,m^2$$

4.3.4 矿热电炉

矿热电炉利用电弧和电阻升温，还原熔炼生产粗金属。矿热电炉是铁合金的主要生产设备，有色冶金中主要用于红土矿冶炼镍铁及铜矿和硫化镍矿的冶炼，铜矿处理目前有被闪速炉取代的趋势。矿热炉耗电量大，作业方式为连续加料，间歇式出铁渣。

（1）炉用变压器的总功率 P 可按下式计算（单位为 kV·A）：

$$P = \frac{AW}{24K_1K_2\cos\varphi} \tag{4-18}$$

式中 W——电炉的单位耗电量，kW·h/t$_{料或产品}$，见表 4-2；

      A——单炉日处理固体炉料量或产品产量，t/d；

      K_1——功率利用系数，代表炉子运行中实际耗电量与理论耗电量的比值，一般为 0.9~1.0；

      K_2——时间利用系数，K_2 = 昼夜实际作业时数/24，一般为 0.92~0.96；

      $\cos\varphi$——功率因数，一般为 0.9~0.98，长方形炉偏大，圆形炉偏小。

表 4-2   熔炼过程部分物料电能单耗

物 料 种 类	入 炉 状 况	1t 物料电炉耗电量/kW·h
铜硫化物精矿	湿精矿（含水 7%）	460
	干燥、制粒	400~450
	焙 砂	370~400
	热焙砂	320~340
铜镍硫化物精矿	干矿石	750~800
	焙 砂	620~650
	烧结矿	525~625
	热焙砂（660℃）	400~430
铜氧化矿	焙 砂	580
铅氧化矿	块 矿	600
铅硫化物精矿	烧结矿	460~560
锡氧化物精矿	干 矿	900~1100
炉渣贫化	熔 融	50~150

（2）电极直径 $d_{极}$ 按下式进行计算（单位为 cm）：

三相系统的电极直径 $d_{极}$ 为：

$$d_{极} = \sqrt{\frac{P \times 10^3 \times 0.735}{U_2 \Delta}} \tag{4-19}$$

六电极单相系统的电极直径 $d_{极}$ 为：

$$d_{极} = \sqrt{\frac{P \times 10^3}{2.36 U_2 \Delta}} \tag{4-20}$$

式中　U_2——变压器二次侧额定功率最低电压，V；

　　　Δ——电极面积电流，A/cm^2，参见表 4-3；

　　　P——电炉功率，kW。

表 4-3　矿热炉电极面积电流

电炉用途	电极类别	面积电流/$A \cdot cm^{-2}$		
		$< \phi600$	$\phi600 \sim 900$	$\phi900 \sim 1200$
铜镍熔炼	自　焙	$4 \sim 5$	$3 \sim 4$	$2 \sim 3.5$
红土矿熔炼	自　焙			
炉渣贫化	自　焙		$4 \sim 5$	$3.5 \sim 4$
镍铁精炼	预焙（石墨）			
锡熔炼电炉	预焙（石墨）	$4 \sim 5$		

（3）炉用变压器二次电压（即电炉的工作电压）$U_L(V)$ 的确定。目前尚无精确的理论计算方法，一般根据工厂实践资料，按下列经验公式计算：

$$U_L = KP_e^n \tag{4-21}$$

式中　P_e——分配到每根电极的额定功率，kW，对三电极电炉 $P_e = P/3$，对六电极电炉 $P_e = P/6$；

　　　K,n——经验系数，见表 4-4。

表 4-4　K、n 值

熔炼性质	K		n
	三电极	六电极	
熔炼镍冰铜	35	40	0.272
熔炼铜冰镍	14	19	0.35
由氧化镍矿石炼镍铁合金	13.5	15.5	0.33
锡精矿熔炼	21		0.325
氧化亚镍熔炼	30		0.216
钛渣熔炼	17	19	0.256
渣用电炉前床	7.5	8.4	0.41

（4）长方形炉及圆形炉的电极中心距 $l_{极}(cm)$ 均可用下式进行计算：

$$l_{极} = K d_{极} \tag{4-22}$$

式中　K——矿热炉中心距系数，一般取值 $2.5 \sim 3.5$，见表 4-5；

$d_{极}$——电极直径，cm。

表 4 - 5　矿热炉中心距系数

电 炉 类 型	K 值
长方形冰铜电炉	2.6 ~ 3
长方形贫化电炉	2.5 ~ 3
圆形锡精矿电炉	3 ~ 3.1
圆形氧化亚镍熔炼电炉	2.8 ~ 3.5

（5）炉膛尺寸：

1）长方形电炉的炉膛宽度 B（单位为 cm）：

$$B = k_{宽} d_{极} \tag{4-23}$$

式中　$k_{宽}$——矿热炉宽度系数，见表 4 - 6；

　　　$d_{极}$——电极直径，cm。

表 4 - 6　矿热炉宽度系数

电 炉 类 型	$k_{宽}$
熔炼炉	5 ~ 6
贫化电炉（有水冷炉壁）	4.8 ~ 5.5
电热前床（无水冷炉壁）	6 ~ 7

2）长方形电炉的炉膛长度 L（单位为 cm）：

$$L = (m-1)l_{极} + k_{锍} \cdot d_{极} + k_{渣} \cdot d_{极} \tag{4-24}$$

式中　m——电极数；

　　　$l_{极}$——电极中心距，cm；

　$k_{锍} \cdot d_{极}$——出铁（锍）口到最近电极中心的距离，cm，熔炼电炉 $k_{锍}$ 取值 2.5 ~ 3，贫化电炉、电热前床 $k_{锍}$ 取值 3.5 ~ 4；

　$k_{渣} \cdot d_{极}$——出渣口到最近电极中心的距离，cm，熔炼电炉 $k_{渣}$ 取值 3.2 ~ 3.6，贫化电炉、电热前床 $k_{渣}$ 取值 4 ~ 4.5。

3）圆形电炉炉膛内径 D（单位为 cm）：

$$D = l_{极} + k_{圆} \cdot d_{极} \tag{4-25}$$

式中　$l_{极}$——电极中心距，cm；

　$k_{圆} \cdot d_{极}$——炉膛内侧到电极中心的距离，cm，$k_{圆}$ 取值 4.4 ~ 5。

【例 4 - 4】 计算日处理 650t/d 铜精矿混合料的矿热电炉。

已知条件：

（1）原料经制粒干燥入炉，入炉料温 1200℃，含水 1.5%；

（2）炉料成分（%）：

Cu 13 ~ 14，Fe 17 ~ 19，S 14 ~ 16，SiO_2 12.5 ~ 17，CaO 6 ~ 7，MgO 3 ~ 4，Al_2O_3 3；

（3）渣成分（%）：

Cu 0.3，Fe(FeO) 32 ~ 36，S 0.6，CaO 8 ~ 10，MgO 5 ~ 7，Al_2O_3 5 ~ 7，SiO_2 38 ~ 40；

（4）处理 1t 炉料的电能消耗为 450kW·h；

（5）熔池平均液面高度 2000mm，其中冰铜层平均厚度 700mm，渣层平均厚度 1300mm；

（6）料坡高度 500mm；

（7）每日停电 100min（即 1.68h）。

解：（1）炉用变压器额定功率按式（4-18）计算：

工时利用系数（K_2）

$$K_2 = \frac{24 - 1.68}{24} = 0.93$$

取 $K_1 = 0.9$，功率因数为 0.93

$$P = \frac{AW}{24 K_1 K_2 \cos\varphi} = \frac{650 \times 450}{24 \times 0.9 \times 0.93 \times 0.97} = 15011.27 \text{kW}$$

取炉用变压器额定功率为 16500kW。

采用三台单相变压器，则每一台变压器的额定功率：

$$P_{台} = \frac{16500}{3} = 5500 \text{kW}$$

（2）二次电压的确定

1）炉用变压器二次侧额定线电压

采用长方形六极电炉，每根电极的功率：

$$P_{极} = \frac{P}{6} = \frac{16500}{6} = 2750 \text{kW}$$

按式（4-21）计算，按表 4-4 选取 $K = 19$，$n = 0.392$，则

$$U_L = K P_e^n = 19 \times 2750^{0.392} = 423.6 \text{V}$$

2）二次侧电压级的确定

$$U_1 = 1.2 U_L = 1.2 \times 423.6 = 508.3 \text{V}$$
$$U_2 = 0.8 U_L = 0.8 \times 423.6 = 338.9 \text{V}$$
$$U_3 = 0.5 U_L = 0.5 \times 412.5 = 211.8 \text{V}$$

今选取恒功率段级差为 20V，则级数 M_1 为：

$$M_1 = \frac{508.3 - 338.9}{20} + 1 = 9.47 \approx 9$$

恒电流段取级差为 25V，则级数 M_2 为：

$$M_2 = \frac{338.9 - 211.8}{25} = 5.1 \approx 5$$

变压器各级电压为：

508 - 488 - 468 - 448 - 428 - 408 - 388 - 368 - 348 - 323 - 298 - 273 - 248 - 223 共 14 级

变压器按三角形连接。采用电动有载调压。

（3）电极直径确定

按式（4-20），并按表 4-3 选 $\Delta = 2.5 \text{A/cm}^2$

$$d_{极} = \sqrt{\frac{P \times 10^3}{2.36 U_2 \Delta}} = \sqrt{\frac{16500 \times 10^3}{2.36 \times 338.9 \times 2.5}} = 90.8 \text{cm}$$

取电极直径100cm。

（4）电炉主要尺寸确定

1）电极中心距。按式（4-22）并由表4-5取$K=2.7$

$$l_{极} = K d_{极} = 2.7 \times 100 = 270 \text{cm}$$

2）炉膛宽度。按式（4-23）并由表4-6选$k_{宽} = 5.4$

$$B = k_{宽} \cdot d_{极} = 5.4 \times 100 = 540 \text{cm}$$

3）炉膛长度。按式（4-24）

$$L = (m-1) l_{极} + k_{硫} \cdot d_{极} + k_{渣} \cdot d_{极} = (6-1) \times 270 + 2.7 \times 100 + 3.5 \times 100 = 1970 \text{cm}$$

4）炉膛全高。根据同类炉的实践经验选取气体空间高$h_{气} = 1.5\text{m}$，则

$$H = h_{金} + h_{渣} + h_{料} + h_{气} = 0.7 + 1.3 + 0.5 + 1.5 = 4.0 \text{m}$$

4.3.5　转炉

转炉常用来精炼粗金属。其炉体可以转动，一般不加入燃料及提供热能，通过向熔体提供氧气产生氧化反应的热量满足热供给。在转炉中，熔体中的杂质被脱出，钢铁冶金过程生产粗钢，而铜冶炼过程生成粗铜。

（1）转炉标况送风量V_n，表示转炉的鼓风能力大小，一般铜冶炼喷入空气，控制在$150 \sim 600 \text{m}^3/\text{min}$，炼钢一般喷氧，喷量更小。

$$V_n = \frac{Aq}{1440k} \qquad (4-26)$$

式中　A——转炉每天的铜锍或铁水处理量，t/d；

　　　　q——每吨物料需要空气量（以标准态计），m^3/t；一般炼铜取$q = 1000 \sim 1400 \text{m}^3/$
　　　　　　t，而炼钢吹入氧气，取小于$40 \text{m}^3/\text{t}$（标态）；

　　　　k——送风时间系数，一般取$0.7 \sim 0.8$。

转炉内每立方米空腔容积鼓风量不应超过$10 \text{m}^3/\text{min}$，否则会造成熔体大量喷溅。

（2）风眼数n：

$$n = \frac{V_n}{0.006 d^2 \sqrt{(p+1.11)(p+1.11\rho h)}} \qquad (4-27)$$

式中　V_n——送风量，m^3/min；

　　　　d——风眼直径，mm，$38 \sim 50\text{mm}$，小炉取小值；

　　　　p——风管内送风压力，kPa，一般为$78 \sim 118 \text{kPa}$；

　　　　ρ——熔体的密度，kg/cm^3；

　　　　h——风眼上的熔体高度，m；

　　　　ρh——熔体反压力，通常$\rho h = 17.6 \sim 26.2 \text{kPa}$。

（3）卧式转炉炉壳长度L（单位为m）：

$$L = (n-1) s_1 + 2(s_2 + s_3) \qquad (4-28)$$

式中　s_1——风眼间距，m；

　　　　n——风眼数，一般$3 \sim 6$个/m，送风压力大者取大值；

s_2——端部风眼至端墙距离，m，一般为 $0.4 \sim 0.6$m；

s_3——端墙耐火砖厚度，m，一般为 $0.3 \sim 0.45$m。

（4）炉壳直径 D（单位为 m）：

$$D = 1.674 \sqrt{\frac{G}{\rho(L - 2s_3)}} + 2\delta \tag{4-29}$$

式中　G——单炉熔体量，kg；

　　　ρ——熔体的密度，kg/m^3；

　　　δ——炉衬的厚度，m；

　　　s_3——端墙耐火砖厚度，m。

（5）转炉电动机转动力矩 M（单位为 N·m）：

$$M = M_A + M_B \tag{4-30}$$

式中　M_A——作用在电动机轴上的动力矩，N·m，即所有的机械传动力矩；

　　　M_B——作用在电动机轴上最大负载静力矩，N·m，为推算到电动机轴上的扭力矩和炉体偏心重推算到电动机轴的偏心力矩。

4.3.6　电解槽

电解槽由槽体、阳极和阴极组成，多数用隔膜将阳极室和阴极室隔开。按电解液的不同分为水溶液电解槽、熔融盐电解槽和非水溶液电解槽三类。当直流电通过电解槽时，在阳极与溶液界面处发生氧化反应，在阴极与溶液界面处发生还原反应，以制取所需产品。

（1）电解槽日产量：

$$Q = KI\eta t \tag{4-31}$$

式中　K——电化当量，g/(A·h)，即相对原子质量除以该离子还原所需电子数再除以 26.80A·h 的电量（相当于 1mol 电子的电量），铝的电化当量为 0.3355g/(A·h)，镁的为 0.4534g/(A·h)，钠为 0.8582g/(A·h)，钙为 0.7463g/(A·h)；

　　　I——电流强度，A；

　　　η——电流效率，%；

　　　t——工作时间，h。

（2）面积电流 $D_{阳}$（单位为 A/cm^2）是电解槽设计中一个十分重要的参数：

$$D_{阳} = \frac{I}{S} \tag{4-32}$$

式中　I——电解槽电流强度，A；

　　　S——阳极面积，cm^2。

4.3.7　干燥设备

4.3.7.1　设备选择

A　干燥设备主机的选择

干燥设备主机有圆筒干燥机、流化床干燥机等，原料准备车间常用的干燥主机是圆筒干燥机。

a　圆筒干燥机

圆筒干燥机是处理大量物料的干燥作业最常用的干燥设备，图 4-4 为圆筒干燥机，圆筒干燥机的主要特性有：

（1）对进出物料的含湿量有广泛的适应性，进料含水最高可达 40%～50%，出料含水最低达 1% 以下。

（2）能适用于不同种类物料的干燥，如粉料、块料甚至有一定黏结性的物料。

（3）干燥热源可用固、液、气体燃料以及电力，干燥介质可采用烟气或热风。

（4）干燥筒产量大，可连续生产，粉尘量小，燃料消耗量低，动力消耗少，操作稳定可靠，劳动强度低。

（5）干燥效率较低，占地面积较大。

圆筒干燥机按传热方式不同可分为直接传热、间接传热、复式传热三种。

（1）直接传热——物料与烟气直接接触，传热效果好，热效率高，脱水效果好，脱水强度高，适应用于对高温烟气不敏感的物料及不怕烟气污染的物料。

（2）间接传热——物料不直接与烟气接触，传热效率差但不污染物料，适用于不能被烟气污染的物料或者易于扬尘的粉尘物料。

（3）复式传热——烟气与物料先是间接接触然后再直接接触，其传热效率介于二者之间，主要用于对高温烟气敏感但不怕污染的物料，如煤的干燥。

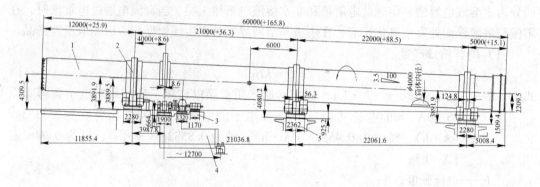

图 4-4　圆筒干燥机

1—圆筒；2—托座；3—传动机构；4—传动机构基础；5—托座基础

b　流化床干燥机

流化床干燥机是近几十年发展起来的一种新型装置，其主要特点是：

（1）由于干燥过程气固两相充分接触，固体颗粒悬浮于干燥介质中，气体与固体接触面积大，物料被气流剧烈搅动，减少了气膜阻力，故传热传质很快，干燥强度大，热效率高，单位床面积产量大。

（2）结构简单，设备重量轻，体积小，设备费用及基建费用小。

（3）在使用上有一定的局限性，仅适用于烘干分散性的小颗粒物料，不适用于大块物料和黏性大的物料，对很细的物料由于气体流速很低，床面处理能力将大大降低。

（4）对于以煤为热源，采用层状燃烧方式提供干燥烟气的流化床干燥机，结构上存在气流分布不均匀的问题，而且床面积越大问题越严重，操作不稳定，表现在物料流动快慢不均，料层厚度不匀。

按流化床干燥机的结构形式，可分为单层流化床和多层流化床；单室倒锥流化床和卧式单室、卧式多室流化床；振动流化床等多种干燥机。

直接燃煤的单层斜坡与双层斜坡流化床干燥机在水泥行业的应用，主要用于干燥黏土和矿渣，常用规格 0.8m×4.8m，物料水分 10% ~18%，终点水分 1% ~2%，气体进机温度（600 ±50）℃，风机前负压 3.5 ~4.5kPa，小时脱水量约 1500kg/h，单层、双层流化床干燥机与圆筒干燥机的技术指标对比见表 4 - 7。

表 4 - 7　单层、双层流化床干燥机与圆筒干燥机的技术指标对比

项　目	单　位	双层流化床干燥机	单层流化床干燥机	φ1.5m×12m 圆筒干燥机
烘干物料		黏土、矿渣	矿　渣	黏土、矿渣
产　量	t/h	8 ~10（以 14% ~18% 初水分计算）	15（以 10% 初水分计算）	6 ~7（以 10% 初水分计算）
煤　耗	kg/t	18 ~20	20	20
电　耗	kW·h/t	2.9	1.8	5.5
耗钢量	t	2.4	2.9	17.67
投　资	万元	2 ~3	4 ~5	10.5

目前流化床干燥装置在钢铁厂较少使用，而且使用的规模很小，但在化工、轻工行业使用较广泛。

钢铁厂已使用的实例如宣化钢铁厂在冷黏球团工艺中，使用单层斜坡流化床干燥铁精矿粉，精矿粉粒度小于 0.074mm 的含量占 40% ~50%，干燥前含水量 7% ~8%，干燥后含水量不大于 3%，所采用的干燥介质为高炉煤气燃烧产生的烟气，使用生产能力 3 ~5 万吨/a，风机风量 60000m³/h，抽风负压 1.5kPa 的离心抽风机。

B　干燥用风机的选择

排风量根据热工计算求得干燥机废气量，并考虑漏风及储备系数（一般可取 1.5）后进行选取。

风机风压根据烘干系统流体阻力计算求得的压力并考虑到漏风风量及风量储备后引起的阻力增加进行选取。表 4 - 8 为干燥系统各部分的流体阻力。

表 4 - 8　干燥系统各部分流体阻力

项　目	流体阻力/Pa
块煤燃烧室负压（算下有鼓风机）	20
块煤燃烧室负压（算下无鼓风机）	490 ~590
圆筒干燥机流体阻力	100 ~150（一般可按 9.8Pa/m）
旋风除尘器阻力	590 ~1200
不带除尘器阻力	490 ~1900
管道连接部件	100 ~150

圆筒干燥机的排风机一般可选用 C4 - 72 或 C4 - 73 型全压高于 2800Pa 的中压离心通风机，亦可选用 9 - 19 或 9 - 26 型全压低于 4000Pa 的高压离心通风机。

4.3.7.2　生产能力计算

A　圆筒干燥机的产量计算

圆筒干燥机的产量可按单位容积水分蒸发量指标进行计算：

$$Q = \frac{AV}{1000\left(\dfrac{W_1 - W_2}{100 - W_1}\right)} \qquad (4-33)$$

式中　Q——按含有终水分的烘干物料表示的干燥机产量，t/h；

　　　V——圆筒干燥机的容积，m^3；

　　　A——圆筒干燥机的单位容积蒸发强度，kg/($m^3 \cdot$ h)；

　　　W_1——物料初始水分含量，%；

　　　W_2——物料终点水分含量，%。

上述 A 值一般由生产实践实测而得，可从有关试验中得出。

圆筒干燥机蒸发强度的选择可参考表4-9。

表4-9　圆筒干燥机的蒸发强度

分类方式	种　类	A/kg · (m^3 · h)$^{-1}$
按烘干机的内部结构	无内部装置的圆筒干燥机	10～15
	带扬料板的圆筒干燥机	25～60
	带分格扬料器的圆筒干燥机	40～50
按物料的初水分	初水分2%～5%	10～25
	初水分5%～10%	20～35
	初水分10%～20%	30～45
	初水分20%～30%	40～55
按物料结构，推荐单位容积蒸发强度	碳酸锰精矿	50
	硫化铁精矿	40～60
	磁选铁精矿	50～55
	细粒氧化铜精矿	25～35
	一般铜精矿	约40
	铅精矿	35～40
	锌精矿	78～86
	锡精矿	18～25
	硫铁精矿	40～60
	氧化铜原矿	63
	制粒硫化锌精矿	10～15
	锌浸出渣滤饼	100
	氧化锌浸出渣	27～45
	锌矿粉浸出渣	62～89
	烟煤	30～50
	氧化镍精矿	50～60

分类方式	种类	$A/\mathrm{kg} \cdot (\mathrm{m}^3 \cdot \mathrm{h})^{-1}$
	块 煤	35~40
	泥 煤	60
	页 岩	45~65
	石灰石	40~60
	黏 土	50~60
	耐火黏土	约60
	硅藻土	50~60
	砂 子	80~88
按物料结构，推荐单位	水 渣	约45
容积蒸发强度	锰矿砂	10~12
	磷灰石	45~65
	硫 铵	4~5
	食 盐	6~8
	氯化钡	1~2
	谷 粒	20~30
	砂 糖	8~10
	低质褐煤	40~50
	褐 煤	约100

B 选型计算

当进干燥机的水量已知时，圆筒干燥机的选型计算步骤如下：

（1）根据小时水分蒸发量计算圆筒干燥机的容积：

$$V = \frac{W}{A} \tag{4-34}$$

式中　V——圆筒干燥机的容积，m^3；

　　　W——需干燥的水量，$\mathrm{kg/h}$；

　　　A——圆筒干燥机的单位容积蒸发强度，$\mathrm{kg/(m^3 \cdot h)}$。

（2）圆筒干燥机直径：

$$D_{筒} = 1.13 \sqrt{\frac{V_{气}}{u_{气}(1-\varphi)}} \tag{4-35}$$

式中　$D_{筒}$——圆筒干燥机内径，m；

　　　φ——物料填充系数，一般取 0.1~0.25；

　　　$u_{气}$——圆筒干燥机尾部烟气流速，$\mathrm{m/s}$，一般取 2~3$\mathrm{m/s}$；

　　　$V_{气}$——离开干燥筒的烟气量，m^3/s。

$$V_{气} = V_0 \frac{1 + \beta t_{气}}{3600} \tag{4-36}$$

式中　V_0——标况下烟气总体积，m^3；

$t_气$——排出烟气温度，℃；

β——气体体积膨胀系数，1/273，1/℃。

（3）根据长径比（L/B），初步计算确定圆筒干燥机规格，L/B 值一般取 5~7。

（4）干燥筒转速的确定：

1）有抄动装置的干燥筒转速：

$$n = \frac{mKL_抄 A_\omega [200 - (\omega_1 + \omega_2)]}{120D_筒 \varphi\rho_料(\omega_1 - \omega_2)\tan\beta}$$（4-37）

式中　n——干燥筒转速，r/min；

$L_抄$——干燥筒内抄动装置长度，m；

A_ω——圆筒干燥机的单位容积蒸发强度，kg/(m³·h)；

w_1——物料初始水分含量，%；

w_2——物料终点水分含量，%；

$\rho_料$——筒内物料平均密度（即堆积密度），kg/m³；

β——筒体倾斜角，(°)；

m，K——系数，m 取决于抄动装置形式，K 取决于物料密度以及物料盒气流相互流动的方向，经验数据参考表 4-10。

表 4-10　$\varphi = 0.1 \sim 0.15$ 时的 m、K 值

干燥筒内抄动装置形式	m	K			
升举式	0.5	重物料		轻物料	
扇形式	1	顺流	逆流	顺流	逆流
联合式	0.75	0.7	1.5	0.2	2

2）无抄动装置的干燥筒转速：

$$n = \frac{0.308L_筒(\alpha + 24)A_\omega[200 - (\omega_1 + \omega_2)]}{120D_筒 \varphi\rho_料(\omega_1 - \omega_2)i}$$（4-38）

式中　α——物料自然堆角，(°)；

$L_筒$——干燥筒筒长，m；

i——筒体倾斜度，%，与筒体长度有关，确定原则为保证物料在筒内有必需的停留时间，一般为 3%~5%，对短筒可达 10.5%。

常用的干燥筒的转速多为 3~8r/min。

为适应物料含水量的变化，最好能设计 2~4 挡转速的调节范围。

（5）物料在干燥筒内的停留时间：

1）无抄动装置的干燥筒：

$$\tau = \frac{0.308L_筒(\alpha + 24)}{D_筒 ni}$$（4-39）

式中　τ——物料在筒内的停留时间，min。

此公式适应于 $\varphi = 0.1 \sim 0.25$、$i = 1.75\% \sim 10.5\%$ 的范围内。

2）有抄动装置的干燥筒：

$$\tau = mK\frac{L_抄}{D_筒 n\tan\beta}$$（4-40）

3) 根据干燥强度计算物料在筒内的停留时间:

$$\tau = \frac{120\varphi\rho_{料}(\omega_1 - \omega_2)}{A_\omega[200 - (\omega_1 + \omega_2)]} \tag{4-41}$$

(6) 干燥筒的功率:

$$N = 0.0013D_{筒}L_{筒}\rho_{料}\sigma n_{最大} \tag{4-42}$$

式中 N——干燥筒运转功率,kW;

$n_{最大}$——干燥筒的最大转速,r/min;

σ——功率系数,根据填充系数和抄动装置由表4-11选取。

表4-11 功率系数 σ

干燥筒内抄动装置形式	φ			
	0.1	0.15	0.2	0.25
升举式	0.038	0.053	0.063	0.071
均布式或格子式	0.013	0.026	0.038	0.044
联合式	0.0125	0.018	0.02	0.022
扇形式	0.012	0.018	0.02	0.022
蜂窝式	0.006	0.008	0.01	0.011

(7) 根据热工计算得出的圆筒干燥机废气量按下式校核废气流速:

$$v = \frac{Q_f}{900\pi D^2(1 - \varphi)} \tag{4-43}$$

式中 v——废气出干燥机的流速,m/s,一般取1.5~3.0m/s;

Q_f——干燥机每小时的废气量,m³/h;

D——干燥机直径,m;

φ——物料填充系数,对于抄板式一般取0.1~0.15。

4.3.7.3 流化床干燥机生产能力计算

流化床干燥机一般没有定型的产品,它是根据实际生产能力来决定流化床的床面积。影响流化床的床面积的因素很多,如物料粒度、真实密度、初始水分、终点水分、气体温度、黏度等。

一般决定流化床床面积要进行下列计算:

(1) 根据物料平衡和热平衡计算烟气耗量,即按干燥热工计算进行。

(2) 根据物料粒度和真实粒度以及气体温度、黏度、密度计算临界流化速度和带出速度,然后决定实际操作的流化速度。

(3) 根据实际操作流化速度和烟气耗量来决定流化床的床面积。

4.4 冶金主体设备台件的确定

4.4.1 按单位面积生产率计算

用冶金设备单位面积生产率确定其主要尺寸时,如400m² 铁矿粉烧结机、8m² 竖炉球团，一般可用下式表示：

$$F = \frac{A}{a} \tag{4-44}$$

式中 F——所需设备的有效面积，m^2；

       A——冶金过程一天所需处理的物料数量，t；

       a——单位面积生产率，$t/(m^2 \cdot d)$。

应用这个公式求所需设备的有效面积，以及利用单位面积生产率这些数据时，必须明确这个面积是指主体设备的哪一部分。例如经过计算需要建一台 $80m^2$ 的沸腾炉，这个 $80m^2$ 面积系指沸腾炉空气分布板上沸腾层处的横切面，所以在计算时利用的工厂数据 a 也是指这个位置，切不能将这个面积算作炉子的扩大部分，这也是在进行单位面积生产率调查时应注意的问题。

在设计时，还必须正确选择单位面积生产率数据。例如设计一台铅鼓风炉，经过调查获得的单位面积生产率波动在 $50 \sim 80t/(m^2 \cdot d)$，在设计计算时，如果取 $50t/(m^2 \cdot d)$ 的数据，生产率要比 $80t/(m^2 \cdot d)$ 低许多，于是计算出的鼓风炉面积要大得多，因而大大地增加了建炉费用。如果取用 $80t/(m^2 \cdot d)$ 的生产数据，可能又是高指标，投产后达不到。这就要求设计者不仅要做详细的调查研究，同时在设计过程中还要采用一些先进工艺和设备，才能保证在投产后达到这种先进的指标。

处理量 A 是通过物料衡算决定的。

当冶金设备有效面积确定之后，再进一步确定各种具体尺寸。

4.4.2 按设备单位有效容积生产率计算

炼铁高炉、湿法冶金的浸出过程与溶液的净化过程，常用到各种浸出槽与净化槽，这些设备有确定的有效容积。对这类设备进行计算时，一般是按设备有效容积生产率计算。下面以常压与高压两种作业条件和高炉有效容积的设备进行计算说明。

(1) 常压设备的计算。精矿或经磨碎后的其他有色金属物料，大都采用搅拌浸出与溶液净化，搅拌方式常用机械搅拌或空气搅拌。这种设备的设计首先是计算确定设备的容积，其计算式如下：

$$V_{总} = V_{液} \cdot t / (24\eta) \tag{4-45}$$

式中 $V_{总}$——设备的总容积，m^3；

       $V_{液}$——每天需处理的矿浆或溶液的总体积，m^3；

        t——矿浆在槽内停留的总时间，h；

       η——设备容积的利用系数。

每天需处理的矿浆或溶液的体积，是根据物料衡算来确定的，对于固体物料的浸出，在物料衡算时，往往只知道物料的处理量，需要根据该冶金生产过程的液固比及矿浆的密度来计算 $V_{液}$，其计算式如下：

$$V_{液} = \left(Q + \frac{L}{S}Q \right) \Big/ \gamma \tag{4-46}$$

式中 Q——日处理的固体物料量，t/d；

       L/S——液体与固体物料的重量比，简称液固比；

γ——液体与固体混合浆料的密度，t/m^3。

当 $V_总$ 求出之后，需要计算所需槽数，计算式如下：

$$N = \frac{V_总}{V_0} + n = \frac{V_液}{24V_0\eta} + n \qquad (4-47)$$

式中　N——所需槽数，台；

V_0——选定的单个槽的几何容积，m^3；

n——备用槽数，台；

η——槽体容积的利用系数。

（2）高压湿法冶金容器的设计计算。高压湿法冶金近年来有所发展，在有色冶金中使用最普遍的是氧化铝的生产。矿浆在压煮器中用过热的新蒸汽（280～300℃）最终加热到232℃，在计算压煮器的尺寸与台数时，除了必须知道单位时间内有多少矿浆量通过压煮器之外，还需知道用新蒸汽加热矿浆时产生的冷凝水。所以计算的物料平衡数据中的矿浆量，必须再加上加热用蒸汽冷凝的水量，才是压煮器流出的矿浆总量。

（3）高炉有效容积的设计计算。高炉有效容积的计算按式（4-1）进行，高炉有效容积利用系数是衡量高炉生产强化程度的重要指标，η_v 越高，说明高炉生产率越高，每天所产生铁越多。目前我国大中型企业的平均利用系数约 1.8～2.0，高的达到 2.5 甚至 3.0 以上。

4.4.3　按设备的负荷强度计算

有色冶金的电化冶金过程，如铜、铅的电解精炼，硫酸锌水溶液的电积，铝的熔盐电解，钢铁冶金的电解金属锰生产，这些过程所用的电解槽，都是按电流强度，即按通过电解槽的电流大小来设计计算。而电流强度是与选定的电流密度和生产规模等许多因素有关的，只有通过调查研究之后才能正确地决定。下面以熔盐电解铝为例做具体说明。

熔盐电解设备的结构与设计计算。建设一座大型电解铝厂，一般采用大型预焙阳极铝电解槽，设电解槽的电流强度 $I=160kA$，阳极电流密度 $D_阳=0.72A/cm^2$，则需炭阳极总面积由式（4-32）得：

$$S_阳 = I/D_阳 = \frac{160000}{0.72} = 222222 cm^2$$

当采用长为 1400mm，宽 660mm，高 540mm 的阳极炭块时，则需要阳极炭块数为：

$$\frac{222222}{140 \times 66} = 24 \text{ 块}$$

阳极炭块采用两排配置，每排 12 块。

电解槽采用中间自动打壳下料，两排阳极之间的距离取 250mm，阳极间的距离取 40mm，阳极到槽膛纵壁的距离取 525mm，到端侧壁的距离取 600mm，则槽膛尺寸为：

槽膛宽度 $= 1400 \times 2 + 250 + 525 \times 2 = 4100mm$

槽膛长度 $= 660 \times 12 + 40 \times 11 + 600 \times 2 = 9560mm$

槽膛深度综合考虑电解质和铝液高度及电解槽的操作工艺而定，取 525mm。

槽膛内衬一层 $520 \times 350 \times 123mm$ 的侧部炭块，侧部炭块与钢壳之间的间隙取 2mm；槽底自下而上采用一层厚 65mm 的硅酸钙绝热板，一层厚 20mm 的耐火粉，两层硅藻土保温砖（65×2），两层黏土砖（65×2），一层底部炭块（3250×515×450），侧部炭块顶部至槽沿板的距离取40mm，底部砖与砖之间的砖缝总计为5mm，则槽壳尺寸为：

$$槽壳宽度 = 4100 + 123 \times 2 + 2 \times 2 = 4350mm$$

$$槽长度 = 9560 + 123 \times 2 + 2 \times 2 = 9810mm$$

$$槽壳高度 = 525 + 450 + 65 \times 4 + 20 + 65 + 40 + 5 = 1365mm$$

采用摇篮式槽壳结构，槽壳外钢板与型钢加固，置于砖混凝土结构上，并和大地电绝缘。

阴极装置采用 16 块尺寸为 3250×515×450mm 的阴极炭块砌成，炭块间采用挤压连接或用炭糊捣固填充，炭块和侧壁之间的间隙用底糊捣固填充，在槽腔侧壁用底糊扎一斜坡形"人造伸腿"，以利于规整炉膛的形成。

阴极炭块底面为预先车好的燕尾槽，阴极钢棒用磷生铁浇铸其中，以便于导电。

4.5   冶金辅助设备的选用与设计

冶金工厂所用辅助设备大都是定型产品，在设计中主要是选用好。

4.5.1   选用辅助设备的基本原则

（1）满足生产过程的要求。例如高炉、沸腾炉的鼓风机，其风压与风量必须满足物料正常沸腾的需要。若风压太小不能克服空气进入沸腾空间的阻力，就不能保证所需的风量鼓入炉内，物料便不能达到沸腾状态，也会延缓反应过程的进行。又如收尘过程的抽风机抽力不够，便不能保证收尘设备在负压下工作，造成含尘烟气外逸，从而恶化了车间的劳动条件，并污染了环境。

（2）适应工作环境的要求。火法冶金车间多数设备往往是在高温与含尘气体下工作，而湿法冶金车间的工作环境，往往是潮湿并且含有各种酸、碱雾，所以冶金工厂选用的辅助设备，在许多情况下是需要耐高温与耐腐蚀的。

（3）选用设备的容量应是在满负荷条件下运转所需的容量，这就要求在设计计算过程中准确提出容量数据。但是应该指出，冶金工厂的生产过程是连续运转的，必须保证设备有一定的备用量，在设备计划检修和发生临时故障时，应能及时更替，不致因此而中断生产。当然，备用量必须适当，否则大大增加建厂投资。

在计算设备容量时，还必须注意到生产条件的变化。例如根据原料来源与市场情况，需要增加产量时，设备应有一定的富裕能力。又如为了节约电费，某些地区已规定晚间（0：00～8：00）电费比日间高峰电费低许多，铁合金、工业硅生产和铝电解是耗电多的高耗能生产过程，在不影响生产正常进行的条件下，可以在晚间采用高电流密度，而在日间高峰用电时采用低电流密度操作。这样选用的变压器、整流设备应能满足这种负荷变化的要求。

（4）必须满足节能的要求。选用的辅助设备大都是电力拖动，设备所需功率必须认真算好，绝不可用大功率电动机带动小生产率设备，应该使电动机在接近满负荷的条件下工作。同时应该充分利用工厂本身的能量。例如余热锅炉所产生的蒸汽不能充分利用来发电时，则可用蒸汽透平来传动其他辅助设备。

由于冶金过程的复杂性,对选用设备还会有许多特殊的要求,应该根据具体条件慎重选用。

辅助设备应尽量选用定型产品,但是在许多情况下却选不到,需要重新设计。这种设计可分为两种类型。一类可由冶金工艺设计人员提出要求,向有关厂家定做。冶金工厂特殊用途的机电产品属于这种类型。有一些辅助设备承担厂家,一时难以接受这种特殊设计,可由有关厂家与冶金工艺设计人员合作研制设计。如目前冶金工厂使用的余热锅炉,多是由锅炉厂与冶金厂合作设计制造的。另一类非定型辅助设备,如物料的干燥设备,在全厂生产过程中它只起辅助作用,往往是由冶金设计者当作主体设备自行设计。又如新研制成一种过滤设备,当然只能由冶金研制人员承担设计任务,在某种情况下也可与专门生产厂家合作。

4.5.2　选用设计辅助设备的基本方法

由于冶金工厂使用的辅助设备种类繁多,故只能分类叙述其选用设计方法。

(1) 机电设备。机电设备应选用定型产品,是从产品目录上选用。在设计时要计算出所需设备的容量或生产能力,然后从产品目录上选用额定容量与生产能力符合的设备类型及数量。这类设备包括电力设备、起重运输设备、泵与风机等。但是有些设备选好之后,设计者还应根据配置设计的要求,绘制设备安装图,如皮带运输机。

(2) 矿仓与料斗。冶炼厂一般在单位时间内处理的物料量大,同时又是连续生产,所以物料的贮备是很重要的。这类设备一般需要进行设计,考虑的主要因素是贮存时间与贮备量、物料的特性等。贮存时间的长短,对于厂外原材料应考虑供应者的地点、生产条件及运至厂内的交通情况。对于厂内的物料,则应考虑设备的生产情况和班组生产的需要量。某些工厂矿仓储存物料量和储存时间列于表4-12,可供参考。

表4-12　储矿仓工作条件和储矿时间参考表

矿仓类型	工作条件		出矿时间	备注
原矿仓和矿堆	铁路专线,专用车		1~1.5d	选矿厂离矿山较远,运输系统可靠程度差,需大量外购矿石时可设置,但投资大,一般不采用
	国家铁路和车辆		1.5~2d	
	索道运输		1d	
原矿受矿仓	大于90°旋回,填满给矿		大于一个车厢量	按破碎机实际处理量计
	破碎机前有给矿机	大型厂	0.5~2h	
		中型厂	1~4h	
		小型厂	2~6h	
中间矿仓或矿堆	一般		1~2d	规模在10000t/d左右或处理两种以上的矿石可设置,矿块小可减轻对运输设备、衬板的磨损
	大型选矿厂运输条件好		0.5~1d	
缓冲及分配矿仓	填满给矿旋回破碎机排矿		大于2个车皮量	主要取决于运输能力和设备处理能力差别,两者能力相近取小者
	装转运仓		大于1次装入量	
	中碎作业前		10~15min	
	细碎前,闭路破碎筛分机前,独立筛分前		15~40min	
	装矿站		大于每批间隔时间	

矿仓类型	工作条件			出矿时间	备 注
富矿矿仓、矿堆	连续运转			24~36h	有中间矿仓储矿时间可不足24h,小选厂可适当增长时间
产品矿仓	国家铁路	车皮供应和线路不紧张		3~5d	取决于生产设备事故多少及厂外运输条件好坏
		车皮供应和线路紧张		5~7d	
	企业专用线			2~3d	
	公路汽车运输	条件较好		3~10d	
		条件较差		3~15d	
	内河航运			7~15d	
	国内海运			15~30d	
装车仓	汽车运输			大于运输的间隔时间	采用铁路运输的装车仓容积

矿仓与料斗的设计计算是按容积来考虑的。矿仓容积的计算式如下:

$$V = \frac{G}{\gamma}K \qquad (4-48)$$

式中　V——矿仓容积,m^3;

　　　G——需要储存的物料量,t;

　　　γ——物料的堆积密度,t/m^3;

　　　K——矿仓容积的利用系数,K 值与矿石尺寸和矿石安息角有关,一般取 0.8~0.9。

4.5.3　有特殊要求的辅助设备的设计

有许多冶金过程往往对辅助设备有特殊要求,如矿热炉的变压器、高温含尘烟气用的排风机等。这些设备本是定型产品,但是所属型号的特性不能满足冶金生产过程的要求。因此,在冶金工厂的设计中要对这些设备进行初步设计,提出具体要求,向生产厂家订货。

例如铁合金、炼铜用矿热电炉的电炉变压器的总功率 P 可按式(4-18)计算,当选用三台单相变压器供电时,每台变压器的功率为总功率的三分之一。由于目前尚无精确的计算方法求得二次电压,故只能根据类似工厂实践经验与数据选取。电炉用变压器的二次电压常作成若干级,以适应生产中操作功率和炉渣性质的变化。某炼铜厂的电炉功率为30000kW,选用三台单相变压器,变压器的二次电压为 201~404V,二次电流为 38.31A,一般作成 8~15 级,级间差为 20~40V。铁合金电炉变压器的电压级更多,可达 5~50级,级间差要小一些,一般为 3~6V;镍铁合金矿热炉可达 10~20V。

4.5.4　冶金工厂专门使用的辅助设备设计

冶金工厂硫化精矿干燥所用的干燥窑、高温含尘烟气的冷却与收尘设备、湿法冶金过程所用的液固分离设备等,对于整个冶金生产过程来说,它们起着辅助作用。但是这些辅助设备往往是由冶金设计者进行设计，由工厂自己生产安装，因此在设计时应绘出施工图来，与非标准冶金主体设备的设计相同。

4.6 非标准设备设计

非标准设备包括非标设备和非标准件。非标准件一般系指无固定外形和规格的、用于连接设备的焊接件，如各种钢壳体、溜槽、料斗、风管、罩子、钢烟囱、阀门、支架以及钢梯，炼铁高炉的风口、渣口、铁口、冷却壁，热风炉的炉箅子、陶瓷燃烧器等。冶金工厂的非标准件，在设计、加工制作和安装方面的工作量也是比较大的，它与工艺流程关系十分紧密，一般都是由工艺专业完成。以往经验表明，为保证施工、安装和生产的顺利进行，重视非标准件的设计是必要的。

一般设计院为提高设计质量，理顺工程设计过程中非标设备划分关系，充分发挥设计院各专业的优势，就非标准设备设计的有关问题做如下原则规定：

（1）非标准设备设计的范围确定。结合设计院设计项目的特点，非标准设备设计应包括以下内容：

1）非标准机械设备设计（如对标准设备的改造设计，带传动装置的设备或专用设备的设计，压力容器、化工容器的设计等）。

2）非标准工业炉窑设计。

3）非标准三电设备设计（如盘、箱、柜的设计等）。

4）有施工详图的钢结构设计。例如，铁合金非标准设备见表4－13。

表4－13 铁合金非标准设备

序　号	设　备　名　称	序　号	设　备　名　称
1	铁合金炉炉壳	17	水冲渣设备
2	烟罩（或炉盖）	18	成品破碎设备（如强力破碎机）
3	电极把持器	19	称量斗
4	液压系统	20	布料斗
5	压放系统	21	输储料设备
6	升降系统	22	滑轮
7	水冷系统	23	阀　门
8	捣炉加料机	24	挡　板
9	出铁扣排烟系统	25	烧穿器
10	上料系统：包括料车、配料小车	26	合金盘
11	开、堵出铁口设备	27	渣　盘
12	短网及电控热工测量系统	28	自卸箱
13	铁水包（渣包）小车	29	电极糊处理设备
14	各种卷扬设备	30	铸　模
15	龙门沟	31	门型吊钩
16	浇铸设备	32	料仓与料管

（2）非标准设备设计的基本程序：

1）项目设计中，各有关专业的专业负责人应将本专业所有需要订货的设备（包括标准设备和非标准设备）按照标准设备、非标准设备分门别类进行归纳并填报设备订货清单报总设计师，总设计师将各专业订货清单审定并汇总后报院（可分批上报）。

2）根据项目的要求，对需进行非标准设备设计的内容，由主体专业结合项目情况以充分发挥各专业优势为原则，委托有关专业开展非标准设备设计工作。其中都带有传动装置的机械设备及需进行机床加工的压力容器、化工容器等设备应委托机械师设计，工业炉窑应委托轧钢室工业炉专业设计，三电设备应委托自动化室设计。

3）针对一些确需主体专业进行设计的非标准工艺设备，应由主体专业设计，但其制造工艺性、制造标准、材料选择等方面的内容应在主体专业设计完成后，交由机械室就上述内容进行复审，复审（包括审核、修改）过程完成后审核人在会签栏内签字，由主体专业交资料室打印出图与存档。

（3）出图方式。所有非标准设备的图纸必须独立成套，其图号原则上规定统一用"备"字头，工业炉窑、三电设备仍按设计院已有规定的图号出图。

非标准件的设计工作，一般应包括：外形尺寸的计算、材料结构的选择和设计制图等内容，并需结合土建施工时允许误差，在非标准件设计时应予充分考虑、留有余地。

4.6.1　外形尺寸的计算

非标准件的外形尺寸，要经过计算来确定。

非标准件的空间定位尺寸，在进行车间工艺布置时确定。要强调指出：必须重视下料溜槽的空间定位尺寸。因为溜槽的角度有一定的要求。角度是否合适，对生产能否正常进行关系极大。溜角过小，料流不畅，导致堵塞，给操作带来麻烦；溜角过大，就要提高建筑物的高度或加深地坑的深度，增加建设投资。同时，由于溜角过大，料流速度快，冲力大，加剧了溜子的磨损，维修量也大了。

非标准件的质量也是经常需要计算的项目之一，尤其是较大或较重的非标准件，必须认真进行计算。非标准件的重量，不仅是编制工程概预算不可缺少的数据，同时也是计算建（构）筑物荷载不可缺少的数据。

4.6.2　材料、结构的选择

4.6.2.1　材料选择

非标准件一般为焊接件，因此，制作非标准件的材料，应选用焊接性能较好的普通碳素钢 Q235 – A。

4.6.2.2　结构选择

结构选择的原则：构造简单，耐磨耐用，便于加工制作、安装和维修。特别是物料溜子一类的非标准件，一般均属易磨部件，使用一定时间，就得修理或更换，必须遵循这一选型原则。

风管的连接方式，可用法兰连接，也可用焊接，为减少漏风，一般采用焊接的较多。为便于检修、清理管道，在焊接的管段上仍需设置少量的法兰连接。风管转弯半径的大小，对系统阻力损失有关，一般取 $R = 2.5 \sim 5.5D$。

4.6.3　设计制图

非标准件设计图纸的比例按其体形大小可选用 1∶1、1∶2、1∶5、1∶10、1∶20、1∶50 等。

流程图常用设备符号及常用管道符号见附表 4 - 1。

图纸深度可按以下所列内容考虑：

(1) 一般只绘制总图，不做零件图（个别较复杂的除外）、展开图，必要时可补充局部放大图，但应注明非标准件的重量。

(2) 说明连接的设备，可在料管法兰上用引出线加注，如"上接提升机出口法兰"；也可用想象线绘出连接设备相关部分的简单轮廓。

(3) 要注明非标准件在布置图中的定位尺寸、外形尺寸和规格、法兰和螺孔大小、螺孔个数及间距等。

(4) 要表示出溜管穿越的墙壁和楼板，并注出它们的关系尺寸和标高；还要表示出靠近溜子的梁的外形和尺寸，要特别注意料管或烟囱是否碰楼板和梁的问题。

(5) 图中应列出材料表（含螺栓、螺母、垫圈的重量和个数）。

(6) 设有保温层时，要说明保温材料、厚度和做法，并绘制详图。

(7) 其他需要表示和技术说明的内容。

4.6.4　设计注意事项

(1) 确定管子、溜管的长度时，要考虑土建施工和设备安装的误差，图中标注的长度尺寸，可在计算长度的基础上，增加 50 ~ 150mm 的富余量，供现场安装时，按实际需要切割后进行焊接。若该非标准件分为 3 节以上，注明其中一节长度应留有富余长度，或实测丈量。

(2) 直径较大的风管，在选择壁厚时，要考虑管子的刚度以避免吊装中变形影响安装质量。较高的风筒、钢烟囱，下部壁厚应适当加厚，以增加强度承受筒体本身的自重。

(3) 在管子、溜子的适当部位，应根据需要加设捅料孔、清料门、人孔门、检修门、观察孔、取样孔等。

(4) 承受温度变化的、较长的管子、溜子，应在管上增设膨胀节头或波纹补偿器。

(5) 为便于搬运、吊装较长的非标准件，应分节、分段制作，安装时，在现场焊接为整体。

4.6.5　施工误差和设计中的相应措施

施工中，土建、设备制造、设备安装、非标件加工等多方面的误差会集中在最后安装的非标件身上，为尽可能减少施工误差对安装工作的影响，可采取一些灵活变通的调整和补偿措施。

(1) 两端带法兰的溜子，可留其中一端的法兰在安装中焊接。

(2) 风管溜子分段组成时，加长量在末尾一段为宜。

(3) 风管和溜子的中间支承（如直立管道的固定支架、倾斜溜子的支承法兰），为适应楼面标高或支承位置的变动，应留在安装时调整和焊接。

（4）几条风管在一处汇接时，为弥补其长度偏差和中心线的偏移，可在安装时确定汇接位置后再开孔焊接。

（5）适当加大法兰螺栓孔径，可方便螺栓的安装，有一定的补偿作用。

（6）安装溜子之类的非标准件，一般不要采用预埋螺栓和二次浇注办法，倘若需要预埋的，可采取预埋钢板或预埋法兰的方法，不但能补偿误差，而且施工也方便。

（7）圆形管道有中心对称性质，圆形断面溜子可绕其法兰中心相对自由转动（方形则不可），因此具有良好的误差补偿性能。

（8）有些两端用法兰或一端法兰另一端焊接固定的溜子，如皮带机、提升机、料仓等进出料溜槽，为方便补偿施工误差，可将两端固定改为一端固定，而另一端"浮动"而得到补偿。

（9）有些空间位置复杂或走向别扭的管道和溜子，如估计土建施工和设备安装的误差可能性较大，或在施工中可能会有变动，可待设备安装之后，再按实际测量的尺寸进行现场设计，这样可使非标件的布置结构更趋合理，且可避免因施工误差给安装带来的困难。

学习思考题

4-1　设计一年产炼钢生铁 1000 万吨的高炉的有效容积，选定高炉座数为 3 座，年作业率 η 取 0.9，高炉利用系数取 $2.0t/(m^3 \cdot d)$。

4-2　试求某铁合金厂两台硅铁电炉，变压器额定容量为 12500kV·A 的年产量。年作业率 η 取 0.82，硅铁冶炼电耗是 8800kW·h/t。

4-3　设计一个年产 8.5 万吨粗铅的冶炼厂鼓风炉的风口区截面积。已知年工作日 330d，原料烧结块含铅 55.58%，粗铅的品位 98%Pb，鼓风炉冶炼铅的直接回收率 η 为 96%，生产率为 $60t/(m^2 \cdot d)$。

4-4　一个年产 6 万吨的湿法炼锌厂每天处理焙砂量 400t，中性浸出的液固比 11，浸出所需时间 1.5h，槽体容积利用系数 0.8，矿浆密度 $4t/m^3$，单槽容积 $100m^3$，备用槽数 1，请确定中性浸出槽的数目。

4-5　一年产炼钢生铁 100 万吨的高炉车间，吨铁耗烧结矿 1.65t，烧结机年作业率 η 取 0.85，利用系数 $1.45t/(m^2 \cdot h)$，若按两台考虑，计算烧结机面积。

4-6　试述非标准设备的设计内容及深度要求。

4-7　非标准设备设计中必须注意哪些问题，施工中应怎样处理？

4-8　如何进行冶金工艺设备的选型设计，具体设计时应注意哪些问题？

4-9　圆筒干燥机和流化床干燥机各有哪些优缺点？说明其适用范围。

4-10　如何在设计中减少施工误差对安装工作的影响？

4-11　为什么要进行冶金设备设计，设计的原则有哪些？

4-12　冶金设备设计的主要步骤有哪些？试以反射炉和转炉为例说明。

4-13　为粉碎车间设计原料仓。已知给矿量为 19.4t/h，储矿时间为 3h，给矿最大粒度为 300mm，物料假密度为 $1.6t/m^3$。

4-14　某大型预焙阳极铝电解槽，阳极电流密度 $0.74A/cm^2$，阳极炭块尺寸 $1700 \times 700 \times 550mm$，阳极炭块数目 32 块，电流效率 91%，求年产量。

4-15　每天干燥锌精矿 912t，标况烟气总量 $8882m^3/h$，采用升举式抄板，取长度 10m，顺流式干燥，初始含水量 12%，终含水量 8%，物料堆积密度 $1860kg/m^3$，请设计圆筒干燥机。

4-16 已知某高炉炉料结构中含烧结矿 80%，炉渣碱度 $R=1.1$，问需配加球团矿和生矿各百分之几？（免加熔剂）。已知矿批重 9000kg，焦批重 2200kg，喷煤 6t/h，料速 8 批/h。铁的分配率为 99.5%，$w(SiO_2)/w(Si)=2.14$，生铁成分：Fe 95%，Si 0.6%；原料成分如下：

矿种	$w(CaO)/\%$	$w(SiO_2)/\%$	$w(Fe)/\%$
烧结矿	8.1	4.5	57
球团矿	1.6	8.0	62
生矿	2.0	12.6	56
焦炭	0.7	5.0	
煤粉	0.2	7.0	

4-17 按下列要求进行变料计算，原燃料成分如下：

矿种	$w(TFe)/\%$	$w(CaO)/\%$	$w(SiO_2)/\%$	灰分/%	批重/kg
烧结矿	57.67	8.42	4.93		21000
球团矿	67.6	0.2	6.6		4000
焦炭		1.45	47.52	12.98	5500
煤粉		5.76	41.13	9.12	2370

在矿石批重 25t、$w[Fe]=94.2\%$、$w[Si]=0.5\%$ 不变情况下，炉渣碱度 1.15 降至 1.10，计算每批料的原料、燃料变化量。

4-18 利用高炉高温区热平衡计算方法，按工程计算法计算理论焦比。由配料及物料平衡计算已经算出：鼓风湿度 $\varphi=0.0156$（不富氧），石灰石用量 $\Phi=32.1$kg，渣量 $u=548.0$kg，进渣硫量 3.3kg，生铁成分（冶炼中不加废铁）为（%）：

Fe	Si	Mn	P	S	C
95.01	0.7	0.09	0.08	0.03	4.09

取用数据有：鼓风温度 1100℃；煤比 $M=75$kg；炉渣碱度 $R=1.03$；直接还原度 $r_d=0.45$；高温区氢的利用率取 0.45；高炉利用系数 $\eta_v=1.60$t/(m³·d)。以及有关成分：焦炭含碳 C_K 83.83%；煤粉含 C 75.30%，H_2 3.26%，H_2O 0.80%；石灰石含 CO_2 43.79%，CaO 54.11%。

4-19 设计处理锡精矿的锡熔炼反射炉，年产粗锡 6000t，至少应计算出炉床面积、长度与宽度、炉膛高度、熔池深度、炉膛净空高度等，并用 AutoCAD 画出设备图。

已知条件：

（1）原材料化学成分（%）为：

物料名称	Sn	Fe	S	SiO_2	CaO	Al_2O_3	其他
锡精矿	49	15	0.3	1.2	0.6	0.4	33.5
熔剂		5		90		2	3

（2）熔炼直接回收率 84%；

（3）烟尘率 10%；渣率 34.7%；

（4）燃料为煤粉，煤粉工作成分为：

燃料实用组成	$C_用$	$H_用$	$O_用$	$S_用$	$N_用$	$A_用$	$W_用$
含量/%	71.1	4.78	10.2	0.5	0.92	12	0.5

（5）精矿合理组成（%）为：

Sn	Pb	Fe	S	As	Cu	SiO_2	CaO	CO_2	Al_2O_3	其他
49	10	15	0.3	0.2	0.2	1.2	0.6	0.47	0.4	22.63

（6）处理100kg干精矿熔炼过程的物料平衡（表4－14）。

表4－14　物料平衡表

项目		Sn	Pb	Cu	As	S	Fe	SiO$_2$	CaO	Al$_2$O$_3$	C	O$_2$	H$_2$	N$_2$	H$_2$O	其他	合计
加入料	精矿	49	10	0.2	0.2	0.3	15	1.2	0.6	0.4	0.13	20.93				2.04	100
	还原剂无烟煤					0.18	0.4	1.2	0.06	0.8	12.02	0.47	0.65	0.3	1.48	0.36	17.92
	熔剂						0.39	7.27		0.17		0.11				0.32	8.26
	无烟煤燃烧空气量											7.63		25.54			33.17
	总计	49	10	0.2	0.2	0.48	15.79	9.67	0.66	1.37	12.15	29.14	0.65	25.84	1.48	2.72	159.35
产出料	精锡	42.14	9	2.18	0.16		1.2										54.68
	烟尘	3.19	0.43	0.01	0.03		0.12	0.36	0.12	0.12						1.75	6.13
	炉渣	3.43	0.57	0.01			14.47	9.31	0.54	1.25		4.15				0.97	34.7
	炉气及损失	0.24			0.01	0.48					12.15	24.99	0.65	25.84	1.48		65.84
	总计	49	10	2.2	0.2	0.48	15.79	9.67	0.66	1.37	12.15	29.14	0.65	25.84	1.48	2.72	161.35

4－20　设计一年产3万吨铜精炼天然气反射炉。

已知条件：

（1）粗铜品位：99.2%，全部冷料；

（2）燃料为天然气，其成分（%）：

CH$_4$ 96.35，C$_2$H$_4$ 0.41，CO 0.10，H$_2$ 0.47，CO$_2$ 0.21，N$_2$ 2.46（水分忽略不计）

（3）实回收率：98%；

（4）炉龄和修炉时间，根据工厂生产实践，确定如下参数：

①中修炉龄为300炉；②一次大修期间的中修次数为8次；③一次中修时间（拆炉、修炉、烤炉合计时间）为20d；④一次大修时间（拆炉、修炉、烤炉合计时间）为45d；⑤一年内临时停炉次数：10次；⑥每炉作业时间为14.5h，各期分配如下：

周期	加料	熔化	氧化	还原	浇铸	合计
时间/h	4.5	4.0	0.83	1.0	4.17	14.5

5 冶金炉砌砖设计

在火法冶金过程中有各种高温熔体（如铁水、钢液、铁合金液）侵蚀设备，而湿法冶金过程中，有各种酸、碱、盐水溶液腐蚀设备，另外在所有这些过程中都会产生各种腐蚀气体（如 SO_2、Cl_2、HCl 等）及酸雾等，所以在进行冶金主体设备设计以及辅助设备选用时，必须很好地选用各种耐高温、耐腐蚀、耐磨损的构筑材料，并计算出消耗量和估计库存量。

火法冶金中所使用的各种冶金炉以及熔盐电解槽的构筑材料，主要是各种耐火材料及加固用的各种钢材。在火法冶金过程中需要加入各种熔剂造渣，这些熔剂与耐火材料会发生造渣反应。冶炼过程中产生的高温金属或其他化合物熔体具有较强的渗透能力，有时也会和构筑材料发生化合反应。

高温冶金过程是在氧化气氛或还原气氛下进行，有时气相中还含有某种腐蚀性的气体，所有这些都要求认真而正确地选用耐火材料。熔剂、金属和气氛与耐火材料的作用情况和常用耐火材料的主要特性列于本书附录6，可供设计时选用。由于冶金设备形状各异，冶金过程发生的化学反应和物理运动又是千变万化，往往需要另行设计各种特殊要求的耐火材料制品。但是应该指出，避免使用各种特殊要求的材料，是降低基建投资和减少以后的维修费用的重要措施。

有关隔热材料、耐火泥浆、涂料及填料等筑炉用的材料，可参阅有关手册等文献资料。

材料选用好之后，应该计算出材料的消耗量，并应估计算出一般设备维修或大修所需材料的库存。关于钢铁材料消耗量的计算，可以根据五金手册或其他手册资料的钢材型号，查到有关吨位的换算。耐火材料则可从筑炉的有关资料，从体积换算为吨位。其他材料的消耗量计算，若无手册资料可查，则应从生产实践中调查获得。从材料的定购及数量统计的角度出发，设计工作者应尽量选用标准型号的材料。

为了便于在施工过程中统一认识，设备结构材料在施工图上的表示，必须有统一的方法。最常见的冶金炉用材料的图例见本书附录5。如果所列出的图例中没有某种材料的表示法，需要用特殊的表示法时，应在施工图上做出图例加以说明。关于设备维修或大修所需材料的库存，完全是根据工厂生产实践并加以分析后进行估算。

5.1 砌体设计的内容

砌体设计的主要内容如下：
（1）正确选择耐火材料与绝热材料。
（2）正确组成炉墙、炉底与炉顶结构。
（3）确定砌体的系列尺寸。

（4）按照炉子的热工要求正确设计燃烧室、排烟道及砖体的其他局部结构。

（5）合理布置测温孔、窥视孔、排烟孔、烧嘴砖及膨胀缝的位置与数量。

（6）选择适宜的砌筑泥浆与各种泥料，并分项计算各种耐火材料与建筑材料的用量等。

5.2　砌体设计的基本规定

选择筑炉材料的一般原则如下：

（1）材料必须具有能满足工业炉使用要求的技术性能，其各项性能指标应符合现行国家标准规定或设计要求。

（2）所选用的材料必须具有良好的施工性能，并能满足施工的技术要求和工程质量的要求。

（3）所采用的材料必须符合国家有关劳动保护、环境保护的法律、法规和技术规范的规定。

根据所要求的施工精细程度，耐火砌体分为若干类，各类砌体的砖缝厚度规定如下：

特类砌体	不大于 0.5mm
Ⅰ类砌体	不大于 1mm
Ⅱ类砌体	不大于 2mm
Ⅲ类砌体	不大于 3mm
Ⅳ类砌体	允许大于 3mm
硅藻土砖砌体	5mm
红砖砌体（内有耐火砖衬）	
拱顶	5~10mm
炉底和炉墙	8~10mm

筑炉用耐火泥的最大粒径不应大于砖缝宽度的30%，而砖缝大于4mm时，其最大粒径亦不应大于1.5mm。

炉子混凝土基础的标高，应符合设计的要求，其误差不得超过：$^{+0}_{-15}$mm。

一般炉墙的垂直误差每米高不应超过3mm，同时全高不应超过15mm。

基础砖墩的垂直误差每米高不应超过3mm，全高不应超过10mm。

砌体表面不应凹凸不平。朝向炉内的炉墙表面局部的不平不应超过5mm。

拱脚砖的角度与拱的角度应一致，并紧靠拱脚梁砌筑。严禁用加厚砖缝的办法找平拱脚。如拱脚砖的后面有砌体时，则须在该砌体砌完后，再开始砌筑拱顶。拱脚砖后面不应砌强度低的硅藻土砖或轻质黏土砖等材料。

拱顶和拱的每环砖数应是奇数，锁砖准确地按拱顶和拱的中心线对称均匀分布。

跨度小于3m的非悬挂式拱，打入一块锁砖；跨度大于3m时，打入3块；跨度大于6m时，打入5块。锁砖打入前，砌入拱顶的深度约为砖长的三分之二。

固定在砌体内的金属埋设件，应于砌砖前或砌砖时安设。

砌体中预留膨胀缝的平均数值，可按下式计算：

$$l = \alpha_{均}(t - t_0)L$$

式中　　l——膨胀缝尺寸，m；

　　　　$\alpha_{均}$——耐火材料在工作温度范围内的平均膨胀系数，m/(m·℃)；

　　　　t——砌体最高工作温度，℃；

　　　　t_0——砌体砌筑时温度，℃；

　　　　L——留设膨胀缝的该段砌体长度，m。

膨胀缝以均匀分开留设为宜。对于熔炼炉，膨胀缝的留设应密而小。考虑到砖缝可部分地吸收砌体膨胀量，设计中可视具体情况使留设的膨胀缝小于计算值。膨胀缝的位置应避开受力部位和炉体金属骨架，以免影响强度。

工作温度低于800℃的Ⅲ类耐火黏土砖砌体、红砖砌体和硅藻土砌体可不留设膨胀缝。但过长的黏土砖和红砖砌体，应根据具体情况适当留设膨胀缝。

膨胀缝的留设办法，通常有以下几种。

炉墙砌体的膨胀缝，其内外层间留成封闭式的，互不相通；上下砖层中留成锁口式的，互相错开，见图5-1（a）、（b）。

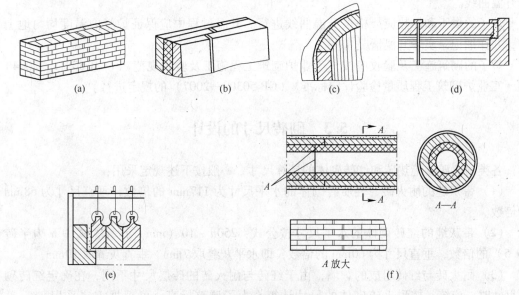

图5-1　膨胀缝的留设

（a）内外层留成封闭式的膨胀缝；（b）锁口式膨胀缝；（c）圆形炉墙的膨胀缝；
（d）拱顶的膨胀缝；（e）悬挂式炉顶的膨胀缝；（f）管道内衬的膨胀缝

竖式窑炉一般在圆形墙砌体与炉壳之间留设缝隙（内置保温填料）来代替膨胀缝，见图5-1（c）。

拱顶一般在两端留出直通的膨胀缝。此时，除考虑拱顶的纵向伸长外，还应考虑两端炉墙向上的膨胀。拱顶的长度大于5m时，除在两端留设膨胀缝外，还根据长度分段，在拱顶的中部留设若干道膨胀缝。拱顶的膨胀缝应该用一层平砌砖层覆盖，如图5-1（d）所示。

用混凝土砖干砌的拱顶，一般在拱的辐射缝中，每隔3～5块砖夹入1～2mm膨胀板，以抵偿膨胀。

在悬挂式的炉顶内，沿炉顶周围留设膨胀缝，见图5-1（e）。

一般加热炉用镁砖砌筑炉底时，每隔3~4块砖（345~460mm）留设2~3mm的膨胀缝，并填以纸板或胶合板或膨胀板。

熔炼炉炉底反拱的膨胀缝，通常集中留设在两端和两侧。当炉底反拱较长时，也有分散均匀留设的。

砌体内有金属构件时，应在金属构件和砌体之间留设膨胀缝，使金属构件在加热时能自由膨胀。

管道内衬膨胀缝的留设方法见图5-1（f）。

为了保证膨胀缝的厚度和位置正确，应采用样板作为留设膨胀缝的依据。膨胀缝内要保持干净，并根据设计规定填以石棉-耐火泥料、硅藻土粉、矿渣棉、石棉绳、纸板或木板等。

炉子砌筑安装完毕后的烘干和加热时间、升温速度，应根据炉子建筑的季节、炉子的用途和尺寸、耐火材料的性能，并根据开工生产离建筑竣工时的期限，制订出烘干和加热的升温曲线。

炉子的烘干和加热应严格按升温曲线进行。升温过程中应保证炉膛内温度均匀地上升，并详细记录实际升温情况。

炉子的砌筑施工及验收应按《工业炉砌筑工程施工及验收规范》（GB 50211—2004）和《工业炉砌筑工程质量检验评定标准》（GB 50309—2007）的规定进行。

5.3 砌砖尺寸的设计

各类耐火砖、绝热砖和红砖砌体的计算尺寸，一般按下述规定采用：

（1）带灰缝的耐火砖、轻质砖砌体的水平尺寸为117mm的倍数，垂直尺寸为68mm的倍数。

（2）带灰缝的红砖砌体的水平尺寸按公式：$250n-10$（mm）计算，式中n为半砖（0.5）的倍数，垂直尺寸为60mm的倍数，即水平灰缝取7mm、垂直灰缝取10mm。

（3）耐火砖与红砖组成的炉墙，由于红砖与耐火砖的砖层尺寸不同，在确定红砖砌体尺寸时，应统一按耐火砖砌体的尺寸计算。为了调整标高，可根据需要采用Tz-1、Tz-2、Tz-3等类直形砖穿插砌筑，但在施工图中应分层注出带灰缝的尺寸和所用砖号。

（4）在进行砌体设计时，应尽量采用标准型砖，当必须采用异型砖或特异型砖时，需自行绘制施工图。砌体的红砖结构部分至少采用100号红砖。

（5）圆筒炉炉墙在立面上不用留膨胀缝，而只是在分段处留出膨胀缝10~30mm，当砌体直径不大于5m、高度不大于10m时，可不必分段承担，但需在与炉顶相接处留出足够的膨胀间隙（一般为30~50mm）；砌体直径大于5m或高度大于10m者一般应分段承重，每段3~5m高。高温区（自炉底向上5m左右）每段一般应为1.5~3m高。

（6）根据不同炉温、不同绝热材料的允许工作温度和一般性质的耐火砖层的情况下，按热工计算所应选用的最大绝热层厚度。

（7）拉砖炉墙，砖的质量全由托砖板承受，托砖板焊于钢结构，托砖板下面要留出一定量的膨胀缝，在膨胀缝处填塞石棉绳或耐火纤维；沿炉墙长度方向上也应留膨胀缝，膨胀缝的宽度应由炉墙最高操作温度、耐火砖的线膨胀系数以及膨胀缝之间炉墙的长度等计算得来，一般为 10~25mm。

因平壁墙的稳定性不够好，所以每段高度较低，一般每段 1000~1500mm 左右。高度每隔 500mm 左右设置砖拉杆，沿砖拉杆每隔 300~500mm 设置一个砖拉钩，砖拉钩与炉子钢架连接。

5.3.1 环形砌砖设计

高炉、热风炉、鼓风炉、转炉、矿热炉、电弧炉等各部分环状砌体耗砖量用下述方法计算。计算时，不扣除铁口、风口、渣口及水箱等所有孔洞所代替的砖量。

5.3.1.1 直形砖与楔形砖配合

高炉直形砖与楔形砖一般采用 G-1 与 G-3；G-2 与 G-4；G-1 与 G-5 及 G-2 与 G-6 相配合。热风炉一般采用 R-1 与 R-3、R-5；R-2 与 R-4、R-6 相配合。通用工业炉或管道用标准砖 Tz-3 与 T-38（230×113×65/55）、39（230×113×65/45）；Tz-2 与 Tk-81、82、83 相配合。直形砖和宽楔形砖的形状及参数见图 5-2，直形砖的参数见表 5-1，宽楔形砖的参数见表 5-2，其他砖型见相关筑炉或耐火材料手册。

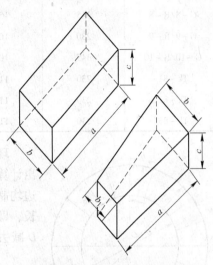

图 5-2 直形砖和宽楔形砖形状及参数

表 5-1 直形砖各参数

砖 号	尺寸/mm			体积/cm³
	a	b	c	
G-1/R-1	230	150	75	2588
G-2/R-2	345	150	75	3881
G-11	400	150	90	5400
Tz-1	172	114	65	1275
Tz-2	230	114	32	839
Tz-3	230	114	65	1704
Tz-6	230	114	75	1967

表 5-2 宽楔形砖各参数

砖 号	尺寸/mm				体积/cm³
	a	b	b_1	c	
G-3/R-3	230	150	135	75	2458
G-4/R-4	345	150	130	75	3623
G-5/R-5	230	150	120	75	2329

砖 号	尺寸/mm				体积/cm³
	a	b	b_1	c	
G - 6/R - 6	345	150	110	75	3364
G - 7/R - 7	230	150	90	75	2070
G - 8/R - 8	345	150	90	75	3105
G - 9/R - 9	230	100	90	75	1639
G - 10/R - 10	345	100	85	75	2393
Tk - 81	230	114	74	65	1405
Tk - 82	230	114	94	65	1555
Tk - 83	230	114	104	65	1630

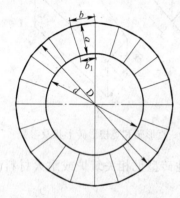

环形砌砖设计砖量的计算可由图 5 - 3 的图例来推导出计算公式，考虑加工模具及制作成本的因素，一般砖宽边均制作成直边，完成环形砌筑时，只能用弦长来代替弧长，即由具有 n 边的正多边形来代替圆。所砌砖环的外径 D 减去内径 d 除二就等于砖长 a，即

$$\frac{D - d}{2} = a$$

计算所需的直形砖及楔形砖量时，假定弦长 b（砖大头宽）近似等于弧长，得出关系式（5 - 1）：

图 5 - 3　砌砖数量推导示意图

$$\begin{cases} nb = \pi D \\ n_p b + n_s b_1 = \pi d \end{cases} \quad (5 - 1)$$

又因为 $n_p + n_s = n$，得到 $n_p = n - n_s$，将其代入式（5 - 1）后，解得：

$$n_s = \frac{\pi(D - d)}{b - b_1} = \frac{2\pi a}{b - b_1} \quad (5 - 2)$$

式中　n——该环砌体总砖数；

　　　n_s——楔形砖数；

　　　n_p——直形砖数；

　　　D——该环砌体外径，mm；

　　　d——该环砌体内径，mm；

　　　b——砖大头宽加砌砖砖缝，mm；

　　　b_1——砖小头宽加砌砖砖缝，mm；

　　　a——砖长，mm。

从式（5 - 2）算出：楔形砖数与砌体直径及砖缝无关，只与砖型有关，当砖型一定时，n_s 为一常数。

当 G - 1 与 G - 3 相配合时：

$$n_{s3} = \frac{2\pi a}{b - b_1} = \frac{2 \times \pi \times 230}{150 - 135} = 97 \text{ 块}$$

当 G - 2 与 G - 4 相配合时：

$$n_{s4} = \frac{2\pi a}{b - b_1} = \frac{2 \times \pi \times 345}{150 - 125} = 87 \text{ 块}$$

同理，G-1 与 G-5 及 G-2 与 G-6 相配合时：

$$n_{s5} = \frac{2\pi a}{b - b_1} = \frac{2 \times \pi \times 230}{150 - 120} = 48 \text{ 块}$$

$$n_{s6} = \frac{2\pi a}{b - b_1} = \frac{2 \times \pi \times 230}{150 - 110} = 54 \text{ 块}$$

用 G-3、G-4、G-5 和 G-6 等楔形砖配合环砌时，所能砌的最小外径就是单独用一种楔形砖不考虑砖缝时的砌筑直径，即 $n_p = 0$ 时的砌筑直径。

使用 G-3 环砌时：$\qquad D_3 \geq \dfrac{97 \times 150}{\pi} \geq 4600 \text{mm}$

使用 G-4 环砌时：$\qquad D_4 \geq 4140 \text{mm}$

使用 G-5 和 G-6 环砌时：$\qquad D_5 \geq 2300 \text{mm}$

$$D_6 \geq 2588 \text{mm}$$

5.3.1.2 两种楔形砖的配合（即 G-3 与 G-5 及 G-4 与 G-6 相配合）

当砌体直径小于 G-3、G-4、G-5 和 G-6 等楔形砖单独砌筑的最小直径时，需用两种楔形砖配合砌筑，计算两种楔形砖数量时假设弦长等于弧长，得到等式（5-3）：

$$\begin{cases} nb = \pi D \\ n_1 b_1' + n_2 b_1'' = \pi d \end{cases} \qquad (5-3)$$

又因为 $n_1 + n_2 = n$，得到 $n_1 = n - n_2$，将其代入式（5-3），解得：

$$n_2 = \frac{nb_1' - \pi d}{b_1' - b_1''} \qquad (5-4)$$

式中　D——该环砌体外径，mm；

$\qquad d$——该环砌体内径，mm；

$\qquad n$——该环砌体总砖数；

$\qquad n_1$——G-3 或 G-4 的砖数；

$\qquad n_2$——G-5 或 G-6 的砖数；

$\qquad b$——G-3、G-4、G-5 及 G-6 等砖的大头宽加砌砖砖缝，mm；

$\qquad b_1'$——G-3 或 G-4 砖的小头宽加砌砖砖缝，mm；

$\qquad b_1''$——G-5 或 G-6 砖的小头宽加砌砖砖缝，mm。

5.3.1.3 内外圈砌砖计算

G-1 与 G-3 配合时，G-3 块数为常数 97；G-2 与 G-4 配合时，G-4 块数为常数 87。

计算每层从内到外相邻各圈的砌砖块数，有四种情况。见图 5-4 砌砖计算简化图例。在计算时，只需算出内圈直砖块数就可简易地推算出相邻各圈的直砖块数。

（1）内外圈均用 G-1 与 G-3 配合砌筑时，外圈 G-1 比内圈 G-1 增加 10 块，即：

$$\frac{\pi(D_1 - D)}{150} = \frac{\pi \times 460}{150} = 9.65 \approx 10$$

式中　D_1——外圈砌体外径，mm；

$\qquad D$——内圈砌体外径，mm。

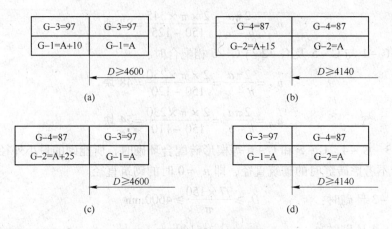

图 5 - 4　砌砖简化计算图例

（2）内外圈均用 G - 2 与 G - 4 配合砌筑时，外圈 G - 2 比内圈 G - 2 增加 15 块，即：

$$\frac{\pi(D_1 - D)}{150} = \frac{\pi \times 690}{150} = 14.5 \approx 15$$

（3）内圈和外圈分别用 G - 1 与 G - 3 和 G - 2 与 G - 4 配合砌筑时，外圈 G - 2 比内圈 G - 1 增加 25 块。

5.3.2　弧形拱砌砖设计

（1）弧形拱砌砖内半径及矢高的计算。

内半径的计算公式：

$$R = \frac{B}{2\sin\dfrac{\theta}{2}} \tag{5 - 5}$$

式中　　R——拱顶内半径，mm；

　　　　B——拱顶的跨度，mm；

　　　　θ——中心角，一般取 $\theta = 45° \sim 180°$。对于炉门和各种小跨度的拱顶常取 $\theta = 60°$；
　　　　　　对于烟道的拱顶常取 $\theta = 60°$ 或 $180°$。

矢高的计算公式：

$$h = R\left(1 - \cos\frac{\theta}{2}\right)$$

式中　　h——拱顶的矢高，mm。

（2）错砌拱顶计算。

错砌拱顶示意图见图 5 - 5。

1）拱顶厚度为 230mm 时，拱段长度按 116mm 的倍数计算；

2）拱顶厚度为 300mm 时，拱段长度按下式计算：

$$l = 464x\,(x\ \text{为正偶数值})$$

3）中间环拱圈数：

拱顶厚度为 230mm 时，　　　　　$n = \dfrac{l}{116} - 3$

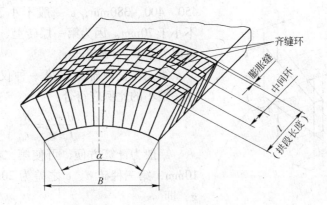

图 5 - 5 　错砌拱顶示意图

拱顶厚度为 300mm 时，$\qquad n = \dfrac{l}{464} - 3$

4）拱顶每环砖数计算：

$$每环砖数\ n = \frac{\pi(R+\delta)\theta}{180(b+d)}\ (块)$$

式中 　R——拱顶半径，mm；

$\qquad\delta$——拱顶厚度，mm；

$\qquad\theta$——拱顶中心角度，（°）；

$\qquad b$——砖的厚度（如为楔形砖，则按大端厚度），mm；

$\qquad d$——缝厚度，mm。

$$拱顶总楔度\ \varphi = \frac{\pi\delta\theta}{180}(mm)$$

确定 φ 后，根据可采用的楔形砖选择直形砖与楔形砖的比数。

（3）炉门尺寸的确定。

炉门的宽度是根据操作要求及标准砖的尺寸来决定，并要考虑砖缝的宽度。

炉门的高度在满足操作要求的条件下，是根据炉墙砌砖的尺寸、拱顶的矢高和拱脚砖的台阶高度来决定。

在选择砖型时亦应考虑方便砌筑、减少磨砖。如对直径较小的炉墙或管道最好不用直形砖配砌，以避免靠砖环外缘出现径向三角缝。

5.3.3 　球冠形拱顶砌砖设计

拱顶砖型选择：

新设计半球形拱顶砖砖型时，各部尺寸见图 5 - 6，应符合下列关系：

$$\frac{b}{c} = \frac{d}{f} = \frac{e}{g} = \frac{R}{r}$$

在满足施工要求的情况下应力求减少砖型种类，以方便制造。一般常采用三种，也有部分热风炉采用多种。

第一种砖型尺寸按炉顶半径之内、外圆周确定。砖长 a（即拱顶厚度）国内常用

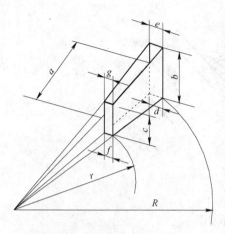

图 5-6　拱顶砖型图

450、400、380mm；c 一般不小于 100mm；f 一般不小于 70mm。因为第一层砖上、下圆周之差甚小，可取 f 等于 g，d 等于 e。

第二、三种砖型比第一种仅缩小了 e 和 g 尺寸，缩小的比例应符合：

$$\frac{d-e}{f-g}=\frac{R}{r}$$

一般为计算方便，可使第二种砖 d、e 之差为 10mm，第三种砖 d、e 之差为 20mm，由此可算出 g，即

$$g=f-10\frac{r}{R} \quad 或 \quad g=f-20\frac{r}{R}$$

第三种砖型尺寸，亦可根据炉顶半径最后一层确定 e、g 值。对于这一层砖应注意 g 值不小于 60mm，否则施工时加工不便。如以上计算出的第二、三种砖型还需核算一下是否符合拱顶中间及最后一层的圆周，若砖加工量太大需修正原算出的砖型。

拱顶砖块的重量，一般以 10~15kg 为宜（炉顶堵头除外）。炉顶砖型确定后，应对砖的各面上的四个顶点是否在同一平面进行验算，如果其中一点突出在其余三点所组成的平面 0.5mm 之外，应进行适当调整。

5.3.4　悬链线拱顶砌砖设计

热风炉悬链线拱顶，是指热风炉拱顶耐火砖砌体的中心线或内、外轮廓线是一条悬链线。众所周知，悬链线是由一根质量均匀，柔软而不能伸长的绳索，当两端固定，绳索在自身重力的作用下，处于平衡状态时，自然形成的一条曲线，如图 5-7 所示。曲线的方程为：

$$y=\frac{a}{2}\left(e^{\frac{x}{a}}+e^{-\frac{x}{a}}\right)=a\,\mathrm{ch}\frac{x}{a} \tag{5-6}$$

$$\widehat{AM}=\frac{a}{2}\left(e^{\frac{x}{a}}-e^{-\frac{x}{a}}\right)=a\,\mathrm{sh}\frac{x}{a} \tag{5-7}$$

式中，a 与 x 值应相适应，a 值的变化决定着悬链线的开度，a 值越大，悬链线的开度也越大。事实上，热风炉悬链线拱顶就是曲线绕 y 轴旋转一周而形成的壳体，如图 5-7 所示。曲面的方程为

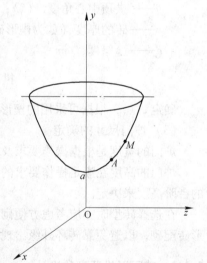

图 5-7　悬链线旋转曲面

$$y=\frac{a}{2}\left(e^{\frac{\sqrt{x^2+z^2}}{a}}+e^{-\frac{\sqrt{x^2+z^2}}{a}}\right) \tag{5-8}$$

设热风炉拱高为 H，拱顶张开度为 $2R$。据试验和工程实践，为保证拱顶砌砖不垮塌的充分必要条件是：$H/R>8/7~9/8$，式（5-6）中的 a 值即由 H 和 R 来确定。

在图 5-7 中，当 $x=R$，$y=a+H$ 时，由式（5-6）有：

$$a \mathrm{ch} \frac{R}{a} - a - H = 0 \qquad (5-9)$$

式 (5-9) 为一个关于 a 的超越方程，可用试探法，借助计算机求近似解。a 值求出后，方程 (5-6) 和方程 (5-7) 就完全确定了。

计算主要采用牛顿迭代法和二分法，故下面分别介绍用这两种方法求解方程 (5-9) 的根 a，式中用 x 代替 a 便于编写程序。

$$f(x) = x \mathrm{ch} \frac{R}{x} - x - H \quad (0 < x < R) \qquad (5-10)$$

(1) 用牛顿迭代法求解。用牛顿迭代法求解非线性方程，是把非线性方程 $f(x) = 0$ 线性化的一种近似解法。把 $f(x)$ 在点 x_0 的某个领域内展开形成泰勒级数：

$$y = f(x) = f(x_0) + f'(x_0)(x - x_0) + \frac{f''(x_0)}{2!}(x - x_0)^2 + \cdots + \frac{f^n(x_0)}{n!}(x - x_0)^n + R_n(x)$$

取其线性部分（前两项），并令其等于 0，即：

$$f(x_0) + f'(x_0)(x - x_0) = 0$$

以此作为非线性方程 $f(x) = 0$ 的近似方程，若 $f'(x_0) \neq 0$，则其解为：

$$x_1 = x_0 - \frac{f(x_0)}{f'(x_0)}$$

这样得到一个迭代关系式：

$$x_{n+1} = x_n - \frac{f(x_n)}{f'(x_n)}$$

重复计算直到 $x_{n+1} \approx x_n$ 为止，就是最后要求的解。

现以某钢铁集团 480m^3 的球式热风炉（内径 6752mm，外径 8060mm）为例，采用牛顿迭代法，利用 C 语言编程求解，程序框图如图 5-8 所示。

对于式 (5-10) 按泰勒级数展开，取其线性部分（前两项），并令其等于 0，得到：

$$f'(x) = \mathrm{ch} \frac{R}{x} - \frac{R}{x^2} \cdot \mathrm{sh} \frac{R}{x} - 1 = \frac{\exp(R/x) + \exp(-R/x)}{2} -$$

$$\frac{R}{x^2} \frac{\exp(R/x) - \exp(-R/x)}{2} - 1 = 0$$

用 C 语言编制牛顿迭代法求 x 值的计算程序如下：

```
#include "stdio. h"
#include" math. h"
main( )
{float x1,x2,N,y,Y,R,H;
 N = 1;x2 = 0;
 R = 3222;
 H = 4110;
 scanf("%f",&x1);
 printf("N,x1,x2\n");
 printf("%f %f %f\n",N,x1,x2);
 loop:y = x1 * (exp(R/x1) + exp(-R/x1))/2 - x1 - H;
```

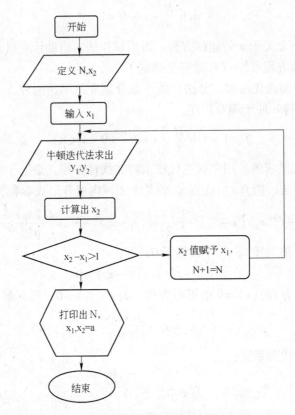

图 5 - 8　计算程序框图

$Y = (\exp(R/x1) + \exp(-R/x1))/2 - R/x1 * (\exp(R/x1) - \exp(-R/x1))/2 - 1;$
$x2 = x1 - y/Y;$
printf(" % f % f % f\n", N, x1, x2);
if(fabs(x2 - x1) > 1)
{　x1 = x2;
　N = N + 1;
　goto loop;}
printf(" % f % f % f\n", N, x1, x2);}

最后运行该程序可以得到的结果为：

N	x_1	x_2
1. 000000	200. 000000	0. 000000
1. 000000	200. 000000	213. 236206
2. 000000	213. 236206	228. 348450
3. 000000	228. 348450	245. 765823
4. 000000	245. 765823	266. 058746
5. 000000	266. 058746	290. 001831
6. 000000	290. 001831	318. 672607
7. 000000	318. 672607	353. 610657

8. 000000	353. 610657	397. 080597
9. 000000	397. 080597	452. 511810
10. 000000	452. 511810	525. 223938
11. 000000	525. 223938	623. 522583
12. 000000	623. 522583	759. 832764
13. 000000	759. 832764	949. 459106
14. 000000	949. 459106	1198. 114014
15. 000000	1198. 114014	1464. 943604
16. 000000	1464. 943604	1643. 527100
17. 000000	1643. 527100	1690. 784546
18. 000000	1690. 784546	1693. 143921
19. 000000	1693. 143921	1693. 149292
19. 000000	1693. 143921	1693. 149292

（2）"二分法"求解。

从某一值 $x > 0$ 开始以一个步长 h 分隔。若某一步长前后的函数值 y_0 与 y_1 异号或 y_1 为零，则此小区间内必有实根。把这个小区间记为 $[a_1, b_1]$，计算 $f\left(\dfrac{a_1 + b_1}{2}\right)$ 且与 y_0 比较，必能选出一个函数值异号的区间 $[a_2, b_2]$，计算 $f\left(\dfrac{a_2 + b_2}{2}\right)$ 且与 y_0 比较，必能选出一个函数值异号的区间 $[a_3, b_3]$。重复上述二分区间的过程，直到区间的长度小于给定的精度 EP，则认为求得一个根。求出一个根后继续分隔，重复上述步骤，直至求出 $(0, R)$ 全部实根为止。具体计算过程用计算机语言编制程序计算。

当曲线方程确定后，若直接根据此曲线来进行砖型设计，将会造成非标砖型太多，不仅制造相当麻烦且砖的模型造价会大大增加，最终使工程造价偏高。工程中使用多做圆弧来拟合曲线，在相同的圆弧内，砖型一致，可节约模型费用。

1）多圆弧拟合悬链线。

对式（5-6）求导数

$$y' = \mathrm{sh}\,\frac{x}{a} \qquad y'' = \frac{1}{a}\mathrm{ch}\,\frac{x}{a} \qquad\qquad (5-11)$$

将式（5-11）代入曲率半径公式，可得悬链线的曲率半径 R'

$$R' = \left| \frac{(1 + y'^2)^{\frac{3}{2}}}{y''} \right| = a\,\mathrm{ch}^2\,\frac{x}{a} \qquad\qquad (5-12)$$

从式（5-12）可以看出，悬链线的曲率半径是 x 的函数，即随 x 值不断变化。当要保证拱顶厚度一定时，如 345mm 或 400mm，就不可能使拱顶砌砖内外轮廓线和中心线均为悬链线。同时，由于曲率半径的不确定性，给拱顶砖型的设计，制造以及施工砌筑带来很大困难。工程设计中，基于结构稳定的考虑，一般将砌砖的中心线作为拟合的悬链线，并把整个拱顶划分为若干个区段，比如：300m³ 高炉热风炉分为两段，750m³ 高炉热风炉分为三段，1200m³ 容积以上高炉热风炉分为四段或更多段（随着 5000m³ 容积巨型高炉的建设，对热风炉的使用寿命及可靠性要求更高，已有设计院直接按悬链线方程设计砖型，无需用圆弧拟合曲线)。在每一段内采用相同的尺寸，即用圆弧最大限度地代替悬链线，使圆弧拟合的曲线与悬链线之间的误差达到最小值，如图 5–9 所示，从而减少砖型，节约投资，为砖型的设计、制作及施工提供方便。砌砖的内、外轮廓线为圆弧拟合的曲线，即悬链线。当砌砖厚度为 n，中心拟合半径为 $R_i(i=1, 2, \cdots)$，此时的外轮廓线半径为 $R_i + \dfrac{n}{2}$，内轮廓线半径为 $R_i - \dfrac{n}{2}$。

在图 5–9 中，设 $\overline{M_1 O_1} = R_1$，$\overline{M_2 O_2} = R_2$，$\overline{M_3 O_3} = R_3$，弧 $\overset{\frown}{AM_1}$ 对应的圆心角 α_1，$\overset{\frown}{M_1 M_2}$ 对应的圆心角 α_2，$\overset{\frown}{M_2 M_3}$ 对应的圆心角 α_3，点 M_1、M_2、M_3 对应的坐标为 $M_1(x_1, y_1)$，$M_2(x_2, y_2)$，$M_3(x_3, y_3)$。

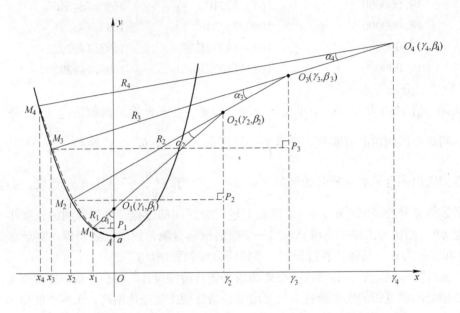

图 5–9 圆弧拟合悬链线

2）R_1 和 α_1 的确定。

在直角三角形 $\triangle O_1 P_1 M_1$ 中，有

$$R_1 = \frac{|x_1|}{\sin\alpha_1} \tag{5–13}$$

由弧长和圆心角的关系式

$$\overset{\frown}{AM_1} = \frac{\pi R_1 \alpha_1}{180} \tag{5–14}$$

将式（5–13）代入式（5–14）得

$$\overset{\frown}{AM_1} = \frac{|x_1|\pi\alpha_1}{180\sin\alpha_1} \tag{5–15}$$

若要使圆点为 O_1，半径为 R_1，圆心角为 α_1 的圆在弧 $\overset{\frown}{AM_1}$ 内完全拟合悬链线的必要条件是两弧长相等。由式（5–7）和式（5–15）有

$$\left| a \operatorname{sh} \frac{x_1}{a} \right| = \frac{|x_1| \pi \alpha_1}{180 \sin \alpha_1} \tag{5-16}$$

整理式（5-16）后，令

$$f(x) = x - \frac{180}{|x_1| \pi} a \left| \operatorname{sh} \frac{x_1}{a} \right| \sin x = 0 \quad (0 < x < 90°) \tag{5-17}$$

因 a 值前述已确定，x_1 为设定值。从图 5-8 看出 α_1 的变化区间为（0，90），式（5-17）中用 x 代替 α，便于编写程序。用循环法求解式（5-17）可得 x 的近似值。

现以某钢铁集团 $480 \mathrm{m}^3$ 的球式热风炉（内径 6752mm，外径 8060mm）为例，采用循环法，利用 C 语言求解角度 α_1，计算程序如下。

```
#include "stdio. h"
#include "math. h"
main( )
{
  float x1,x2,N,y,Y,n,h,a,a1;
  N = 1;
  n = 3. 14;h = -1600;
  a1 = 40;
  x1 = 1693. 15;
  loop:if(fabs(x1 * (exp(h/x1) - exp( -h/x1)))/2 - (h * n * a1)/(180 * sin(a1 * n/180))) >0. 1)
  {
  a1 = a1 +0. 01;
  N = N +1;
  goto loop;}
  printf( "% f % f\n",N,a1);
}
```

最后运行该程序可以得到下面的结果：

| 循环次数 | 拟合圆弧度 |
| 1263. 000000 | 52. 617882 |

由运行的结果我们可以看到当 x_1 取值为 1600 时，圆弧的角度为 52. 617882°。

3）第一段拟合误差分析。

为求得第一段圆弧拟合悬链线的误差，意味着须先确定圆 O_1 的方程。

在图 5-9 中，点 M_1 的纵坐标 y_1，由式（5-6）有 $y_1 = a \operatorname{ch} \frac{x_1}{a} = \overline{OP_1}$，则圆点 O_1 的

纵坐标

$$\beta_1 = \overline{OO_1} = a \operatorname{ch} \frac{x_1}{a} + \sqrt{R_1^2 - x_1^2} \tag{5-18}$$

因为 $\qquad\qquad\qquad\qquad \gamma_1 = 0$

故 O_1 的方程为 $\qquad\qquad x^2 + (y - \beta_1)^2 = R_1^2 \tag{5-19}$

在 AM_1 拟合段，y 的变化范围为 $\alpha \sim \beta_1$，变换圆的方程式（5-18）有

$$y = \beta_1 - \sqrt{R_1^2 - x^2} \tag{5-20}$$

拟合误差 Δy_1 为式 (5-6)-式 (5-20)，即：

$$\Delta y_1 = f(x) = a\mathrm{ch}\frac{x}{a} + \sqrt{R_1^2 - x^2} - \beta_1 \quad (-x_1 < x \leqslant 0) \tag{5-21}$$

这样，求圆弧拟合悬链线的最大误差，就变成了求式 (5-21) 在区间 $(x_1, 0)$ 上的极值。由数学分析可知，在点存在极值的条件是

$$f'(x) = \mathrm{sh}\frac{x}{a} - \frac{x}{\sqrt{R_1^2 - x^2}} = 0 \tag{5-22}$$

$$f''(x) = \frac{1}{a}\mathrm{ch}\frac{x}{a} - \frac{R_1^2}{\sqrt{(R_1^2 - x^2)^3}} \neq 0 \tag{5-23}$$

方程 (5-22) 的根用牛顿迭代法求解，并验算，当 $f''(x) \neq 0$ 时的根才为 $f(x)$ 的极值点，由式 (5-21) 计算出最大值 Δy_1。

从式 (5-21) 中可以看出，拟合误差的大小与 R_1 和 β_1 有关，而 R_1 和 β_1 的数值又是由预先分段时设定的 x_1 所决定的。工程设计中，都是给定不同的 x_1 值，求出一系列的 Δy_1，最后选定 Δy_1 为最小时所对应的 x_1 作为设计选用值。在本程序中，x_1 值从 0 变化到 R，求取最佳值。

现以某钢铁集团 $480\mathrm{m}^3$ 的球式热风炉（内径 6752mm，外径 8060mm）为例，利用 C 语言求解误差，计算程序如下：

```
#include " stdio. h"
#include " math. h"
main( )
{
float a = 1693. 15,x = -100,R = 2035,A,B,y,Y,b,M = -1600,L;
  loop: { A = ( exp( x/a) - exp( -x/a) )/2;
  B = x/sqrt( R * R - x * x );
  if( fabs( A - B ) > 0. 0001 )
  {
  x = x - 0. 1;
  goto loop; }
  b = a * ( exp( M/a) + exp( -M/a) )/2 + sqrt( R * R - M * M );
  printf( " % f % f\n",b,x); }
  y = a * ( exp( -x/a) + exp( x/a) )/2 + sqrt( R * R - x * x ) - b;
  L = sqrt( pow( R * R - x * x,3) );
  Y = ( exp( -x/a) + exp( x/a) )/( 2 * a ) - R * R/L;
  printf( " % f % f\n",Y,y);
}
```

最后运行该程序可以得到下面的结果：

3764. 564453	-1344. 419800
-0. 000375	18. 648748

由运行的结果可以看出所得所有数据结合起来所得误差为 18.648748mm，要小于工程允许的最大误差 20mm，证明此次选值和计算是合理正确的。

4）R_2 和 α_2 的确定。

在图 5-9 中，由 $M_1(x_1, y_1)$ 和 $O_1(\gamma_1, \beta_1)$ 两点，可得半径 R_1 所在的直线方程

$$y = \frac{\beta_1 - y_1}{\gamma_1 - x_1}x - \frac{x_1\beta_1 - \gamma_1 y_1}{\gamma_1 - x_1} \tag{5-24}$$

再由 M_1 和 $O_2(\gamma_2, \beta_2)$ 两点间的距离公式可得半径 R_2

$$R_2 = \sqrt{(x_1 - \gamma_2)^2 + (\beta_2 - y_1)^2} \tag{5-25}$$

又由 $M_2(x_2, y_2)$ 和 O_2 两点间的距离公式，同理可得 R_2

$$R_2 = \sqrt{(x_2 - \gamma_2)^2 + (\beta_2 - y_2)^2} \tag{5-26}$$

因为式（5-25）和式（5-26）左端相等，整理后，求得

$$\beta_2 = -\frac{x_2 - x_1}{y_2 - y_1}\gamma_2 + \frac{(y_2^2 - y_1^2) + (x_2^2 - x_1^2)}{2(y_2 - y_1)} \tag{5-27}$$

又因为点 O_2 在 R_1 所在的直线上，且 $\gamma_1 = 0$，代入式（5-24）有

$$\beta_2 = -\frac{\beta_1 - y_1}{x_1}\gamma_2 + \beta_1 \tag{5-28}$$

将式（5-27）代入式（5-26），整理得：

$$\gamma_2 = \frac{x_1[-(x_2^2 - x_1^2) + (y_2 - y_1)(-y_2 - y_1 + 2\beta_1)]}{2[(\beta_1 - y_1)(y_2 - y_1) - x_1(x_2 - x_1)]} \tag{5-29}$$

即由 x_1，x_2，y_1，y_2，β_1 和式（5-28），式（5-29），式（5-26）或式（5-25）分别计算出 γ_2，β_2，R_2。而 α_2 由下式确定

$$\alpha_2 = \arctan\frac{-x_2 + r_2}{\beta_2 - y_2} - \alpha_1 \tag{5-30}$$

5）第二段拟合误差分析。

圆 O_2 的方程为

$$(x - \gamma_2)^2 + (y - \beta_2)^2 = R_2^2 \tag{5-31}$$

在 M_1，M_2 拟合段，y 的变化区间是（α，β_2），x 的变化区间是（x_2，x_1）。变换式（5-31）有

$$y = \beta_2 - \sqrt{R_2^2 - (x - \gamma_2)^2} \tag{5-32}$$

式（5-6）和式（5-32）相减得拟合误差

$$\Delta y_2 = f(x) = a\,\mathrm{ch}\frac{x}{a} + \sqrt{R_2^2 - (x - \gamma_2)^2} - \beta_2 \tag{5-33}$$

$f(x)$ 存在极值的条件是

$$f'(x) = \mathrm{sh}\frac{x}{a} - \frac{x - \gamma_2}{\sqrt{R_2^2 - (x - \gamma_2)^2}} = 0 \tag{5-34}$$

$$f''(x) = \frac{1}{a}\mathrm{ch}\frac{x}{a} - \frac{R_2^2}{\sqrt{[R_2^2 - (x - \gamma_2)^2]^3}} \neq 0 \tag{5-35}$$

同样用牛顿迭代法求方程（5-34）在（x_2，x_1）内的全部实根，并验算，当 $f''(x) \neq 0$ 时的根才为 $f(x)$ 的极值点，由式（5-33）计算最大 Δy_2，工程中允许的最大误差一般在 20mm 以内。

6）R_n 和 α_n 的确定。

如上所述，在图 5-9 中，点 $M_2(x_2,\ y_2)$ 和 $O_2(\gamma_2,\ \beta_2)$ 确定的 R_2 所在的直线方程

$$y = \frac{\beta_2 - y_2}{\gamma_2 - x_2}x - \frac{x_2\beta_2 - \gamma_2 y_2}{\gamma_2 - x_2} \tag{5-36}$$

点 M_2 与 $O_3(\gamma_3,\ \beta_3)$ 之间的距离 R_3

$$R_3 = \sqrt{(x_2 - \gamma_3)^2 + (\beta_3 - y_2)^2} \tag{5-37}$$

点 $M_3(x_3,\ y_3)$ 与 O_3 之间的距离 R_3

$$R_3 = \sqrt{(x_3 - \gamma_3)^2 + (\beta_3 - y_3)^2} \tag{5-38}$$

把式（5-37）代入式（5-38），整理得

$$\beta_3 = -\frac{x_3 - x_2}{y_3 - y_2}\gamma_3 + \frac{(x_3^2 - x_2^2) + (y_3^2 - y_2^2)}{2(y_3 - y_2)} \tag{5-39}$$

因为点 O_3 在 R_2 的直线上，由式（5-36）有

$$\beta_3 = \frac{\beta_2 - y_2}{\gamma_2 - x_2}\gamma_3 - \frac{x_2\beta_2 - \gamma_2 y_2}{\gamma_2 - x_2} \tag{5-40}$$

将式（5-40）代入式（5-39）解出 γ_3

$$\gamma_3 = \frac{x_2\left[-(x_3^2 - x_2^2) + (y_3 - y_2)(-y_3 - y_2 + 2\beta_2)\right] + \gamma_2\left[(x_3^2 - x_2^2) + (y_3 - y_2)^2\right]}{2\left[(\beta_2 - y_2)(y_3 - y_2) + (x_3 - x_2)(-x_2 + \gamma_2)\right]}$$

$$\tag{5-41}$$

由图 5-9 可以看出，在 $\triangle M_3 O_3 P_3$ 中，有

$$\alpha_3 = \arctan\frac{-x_3 + \gamma_3}{\beta_3 - y_3} - (\alpha_1 + \alpha_2) \tag{5-42}$$

一般地，如果用 $n(n \geqslant 2)$ 段圆弧来拟合悬链线，给定 x_n 后，其拟合的递推公式为

$$y_n = a\,\mathrm{ch}\frac{x_n}{a} \tag{5-43}$$

$$\gamma_n = \frac{x_{n-1}\left[-(x_n^2 - x_{n-1}^2) + (y_n - y_{n-1})(-y_n - y_{n-1} + 2\beta_{n-1})\right] + \gamma_{n-1}\left[(x_n^2 - x_{n-1}^2) + (y_n - y_{n-1})^2\right]}{2\left[(\beta_{n-1} - y_{n-1})(y_n - y_{n-1}) + (x_n - x_{n-1})(-x_{n-1} + \gamma_{n-1})\right]}$$

$$\tag{5-44}$$

$$\beta_n = \frac{\gamma_n(\beta_{n-1} - y_{n-1}) - x_{n-1}\beta_{n-1} + y_{n-1}\gamma_{n-1}}{\gamma_{n-1} - x_{n-1}} \tag{5-45}$$

$$R_n = \sqrt{(x_n - \gamma_n)^2 + (\beta_n - y_n)^2} \tag{5-46}$$

$$\alpha_n = \arctan\frac{-x_n + \gamma_n}{\beta_n - y_n} - (\alpha_1 + \alpha_2 + \cdots + \alpha_{n-1}) \tag{5-47}$$

$$\Delta y_n = a\,\mathrm{ch}\frac{x}{a} + \sqrt{R_n^2 - (x - \gamma_n)^2} - \beta_n \quad (n = 2, 3, \cdots) \tag{5-48}$$

式（5-48）中 x 值由下式确定

$$f'(x) = \mathrm{sh}\frac{x}{a} - \frac{x - \gamma_n}{\sqrt{R_n^2 - (x - \gamma_n)^2}} = 0 \tag{5-49}$$

$$f''(x) = \frac{1}{a}\,\text{ch}\,\frac{x}{a} - \frac{R_n^2}{\sqrt{\left[R_n^2 - (x - \gamma_n)^2\right]^3}} \neq 0 \qquad (5-50)$$

用牛顿迭代法求方程（5-49）在区间（x_n，x_{n-1}）上的所有单重实根，并验算 $f''(x) \neq 0$，由式（5-48）求出最大的 Δy_n。

显然 Δy_n 的大小直接与区段划分 n 和 x_n 的设定有关。拟合段数越多，n 越大，则拟合误差 Δy_n 就越小。给出不同的 x_n 后，算出一系列的 Δy_n，当 Δy_n 最小时对应的 x_n 作为设计选定值。

现以某钢铁集团 480m^3 的球式热风炉（内径 6752mm，外径 8060mm）为例，利用 C 语言求坐标、角度及误差的计算程序为：

```
#include "stdio. h"
#include "math. h"
main( )
{Float n,y,a = 1693. 15,x = - 1000,b,R = 1622,y1 = 2485,x1 = - 1600,b1 = 3764,r1 = 0,r,c,q,q1 =
52. 62,L,
N = 2,K,A,B,T;
scanf( "% f" ,&n) ;
c = - (1622/n + 1600) ;
loop: y = a * ( exp( c/a) + exp( - c/a) )/2 ;
r = ( x1 * ( - ( c * c - x1 * x1) + ( y - y1) * ( - y - y1 + 2 * b1) ) + r1 * ( ( c * c - x1 * x1) + ( y - y1) *
( y - y1) ) )/( 2 * ( ( b1 - y1) * ( y - y1) + ( c - x1) * ( - x1 + r1) ) ) ;
    b = ( r * ( b1 - y1) - x1 * b1 + y1 * r1)/( r1 - x1) ;
    q = atan( ( - c + r)/( b - y) ) * 180/3. 14 - q1 ;
    L = sqrt( ( c - r) * ( c - r) + ( b - y) * ( b - y) ) ;
    do
    {A = ( exp( x/a) - exp( - x/a) )/2 ;
     B = ( x - r)/sqrt( L * L - ( x - r) * ( x - r) ) ;
     x = x - 0. 1 ;}
    while( fabs( A - B) > 0. 0001) ;
    T = a * ( exp( x/a) + exp( - x/a) )/2 + sqrt( L * L - ( x - r) * ( x - r) ) - b ;
    printf( "% f,% f,% f,% f,% f,% f % f\n" ,y,r,b,q,L,T) ;
if( N < ( n + 1) )
{ N = N + 1 ;
  y1 = y ;
  r1 = r ;
  b1 = b ;
  x1 = c ;
  c = c - 1622/n ;
  q1 = q + q1 ;
  goto loop ;}
  printf( "account is over") ;
}
```

当输入 N = 2 时，最后运行该程序可以得到下面的结果：

悬链线 y 坐标	拟合圆 x 坐标	拟合圆 y 坐标	偏移角度	拟合圆半径	拟合误差
3720. 143311	4590. 503418	7433. 533691	9. 471322	7925. 295898	14. 2
5803. 147461	6093. 497559	8230. 677734	13. 341018	9626. 598633	−7. 8

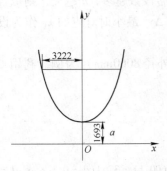

图 5 – 10　a 值为 1693
的悬链线

从结果可以得出每次的误差都没有超过工程中的最大允许误差 20mm，证明计算的结果是正确并且是可行的。通过前面一系列数据的计算，整理数据并在 CAD 图上进行绘制，在绘制过程中对部分进行调试，使误差趋近最小。

通过 C 语言编程计算出 a 值和悬链线的相关参数，结合各个参数用 CAD 绘制出某钢铁集团 480m³ 的球式热风炉（内径 6752mm，外径 8060mm）悬链线拱顶示意图，如图 5 – 10 所示。

在用 C 语言程序编程计算悬链线 a 值的过程中，不仅仅运用了牛顿迭代法对 a 值进行计算，同时也用二分法和循环法进行了编程计算，计算结果表明，牛顿迭代法在接近重根点失效所带来的误差非常小，所得 a 值非常精确。

学习思考题

5 – 1 　冶金炉为什么要砌砖？

5 – 2 　简述砌砖设计的基本任务。

5 – 3 　火法冶金与湿法冶金砌筑材料选择有什么区别？

5 – 4 　为了降低工程造价，在选取砌筑材料时应当注意些什么问题？

5 – 5 　砌筑材料种类确定后，如何计算其具体数量？

5 – 6 　指出砌体分类与砖缝的关系。

5 – 7 　拱脚砖砌筑有什么特殊要求？

5 – 8 　什么情况下砌体间可不留膨胀缝？

5 – 9 　圆形墙砌体与悬挂式的炉顶砌体膨胀缝有什么区别？

5 – 10 　冶金炉砌筑完成后，为什么必须烘炉才能投入使用？

5 – 11 　冶金炉烘炉为什么必须严格按烘炉升温曲线进行？

5 – 12 　在进行砌体设计时，为什么应尽量采用标准砖型？

5 – 13 　竖式炉窑在立面上是否留有膨胀缝，为什么？

5 – 14 　在进行冶金炉砌体设计时，如何确定绝热层厚度？

5 – 15 　环形砌砖时砖量确定的原则是什么？

5 – 16 　举例计算说明砌体直径小于单独用一种楔形砖砌筑的最小直径时，必须用两种楔形砖配合砌筑。

5 – 17 　已知直形砖的长、宽、厚为 a、b、c 与楔形砖的砖型为长 a、大头宽 b、小头宽 b_1、厚 c 和环形砖墙砌筑的内、外径 D、d，试推导出楔形砖数 n_s 和直形砖数 n_p 的一般计算通用公式。

5 – 18 　试推导出两种楔形砖配合砌筑时两种楔形砖数量的计算公式。

5 – 19 　试计算出用 G – 3 和 G – 5 配合砌筑时，能砌筑的环形砌体的最小外径 D 和内径 d。

5 – 20 　有 1m 长的热风管道内径 $\phi1000$，外径 $\phi1980$，内外环砖缝 2mm，确定砖型砖号及数量。

5-21 一般热风炉单块拱顶砖的重量控制在多少千克为宜，为什么？

5-22 什么是牛顿迭代法，在热风炉拱顶设计计算中有什么作用？

5-23 什么是二分法，与牛顿迭代法相比，在热风炉拱顶设计计算中有何优点？

5-24 当热风炉内径 6752mm，外径 8060mm 时，拱高 H 与拱顶的半张开度 R 的比值为 $H/R = 1.2756$，试用牛顿迭代法计算出悬链线方程。

5-25 什么是热风炉悬链线拱顶，有何优缺点？

5-26 在设计热风炉悬链线拱顶时，为什么要用圆弧来拟合悬链线？

5-27 在设计热风炉悬链线拱顶时，圆弧段数多少对拟合悬链线有何作用？

5-28 试从给定 $M_1(x_1, y_1)$ 点坐标入手，不纳入 α 角度变量时，利用直角三角形相关关系推导多圆弧近似拟合悬链线拱顶的系列计算公式。

6 工艺管道设计

管道是湿法冶金厂物料输送的主要方式，是火法冶金各种气体（空气、烟气、热风）导出和输送的首选，也是车间与车间、设备与设备联系的纽带。

冶金工艺管道的种类繁多，按材质可分为金属管道（铸铁、钢、铜、铅、铝等）和非金属管道（玻璃、陶瓷、石墨、塑料、木、砖等）两大类；按输送物料（或介质）可分为气管、液管、料浆管、烟尘烟气管等；按承载的压力可分为常压管和高（低）压管。所有管道都由管子、异型管连接件（如三通、弯头、异径管等）及阀门组成，有时在管道上还安装有控制测量仪表及其他设施。

管道设计的内容包括：

（1）根据物料（介质）性质、温度、压力及工艺特点，合理选择管材。

（2）根据流体黏度、浓度、压降确定流速，进而计算确定管径和管道坡度。

（3）计算确定流槽断面和坡度。

（4）确定管架形式及间距。

（5）合理选用阀门和各种管道附件。

（6）合理选用绝热材料、结构及厚度。

（7）进行管道配置，绘制管道配置图。

6.1 管道材质、管件、阀门的选择

管道材质的选择，主要是根据被输送介质的温度、压力、腐蚀性及溶液中所含固体颗粒对管道的磨损以及施工、检修、造价等因素，进行综合考虑而予以确定。常用管道材料的选用如下：

（1）水管：一般选用镀锌的水煤气或碳素钢焊接管。当工作压力大于 1.568MPa（16kg/cm^2），水温低于等于 300℃时，采用无缝钢管。

（2）重油管：一般选用不镀锌的水煤气管或碳素钢焊接管。

（3）空气、煤气管：一般选用碳素钢焊接管。

（4）氧气管：当工作压力小于 2.94MPa（30kg/cm^2），温度大于 50℃时选用碳素钢无缝钢管。

（5）蒸汽管：当工作压力小于 0.98MPa（10kg/cm^2），温度大于 50℃时可选用碳素钢焊接管，如工作压力和温度较大时，可采用无缝钢管。

根据多年的生产经验，钢铁冶金多采用钢板卷焊管。有色冶金厂常用的管道及使用情况举例如下。

（1）铜、锌电解液的主要成分是硫酸和硫酸盐溶液，多采用耐腐蚀的硬铅管和硬聚氯乙烯管。因聚氯乙烯管易于老化、变形和脆裂，使其应用受到很大限制，故在室外多采

用铅管敷设。有些工厂也有用不锈钢管的，使用情况尚好。近年来采用玻璃钢管输送酸性溶液（除氧化性浓硫酸和硝酸外），效果良好。

（2）铅电解液的主要成分是硅氟酸，某些厂采用耐酸酚醛塑料管输送，但施工复杂，检修不便，价格较贵，所以多数工厂采用硬聚氯乙烯管。

（3）酸性矿浆输送管一般采用夹布耐酸胶管或钢丝夹布胶管，每 8～12m 设一个活接头。如锌焙烧矿冲矿液送往浸出的管道及锌浓密机底流管道均属此类，但也有采用不锈钢管的。氧化铝厂通常采用无缝钢管（如高碳钢 Q235 - A 管等）等输送碱性料浆及溶液。

（4）湿法车间压缩空气压力一般为 196.1～686.5kPa（2～7kg/cm^2），多用焊接钢管；蒸气管一般用焊接钢管，管径大于 75mm 或工作压力大于 2.94×10^{3}kPa（30kg/cm^2）、温度大于 250℃时，则采用无缝钢管；在具有腐蚀性介质的设备上连接的真空管，一般采用硬铅管、不锈钢管或硬聚氯乙烯管；经汽水分离器至真空泵间的管道，则常采用无缝钢管。

6.2　管径与管壁厚度的选择计算

管径和管壁厚度的选择存在经济权衡问题。对于长距离管道、高压管道、高温管道、大口径管道等一类对经费影响较大的管道，需进行投资费用和经营费用的经济比较。一般管道则采用输送介质流速的经验值进行估算，液体流速一般不超过 3m/s，气体流速一般不超过 100m/s。当流体黏度小，允许压降大，可选取较高的流速；当管径大，含有固体颗粒或采用合金管道也常选取较高的流速。

选定流速后可用下式计算管径：

$$d = \sqrt{\frac{4V}{3600\pi w}} = \frac{1}{30}\sqrt{\frac{V}{\pi w}} \qquad (6-1)$$

式中　d——管子内径，m；

　　　V——流体的体积流量，m^3/h；

　　　w——流体的平均流速，m/s。

为了简便，在工程上也经常采用图表法求管径，常用的有：液体流速、流量与管径的关系图；蒸气管道管径求取图；低压蒸气流量、流速与管径表；低真空管道计算表；压缩空气的流速与管径图算法等，但往往查图不太准确。

根据求得的管道内径及管道承受的压力，可用下列经验公式算得金属管壁厚度。由于是经验公式，故在计算时要按所列的单位进行计算。

（1）受内压（压缩空气管、溶液管）的金属管壁厚度：

$$\delta = \frac{pd}{(230\sigma - p)\varphi} + C \qquad (6-2)$$

式中　δ——管壁厚度，mm；

　　　p——管内压力，kg/cm^2（表压）；

　　　d——管内径，mm；

　　　φ——焊缝强度系数，对无缝钢管和小直径的焊缝钢管，$\varphi = 1$；对于大直径的焊接钢管，$\varphi = 0.85$；

C——附加厚度，mm，若计算所得的 $\delta \leqslant 6$ 时，$C = 1$；$d > 6$ 时，$C = 0.185\delta$；

σ——许用应力，kgf/mm²，对钢管

$$\sigma = \frac{\sigma_\mathrm{s}}{n_0}$$

σ_s——屈服强度，kgf/mm²；

n_0——安全系数，一般取 $1.8 \sim 2.0$。

对于一些有色金属管的管壁厚度，还可用下列简化式估算：

温度 120℃ 以下的紫铜管：$\qquad\qquad \delta = \dfrac{pd}{600} + 1.5$

温度 30℃ 以下的铅管：$\qquad\qquad\quad \delta = \dfrac{pd}{100}$

温度 30℃ 以下的铝管：$\qquad\qquad\quad \delta = \dfrac{pd}{200}$

（2）受外压（真空管）的金属管壁厚度：

$$\delta = \frac{pD}{4K}\left[1 + \sqrt{1 + \frac{\alpha L}{p(L + D)}}\,\right] + 0.2 \qquad\qquad (6-3)$$

式中　δ——管壁厚度，mm；

　　　　D——管外径，cm；

　　　　p——管外压力，kg/cm²（表压）；

　　　　L——计算管长，即两法兰间的距离，cm；

　　　　K——允许抗压强度，kg/cm²，碳钢管 $K = 600\text{kg/cm}^2$，铜管 $K = 300\text{kg/cm}^2$；

　　　　α——系数，与管的位置和焊缝性质有关，一般为：水平焊制管 $\alpha = 80$；竖立焊制管 $\alpha = 50$；无缝管 $\alpha = 45$。

　　为了简便，工程上根据计算所得的管径，选定相近（通常稍大）的公称直径 Dg，再由承受的公称压力 Pg 选择管壁厚度❶。

　　（3）管子的弯曲半径。管子的弯曲半径确定有两种方法，根据管子的管径或者根据制造方法确定，分述如下。

　　若根据管子的管径来确定，不论是无缝钢管还是有缝钢管，管道外径为 d，一般采取的煨弯半径 R 如下：

　　1）管径在 125mm 以下时，$R = 4d$；

　　2）管径在 $125 \sim 250\text{mm}$ 时，$R = 5d$；

　　3）管径在 250mm 以上时，$R = 6d$。

　　直径大于 100mm 管子，最好采用焊制的弯头。原因是大管径弯曲不易，弯曲半径很大，占地多，而焊制的弯头 $R = 1.5d$，故无上述缺点。

　　若根据制造方法来确定，钢管制成的弯管，其曲率半径不应小于：

---

❶　公称直径 Dg 与实际管路的内径相近，但不一定相等，凡同一公称直径的管子，外径必相同，但内径则因壁厚不同而异；公称压力 Pg，一般指管内工作介质的温度在 $0 \sim 120\text{℃}$ 范围内的最高允许工作压力，介质温度超出时，其允许的最高工作压力应适当降低。

1) 10 倍于管径——用于冷弯；

2) 4 倍于管径——用于热弯；

3) 2.5 倍于管径——用于热弯褶皱；

4) 1.5 倍于管径——用于焊接；

5) 1 倍于管径——用于特制角弯热拉的方法制造急弯弯管。

6.3　流槽计算

矿浆或溶液自流输送时，一般采用管道和流槽两种方式。自流流槽断面尺寸可按下式计算：

$$h = \left(\frac{Q}{K\sqrt{i}} \right)^{3/8} \tag{6-4}$$

式中　h——矿浆深度，m，流槽深度为 $2h$；

　　　Q——矿浆量，m^3/s；

　　　i——流槽坡度，%，取 0.5% ~ 6% 或类似生产经验选取；

　　　K——矿浆深度系数。当流槽宽度（B）与矿浆深度（h）比为 2 时，K 可取 90 ~ 100；流槽粗糙度小的取上限，反之取下限。

【例 6 - 1】某锌厂浸出上清液用钢板衬塑料流槽输送，流槽坡度 $i = 0.5\%$，流量 240m^3/h，流槽宽度与溶液深度比为 2，求流槽深度和宽度。

解：取 $K = 100$，代入式（6 - 4），得：

$$h = \left(\frac{240}{3600 \times 100 \ \sqrt{0.005}} \right)^{3/8} = 0.17m = 170mm$$

$$B = 2h = 2 \times 170 = 340mm$$

流槽深度 B 为 $2h$，即 340mm。

考虑到溶液量的波动，采用流槽断面为 400mm × 400mm。

为了选择泵的总扬程或确定自流管的总压头，还需要计算管道、管件对流体产生的阻力，其方法有阻力系数法、当量长度及工程上采用较多的图算法等，可查阅有关书籍及手册。

6.4　管道的保温及热延伸补偿

不在常温下操作的设备和管道都需要保温（如高温设备及管道，冷设备及管道等）。对保温材料的要求为密度小，导热系数小，化学性能稳定，易于施工，并且有足够的机械强度。对保温材料及其制品的基本性能要求可参见附录 6，列有常用保温材料类别、特性和制品，有关具体保温材料及制品的性能还可查阅有关手册。

管道保温层厚度，需通过经济核算来确定，由于计算较复杂，一般可按表 6 - 1 来选择。计算求得的保温层厚度，不应超过表 6 - 2 所示的最大允许值，如果超过，应另选导热系数较小的保温材料。温度超过 500℃，内径大于 ϕ600 的管道一般采用内保温，即内砌耐火砖的方法进行保温。

表 6 - 1   一般保温层厚度选择

保温材料导热系数 $\lambda/W \cdot (m \cdot K)^{-1}$	流体温度 /℃	管道直径/mm				
		50 以下	60 ~ 100	125 ~ 200	225 ~ 300	325 ~ 400
8.72×10^{-2}	100	40	50	60	70	70
9.3×10^{-2}	200	50	60	70	80	80
10.47×10^{-2}	300	60	70	80	90	90
11.63×10^{-2}	400	70	80	90	100	100

表 6 - 2   保温层厚度最大允许值

管外径/mm	55	110	160	215	265	325	375	425	530
最大允许厚度/mm	60	110	120	125	130	135	140	145	150

在管道设计中，还要考虑管道因温度升高而产生热延伸的问题。在管道安装固定的情况下，这种热延伸产生的热应力会作用于管架与设备或建筑物上，而引起管道及管道法兰变形与焊缝破裂等，必须设法对热延伸予以补偿。利用管道敷设时自然形成的 L 形拐弯以吸收热延伸量者，称为自然补偿（图 6 - 1a），在设计时要充分利用管道的这种自然补偿能力。当自然补偿不能满足要求时，才采用补偿器补偿。补偿器有凸面式（波形、鼓形）、填料函式与回折管式三种。在湿法冶炼管道设计中，常用回折管式补偿器（亦称方形补偿器，见图 6 - 1b），其优点是补偿能力大，结构简单，易于现场就地制造。

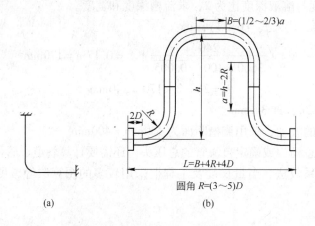

图 6 - 1   管道热延伸补偿法图例
（a）自然补偿；（b）方形补偿器

6.5   管道配置原则

湿法冶炼管道种类繁多，条件复杂，有腐蚀性很强的各种酸碱及部分形成电化学腐蚀的盐类，有压缩空气、真空管路及高温、低温、易燃介质、煤气、烟气、热风，以及各种矿浆、浓泥、结晶液等，因此应对管道配置进行全盘考虑。

（1）要考虑便于安装、检修和操作管理。

1）管道应尽量明管敷设，集中敷设，沿墙敷设，少拐弯，少交叉，必须拐弯时应成直角。

2）在焊接和螺纹连接的管道上，每隔适当距离应装一法兰或活接头，特别是浓度较高的矿浆、浓泥管道，更要特别考虑检修和排除堵塞的问题。

3）室外管道要尽量集中敷设，对检修频繁的矿浆管、浓泥管、结晶液管及其他需要经常操作检修的管道，要设计管桥，并在管桥上设人行道，其他的一般管道，可不设人行道。

4）管道离地面的高度要适当，通过人行道时，最低点一般不少于2.5m，通过公路或工厂主要交通干线不少于4.5~5.0m，通过铁路不少于6m。阀门和仪表的高度也要适当，一般阀门（如球阀、闸阀、旋塞等）为1.2m，安全阀为2.2m，温度计和压力计一般为1.5~1.6m。

5）并列管道的管件与阀门应错开排列，管与管之间，管与墙之间应保持一定的距离，一般为110~350mm。

（2）要考虑安全生产。

1）输送易燃、易爆介质的管道，应装设防火、防爆等安全装置，放空管应高过屋面2m以上，管路不得敷设在生活间、楼梯、门和走廊等处。

2）输送腐蚀性介质的阀件、补偿器、法兰等不得安设在通道上空，并应加保护套，若其管路与其他管道并列时应设在下方或外侧。

3）冷、热流体的管道应相互避开，不能避开时，热管在上，冷管在下，塑料或衬胶管应避开热管。

4）水管及废水管一般宜于地下敷设，且应设在冰点线以下；陶瓷管如埋设在地下时，应在地面0.5m以下；地下管道通过道路或受荷地区应加保护设施。

5）不锈钢管不宜与碳钢管或管件直接接触，应采取胶垫隔离等措施，以防电化学腐蚀。

6）管道安装完毕后，应在一定压力下试压，并尽量涂布防锈漆，车间管道涂色由各厂统一规定，表6-3所列的涂漆颜色可供参考。

表6-3　管道涂漆颜色

介质	水	蒸气	压缩空气	真空	废气	物料[①]	酸类	碱类	油类	污水
颜色	绿	白	深蓝	灰	黄	红	红白圈	粉红	棕	黑

①物料管包括溶液管、矿浆管。

（3）其他。

1）管道在穿墙或穿楼板处不得有焊缝，且在穿墙或穿楼板的部位应加套管，套管与管子间应填充填料。

2）管道焊缝与支架的距离不应小于200mm，当采用大于200mm管径时，其距离不应小于管径。

3）管道敷设应有一定坡度，常用的坡度为1/1000~5/1000，输送黏度大的介质的管道，坡度可达1/100，输送固体结晶介质类者，高达（5~6）/100，参见表6-4。

表6-4　各种介质管道的坡度

名　称	矿浆流槽	锌浓缩机底流流槽	矿浆管	电解液流槽	压缩空气真空管	电解液管道	蒸气管	蒸气冷凝水	清水	废水
输送方式	自流	自流	自流或泵输送	自流	压力输送	泵输送	压力输送	泵输送	泵输送	泵输送
坡度/%	不小于3	3~6	3~5	0.5	0.3~0.4	0.3~0.5	0.3~0.5	0.3	0.3	0.4

6.6　工艺管道图的绘制

6.6.1　湿法冶炼管道图的绘制

　　湿法冶金管道图包括车间（或工段）内部管道图和室外管道图，由管道配置图、管道系统图、管架及管件图以及管段材料表等组成。

　　管道配置图表示管道的配置、安装要求以及与相关设备、建（构）筑物之间的关系等，一般以平面图表示，只有在平面图不能清楚表达时，才采用剖视图、剖面图或局部放大图。

　　管道配置图的绘制是以车间（或工段）配置图为依据，图面方向应与车间配置图一致。当车间内部管道较少，走向简单时，在不影响配置图清晰的前提下，可将管道图直接绘在车间（或工段）配置图上，管段不编号，管道、管架、管件等编入车间（或工段）配置明细表中。

　　管道多层配置时，一般应分层绘制管道配置图，如配置图±0.000平面，所画管道为上一层楼板以下至地面的所有工艺物料管道和辅助管道。

　　管道系统图是与管道配置图对应的立体图，按45°斜二等轴侧投影绘制，以反映管道布置的立体概念。系统图上的设备示意图形应保持管道配置图中的大小关系和相对位置，但比例可扩大或缩小；对于复杂的管路系统，可分段绘制。图6-2为管道配置图与管道系统图的关系示例。

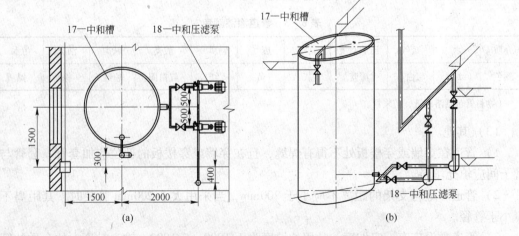

图6-2　管道配置图与管道系统图关系示例
(a) 管道配置图；(b) 管道系统图

　　管道配置图与系统图中的管线，一律用单粗实线绘制，有关设备、建（构）筑物、管件、阀门、仪表、管架、仪表盘等采用细实线，分区界线采用双点折线或粗点划线。

　　管架的位置应按图例全部表出，仪表盘和电气盘的所在位置应采用细实线画出简略外形。管道及管件符号见附录4。管材及管道输送流体符号分别见表6-5和表6-6，此两表中的符号是用该名称的汉语拼音前一个或两个字组合而成，表内未列出者可采用此法组成符号。

表6-5　常用管道材料符号

管道材料	符号	管道材料	符号	管道材料	符号
铸铁管	HT	搪瓷管	GC	有机玻璃管	YB
硅铁管	GT	陶瓷管	TC	钢衬胶	G-J
合金钢管	HG	石墨管	SM	钢衬石棉酚醛管	G-SF
铸钢管	ZG	玻璃管	BL	钢衬铅管	G-Q
钢管	G	硬聚氯乙烯管	YL	钢衬硬聚氯乙烯管	G-YL
紫铜管	ZT	软聚氯乙烯管	RL	钢衬软聚氯乙烯管	G-RL
黄铜管	HUT	硬胶管	YJ	钢衬环氧玻璃钢管	G-HB
铅管	Q	软胶管	RJ	铸石管	ZS
硬铅管	YQ	石棉酚醛管	SF		
铝管	L	环氧玻璃钢管	HB		

表6-6　管道输送流体符号

流体名称	符号	流体名称	符号	流体名称	符号
溶液管	RY	冷冻回水管	L_2	二氧化碳管	E
矿浆管	K	软化水管	S_2	煤气管	M
洗涤液管	XY	压缩空气管	YS	蒸气管	Z
硫酸管	LS	鼓风管	GF	风力输送管	FS
盐酸管	YA	真空管	ZK	水力输送管	SS
硝酸管	XS	废气管	FQ	油管	Y
碱液管	JY	氧气管	YQ	取样管	QY
上水管	S	氢气管	QQ	废液管	FY
污水管	H	氯气管	LQ	有机相管	YJ
热水管	R	氮气管	DQ	萃取液管	CY
循环水管	XH	氨气管	AQ	液氯管	LY
冷凝水管	N	二氧化硫管	EL	液氨管	AY
冷冻水管	L_1	一氧化碳管	ET	氨水（含氨溶液）管	AS

管道配置图和管道系统图中要标注以下各项：

（1）输送的流体名称及流向；

（2）管道的标高、坡向及坡度；

（3）管道材料及规格；

（4）管段编号及有关设备的名称和编号。

此外，管道配置图还要标注管道、管件和附件的定位尺寸以及管架编号和管架表等；管道系统图还要标注管段长度，并附管段编号表及管段材料表等。

管道标高的标注法：管道标高以管中心标高表示，管段的每一水平段的最高点标高为该水平段的代表标高，在系统图中代表标高必须注在最高点处。立管上有管件、附件时，必须标注其安装标高。

管道的表示法如下。

（1）在管道配置图中，管道特征一般用引线标注（图6-3）；当管道较少且管线简单时则可直接标注（图6-4）。但在同一张图中只能用一种标注方法。

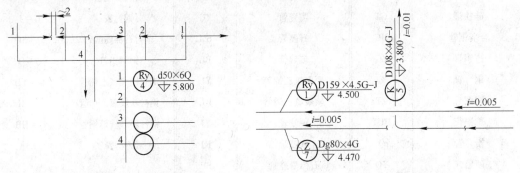

图6-3　管道特征的引线标注法　　　　　图6-4　管道特征的直接标注法

对图6-3和图6-4的说明如下：

1）引线标注时，管道特征按柱间分区标注。管道特征符号与主引线连接，主引线应放在柱间分区的明显位置上。主引线未跨越的管道，从主引线上引出支引线，在与管线交叉处标注顺序号，支引线不得超越柱间分区范围。

2）1、2、3、4、…为管道标注顺序号，编排顺序原则上先远后近，先上后下。

3）圆圈内下方1、2、3、4、…为管段编号。

4）Ry、K为流体符号，Q、G为管道材料符号，d50×6、Dg80×4为管道规格，▽5.800为管段的代表标高。

（2）在平面图上数根管道交叉弯曲时的表示法，如图6-5所示。图6-5（b）是表示将上部管道断开，看下部管道。

（3）数根管道重合时，平面图上仅表示最上面一根管道的管件、附件等，如要表示

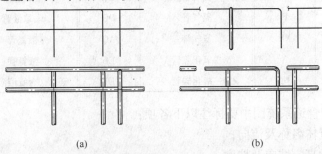

(a)　　　　　　　　　　　　　(b)

图6-5　数根管道交叉弯曲时的表示法

下部管道的管件、附件等时，需将上管道断开，如图6-6所示。

（4）系统图中管道特征直接标注在管线上。当管道前后上下交叉时，前面和上部的管道用连续线段表示，后面和下部管道在交叉处断开，如图6-7所示。

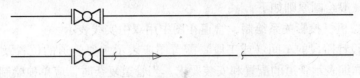

图6-6　数根管道重合时的表示法

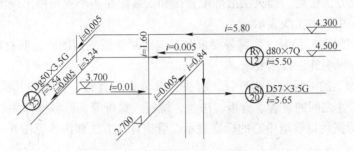

图6-7　系统图中管道特征表示法

管道图的各种表格：

（1）管段编号表。为清晰看出管道起止点，需有管段编号表。编号次序依生产流程先后顺序编排，先编工艺管道，后编辅助管道。起止点可由某一设备（或管段）到另一设备（或管段），或由某设备（或管段）到另一管段（或设备）。分出支管时，需单独编号。此表列入管道系统图内或单独出图，表的格式如表6-7所示。

表6-7　管段编号表格式

管段编号	起止点	介质名称	数量	备注
3			8	
2			4	
1			4	
管段编号	起止点	介质名称	数量	备注
管段编号表				

（2）管架表。包括支架名称、规格、数量，相同规格的管架可编一个号，管架号以GJ-1、GJ-2、…顺序排列。此表列入管道配置图内。

（3）管段材料表。按管段编号顺序，将同一管段中规格和材料相同的管道、管件、阀门、法兰等的标准或图号、名称、规格、材料、数量等一一列出编成表附于管道系统图内，或单独出图。

室外管道图：是用来表示有关车间（或工段）之间流体输送的关系和对管道的安装要求的图形，通常由平面图、局部放大图和剖面图组成，室外管道不绘系统图。

6.6.2 火法冶炼管道图的绘制要点

火法冶炼管道主要是指粗煤气管、净煤气管、烟气管、热风管、冷风管、助燃空气管等。管道图的一般绘制原则如下：

（1）管道按机械投影关系绘制，管道在图中用双中实线表示。

（2）初步设计阶段的车间（或工段）配置图应表示主要管道的位置及走向；施工图设计阶段则需详细表示管道的配置和安装要求。当管道复杂时，应单独绘制管道安装图。

（3）火法冶炼车间内的油管、压缩空气管、蒸气管、水管等管道，原则上按湿法冶炼管道图的绘制方法绘制。当火法冶炼配置图和安装图在一个视图中出现湿法冶炼管道图时，原则上应采用双中实线表示。

（4）管道有衬砖、保温、防腐等要求时，应绘制管道剖面图，标明材料和有关尺寸，并在附注中详细说明施工技术要求。

（5）焊接加工的变径管、变形管，弯头、带弯头的直管、管架和其他管件等均以部件标注，两连接件之间的直管、盲板、法兰、螺栓、螺母等，以零件标注。

（6）管道标高均以管道中心的标高表示。管道标注方法和内容见图 6-8。

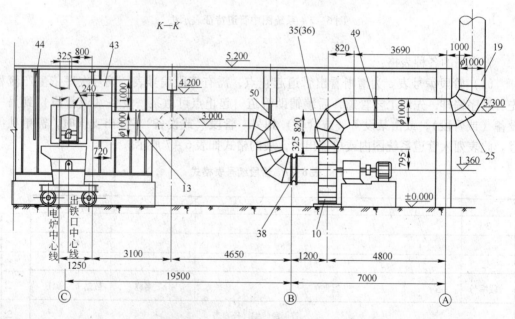

图 6-8 火法冶炼管道图的标注示例

炼铁高炉的粗煤气管道在布置煤气导出管、上升管和下降管时，应尽量使各流路系统中的流（液）体阻损相等或接近，以保证高炉炉喉煤气分布均匀。根据经验数据，高炉炉顶导出口处的总截面积一般不应小于炉喉截面积的 40%，导出管与水平面的倾斜角不小于 50°。粗煤气管道内在易磨损处一般均衬铸钢衬板，其余部分砌黏土砖保护，砌砖时砌体厚度为 113mm。为使砌体牢固，每隔 1.5~2.0m 焊接托板。

输送 1000℃ 以上的热风管道内一般紧贴管壁设计一层厚 50mm 的硅酸铝耐火纤维毡，水平管段受压的底部 240° 范围内贴硅钙板隔热砖，上部 120° 范围内填充硅酸铝耐火纤维毡；最里层与热风接触处用高铝砖，在高铝砖与硅酸铝耐火纤维毡或硅钙板砖之间考虑用 1~2 层轻质黏土砖保温。

　　净煤气管、助燃空气管、冷风管等均用钢板焊接而成。不同角度的钢板管焊接弯头尺寸的图示方法如表 6-8 所示，任意角度的弯头及水平投影画法如图 6-9 所示。值得注意的是，不管用几段管子焊接成弯头，管道在转弯处的直径或管道断面积应保持不变，才不致影响流体的流动和过多地增加阻损，组成弯头段数越多，转弯越缓慢，阻损就越小。

表 6-8　钢板管焊接弯头尺寸表示法

角度	尺寸的标法	角度	尺寸的标法
30°	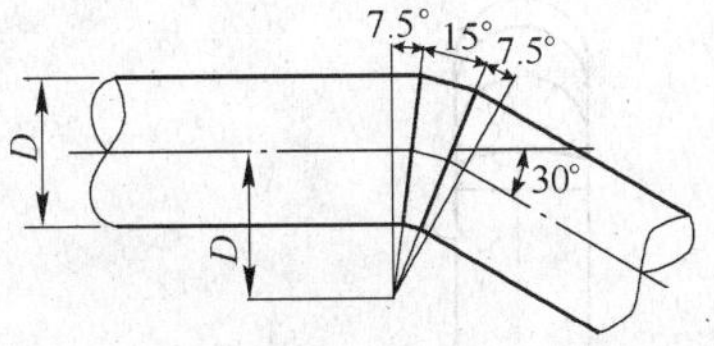	三通 90°	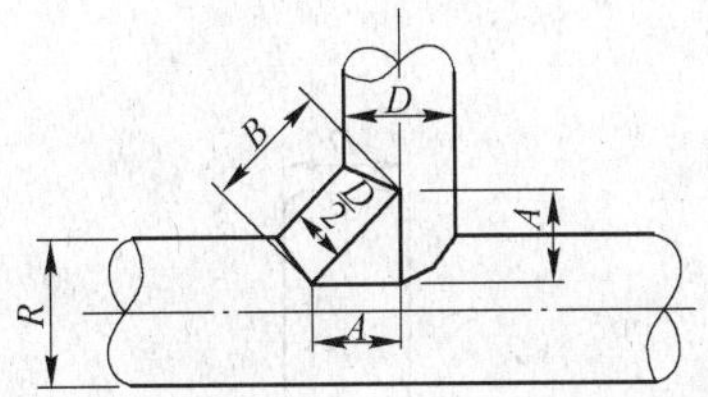
45°	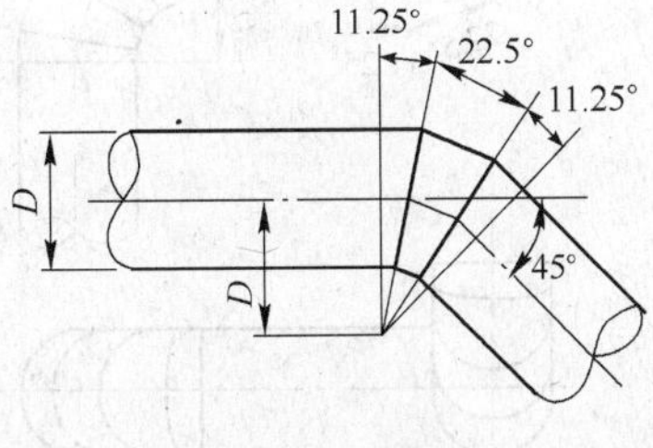	一段 90°	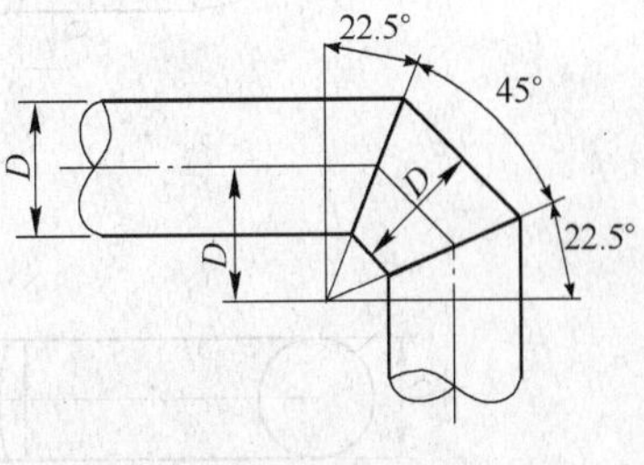
60°	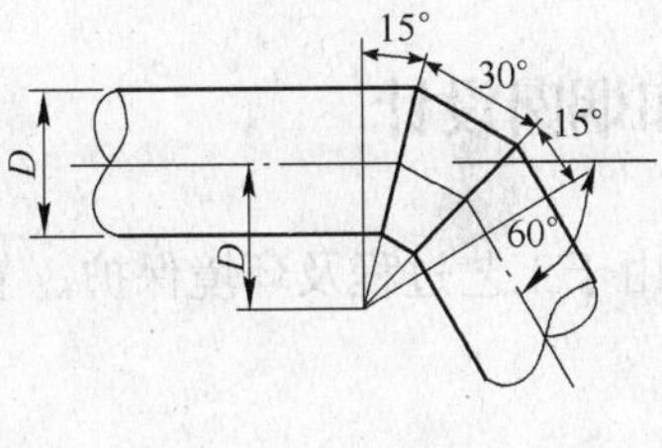	分岔 90°	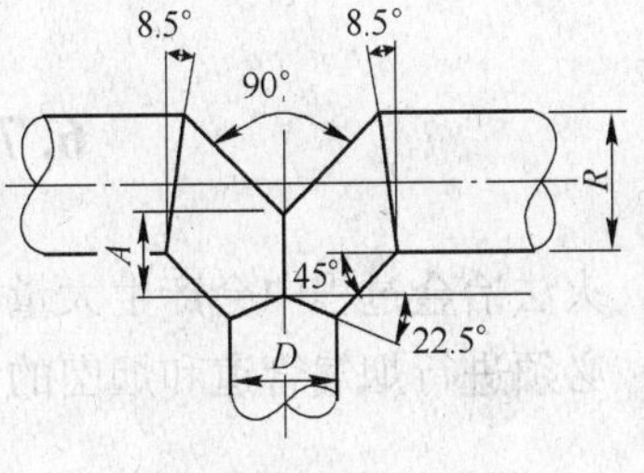
90°	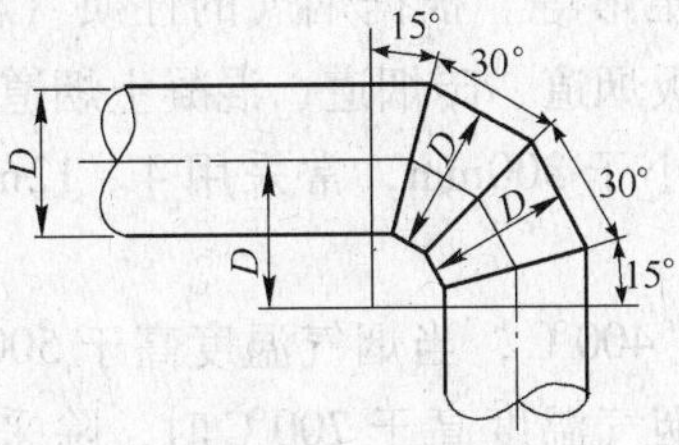	丁字形	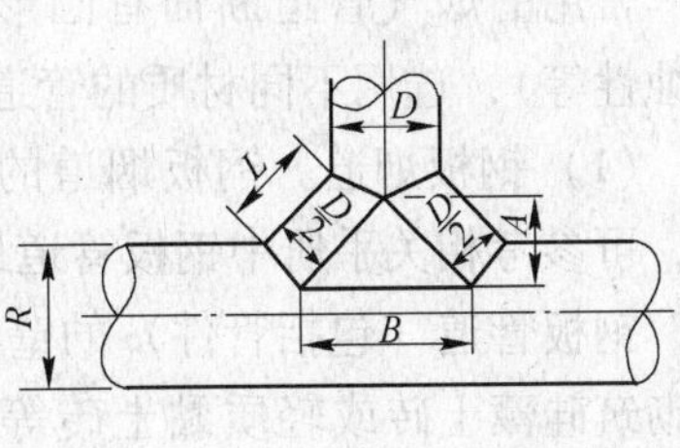

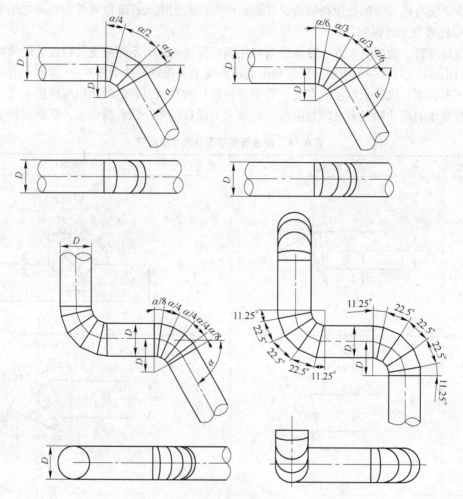

图 6-9　任意角度的弯头尺寸及水平投影表示法

6.7　烟气管道和烟囱设计

火法冶金过程中会产生大量的烟尘和烟气，由于工艺过程及环境保护、节约能源的需要，必须进行烟气管道和烟囱的设计。

6.7.1　烟气管道结构形式及材质要求

常用的烟气管道断面有圆形、矩形、拱顶矩形等。根据烟气的性质（温度、压力、腐蚀性等），选用不同材质的管道。常用的有钢板烟道、砖烟道、混凝土烟道等。

（1）钢板烟道。钢板烟道的直径一般不应小于 300mm，常采用 4～12mm 厚钢板制作，可参考相关手册中钢板管道最小厚度选择表。

钢板管道（包括管件）的壁温一般不宜超过 400℃，当烟气温度高于 500℃时，其内应砌筑硅藻土砖或轻质黏土砖等隔热材料；当烟气温度高于 700℃时，除采用管内隔热外，可结合烟气降温的需要，外面施以水套冷却或喷淋气化冷却等措施；当烟气温度低于

350℃时，钢管外壁应敷设泡沫混凝土、石棉硅藻土、矿渣棉、碳酸镁石棉粉等保温材料。

（2）砖烟道。砖烟道外层常用 100 号红砖砌筑，其厚度应保证烟道结构稳定。资料载有砖烟道的有关设计数据。

（3）混凝土烟道。采用混凝土或钢筋混凝土结构，较钢板烟道节省钢材，较砖烟道漏风小。它可作成矩形或圆形断面，在高温下内衬耐火砖或使用耐火混凝土。此种烟道属永久性构筑物，在有改建或扩建任务的工厂要慎重采用。

（4）砖 – 混凝土烟道。一般为两壁用砖砌筑，顶部采用钢筋混凝土盖板。混凝土板可预制，故施工较快，但有漏风大的缺点。低温和较大断面的烟道多采用这种混合结构。

6.7.2 烟气管道布置要点

（1）收尘管道的布置，应在保证冶金炉正常排烟、不妨碍其操作和检修的前提下，使管道内不积或少积灰，少磨损，易于检修和操作，且管路最短。

（2）烟气流速尽可能低，以减少阻力损失和磨损。对于水平管道和小于烟尘安息角的倾斜管道，烟气流速一般为 15~20m/s，或以开动风机时能吹走因停风而沉积于底部的烟尘的条件来选定；对大于烟尘安息角的倾斜管道，一般为 6~10m/s。

（3）收尘烟道可采用架空、地面、地下敷设等方法。架空烟道维修方便，运转较安全，各种材质的管道均可用。地面烟道直接用普通砖（或耐火砖）砌筑于地面上，一般用于输送距离较长的净化后的废气（如爬山烟道），有时也用于净化前的烟气输送，但漏风大，清灰困难，故应尽量少用。

地下烟道用普通砖（或内衬耐火砖）砌筑（也有用钢板管内砌耐火砖的）于地坪之下，一般在穿过车间、铁路、公路、高压电线时采用，通过厂区较长距离的净化后烟气输送也可采用。其缺点是清理维护困难，要有可靠的防水或排水设施，烟道顶面有人孔影响地面操作，高炉热风炉烟道属此类。

（4）收尘系统支管应由侧面或上面接主管。

（5）输送含尘量高的烟气时，管道应布置成人字形，与水平面交角应大于45°。如必须敷设水平管道，其长度应尽量小，且应设有清扫孔和集灰斗。大直径管道的清扫孔一般设于烟道侧面，小直径管道则采用法兰连接的清扫短管。集灰斗设于倾斜管道的最低位置或水平管道下方，并间隔一定距离。

（6）当架空烟道跨过铁路时，管底距轨面不得低于6m；跨过公路和人行道时，距路面分别不低于5m 和 2.5m。

（7）高温钢管道每隔一定距离设置套筒形、波形、鼓形等补偿器，内衬隔热层或砖砌烟道要留有膨胀缝。补偿器应设在管道的两个固定支架之间，补偿器两侧还应设置活动支架以支持补偿器的重量。

（8）检测装置应装在气流平稳段。调节阀门应设在易操作、积灰少的部位，并装有明显的开关标记；对输送非黏性烟尘的管道，如果水平管段较长，应每隔3~7m 设置一个吹灰点，以便用 294.2~686.5kPa（3~7kg/cm²）的压缩空气吹扫管道。

6.7.3 烟气管道的设计原则

烟气管道的计算包括烟气量与烟气重度换算、阻力损失计算、管道直径及烟道当量直径计算等，其计算原则如下：

（1）烟气量应按冶炼设备正常生产时的最大烟气量计算。对于周期性、有规律变化的多台冶金炉（如转炉），应按交错生产时的平均最大烟气量考虑。总烟气量确定后，应附加 15% ~20% 作为选择风机的余量。

（2）考虑预计不到的因素，收尘系统的总阻力损失应由计算值附加 15% ~20%。

（3）收尘系统各支管的阻力应保持平衡，烟气量变化较大而难以维持平衡时，可采用阀门（蝶阀）调节。

6.7.4　烟囱设计要点

冶金炉使用烟囱的主要目的是为了高空排放有害气体和微尘，利用大气稀释，使其沉降到达地面的浓度不超过国家规定的卫生标准。常用的烟囱结构有砖砌、钢筋混凝土及钢板结构件等。通常 40m 以下可使用砖砌，60m 以上使用钢筋混凝土构筑。钢烟囱（包括绝热层和防腐衬里）常用于 35m 以下的低空排放，如矿热炉烟囱，适于高温（ >400℃）烟气、强腐蚀性气体和事故排放等，对于小型或临时性工程也常采用。

烟囱布置和计算的要点如下：

（1）排放有害气体的烟囱应布置在企业和居民区的下风侧，释放源与明火风向平面位置关系见表 6 - 9；当一企业有两个以上烟囱时，应按图 6 - 10 的方式布置。工厂的设计中考虑主导风向的影响，主要为了尽可能避免因风向而引起的火灾和尽量减少因风向而造成的污染。主导风向将直接影响生活区、工业炉、空压机及控制室等的位置。从设备上泄漏的可燃气体或蒸气不应吹向生活区等，故工业炉、空压机及控制室应位于上风向或侧风向。工业炉烟囱排出的烟气不应吹向空压机及控制室。

表 6 - 9　释放源与明火风向平面位置关系实例分析

风向风玫瑰图类型		按主导风向要求	按最小频率风向要求
主导风向与次导风向在同一轴线上	（北京）	释放源在明火的下风方	释放源在明火的上风方
		不太合理	合理
主导向风的侧风与次导风向在同一轴线上	（杭州）	释放源在明火的侧风方	释放源在明火的上风方
		不太合理　合理	合理

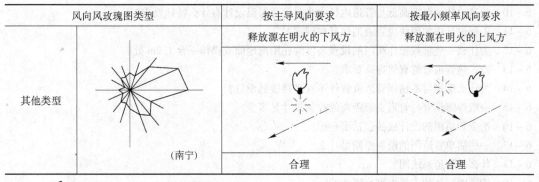

风向风玫瑰图类型	按主导风向要求	按最小频率风向要求
	释放源在明火的下风方	释放源在明火的上风方
其他类型 （南宁）		
	合理	合理

图例： 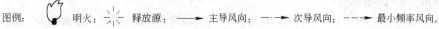 明火； 释放源； 主导风向； 次导风向； 最小频率风向。

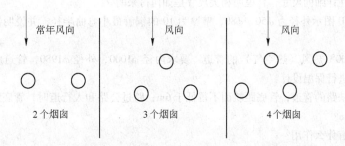

图6－10 烟囱布置与主导风向的关系

（2）一个厂区有几个烟囱时，其排放所造成的总浓度分布，可按单个源的浓度分布叠加计算。如有 N 个排放参数（主要是烟囱高度）相同且距离相近的烟囱同时排放，则每个烟囱的排放量 M_i 应为单个烟囱所允许的排放量 M 的 $1/N$；若烟囱间距为其高度的 10 倍以上，则每个烟囱的排放量可按单个烟囱的允许排放量计算。

（3）经烟囱排放的烟气除应符合国家颁布的《工业"三废"排放标准》和《工业企业设计卫生标准》外，还应按工厂所在地的地区排放标准执行。

（4）烟囱计算的主要内容包括烟囱直径、高度、温度和抽力计算等。具体计算方法参见有关冶金炉的专著。

学习思考题

6－1 管道的作用与用途有哪些?

6－2 叙述管道设计内容。

6－3 指出管径确定原则。

6－4 说明初步设计与施工图设计图纸中管道标注的区别。

6－5 管道标高的标注应注意哪些问题?

6－6 举例说明湿法冶金管道的表示方法。

6－7 试分析湿法冶金与火法冶金管道图的区别与联系。

6－8 指出大口径钢板管道任意角度的弯头的设计制图技巧。

6-9　工程中为什么口径大于600mm以上的钢制管道弯头一般只能采用焊接制作?

6-10　输送液体的温度高低与管道内径大小对管道保温设计有什么特殊要求?

6-11　工程设计中如何解决管道的热延伸问题?

6-12　为什么一些常规操作阀门的设置高度约在距离地面或操作平台1.2m处?

6-13　冷、热管道布置有何特殊要求?

6-14　为什么碳钢与不锈钢管道或管件不宜直接接触设置?

6-15　一般焊缝钢管与管道支架距离的控制尺寸是多少?

6-16　冶金管道图的设计成品包括哪些图?

6-17　一些简单管道图的绘制原则是什么?

6-18　什么是管道系统图?

6-19　管道图标注的主要内容有哪些?

6-20　试用AutoCAD绘出直径ϕ1800mm钢板管,转弯40°,用3段管子焊接成的弯头立面及水平投影图,并标注详细的尺寸,且说明相关尺寸是如何得来的。

6-21　用AutoCAD图示外径为ϕ50、ϕ80,壁厚为10的铜管最小弯曲半径,并说明制作弯头采用的工艺方法。

6-22　一输送1100℃热风(热空气)的管道,要求内径ϕ1000,外径ϕ1980,管道应采用什么样的材质,如何进行保温设计?

6-23　为什么跨铁路的管道,管底距轨面不得低于6m;跨过公路和人行道时,管底距路面分别不低于5m和2.5m?

6-24　设置烟囱有什么作用?

6-25　叙述烟道的设计要点。

6-26　烟囱出口高度与建筑物的屋顶高度有什么关系?

6-27　烟囱高度与烟囱结构有什么关系?

6-28　一般铁合金矿热炉烟囱是什么结构?

6-29　高温管道上设置补偿器有什么特殊要求?

6-30　烟气管道的材质是如何选择确定的?

7 车间配置设计

在完成工艺流程设计和设备选型设计后，就要按生产工艺的要求，对组成车间的生产、辅助、生活三个部分及其设备和设施进行合理的安排和配置，这种设计，称为车间配置设计。车间布置是设计工作中很重要的一环，车间布置的好坏直接关系到车间建成后是否符合工艺要求，能否有良好的操作条件，生产能否正常、安全地运行，设备的维护检修是否方便可行，以及对建设投资、经济效益等都有着极大的影响。所以在进行车间布置前必须充分掌握有关生产、安全、卫生等资料，在布置时要做到深思熟虑，仔细推敲，以取得一个最佳方案。

车间布置设计是以工艺为主导，并在其他专业如总图、土建、仪表自动化、设备、电力、暖通、热力等密切配合下完成的。因此，在进行车间布置设计时，要集中各方面的意见，最后由工艺人员汇总完成。

车间有大有小，基本上都由生产、辅助、生活三部分构成，如图 7-1 所示。

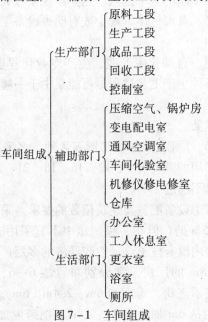

图 7-1　车间组成

7.1　车间配置设计的内容和要点

车间配置设计的内容可分为两大部分：厂房的整体布置和厂房的轮廓设计；设备的排列和配置。车间布置要考虑的问题有：

（1）最大限度地满足工艺生产包括设备维修的要求。

（2）有效地利用车间建筑面积（包括空间）和土地（设备能露天布置的尽量露天布

置，建筑物能合并的尽量合并）。

（3）要为车间的技术经济指标先进合理以及节能等要求创造条件。

（4）了解其他专业对本车间布置的要求。

（5）要考虑车间的发展和厂房的扩建。

（6）车间中所采取的劳动保护、防腐蚀措施是否符合要求。

（7）本车间与其他车间在总平面图上的位置，力求使它们之间输送管线最短，联系最方便。

（8）建厂地区的气象、地质、水文等条件。

（9）人流货流不要交错。

7.1.1　厂房的整体布置和厂房的轮廓设计

7.1.1.1　厂房安排

厂房安排主要根据生产规模、生产特点、厂区面积、厂区地形及地质条件等来全盘考虑车间各厂房、露天场地及各建筑物间的相对位置和布局。当生产规模较小，车间中各工序联系频繁，生产特点无显著差异时，在符合建筑设计防火规范及企业卫生标准的前提下，结合建厂地点的具体情况，可将车间的生产、辅助、生活部门集中布置在一幢厂房内，辅助室和生活室安排在车间的一个区域。当生产规模较大，车间内各工序的生产特点有显著差异，如有易燃易爆、有毒气体、粉尘或有明火设备工业炉等的情况，就应采用分散的单体式厂房。

近年来，由于生产规模、自动化生产线、生产专业化程度及建筑造价等的扩大与增加，国外工业企业日趋将各种生产工艺过程尽可能集中于一幢大厂房内，往往一个工厂只有 1～2 幢大厂房。

7.1.1.2　厂房平面布置

厂房平面轮廓有长方形、L 形、T 形、Π 形等数种，多采用长方形，其长度视生产规模及工艺要求而定。厂房常用的宽度有 9、12、15、18、21、24、30m 等数种，一般单层厂房不超过 30m，多层厂房不超过 24m。

厂房的柱网布置，要考虑设备配置及建筑模数的要求。采用框架结构的厂房，柱网间距一般为 6m，也有采用 7.5m 的，但在一幢厂房中不宜采用多种柱距。单层厂房常为单跨，即跨度等于宽度，厂房内没有柱子。一般较经济的多层厂房跨度控制在 6m 左右，例如宽度为 12、14.4、15、18m 的厂房，常分别布置成 6—6、6—2.4—6、6—3—6、6—6—6 的形式（6—2.4—6 表示三跨，跨度为 6m、2.4m、6m）。近年来，国外工业建筑有扩大柱网的趋势，如把柱距从 6m 加大至 12、18m，把跨度加大至 24、30、36m，看来，加大柱距在一定条件下比加大跨度更为适宜。

7.1.1.3　厂房层数

工厂厂房可根据工艺流程的需要设计成单层、多层或单层与多层相结合的形式，如烧结主厂房。一般来说单层厂房利用率较高，建设费用也低，因此除了由于工艺流程的需要必须设计为多层外，工程设计中一般多采用单层。有时因受建设场地的限制或者为了节约用地，也有设计成多层的。对于为新产品工业化生产而设计的厂房，由于在生产过程中对于工艺路线还需不断地改进、完善，所以一般都设计成一个高单层厂房，利用便于移动、拆装、改建的钢操作台代替钢筋混凝土操作台或多层厂房的楼板，以适应工艺流程变化的需要。

厂房层数的设计要根据工艺流程的要求、投资、用地的条件等各种因素，进行综合的比较，然后才能最后决定。

7.1.1.4 厂房垂直布置

厂房层数的设计，要根据工艺流程的要求、用地的条件及投资等各种因素进行综合比较而加以确定。一般来说，单层厂房利用率较高，建设费用较低，因此除了工艺流程需要或因受建设场地限制等而需要设计为多层外，一船多采用单层。

采用多层厂房时，每层的高度取决于设备高低、安装位置、检修要求以及安全卫生等条件，一般为 4 ~ 6m，且每层的高度应尽量相同。在有高温、有害气体及粉尘的厂房中，要适当加高建筑物的层高，或采取相应的通风散热措施。

7.1.2 设备配置

设备配置除要满足生产工艺的要求外，还要便于安装和维修，保证良好的操作条件，保障安全生产，符合建筑要求，节省基建投资，留有发展余地。设备配置的要点有以下五个方面。

（1）按工艺流程顺序，把每个工艺过程所需要的设备布置在一起，保证工艺流程在水平和垂直方向的连续性；操作中有联系的设备或工艺上要求靠近的设备，也要尽可能配置在一起．以便集中管理，统一操作；相同或相似的设备宜集中配置，以便相互调换使用。

（2）充分利用位能，做到物料自流。一般把计量槽、高位槽配置在高层，主要工艺设备配置在中层，贮槽及重型设备或产生振动的设备配置在底层。

（3）要为设备的操作、安装、检修创造条件，主体设备应有足够的操作空间，设备与墙、设备与设备之间要有一定的距离（参见表 7 – 1）。

表 7 – 1 常用设备的安全距离

序 号	项 目	净安全距离/m
1	泵与泵间的距离	不小于 0.7
2	泵离墙的距离	不小于 1.2
3	泵列与泵列间的距离（双排泵间）	不小于 2.0
4	贮槽与贮槽、计量槽与计量槽间的距离	0.4 ~ 0.6
5	换热器与换热器间的距离	至少 1.0
6	塔与塔的间距	1.0 ~ 2.0
7	离心机周围通道	不小于 1.5
8	过滤机周围通道	1.0 ~ 1.8
9	反应罐盖上传动装置离天花板距离	不小于 0.8
10	反应罐底部与人行道距离	不小于 1.8 ~ 2.0
11	起吊物与设备最高点距离	不小于 0.4
12	往复运动机械的运动部件离墙距离	不小于 1.5

序　号	项　　目	净安全距离/m
13	回转机械离墙及回转机械相互间的距离	不小于 0.8 ~ 1.2
14	通廊、操作台通行部分的最小净空高度	不小于 2.0 ~ 2.5
15	操作台梯子的斜度	一般不大于 45°，最高不超过 60°
16	控制室、开关室与工业炉间的距离	15
17	产生可燃性气体的设备和炉子间的距离	不小于 8.0
18	工艺设备和道路间的距离	不小于 1.0
19	风机房和配电室	不小于 50

（4）要充分注意操作人员的劳动卫生条件。工业炉、明火设备及产生有毒气体和粉尘的设备，应配置在下风处；对易燃易爆或毒害、噪声严重的设备，尽可能单独设置工作间，或集中在厂房某一区域，并要采取措施防止产生静电、放电及着火的可能性，使车间有害气体及粉尘的浓度不超过允许极限；有高温熔体的设备，应设置安全坑；凡产生腐蚀介质的设备，其基础、墙、柱等都要采取防护措施；尽量做到背光操作，允许露天布置的设备，尽量布置在室外。

（5）力求车间内部运输线路合理。车间管线尽可能短，矿浆及气体等的输送尽可能利用空间，并沿墙敷设；建立固体物料运输线，运输线要与人行道分开。

具体按照生产工艺、设备安装和厂房建筑三个方面对设备布置的要求进行配置。

1）生产工艺对设备布置的要求：

①在布置设备时一定要满足工艺流程顺序，要保证水平方向和垂直方向的连续性。对于有压差的设备，应充分利用高位差布置，以节省动力设备及费用。在不影响流程顺序的原则下，将较高设备尽量集中布置，充分利用空间，简化厂房体形。通常把计量槽、高位槽布置在最高层，主要设备如反应器等布置在中层，贮槽等布置在底层。这样既可利用位差进出物料，又可减少楼面的荷重，降低造价。但在保证垂直方向连续性的同时，应注意在多层厂房中要避免操作人员在生产过程中过多地往返于楼层之间。

②凡属相同的几套设备或同类型的设备或操作性质相似的有关设备，应尽可能布置在一起，这样可以统一管理，集中操作，还可减少备用设备，即互为备用。

③设备布置时，除了要考虑设备本身所占的位置外，还必须有足够的操作、通行及检修需要的位置。

④要考虑相同设备或相似设备互换使用的可能性，设备排列要整齐，避免过松过紧。

⑤要尽可能地缩短设备间管线。

⑥车间内要留有堆放原料、成品和包装材料的空地（能堆放一批或一天的量），以及必要的运输通道，且尽可能地避免固体物料的交叉运输。

⑦传动设备要有安装安全防护装置的位置。

⑧要考虑物料特性对防火、防爆、防毒及控制噪声的要求，譬如对噪声大的设备，宜采用封闭式间隔等；生产剧毒物及处理剧毒物料的场所，要和其他部分完全隔开，并单独设置自己的生活辅助用室。

⑨根据生产发展的需要与可能，适当预留扩建余地。

⑩设备之间或设备与墙之间的净间距大小，虽无统一规定，但设计者应结合上述布置要求及设备的大小，设备上连接管线的多少，管径的粗细，检修的频繁程度等各种因素，再根据生产经验，决定安全间距。表7－1介绍的一些数字系针对中小型生产而考虑的，供一般设备布置时的参考。

2）设备安装对设备布置的要求：

①要根据设备大小及结构，考虑设备安装、检修及拆卸所需要的空间和面积。

②要考虑设备能顺利进出车间。经常搬动的设备应在设备附近设置大门或安装孔，大门宽度比最大设备宽0.5m，不经常检修的设备，可在墙上设置安装孔。

③通过楼层的设备，楼面上要设置吊装孔。厂房比较短时，吊装孔设在靠山墙的一端，厂房长度超过36m时，则吊装孔应设在厂房中央。

多层楼面的吊装孔应在每一层相同的平面位置。在底层吊装孔附近要有大门，使需要吊装的设备由此进出。吊装孔不宜开得过大（一般控制在2.7m以内，对于外形尺寸特别大的设备的吊装，可采用安装墙或安装门）。

④必须考虑设备检修、拆卸以及运送物料所需要的起重运输设备。起重设备的形式可根据使用要求而定。如不设永久性起重运输设备，则应考虑有安装临时起重运输设备的场地及预埋吊钩，以便悬挂起重葫芦。如在厂房内设置永久性的起重运输设备，则要考虑起重运输设备本身的高度，并使设备起吊运输高度大于运输途中最高设备的高度。

3）厂房建筑对设备布置的要求：

①凡是笨重设备或运转时会产生很大振动的设备，如压缩机、振动筛、粉碎机等，应该尽可能地布置在厂房的底层，并和其他生产部分隔开，以减少厂房楼面的荷载和振动。如果由于工艺要求或者其他原因不能布置在底层时，应由土建专业在结构设计上采取有效的防震措施。

②有剧烈振动的设备，其操作台和基础不得与建筑物的柱、墙连在一起，以免影响建筑物的安全。

③布置设备时，要避开建筑物的柱子及主梁，如果设备吊装在柱子或梁上，其荷重及吊装方式需事先告知土建专业人员，并与其商议。

④厂房中操作台必须统一考虑，防止平台支柱林立重复，既有碍于整齐美观，又影响生产操作及检修。

⑤设备不应布置在建筑物的沉降缝或伸缩缝处。

⑥在厂房的大门或楼梯旁布置设备时，要求不影响开门和妨碍行人出入畅通。

⑦设备应尽可能避免布置在窗前，以免影响采光和开窗，如必需布置在窗前时，设备与墙间的净距应大于600mm。

⑧设备布置时应考虑设备的运输线路，安装、检修方式，以决定安装孔、吊钩及设备间距等。

7.1.3 车间辅助室和生活室的布置

（1）生产规模较小的车间，多数是将辅助室、生活室集中布置在车间中的一个区域内。

（2）有时辅助房间也有布置在厂房中间的，譬如配电室安排在用电负荷中心，空调室布置在需要空调的房间附近，但这些房间一般都布置在厂房北面房间。

（3）生活室中的办公室、化验室、休息室等宜布置在南面，以充分利用太阳能采暖，更衣室、厕所、浴室等可布置在厂房北面房间。

（4）生产规模较大时，辅助室和生活室可根据需要布置在有关的单体建筑物内。

（5）有毒的或者对卫生方面有特殊要求的工段必须设置专用的浴室。

7.1.4 安全、卫生和防腐蚀问题

（1）要为工人操作创造良好的采光条件。布置设备时尽可能做到工人背光操作，高大设备避免靠窗布置，以免影响采光。

（2）要最有效地利用自然对流通风，车间南北向不宜隔断。放热量大，有毒害性气体或粉尘的工段，如不能露天布置时，需要有机械送排风装置或采取其他措施，以满足卫生标准的要求。

（3）凡火灾危险性为甲、乙类生产的厂房，除上面已提到的一些注意事项外，还须考虑：

1）在通风上必须保证厂房中易燃气体或粉尘的浓度不超过允许极限，送排风设备不应布置在同一个通风机室内，且排风设备不应和其他房间的送排风设备布置在一起。

2）必须采取必要的措施，防止产生静电、放电以及着火的可能性。

3）凡产生腐蚀性介质的设备，其基础、设备周围地面、墙、梁、柱都需要采取防护措施。

7.2 车间配置设计的步骤和方法

7.2.1 调查研究

车间配置设计需首先进行相关调查研究，包括收集有关基础资料和去同类工厂及车间进行调查研究。

7.2.2 具体进行车间配置

（1）根据生产流程和生产性质、各专业的要求及车间在全厂总平面图上的位置，确定厂房的整体布置（分散式或集中式），划分生产、辅助和生活区的分隔及位置。

（2）根据设备的形状、大小及数量，确定车间厂房的结构形式、轮廓、跨度、层数、柱距、门窗开设方式及尺寸、楼梯的位置及坡度，在坐标纸上绘制厂房建筑平、立面轮廓草图（比例1：100）。

（3）绘制设备配置草图：把设备按比例（1：100）用塑料片或硬纸制成图案（或模型），在画有厂房建筑平、立面轮廓草图的坐标纸上配置设备，找出最佳方案，绘出车间平、立面配置草图，经讨论修改后，提交土建专业设计建筑图。

7.2.3 绘制车间配置图

工艺专业取得建筑设计图后，根据车间配置草图绘制正式的车间平、立面配置图。绘

图时，要求层次分明，尽量避免不必要的重复图形及尺寸，首先考虑到看图方便，在把内容充分地表达清楚的前提下，力求制图简便，而且要把内容在图纸上布置得美观，线条分明，达到清楚易懂，内容丰富。

7.3 车间配置图的绘制

车间配置图是车间配置设计的最终产品，应根据本设计阶段的要求，表示出设备的整体布置，包括设备与有关工艺设施的位置和相互关系、设备与建（构）筑物的关系、操作与检修位置、厂房内的通道、物料堆放场地以及必要的生活和辅助设施等。施工图设计阶段的配置图，对于不单独绘制安装图的设备，其深度应达到满足指导设备安装的要求。

车间配置图一般包括一组视图（平面图、剖面图和部分放大图等）、尺寸及标注、说明与附注、编制明细表与图签及标题栏等，具体绘制步骤和要求分别详细叙述如下。

7.3.1 视图布置

车间配置图一般按车间组成分车间、工段或系统绘制。当车间范围较大，图样不能表达清楚时，则可将车间划分若干区域，分图绘制，但必须注明图号。当几个工段或车间设在同一厂房内时，也可以合并绘制。

配置图一般是每层厂房绘制一张平面图，在平面图上应绘出该平面之上至上一层平面之下的全部设备和工艺设施，各视图应尽量绘于同一图纸上。当图幅有限时，允许将平面图和剖面图分张绘制，但图表和附注专栏应列于第一张图纸上，剖视图的数量应尽量少，以表达清楚为原则。施工图设计阶段的配置图根据需要可加上必要的局部放大图，局部视图和剖面图。

为了看图方便，部件图、零件图的主视图、安装位置尽可能与总图一致或接近。烟道口的粗管子和烟道的断面，一般应画阴影，标准实线部分的阴影画实线，细线部分的阴影画空心线，阴影的画法规定光线来自图纸的左上角。

7.3.2 绘制比例和图纸幅面

各类图纸推荐优先采用 1：20，1：50，1：100，1：200。一张图纸采用几种比例时，主要视图的比例标写在图纸标题栏中，其他视图的比例写在视图名称下方，如 $\dfrac{A-A}{1:100}$。

图纸幅面一般采用 A1 图纸（594×841mm），必要时允许加长 A1~A3 图纸的长边和宽边，加长量要符合机械制图国标 GB/T 14689—2008 的规定。如需要绘制几张图，幅面规格力求统一。

7.3.3 绘制平面图

(1) 明确图线。图面线条要符合 GB/T 14689—2008 的规定。设备、有关工艺设施、部件和零件等可用中实线（约 b/2），改建和扩建工程原有的设备、建（构）筑物以及与本图相连而不在本图编号的设备用细实线，与工艺关系密切的外专业设备，如通风柜、整流器、变压器、仪表盘等用细实线绘出其简单轮廓。

（2）画出建筑定位轴线。对于承重墙、柱子等结构，按建筑图要求用细点划线画出建筑定位轴线。在每一建筑轴线的一端画出直径 8 ~ 10mm 的细线圆，在水平方向从左向右依次用阿拉伯数字编号，在垂直方向从下向上用大写字母 A、B、C 等标注，如图 7 - 2 所示。

（3）画出与设备安装有关的厂房建筑基本结构。图中应按比例采用规定图例绘出墙、柱、地面、楼面、操作台、栏杆、楼梯、安装孔洞、地沟、地坑、吊车梁及设备基础等的形象，与设备安装关系不大的门窗等，一般只在平面图上画出它们的位置、门的开启方向等即可。

（4）画出设备中心线和设备、支架、基础、操作台等的轮廓形状和安装方位。

对于非安装设备（如熔体包子、车辆等），应按比例将其外部轮廓绘制在经常停放的位置或通道上，图形数量可不与设备明细表上的数量相同。

必要的辅助设备与构件的轮廓图形也应绘出，如通风柜、整流器、变压器等，如这些设备占据专门的房间时，则只在相应的房间处写明"变压器室"、"仪表室"等字样即可。在一个视图上相邻的数台规格和安装方式相同、排列一致的设备，只要求较详细地绘出其中一台的外形，其余的则用简单轮廓线和中心线表示其位置即可。起重设备要在剖面图上标出吊钩的极限位置。

（5）平面图的名称。以该平面的相对标高命名图号，并写于图形的上方，如 500 平面。

7.3.4 绘制剖视图

剖视图的绘制步骤与平面图大致相同，需逐个绘制。

剖视图的剖切线一般在 ±0.000 平面图上，下方应注明剖视名称。剖视名称按平面图由下往上依次排列，如 A—A（剖视）、B—B（剖视）或 Ⅰ—Ⅰ（剖视）、Ⅱ - Ⅱ（剖视）等。

剖视图和平面图画在一张图上时，按剖视顺序，依从左至右，由下而上顺序排列。

7.3.5 标注尺寸

（1）标注厂房建筑及构件尺寸。图中需标注厂房的长度、宽度等尺寸，柱、墙定位轴线的间距，地面、各楼层、操作台、尾面等的标高及安装孔、洞、沟坑等的定位尺寸。

平面尺寸：一般标于平面图中，以建筑定位轴线为标准，单位用毫米（不注），尺寸界限一般是建筑定位轴线和设备中心线或设备支座中心线的延长线。

标高尺寸：一般标于主要剖面图上，单位用米（不注）。绝对标高用涂黑的三角形表示，取小数点后两位数字；相对标高用一半涂黑的三角形，取小数点后三位数字：零点标高注 ±0.000，正数标高不加"+"号，负数标高要加"-"号，剖视图零点标高处须在括号内加注绝对标高（见图 7 - 3）。

坡度：楼面、地面和管道的坡度用箭头表示，箭头指向低处，箭头上加注坡度。如表示楼面或地面坡度：$i = 2\%$ ；表示管道坡度：$i = 0.002$ 。

（2）标注设备尺寸。图上一般不标注设备定形尺寸，只标注安装定位尺寸。

平面定位尺寸：平面图中应标出设备与建筑物及构件，设备与设备间的定位尺寸，一

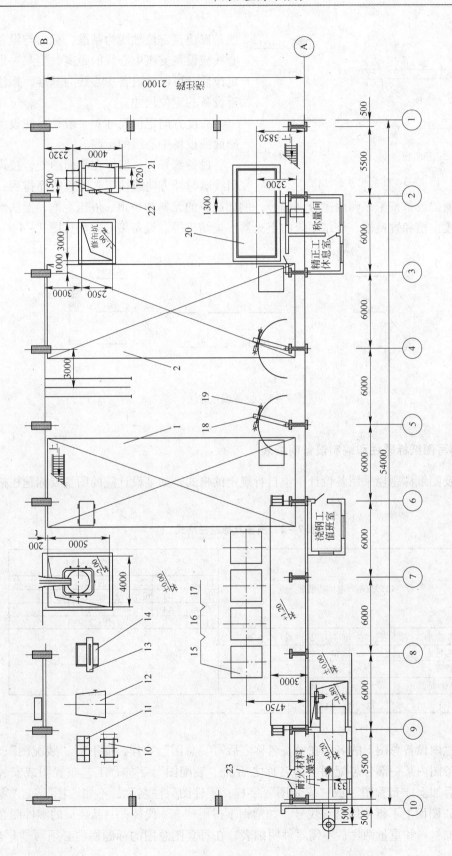

图 7-2 建筑定位轴线表示法

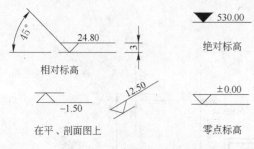

图7-3　标高尺寸标注法

一般是以建筑定位轴线为基准，标出与设备中心线或设备支座中心线的距离。当某一设备定位后，可以此设备中心线为基准，标注邻近设备的定位尺寸。

高度方向定位尺寸：一般是标注设备基础面或设备中心线的标高。

设备编号：一般标在平面图上，按设备引线顺时针方向或按工艺流程顺序排列；规格型号相同的设备按工序和用途分别编号，例如高炉的无料钟炉顶、液压泥炮，湿法冶金单元中的浸出槽和置换槽，烧结系统的点火器、烧结机等。设备编号方法见图7-4。

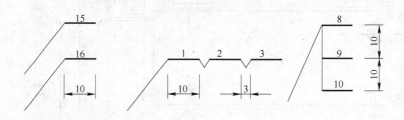

图7-4　设备编号方法

7.3.6　填写图纸标题栏和编制设备明细表

图签及图纸标题栏采用各设计单位自行规定的格式，如某设计院的图签及标题栏格式见表7-2。

表7-2　图签及标题栏格式

12500kV·A电炉矮烟罩						图　号		CD2003-0M	
						科室		专业	设备　共3张 第1张
						比例	1:1	设计阶段	施工　总重
						图幅	A4	日期	2001.5
						材料		电子文档号	
职务(职称)	姓名	签字	职务(职称)	姓名	签字				
室主任			审核				×××××设计研究总院		
总设计师			设计						
主任设计师			制图						

标题栏内设备总图上的名称在设备名称之后写"总图"字样，而不写"装配图"；部件图或设备图内某一部分装配图上的名称之后加"装配图"字样；工艺布置图或安装图在名称之后加上"布置图"或"安装图"字样；零件图只注名称，不加"图"或"零件图"字样；图面上不得使用材料代号，如槽钢不得用"["代替；一品一页的零件图在图签栏内增加材料和重量两栏，不需零件明细表；在每套图总图的标题栏内必须写"厂名"

"车间或工序"。

明细表格式见表7-3。图签与明细表之间不留空位，明细表续表位于图签右方，与图签栏并列，中间也不留空位。材料单重按零件图重量填写，材料总重10kg以上的小数点后标到一位数，10kg以下的标到小数点后两位数，不足1kg的最多标到小数点后三位数，0.001kg的材料重量，如一般的螺栓、螺母、垫圈可忽略不计。材料汇总重量，在部件图中一般标到小数点后一位数字，不足1kg的标至小数点后两位数字，在总图中100kg以上的1~4进为5；6~9进为10；100kg以下的标到个位数，有小数均进1，不足1kg的标到小数点后两位数字。设计必须选用又不能代用的材料，应标明其标准号，如型钢和管材等。没有标准号或虽有标准号为某厂标的外购件应在备注栏内注出"外购"字样。明细表的总重量写在表头明细表一格的右边，不写在明细表的上部。

表7-3 明细表格式

序号	标准或图号	名称及规格		数量	材料	单重	共重	备注
3	GB5782—86	螺栓	M16×45	8	Q235-A			
2	CD2003-1.1.0	导向块		4	焊接件	4.71	18.84	
1	本 图	角 钢	∠200×125×14	4	Q235-A	4.13	16.52	L=160
序号	标准或图号	名 称 及 规 格		数量	材料	重量 (kg)		备 注
明 细 表						总 重		

明细表的序号按顺序自下而上编排。非标准设备应填写带电动机和减速机的规格、技术性能和数量等，电动机、减速机不单独编号，写在主设备的上方。标准设备和标准件的名称必须用产品样本或有关标准的正式名称，非标准设备、自行设计的部件零件应按其用途命名，如冷却壁、电解槽、浸出槽、矮烟罩、把持器等。"标准或代号"栏，凡属标准设备填制造厂家名称，标准件填有关标准代号，非标准设备填图纸目录号，部件、零件填图纸号。

7.3.7 图纸目录的填写

图纸目录格式见表7-4，必须与其他图纸同时完成。图纸目录首页需带有图签，而副页可带也可不带图签。图纸目录自上而下填写，先填写新图后填写复用图（旧图）、标

表7-4 图纸目录格式

序号	图 纸 名 称	图 号	折合(A1)	实际张数	新旧图纸	备注
1	12500kV·A电炉矮烟罩图纸目录	CD2003-0M	0.375	3	新	
2	12500kV·A电炉矮烟罩	CD2003-00	2.0	2	新	
	共 计		20.875	55	新	

准图，新图与复用图之间留 3~5 格空白，在首页的标题栏内必须写"厂名""车间或工序"。当图纸目录只有一页时，将图号页数序号写在标题栏规定的格中，有两页以上时，从第二页开始在右下角边框内填写图号及页号，一套图纸只有新图时，结尾处只写共计。

7.3.8　其他图面规定

（1）每套图纸的图面和符号等表示方法要统一。

（2）设计文件和图纸说明中对条文执行严格程度的用词采用以下写法：

1）表示很严格，非这样做不可的用词：

一般采用"必须"、"一定"、"只准"等。

反面词，一般用"严禁"，不采用"绝对禁止"、"绝对不允许"等。

2）表示严格：

一般采用"应"，不采用"应当"、"应该"、"需要"等。

反面词，一般用"不应"，或"不得"，不采用"不准"、"禁止"等。

3）对表示允许稍有选择，在条件许可时，首先应这样做的用词：

一般采用"宜"、"一般"，不采用"最好"、"建议"等。

反面词，一般用"不宜"，不采用"最不好"、"不要"等。

4）对表示一般情况下均应这样做而目前由于国家技术水平所限，硬行规定这样做有困难的，可采用"应尽量"。

5）条文中指明必须按标准、规范或其他有关规定执行的，其写法为"按……执行"或"符合……要求"。

不采用"遵照……"、"遵守……"。

7.3.9　电炉炼钢车间配置实例图

以电炉炼钢车间配置为例说明车间设备配置，其实例图见图 7 - 5。

7.4　设备安装图的绘制

设备安装图分为机组安装图和单体设备安装图以及管道安装图，必须根据外专业返回的资料绘制，相连的部分必须图示出来，并用细实线表示，且标出相连部分的尺寸。绘制比例采用 1∶10、1∶20，1∶50，图纸幅面一般采用 A1、A2 图纸（594×420mm）均可。

7.4.1　机组安装图

机组安装图是按工艺要求和设备配置图准确地表示出车间（或厂房）内部某部分设备和构（零）件安装关系的图样，一般应有足够的视图和必要的安装大样。机组安装图的内容深度：

（1）在图中应表示出工艺设备或辅助设备和安装部件的外部轮廓、定位轴线、主要外形尺寸、固定方式等。

（2）表示出有关建（构）筑物。

（3）设备基础（应包括螺栓、螺母、垫圈的重量和个数）和相应的标高。

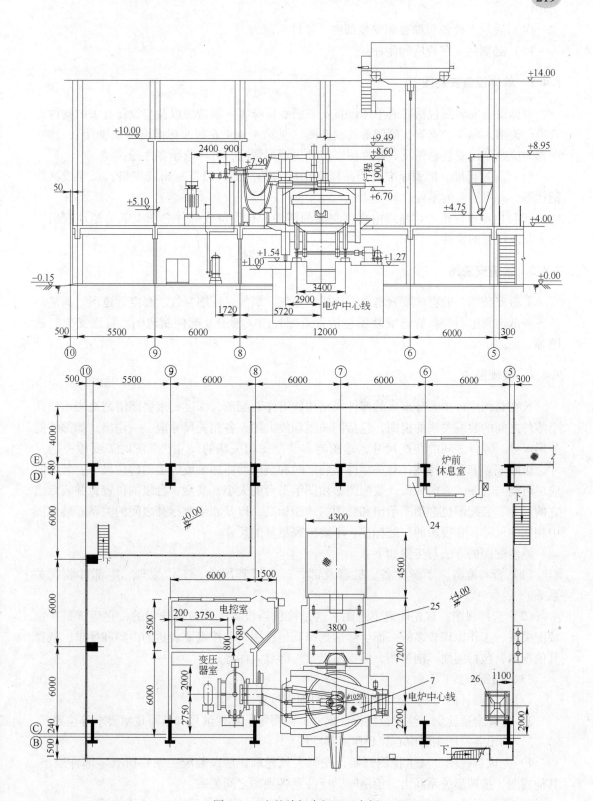

图 7-5 电炉炼钢车间配置实例

（4）表示出设备明细表和安装部件、零件明细表。

（5）必要的文字说明和附注。

7.4.2 单体设备安装图

单体设备安装图包括普通单体设备安装图和特殊零件制造图以及与设备有关的构件如管道、流槽、漏斗、支架、闸门等的制造图（见第 4 章 4.6 节非标准设备的设计），这些图形均应绘制出安装总图及其零件图。但凡属下列情况，可不绘制零件图：

（1）国家标准、部颁标准或产品样本中已有的产品，只需写出其规格、尺寸或其标记代号，即可购到的零件。

（2）由型材锤击、切断或由板材制成的零件，在设备或部件总图上能清楚地看出实物形状及尺寸的零件。

7.4.3 管道安装图

管道安装图一般有矿浆管道图，冷风、蒸气、氧气、压缩空气、真空管道图，润滑油及各种试剂管道图等。管道安装图包括管道配置图、管道及配件制造图、管道支架制造图等。

7.4.4 装配图

凡在总图中可单独分出来的部件或结构件可作装配图，深度要求要能清楚地表示出几个零件之间的装配关系的视图，包括剖面图和放大图；各相关尺寸应一一注出，如部件的外形尺寸、零件之间的装配尺寸，总图与本装配图相关联的尺寸；装配时需要检查的尺寸，极限偏差和配合特性；有关零件在装配时和装配后需加工或焊接的部位尺寸。装配图应尽可能与总图的方向一致。装配图必须图示平台的大小、高度、台级的位置，并表示出它的尺寸。装配图也必须图示出和总图的地面标高，以及和绝对标高之间的关系。装配图中相同的尺寸，在投影的一处标注，不要出现重复的尺寸。

画装配图的方法与步骤如下：

（1）资料准备。了解设备、机器及部件。弄清其用途、工作原理、零部件装配关系等。

（2）选择视图。首先确定主视图，这是按机器设备工作位置选定的，它应该是反应装配关系、工作原理较多的一面。然后选择其他视图，即按需要表达的内容和要求，选择其他视图，包括剖面、剖视图，俯视图以及局部放大图等。

（3）绘图步骤：

1）选图幅，画图框。留出标题栏、明细表位置。

2）选择合适比例。注意留出标注尺寸、编写零、部件编号和填写技术要求等位置。

3）画出各视图主要中心线和作图基准线。

4）完成各视图。从主视图开始，先画大致轮廓，后按装配关系将所有零部件绘出。其他视图，按图形关系画出。绘制时，应注意各视图之间关系。

5）标注尺寸、编零部件编号，并填写技术要求、零部件明细表、标题栏等。

6）检查视图，加粗图纸上的粗线（若事先已设置好粗、细线图层就省略此步骤），清理图画。

（4）各视图相互关系的标注。表示机械设备的一组视图之间的关系，务必清楚，为此，有时需要标注。标注的方法有两种：一是将视图编号（如Ⅱ剖视、Ⅲ部放大等）标注；二是按视图在图纸上的坐标位置标注。

7.4.5 零件图

零件图应尽量和装配图的方向一致，必须在比例上小于或等于装配图的比例。一切机械加工图必须按机械制图标准画，尺寸的公差和表面粗糙度（见图 7－6）必须表示出来。零件的尺寸标注一定不要注成封闭尺寸链，尽可能将尺寸集中标注在一个投影上。

图 7－6   粗糙度表示方法

学习思考题

7－1   车间一般由哪些部分组成？

7－2   阐述车间布置要考虑的若干具体技术问题。

7－3   用 AutoCAD 绘制 A4 图幅按 1∶1 的比例的图纸目录，并加上图签及标题栏。

7－4   用 AutoCAD 绘制 A1 图幅按 1∶200 的比例的图框，并加上图签、标题栏和设备明细表，完成电炉炼钢车间配置图的设计。

7－5   叙述用 AutoCAD 绘制设备安装图的绘图步骤。

7－6   如何确定设备的定位尺寸？

7－7   车间布置图的图面安排规则有哪些？

7－8   车间配置设计的成品是什么？

7－9   试归纳车间平面图。

7－10   指出车间剖视图的内容深度。

7－11   指出车间配置图与设备安装图的区别和联系。

7－12   归纳出画设备装配图的几种方法。

7－13   指出画设备装配图的具体步骤。

7－14   指出零件图与装配图的相互关系。

7－15   如何确定总图上哪些部件可作为装配图进行具体设计？

7－16   零件图上的尺寸标注有什么特殊要求？

7－17   如何表达装配图上各视图间的相互关系？

7－18   装配图中相同尺寸标注有什么特殊要求？

7－19   管道安装图涉及哪些视图？

7－20   在什么情况下单体设备安装图可不绘制零件图？

8   技术经济分析与评价

技术经济学是研究技术和经济矛盾关系的科学，是应用理论经济学基本原理，研究技术领域经济问题及规律，研究技术进步、经济增长之间相互关系的科学，是研究技术领域内资源的最佳配置，寻找技术与经济的最佳结合以求可持续发展的科学。其研究对象最近被归纳为三个领域：研究技术领域的经济活动规律，研究经济领域的技术发展规律及研究技术发展的内在规律。其研究对象又可分四个层面，即工程（项目）、企业、产业和国家。

从宏观上，技术经济学研究技术进步对经济发展的速度、比例、效果、结构的影响，以及它们之间的最佳关系问题；生产力的合理布局、合理转移问题；投资方向、项目选择问题；能源的开源与节流、生产与供应、开发与运输的最优配置问题；技术引进方案的论证等。

从部门和企业范围看，技术经济学研究企业规模的分析，厂址选择的论证，产品方向的确定，技术设备的选择、使用与更新的分析，原材料路线的选择，新技术、新工艺的经济效果分析，新产品开发的论证与评价等。

从生产与建设的各个阶段看，技术经济学研究试验研究、勘测考察、规划设计、建设施工、生产运行等各个阶段的技术经济问题，研究综合发展规划和工程建设项目的技术经济论证与评价等。

冶金工业是重要的原材料工业部门，为国民经济各部门提供金属材料，也是整个国民经济发展的物质基础。新中国成立以来，我国的冶金行业经历近六十多年的风风雨雨，并在全国经济发展中扮演重要角色。

21世纪前10年，冶金行业经历了大起大落，目前更是面临行业整体转型，向环境友好、资源节约、产品多元的新冶金行业迈进。可见，对每一个新建、改建冶金项目进行科学、合理的技术经济评价具有十分重要意义。

8.1   基本分析要素

8.1.1   总投资

投资指的是用某种有价值的资产，其中包括资金、人力、知识产权等投入到某个企业、项目或经济活动，以获取经济回报的商业行为或过程。

8.1.1.1   项目建设总投资

项目建设总投资是项目建设和投入运营所需要的全部投资（其估算范围与现行的投入总资金一致），等于建设投资、建设期利息和全部流动资金之和。而目前国家考核建设规模的总投资则是建设投资和30%的流动资金（又称铺底流动资金）之和。建设总投资是推动工业生产并进行运营所需的全部资金。建设总投资具体构成见图 8 - 1，其中建设投资在扣除建设期利息后的值称为静态投资。

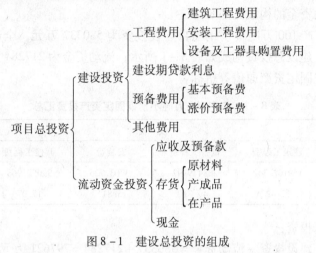

图 8 - 1 建设总投资的组成

8.1.1.2 固定资产

项目总投资的结果是形成资产。总投资形成的总资产分为：固定资产、无形资产、其他资产和流动资产。建设投资形成的固定资产是指使用期限超过一年，单位价值在规定标准以上的并且在使用过程中保持原有物质形态的资产。一般将项目建成后按有关规定核定的固定资产价值称为固定资产原值，冶金行业计算固定资产原值按以下公式：

$$固定资产原值 = 静态投资 + 建设期利息 - （无形资产 + 其他资产）$$

8.1.1.3 无形资产和其他资产

无形资产是指企业拥有或者控制的没有实物形态的可辨认非货币资产。构成无形资产原值的费用主要包括技术转让或技术使用费（含专利权和非专利技术或专有技术）、商标权和商誉等。

其他资产（原称递延资产）是指除流动资产、长期投资、固定资产、无形资产以外的其他资产，这些不能全部计入当年损益，应当在以后年度内分期摊销。主要包括生产准备费、开办费、样品机购置费和农业开荒费等。

在设计项目评价中，由于项目尚未投产，无形资产和其他资产往往没有完全落实，估值很难界定。若无形资产中的土地使用权及其他资产中的生产准备费与开办费能落实的，则应按实际列支，无法落实的一般分别按约占静态投资的 0.5% ~ 2% 范围计提。无形资产和其他资产全称为摊销费，摊销年限一般按 10 年计，从投产第一年起计算。

建设投资费用的估算是技术经济分析与评价的基础资料之一，也是投资决策的重要依据。在项目评价中一般按同类工程的资料进行估算，相关设备与费用按国家定额及市场询价来详细测算。

8.1.1.4 流动资金

流动资金是使建设项目生产经营活动正常进行而预先支付并周转使用的资金。流动资金用于购买原材料、燃料动力、备品备件、支付工资和其他费用，以及垫支在产品、产成品和成品与工资及福利等所占用的周围资金。在一个生产周期结束时，流动资金的价值一次全部转移到产品中，并在产品销售后以货币形式返回，从而流动资金在每一个生产周期完成一次周转。在项目寿命期内始终被占用，到项目寿命结束时，全部流动资金才能以货币形式回收。流动资金的构成见图 8－1。

【例 8－1】年产 100 万吨不锈钢项目建设投资为 580337 万元，全部为自有资金，建设期无银行贷款，建设总投资构成如表 8－1 所示，流动资金为 217284 万元。计算建设总投资、静态投资、固定资产原值等指标。

表 8－1　年产 100 万吨不锈钢固定资产投资汇总

子　项	投　资				合　计
	建筑工程费	设备工程费	安装费	其他工程费	
固定资产投资/万元	159102.342	288479.97	33703.725	99050.968	580337.00
所占比例/%	27.42	49.71	5.81	17.07	约 100.00

故该项目的总投资：

建设总投资 ＝ 建设投资 － 流动资金 ＝ 580337 ＋ 217284 ＝ 797621 万元

静态投资 ＝ 建设投资 ＝ 580337 万元

固定资产 ＝ 建设投资 ＋ 建设期利息 ＝ 580337 ＋ 0 ＝ 580337 万元

无形资产 ＝ 静态投资 × 1% ＝ 580337 × 1% ＝ 5503 万元

其他资产 ＝ 静态投资 × 1% ＝ 580337 × 1% ＝ 5503 万元

固定资产原值 ＝ 静态投资 ＋ 建设期利息 －（无形资产 ＋ 其他资产）

　　　　　　 ＝ 580337 ＋ 0 － 11607 ＝ 568730 万元。

8.1.2　成本与费用估算

冶金项目的生产总成本，是生产原材料（燃料）、设备折旧、经营管理、包装销售等开销的总和。具体构成见图 8－2。

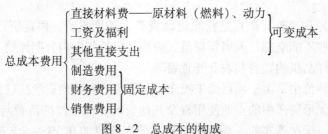

图 8－2　总成本的构成

8.1.2.1　工资及福利

工资及福利直接针对生产所支付的工资，包括一线生产工人的工资、劳动保护及保险等，根据当地工资平均水平乘以职工人数得到。例如，某项目劳动定员为 4300 人，人均工资及福利为 8 万元/（人·a），则工资及福利费：4300 × 8 ＝ 34400 万元/a。

在项目评价中，为简化计算，工资及福利按全部劳动定员（含集团公司及车间与分厂管理人员）单独计算，在制造费用及管理费用中不再计入相应的管理人员的工资及福利费用。

8.1.2.2 制造费用

制造费用指企业为生产产品和提供劳务而发生的各项间接费用，包括生产单位（车间或分厂）管理人员工资和福利费、折旧费、修理费（生产单位和管理用房屋、建筑物、设备）、办公费、水电费、机物料消耗、劳动保护费、季节性和修理期间的停工损失等。但不包括企业行政管理部门为组织和管理生产经营活动而发生的管理费用。

项目评价中的制造费用系指项目包含的各分厂或车间的总制造费用，为了简化计算，常将制造费用归类为折旧费、修理费和其他制造费用3部分。

（1）折旧费。折旧指的是实物资产随着时间流逝和使用消耗在价值上的减少。就是固定资产在使用过程中逐渐损耗而转移到产品成本和营业成本中去的那一部分价值。

在投资项目计算期的现金流量表中，折旧并不构成现金流出，但是在估算利润总额和所得税时，它们是总成本费用的组成部分。从冶金企业角度讲，折旧的多少、快慢并不代表冶金企业的这项费用的实际支出的多少与快慢。因为本身它们就不是实际支出，而只是一种会计手段，把以前发生的一次性支出在年度（或季度、月份）中进行分摊，以核算年（季、月）应缴付的所得税和可以分配的利润。因此，一般来讲，企业总希望多提和快提折旧费以少交和迟交所得税；另外，从政府角度看，也要防止企业的这种倾向，保证正常的税源。

折旧方法有年限平均法、工作量法和加速折旧法，工程设计中一般使用年限平均折旧法较多。

年限平均法也称直线折旧法，是将固定资产的折旧均衡地分摊到各期的一种方法。采用这种方法计算的每期折旧均是等额的，是使用最广泛的一种折旧计算方法。按照年限平均法，固定资产每年折旧额的计算公式为

$$年折旧费 = \frac{固定资产原值 - 固定资产净残值}{折旧年限} \tag{8-1}$$

固定资产净残值是预计的折旧年限终了时的固定资产残值减去清理费用后的余额。固定资产净残值与固定资产之前的比率称为净残值率，一般为5%～10%。各类固定资产的折旧年限一般按固定资产类别进行分类折旧，如房屋建筑、机械设备、电气设备、运输设备、建设期利息等，由财政部统一规定，也可按行业规定的综合折旧年限。

【例8-2】 在表8-1中，建筑资产为159102万元，折旧年限取20年；设备资产为288480万元，折旧年限取15年，建设期利息折旧年限取10年。按照平均年限法折旧，净残值率均取5%。

故本项目年折旧额（无建设期利息）为：

$$年折旧额 = \frac{159102 \times (1-5\%)}{20} + \frac{288480 \times (1-5\%)}{15} = 25828 \ 万元$$

（2）修理费。修理费或维修费，允许直接在总成本费用中列支。如果当期的数额较大，可以实行预提或摊销的办法。修理费一般按固定资产原值（扣除建设期利息）3%～5%选择，或者按折旧费的50%提取。根据例8-1的数据采用两种方法分别计算修理费：

1）按固定资产原值的3%计提时，修理费 = 580337 × 3% = 17410万元/a；

2）按折旧费的50%计取时，修理费 = 25828 × 50% = 12914万元/a，这表明按折旧费的50%计提时，修理费略低于按固定资产原值的3%计提值。

（3）其他制造费。其他制造费用是指由制造费用中扣除折旧、修理费后的其余部分。在项目评价中，其他制造费用常见的估算方法有：1）按固定资产原值（扣除所含的建设期利息）的 1% ~3%；2）按人员定额 1~4 万元/人估算；3）按制造费用的 10% ~30% 选择，规模大的项目选低值，规模小的项目选高值。

当其他制造费按制造费用的 10% 选择时，其他制造费（万元/a）用下式计算：

$$其他制造费 = \frac{（折旧费 + 修理费）\times（10\% ~30\%）}{1 -（10\% ~30\%）}$$

按例 8 - 1 的数据可得：

$$其他制造费 = \frac{（12914 + 25828）\times（10\% ~30\%）}{1 -（10\% ~30\%）} = 4305 ~16604 \text{ 万元/a}$$

8.1.2.3　管理费用

管理费用是指企业为管理和组织生产经营活动所发生的各项费用，包括公司管理人员的工资及福利费、公司经费、工会经费、职工教育经费、劳动保险费、待业保险费、董事会费、咨询费、聘请中介机构费、诉讼费、业务招待费、排污费、房产税、车船使用税、土地使用税、印花税、矿产资源补偿费、技术转让费、研究与开发费、无形资产与其他资产摊销、职工教育经费、计提的坏账准备和存货跌价准备等。

为了简化计算，项目评价中可将管理费用归类为无形资产和其他资产摊销及其他管理费用 3 部分。

（1）无形资产和其他资产。按例 8 - 1 的数据可计算无形资产和其他资产，当各按静态投资的 1% 计取。

（2）其他管理费。其他管理费用根据冶金行业设计院的经验，一般按制造费用的 2.5% ~4% 计提，或者按工资及福利费的 1.5 ~3 倍选取，也可以按其他管理费占管理费的 30% ~50% 的范围计提，计算公式如下：

$$其他管理费 = \frac{（无形资产 + 其他资产）\times（30\% ~50\%）}{1 -（30\% ~50\%）} \quad \text{万元/a}$$

按例 8 - 1 的数据：

$$其他管理费 = \frac{（5503 + 5503）\times（30\% ~50\%）}{1 -（30\% ~50\%）} = 4717 ~11006 \text{ 万元/a}$$

8.1.2.4　销售费用

销售费用是指企业在销售商品过程中发生的各项费用以及专设销售机构的各项经费，包括应由企业负担的运输费、装卸费、包装费、保险费、广告费、展览费以及专设销售机构（办事处）人员工资及福利费、类似工程性质的费用、业务费等经营费用。

为了简化计算，项目评价中将销售费用归为销售人员工资及福利费、折旧费、修理费和其他营业费用几部分。销售费用一般占销售收入的 1% ~3%。

8.1.2.5　经营成本

经营成本是项目经济评价中所使用的特定概念，作为项目运营期的主要现金流出，其构成和估算可采用下式表达：

经营成本 = 外购原材料、燃料和动力费 + 工资及福利费 + 修理费 + 其他费用

式中，其他费用是指从制造费用、管理费用和销售费用中扣除了折旧费、摊销费、修理费、工资及福利费以后的其余部分。

因此，经营成本也可用下式来计算：

经营成本 = 总成本费用 − [折旧费 + 摊销费(无形资产 + 其他资产) + 财务费用]

【例 8 − 3】 年产 100 万吨不锈钢项目直接材料费为 796689 万元，燃料及动力费 13826 万元，直接人工费为 34400 万元，合计为 844915 万元/a；制造费用为 50348 万元/a，管理费用、财务费用、销售费用分别为 53920 万元/a、21863 万元/a、23736 万元/a。项目成本费用具体指标见表 8 − 2。

表 8 − 2 年产 100 万吨不锈钢项目成本费用

序号	项　目	吨钢单耗/t	单价（不含税价）	单位成本/元	年耗量	总成本/万元	备注
	成　本			9671.5		994783	
1	原辅材料			7745.4		796689	
1.1	镍　铁	0.70	8391.85 元/t	5874	72 万吨	604141	
1.2	铬　铁	0.34	5203.58 元/t	1769	35 万吨	181977	
1.3	金属锰	0.01	12820.51 元/t	102.6	0.82 万吨	10549	
2	燃料及动力					13826	
2.1	电　耗	200.00	0.49 元/(kW·h)	97.436	205720000kW·h	10022	
2.2	焦炉煤气		1.06 元/m³	69.165	32155658.63m³	3415	
2.3	新　水		2.21 元/m³	2.418	1758240m³	389	
3	工资及福利		8 万元/(人·a)	334	4300 人	34400	
4	制造费用			489.50		50348	
4.1	维修费用			125.55		12914	均为
4.2	折旧费用			251.10		25828	正常年
4.3	其　他			112.84		11607	
5	管理费用			524.22		53920	
6	销售费用			230.77		23736	
7	财务费用			212.12		21863	
8	总成本费用			9671.50		994783	
8.1	折旧费			251.10		25828	
8.2	摊销费			22.56		2320	

由表 8 − 2 的数据可分别计算出总成本费用、固定成本、可变成本。

总成本费用 = 796689 + 13826 + 34400 + 50348 + 53920 + 21863 + 23736 = 99783 万元/a

固定成本 = 34400 + 50348 + 53920 + 21863 + 23736 = 143319 万元/a

可变成本 = 796689 + 13826 = 810515 万元/a

经营成本 = 994783 − 25828 − 2320 − 21863 = 944772 万元/a

8.1.3 流动资金估算

流动资金是建设项目总投资的重要组成部分，是维持项目正常运营和产品流通的必不可少的周转资金。在技术经济分析和评价中，对项目流动资金的估算，主要是估算定额流动资金。

按有关规定，采用以下方式进行流动资金的估算：

$$流动资金 = 流动资产 - 流动负债 \tag{8-2}$$

其中

$$流动资产 = 应收账款 + 存货 + 现金 \tag{8-3}$$

$$流动负债 = 应付账款$$

从而

$$流动资金额 = 应收账款 + 存货 + 现金 - 应付账款 \tag{8-4}$$

（1）应收账款。应收账款是指企业销出商品、提供劳务等应收而尚未收回的本企业的资金，其计算式为：

$$应收账款 = \frac{年经营成本}{周转次数} \tag{8-5}$$

$$周转次数 = \frac{360}{最低周转天数} \tag{8-6}$$

由式（8-5）和式（8-6）计算得出例8-3应收账款为：

$$944772/8 = 118096 \ 万元/a$$

（2）存货。存货是指企业在生产经营过程中为耗用或销售而储存的外购原辅材料和燃料动力、在产品及产成品等，其计算式为：

$$外购原辅材料和燃料动力费 = \frac{年外购原辅材料和燃料动力费}{周转次数} \tag{8-7}$$

$$在产品费 = \frac{年外购原辅材料和燃料动力费 + 工资及福利费 + 修理费 + 其他费用}{周转次数}$$

$$\tag{8-8}$$

$$产成品费 = \frac{年经营成本}{周转次数} \tag{8-9}$$

对于例8-3项目，最低周转天数以及周转次数如表8-3所示。

表8-3　周转次数

项　目	最低周转天数	周转次数
应收账款	30	11
产成品	8	11
原辅材料	60	8
燃料及动力	30	11
在产品	3	110
现　金	30	11
应付账款	41	8

由式（8-7）~式（8-9）具体计算过程如下：

原辅材料为：　　　　　　$796689/8 = 99586 \ 万元/a$

燃料及动力为：　　　　　$13826/8 = 1728 \ 万元/a$

在产品为：
$$\frac{796689 + 34400 + 12914 + 23736}{110} = 7888\ 万元/a$$

产成品为：
$$\frac{944772}{11} = 85888\ 万元/a$$

综上，存货为： $99586 + 1728 + 7888 + 85888 = 195090\ 万元/a$

（3）现金。现金是指企业库存的现金，其计算式为：

$$现金 = \frac{年工资及福利 + 年其他费用}{周转次数} \tag{8-10}$$

由式（8-10），例8-3具体计算如下：

$$现金 = \frac{34400 + 23736}{11} = 52825\ 万元/a$$

（4）应付账款。应付账款是指因购买原辅材料、商品或接受劳务等而应支付的款项或债务。其计算式如下：

$$应付账款 = \frac{年外购原辅材料费 + 燃料及动力费等}{周转次数} \tag{8-11}$$

由式（8-11），例8-3具体计算如下：

$$应付账款 = \frac{796689 + 13826}{8} = 101314\ 万元/a$$

综上，流动资金为：

$$118096 + 195090 + 52825 - 101314 = 264697\ 万元/a$$

以上计算是基于产能达到100%，其他情况用同样的方法可求得。根据以上数据，编制流动资金估算表。

8.1.4 收入、利润及税金

8.1.4.1 收入

收入是指企业在销售商品、提供劳务及他人使用本企业资产等日常活动中所形成的经济利益的总流入，具体包括商品销售收入、劳务收入、使用费收入、股利收入及利息等。收入是企业利润的主要来源。冶金企业生产经营阶段的主要收入来源是销售收入。计算公式为

$$销售收入 = 产品的销售数量 \times 销售价格$$

利润、收入和成本的关系如图8-3所示。

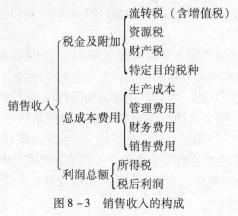

图8-3 销售收入的构成

8.1.4.2 利润

利润也称净利润或净收益。

从狭义的收入、费用来讲，利润包括收入和费用的差额，以及其他直接计入损益的利得、损失。

从广义的收入、费用来讲，利润是收入和费用的差额。

利润按其形成过程，分为税前利润和税后利润。税前利润也称利润总额；税前利润减去所得税费用，即为税后利润，也称净利润。

$$销售利润 = 年销售收入 - 总成本费用 - 营业税金及附加$$
$$税后利润 = 利润总额 - 所得税$$

8.1.4.3 税金

税收是企业经济目标的集中体现，是一定时期内全部经营活动的净成果，是以企业生产经营所创造的收入与所发生的成本对比的结果。利润的实现表明企业生产耗费得到了补偿，并取得了盈利。冶金投资项目投产后所获得的利润可分为销售利润和税后利润两个层次。

我国工业企业应当缴纳的税有十多种，按其性质和作用可分为五大类。

（1）流转税类。它是指以商品生产、流通和劳动服务各个环节的流转额为征收对象的各种税，是我国目前最大的一类税种，包括增值税、消费税和营业税等。

增值税公式为：

$$应纳增值税额 = 当期销项税额 - 当期进项税额$$

增值税率设基本税率、低税率和零税率三档税率。冶金的出口货物适用零税率；冶金行业中用到的自来水、煤气、石油液化气、天然气等适用低税率13%；其他适用基本税率17%。

（2）资源税类。资源税是为保护和合理使用国家自然资源而课征的税。资源税是以各种自然资源为课税对象的一种税。目前，我国资源税的征收范围仅限于矿产品和盐。资源税实行从量定额征收的方法。其计算公式为：

$$应纳资源税税额 = 课税数量 \times 适用单位税额$$

（3）所得税类。所得税类是指以企业、单位、个人在一定时期内的纯所得额为征收对象的一种税，它主要是对生产经营者的利润和个人的纯收入发挥调节作用。

对于工业企业来说，应纳税所得额的计算公式为：

$$应纳税所得额 = 利润总额 \pm 税收调整项目金额$$

企业所得税计算公式为：

$$应纳所得税额 = 应纳税所得额 \times 适用的所得税税率$$

另外，国家根据经济和社会发展的需要，在一定的期限内会对特定的地区、行业或企业的纳税人给予一定的税收优惠，即对其应缴纳的所得税给予减征或免征。

（4）特定目的税类。特定目的税类是指国家为达到某种特定目的而设立的各种税，主要有城市维护建设税等。即为了达到特定目的，对特定对象和特定行为发挥调节作用。

（5）财产税类。财产税类是指以企业和个人拥有及转移的财产的价值或增值税额为征收对象的各种税，包括房地税、车船税和土地增值税等，主要是对某些财产和行为发挥调节作用。

【例8-4】 年产100万吨不锈钢项目税金现只考虑了增值税、教育费附加和城乡维护建设税；其中新水、煤气、天然气增值税税率取13%，其他增值税税率取17%，教育费附加税率取3%，城乡维护建设税税率取5%，可得销售税金及附加合计69535万元。

在例8-2中已估算出总成本费用为994783万元。估计不锈钢不含税售价为11538元/t，故可得：

利润总额 = 102.86万吨 × 11538元/t − 994783万元 − 69542万元 = 122474万元

所得税率25%，税后利润计算如下：

税后利润 = 122474 × (1 − 25%) = 91855万元

8.2 现金流量构成及资金时间价值

8.2.1 现金流量

对于特定的系统，一定时期各时点上实际发生的资金流出或资金流入称为现金流量。

现金流出指在投资一个项目时，其固定资产、流动资金、经营花费等投入；现金流入指销售收入等，并且发生都有时点。

现金流量计算需对每一年的生产情况进行具体分析，如建设期的中后期、投产前夕，需要追加固定资产投资、培训员工、筹备生产销售所需流动资金，需开销上年已到位设备的折旧及借款利息。

【例8-5】 年产100万吨不锈钢项目正常生产年营业收入为1186799元/a，回收固定资产余值和流动资金值暂不考虑。正常生产年固定资产投资不考虑，流动资金为38059元/a，经营成本为944772元/a，销售税金及附加69535元/a。

现金流入 = 营业收入 + 回收固定资产余值 + 回收流动资金值 = 1186799元/a

现金流出 = 固定资产投资 + 流动资金 + 经营成本 + 销售税金及附加

= 38059 + 944772 + 69535 = 1052366元/a

净现金流量 = 现金流入 − 现金流出 = 1186799 − 1052366 = 134433元/a

同理可得其他年净现金流量，见表8-4。

表8-4 年产100万吨不锈钢项目的净现金流量

项 目	1	2	3	4	5	6	7	8
生产负荷/%	0	0	0	100	100	100	100	100
净现金流量/万元·a^{-1}	−290169	−290169	−80391	103812	141871	141871	141871	141871
累计净现金流量/万元·a^{-1}	−290169	−580337	−660728	−556916	−415044	−273173	−131302	10570

8.2.2 资金的等效值及其计算

资金的时间价值指资金随时间推移而增值的这部分资金就是原有资金的时间价值。其实质是资金作为生产要素，在扩大再生产及资金流通过程中，随时间的变化而产生增值。

折现：把将来某一时点的资金金额换算成现在时点的等值金额称为"折现"或"贴现"。

现值：将来时点上的资金折现后的资金金额称为"现值"。"现值"并非专只一笔资金"现在"的价值，它是一个相对的概念。一般来说，将 $t+k$ 时点上发生的资金折现到第 t 时点，所得的等值金额就是第 $t+k$ 时点上资金金额的现值。

终值：与现值等价的将来某时点的资金金额称为"终值"或"将来值"。

折现率：进行资金等值计算中使用的反映资金时间价值的参数称"折现率"。

折现率不是利率，也不是贴现率。折现率、贴现率的确定通常和当时的利率水平有紧密联系。

之所以说折现率不是利率，是因为：（1）利率是资金的报酬，折现率是管理的报酬。利率只表示资产（资金）本身的获利能力，而与使用条件、占用者和使用途径没有直接联系，折现率则与资产以及所有者使用效果相关。（2）如果将折现率等同于利率，则将问题过于简单化、片面化了。

之所以说折现率不是贴现率，是因为：

（1）两者计算过程有所不同。折现率是外加率，是到期后支付利息的比率；而贴现率是内扣率，是预先扣除贴现息后的比率。

（2）贴现率主要用于票据承兑贴现之中；而折现率则广泛应用于企业财务管理的各个方面，如筹资决策、投资决策及收益分配等。

折现作为一个时间优先的概念，认为收益或利益低于同样的收益或利益，并且随着收益时间向将来的推迟的程度而有系统地降低价值。同时，折现作为一个算术过程，是把一个特定比率应用于一个预期的现金流，从而得出当前的价值。从企业估价的角度来讲，折现率是企业各类收益索偿权持有人要求报酬率的加权平均数，也就是加权平均资本成本；从折现率本身来说，它是一种特定条件下的收益率，说明资产取得该项收益的收益率水平。投资者对投资收益的期望、对投资风险的态度，都将综合地反映在折现率的确定上。同样的，现金流量会由于折现率的高低不同而使其内在价值出现巨大差异。

该折现率是企业在购置或者投资资产时所要求的必要报酬率，是税前的利率。

折现率的确定，应当首先以该资产的市场利率为依据。如果该资产的利率无法从市场获得，可以使用替代利率估计折现率。

替代利率在估计时，可以根据企业加权平均资金成本、增量借款利率或者其他相关市场借款利率做适当调整后确定，并应根据所持有资产的特定环境等因素来考虑调整。

企业在估计资产未来现金流量现值时，通常应当使用单一的折现率。

净现金流量折现公式为：

$$PV = \frac{C_t}{(1+r)^{t-1}}$$

累计净现金流量折现公式为：

$$PV' = \sum_{t=1}^{\tau} \frac{C_t}{(1+r)^{t-1}}$$

式中　PV——净现金流量折现值；

　　　PV'——累计净现金流量折现值；

　　　C_t——t 年现金流量；

　　　r——贴现率。

【例 8 - 6】年产 100 万吨不锈钢项目现金流量如表 8 - 4 所示，取折现率为 6.15%，则第一年的净现金流量现值为：

$$PV_1 = \frac{-290169}{(1+0.0615)^{1-1}} = -290169 \text{ 万元}/a$$

$$PV_2 = \frac{-290169}{(1+0.0615)^{2-1}} = -273357 \text{ 万元}/a$$

$$PV_1' = PV_1 = -290169 \text{ 万元}/a$$

$$PV_2' = PV_1 + PV_2 = \frac{-290169}{(1+0.0615)^{1-1}} + \frac{-290169}{(1+0.0615)^{2-1}} = -563526 \text{ 万元}/a$$

同理可得其他年净现金流量现值，见表 8 - 5。

表 8 - 5　年产 100 万吨不锈钢项目的净现金流量现值

项　　目	1	2	3	4	5	6	7	8
生产负荷/%	0	0	0	100	100	100	100	100
净现金流量现值/万元·a^{-1}	-290169	-273357	-71346	86794	111741	105268	99169	93423
累计净现金流量现值/万元·a^{-1}	-290169	-563526	-634871	-548077	-436336	-331068	-231890	-138476

利息计算包括单利和复利，单利是只利用本金计算利息，即不把前期利息累加到本金中去计算出利息，计算公式为：

$$F = P(1+ni) \tag{8-12}$$

复利公式不仅本金要计算利息，而且先前周期中已获得的利息也要作为这一周期的本金计算利息，计算公式为：

$$F = P(1+i)^n \tag{8-13}$$

式中　F——第 n 个计息周期末的本息和；

　　　P——本金；

　　　i——利率；

　　　n——计息周期数，即计算利息的时间单位。

在技术经济计算中，一般按复利计算，复利也比较符合资金在社会再生产过程中的实际运动情况。

8.3　技术经济分析的基本方法

一个项目是否可行，从经济的角度首先需要考虑如下几个问题，投多少，花多少，赚多少，赚多久。项目立项之前要进行精细的投资预算及反复的校核以解决"投多少"这个问题，在政府宏观调控的指引下，对"投多少"还可能有一定要求，通过成本调研，对生产、管理、销售、财务进行统筹，可在项目运行前估算总成本，从而了解项目运行需要"花多少"。经过市场分析，副产品价值分析，再减去税金及利息得知"赚多少"。"赚多久"这个问题更复杂，更重要，直接说明经济效益，并关系到项目的资金情况、生产销售情况，决定企业的存亡。

在对项目进行技术经济分析时，经济效果评价是项目评价的核心内容，为了确保投资决策的科学性和正确性，研究经济效果评价方法是十分必要的。经济效果评价指标体系见图 8 - 4。

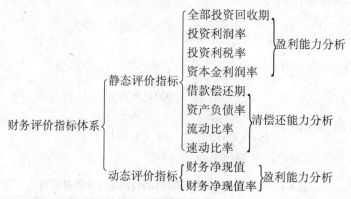

图 8 - 4   经济效果评价指标体系

8.3.1 静态评价指标与分析方法

8.3.1.1 静态投资回收期

静态投资回收期亦称投资返本期或投资偿还期。指工程项目从开始投资（或投产），到以其净收益（净现金流量）抵偿全部投资所需要的时间，一般以年为计算单位。

投资回收期，是反映项目财务上投资回收能力的重要指标，是用来考察项目投资盈利水平的经济效益指标。计算投资回收期（以年为单位）一般从方案投产时算起，若从投资开始时算起应予以注明。投资回收期的计算，按是否考虑时间价值而分为静态投资回收期与动态投资回收期。

理论公式

$$\sum_{t=1}^{P_t} (C_I - C_O)_t = 0 \tag{8-14}$$

式中 P_t——静态投资回收期；

       C_I——现金流入；

       C_O——现金流出。

实用公式：静态投资回收期可根据项目现金流量表计算，其具体计算分以下两种情况：

（1）项目建成投产后各年的净收益均相同时，静态投资回收期计算公式如下：

$$P_t = \frac{I}{A} \tag{8-15}$$

式中 I——项目投入的全部资金；

       A——每年的净现金流量，即 $A = (C_I - C_O)_t$。

（2）项目建成投产后各年的净收益不相同时，投资回收期亦可根据全部投资财务现金流量表中累计净现金流量计算求得，表中累计净现金流量等于零或出现正值的年份，即为项目投资回收的终止年份。其计算公式为：

$$P_t = 累计净现金流量开始出现正值的年份数 - 1 + \frac{上年累计净现金流量的绝对值}{当年的净现金流量}$$

$$\tag{8-16}$$

设基准投资回收期为 P_c，若 $P_t \leqslant P_c$，则项目可以接受；若 $P_t > P_c$，则项目应予以拒绝。

【例 8 - 7】年产 100 万吨不锈钢项目的净现金流量如表 8 - 4 所示，已知钢铁行业基准投资回收期为 10.3 年，试初步判断方案的可行性。

累计净现金流量首次出现正值的年份 $t = 8$，第 $t - 1$ 年的累计净现金流量 $= -131302$，第 t 年的净现金流量 $= 141871$，则由式（8 - 16），得

$$T = 8 - 1 + \frac{\left| -131302 \right|}{141874} = 7.93a < 10.3a$$

故该项目可以接受。

8.3.1.2 投资收益率

（1）投资收益率是项目达到设计生产能力后的一个正常生产年份的总收益与项目总投资的比率。投资收益率的含义是表明项目投产后单位投资所创造的净收益额，因此，也是进行财务盈利能力分析和考察项目投资盈利水平的重要指标。

其计算公式为：

$$R = NB/K \tag{8 - 17}$$

式中　R——投资收益率；

　　　K——项目总投资；

　　NB——项目达产后正常生产年份的净收益或年平均净收益额。

按分析目的不同，NB 可以是年利润总额或年平均利润总额，也可以是年利税总额或年平均利税总额。

设 i_c 为基准投资收益率，则若 $R \geqslant i_c$，则项目可以考虑接受；若 $R < i_c$，则项目应予以拒绝。

（2）适用于项目初始评价阶段的可行性研究。在实际评价工作中，根据分析的具体目的不同，主要计算以下三种投资收益率指标：

1）投资利润率：它是指项目达到正常生产年份的利润总额或生产期年平均利润总额与项目总投资的比率。计算公式为：

投资利润率 = 年利润总额或年平均利润总额/项目总投资 ×100%

项目的投资利润率，可根据项目评价损益表中有关数据计算求得，并与有关部门或行业的平均利润率相比较，以判明项目单位投资盈利能力是否已达到本行业平均水平。

2）投资利税率：它是指项目达产后正常生产年份的利税总额或生产期年平均利税总额与项目总投资的比率。计算公式为：

投资利税率 = 年利税总额或年平均利税总额/项目总投资 ×100%

其中：

年利税总额 = 年销售收入 - 年总成本费用

或　　　　　　年利税总额 = 年利润总额 + 年销售税金及附加

投资利税率，可根据项目评价损益表中数据计算求得，并与部门或行业的平均利税率相比较，以判别项目单位投资对国家积累的贡献水平是否达到本行业的平均水平。

【例 8 - 8】年产 100 万吨不锈钢项目年利润总额为 122481 万元，项目总投资为 797621 万元，销售税金及附加 69535 万元/a。

故该项目：

$$投资利润率 = \frac{122481}{797621} \times 100\% = 15.36\%$$

$$投资利税率 = \frac{122484 \mp 69535}{797621} \times 100\% = 24.07\%$$

为了做好建设项目经济评价工作，提高投资效益，保证各类投资项目评价标准的相对统一性、评价参数取值的合理性和评价结论的可比性，2006 年出版的《建设项目经济评价方法与参数》（第三版）统一发布了全国各行业财务评价参数。其中基准投资收益率 i_o 和基准投资回收期 P_o 是作为项目财务评价的基准判据，而平均投资利润率与平均投资利税率是用来衡量项目的投资利润率或投资利税率是否达到或超过本行业平均水平的评判参数，只作为项目评价的参考依据，不作为项目投资利润率和投资利税率是否达到本行业最低要求的判据。

8.3.1.3 清偿能力分析指标

该项指标主要分析考察项目计算期内财务状况偿债能力。

（1）资产负债率：反映项目各年所面临的财务风险程度及偿债能力指标。

$$资产负债率 = 负债合计/资产合计 \times 100\%$$

资产负债率可以衡量项目利用债权人提供资金进行经营活动的能力，也反映债权人发放贷款的安全程度。

（2）流动比率：反映项目各年偿付流动负债能力的指标。

$$流动比率 = 流动资产总额/流动负债总额 \times 100\%$$

$$流动资产 = 现金 + 有价证券 + 应收账款 + 存货$$

$$流动负债 = 应付账款 + 短期应付票据 + 应付未付工资 + 税收 + 其他债务$$

流动比率可用以衡量项目流动资产在短期债务到期前可以变为现金用于偿还流动负债的能力。一般认为应在 200% 以上，也有认为可以是 120% ~ 200%。

（3）速动比率：反映项目快速偿付流动负债能力的指标。

$$速动比率 = (流动资产总额 - 存货)/流动负债总额 \times 100\%$$

（4）固定资产投资借款偿还期：指在国家财政规定及项目具体财务条件下，以项目投产后可以用于还款的资金偿还固定资产投资借款本金和建设期利息（不包括已用自有资金支付的建设期利息）所需的时间。其表达式为：

$$I_\alpha = \sum_{t=1}^{T} R_t \tag{8-18}$$

式中 I_α——固定投资借款本金和建设期利息之和；

     T——借款偿还期；

     R_t——第 t 年可用于还款的资金，包括利润、折旧、摊销及其他还款资金。

计算公式为：

$$T = \frac{借款偿还后开始出现盈余年份数 - 开始借款年份 + 当年偿还借款额}{当年可用于还款的资金额} \tag{8-19}$$

当偿还期满足贷款机构要求时，即可认为有清偿能力。

【例 8-9】年产 100 万吨不锈钢项目建设期为两年，每年分别投入 50% 固定投资，即290169 万元/a，偿还借款资金来源为未分配利润、折旧费以及摊销费，前例中已算出结

果；利率取6.15%；具体数据见表8-6。由式（8-19），得

$$T = 9 - 1 + \frac{3077}{122581} = 8.03 \text{ 年}$$

表8-6　借款还本付息表　　　　　　　　　　　　　万元

序号	项　目	1	2	3	4	5	6	7	8	9
1	借款及还本付息									
1.1	年初借款本息累计		32056	29404	25450	21332	17043	12576	7923	3077
1.1.1	建设期借款	290169	290169							
1.1.2	建设期利息	8923	9197							
1.2	本年借款	290169	290169							
1.3	本年应计利息	8923	9197	1808	1565	1312	1048	773	487	189
2	偿还借款资金来源			68219	122481	122481	122481	122481	122481	122481
2.1	未分配利润			46048	82674	82674	82674	82674	82674	82674
2.2	折　旧			25728	25728	25728	25728	25728	25728	25728
2.3	摊　销			3200	3200	3200	3200	3200	3200	3200

8.3.1.4　经济增加值EVA

经济增加值EVA作为一种度量公司业绩的指标，从最基本的意义上讲，经济增加值是公司业绩度量指标，与大多数其他度量指标不同之处在于EVA考虑了带来企业利润的所有资金成本。企业赢利只有在高于其资本成本（含股权成本和债务成本）时才为股东创造价值。经济增加值（EVA）高的企业才是真正的好企业。

$$EVA = \text{息前税后利润} - \text{资金总成本} \qquad (8-20)$$
$$\text{息前税后利润} = \text{利润总额} - \text{应交所得税} + \text{利息支出}$$
$$\text{资金总成本} = \text{总资产} \times \text{综合资金成本率}$$
$$= \text{权益资本比重} \times \text{综合资本成本率} + \text{债务资本比重} \times \text{债务资本成本率}$$

【例8-10】年产100万吨不锈钢项目年利润总额122481万元，应交所得税为30620万元，由表8-6可以看到，第三年应计利息是1808万元，第五年是1312万元，第十年开始往后都为零。固定投资580337万元皆为贷款。

故可得其第三年经济增加值为：
$$EVA = 122481 - 30620 + 1808 - 580337 \times 6.15\% (1-25\%) = 66901 \text{ 万元}$$

故可得其第五年经济增加值为：
$$EVA = 122481 - 30620 + 1312 - 580337 \times 6.15\% \times (1-25\%) = 66405 \text{ 万元}$$

故可得其第十年及之后经济增加值为：
$$EVA = 122481 - 30620 - 580337 \times 6.15\% \times (1-25\%) = 65093 \text{ 万元}$$

8.3.2　动态评价指标

方案的动态评价指标不仅考虑了资金时间价值，而且考虑了项目整个寿命期内的收入和支出的全部经济数据，它比静态评价指标更全面、更科学。动态评价方法一般可分为动态投资回收期法、现值法、净年值法及内部收益率法等。

8.3.2.1　动态投资回收期法

动态投资回收期法指在考虑资金时间价值条件下，按基准收益率收回全部投资所需要的时间。

原理公式：

$$\sum_{t=0}^{P'_t} \frac{C_I - C_O}{(1 + i_c)^t} = 0 \qquad (8-21)$$

式中　P'_t——动态投资回收期。

如果项目投产后或达到正常生产能力后年净收益相等，则动态投资回收期的计算公式可推导如下：设总投资 P 在计算期初一次性投入，设定利率为 i，年净收益为 A。根据动态投资回收期计算公式，有

$$-P + A(P/A, i, P_t) = 0$$

$$P'_t = -\lg\left(1 - \frac{pi}{A}\right) \Big/ \lg(1 + i)$$

由于复利计算的结果，动态投资回收期大于静态投资回收期。但在投资回收期不长和折现率不大的情况下，两种投资回收期差别不大，不致影响项目或方案的选择。因此，只有在静态投资回收期很长的情况下，才有必要进一步计算动态投资回收期。

如果投资方案各年的现金流量为非等额数值，可以用现金流量表计算，其计算方法与静态投资回收期类似，其实用公式为：

$$P'_t = 累计净现金流量折现值开始出现正值的年份数 - 1 +$$

$$\frac{上一年累计净现金流量折现值绝对值}{出现正值年份的净现金流量折现值} \qquad (8-22)$$

若 $P'_t \leqslant P'_c$（基准动态投资回收期），项目可以考虑接受；反之，不可接受。

【例 8-11】年产 100 万吨不锈钢项目的净现金流量见表 8-4，现将净现金流量折算为现值，然后算其动态投资回收期。

折现率取 6.15%，查得复利现值系数见表 8-7。

所以，第二年的净现金流量折现值 = -290169 × 0.942063 = -273357 万元

同理，得到其他年份的净现金流量折现值，见表 8-8。

表 8-7　复利现值系数

年份	1	2	3	4	5	6	7	8
PVIF	0.942063	0.887483	0.836065	0.787626	0.741993	0.699005	0.658506	0.620355

表 8-8　净现金流量折现值

项　目	1	2	3	4	5	6	7	8	9	10
生产负荷/%	0	0	80	100	100	100	100	100	100	100
净现金流量/万元	-290169	-290169	-80391	103812	141871	141871	141871	141871	141871	141871
净现金流量折现值/万元	-290169	-273357	-71346	86794	111741	105268	99169	93423	88010	82911
累计净现金流量折现值/万元	-290169	-563526	-634871	-548077	-436336	-331068	-231890	-138476	-50466	32446

由式（8-22）得：

$$T = 10 - 1 + \left| \frac{-50466}{82911} \right| = 9.61\text{a} < 10.3\text{a}$$

故该项目可以接受。

8.3.2.2 现值法

现值法的特点是使各备选方案在使用期中的现金流量现值化，并在此基础上进行方案择优。现值法又可分为净现值法、净现值率法。

净现值（NPV）是指按一定的折现率 i_c（称为基准收益率），将投资项目在分析期内各年的净现金流量折现到计算基准年（通常是投资之初）的现值累加值。用净现值指标判断投资方案的经济效果分析法即为净现值法。

$$NPV = \sum_{t=0}^{n} \frac{(C_I - C_O)_t}{(1 + i_c)^t} \qquad (8-23)$$

式中，i_c 为基准收益率（也称基准折现率），冶金行业推荐值为 11%；n 为计算期（或投资项目寿命期）。

$NPV = 0$：项目的收益率刚好达到预定的收益率 i_c；

$NPV > 0$：项目的收益率大于 i_c，具有数值等于 NPV 的超额收益现值；

$NPV < 0$：项目的收益率达不到预定的收益率 i_c。

判别准则为：

（1）单一方案：$NPV \geq 0$，项目可接受；$NPV < 0$，项目不可接受。

（2）多方案：满足 $\max\{NPV \geq 0\}$。

【例 8-12】年产 100 万吨不锈钢项目的净现金流量见表 8-9，取基准收益率 i_c 为 12%，计算该项目的净现值。

表 8-9 年产 100 万吨不锈钢项目的净现金流量　　　　万元

年　份	1	2	3	4	5	6	7	8	9
净现金流量	-290169	-290169	-80391	103812	141871	141871	141871	141871	141871

年　份	10	11	12	13	14	15	16	17
净现金流量	141871	141871	141871	141291	141291	141291	141291	387592

$$NPV = \sum_{t=0}^{n} \frac{(C_I - C_O)_t}{(1 + i_c)^t}$$

$$= -290169 + \frac{-290169}{1+0.12} + \frac{-80391}{(1+0.12)^2} + \frac{103812}{(1+0.12)^3} + \frac{141871}{(1+0.12)^4} + \frac{141871}{(1+0.12)^5} +$$

$$\frac{141871}{(1+0.12)^6} + \frac{141871}{(1+0.12)^7} + \frac{141871}{(1+0.12)^8} + \frac{141871}{(1+0.12)^9} + \frac{141871}{(1+0.12)^{10}} +$$

$$\frac{141871}{(1+0.12)^{11}} + \frac{141291}{(1+0.12)^{12}} + \frac{141291}{(1+0.12)^{13}} + \frac{141291}{(1+0.12)^{14}} +$$

$$\frac{141291}{(1+0.12)^{15}} + \frac{387592}{(1+0.12)^{16}}$$

从上式不难发现第 5 年至第 12 年的净现金流量为首项 $a_1 = \dfrac{141871}{(1+0.12)^4}$、公比 $q =$

$\dfrac{1}{(1+0.12)}$ 的等比数列，运用等比数列前 n 项的求和公式 $S=a_1\dfrac{1-q^n}{1-q}$，求得第 5 年至第 12 年的净现金流量之和为：

$$S_{5-12}=\frac{141871}{(1+0.12)^4}\times\frac{1-\left(\dfrac{1}{1+0.12}\right)^8}{1-\dfrac{1}{1+0.12}}=\frac{141871}{(1+0.12)^3}\times\frac{(1+0.12)^8-1}{0.12(1+0.12)^8}$$

同理可求得第 13 年至第 16 年的净现金流量之和为

$$S_{13-16}=\frac{141291}{(1+0.12)^{12}}\times\frac{1-\left(\dfrac{1}{1+0.12}\right)^4}{1-\dfrac{1}{1+0.12}}=\frac{141291}{(1+0.12)^{11}}\times\frac{(1+0.12)^4-1}{0.12(1+0.12)^4}$$

这样，可以计算

$$NPV=-290169+\frac{-290169}{(1+0.12)}+\frac{-80391}{(1+0.12)^2}+\frac{103812}{(1+0.12)^3}+S_{5-12}+S_{13-16}+\frac{387592}{(1+0.12)^{16}}$$

$$=-290169+\frac{-290169}{(1+0.12)}+\frac{-80391}{(1+0.12)^2}+\frac{103812}{(1+0.12)^3}+\frac{141871}{(1+0.12)^3}\times$$

$$\frac{(1+0.12)^8-1}{0.12(1+0.12)^8}+\frac{141291}{(1+0.12)^{11}}\times\frac{(1+0.12)^4-1}{0.12(1+0.12)^4}+\frac{387592}{(1+0.12)^{16}}$$

$$=132848\ 万元$$

该项目的净现值为 $NPV=132848$ 万元 >0，故项目可接受。

8.3.2.3　内部收益率法

内部收益率（IRR）又称为内部报酬率，是指项目在计算期内各年净现金流量现值累计值等于零时的折现率，即

$$\sum_{t=0}^{n}\frac{(C_I-C_O)_t}{(1+IRR)^t}=0 \tag{8-24}$$

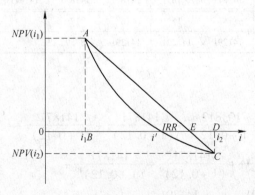

线性插值法求解 IRR 如图 8-5 所示，IRR 是 NPV 曲线与横坐标的交点处的折现率。

判别准则（与基准收益率 i_c 相比较）：

当 $IRR>i_c$ 时，则 $NPV\geq0$，表明方案或项目的内部盈利能力大于行业规定的基准盈利能力，方案可行；

当 $IRR<i_c$ 时，则 $NVP<0$，表明方案或项目的内部盈利能力小于行业规定的基准盈利能力，方案不可行。

当 $IRR=i_c$ 时，表明方案或项目的内部盈利能力与行业规定的基准盈利能力相等。

图 8-5　线性插值法求解 IRR 图解

但方案是否可行，要视具体情况而定，一般可以接受。

以上只是对单一方案而言。如果多方案比选，内部收益率最大的准则不一定成立。

可用线性插值法求解 IRR 的近似值 $i(\approx IRR)$。

根据净现值函数曲线的特征：当 $i < i'$ 时，$NPV > 0$；当 $i > i'$ 时，$NPV < 0$；只有当 $i = i'$ 时，$NPV = 0$。因此，可先选择两个折现率 i_1 与 i_2，且 $i_1 < i_2$，使得 $NPV(i_2) > 0$ 和 $NPV(i_2) < 0$，然后用线性内插法求出 $NPV(i) = 0$ 时的折现率 i，此即是欲求出的内部收益率。用线性内插法计算内部收益率的步骤如下：

第一步：首先估计和选择两个适当的折现率 i_1 与 i_2，且 $i_1 < i_2$，然后分别计算净现值 $NPV(i_1)$ 和 $NPV(i_2)$，并使得 $NPV(i_1) > 0$ 和 $NPV(i_2) < 0$，因此，内部收益率即净现值为零时的利率必然是在 i_1 与 i_2 之间，即 $i_1 < IRR < i_2$。

第二步：推导求内部收益率 IRR 的计算式。用线性内插法求内部收益率 IRR 的示意图如图 8-5 所示。

$$\triangle ACD \sim \triangle BCE$$

所以 $\qquad AD : BE = CD : CE$

即

$$\frac{NPV(i_1)}{|NPV(i_2)|} = \frac{IRR - i_1}{i_2 - IRR}$$

整理得

$$i' \approx IRR = i_1 + \frac{NPV(i_1)}{NPV(i_1) + |NPV(i_2)|}(i_2 - i_1) \qquad (8-25)$$

注意：为保证 IRR 的精度，与 i_1 之间的差距一般以不超过 2% 为宜，最大不宜超过 5%。

【例 8-13】年产 100 万吨不锈钢项目现金流量如表 8-10 所示，基准折现率为 12%，试用内部收益率法分析该方案是否可行。

表 8-10　年产 100 万吨不锈钢项目现金流量

项　目	1	2	3	4	5	6	7	8	9
生产负荷/%	0	0	0	100	100	100	100	100	100
净现金流量/万元	-290169	-290169	-80391	103812	141871	141871	141871	141871	141871

项　目	10	11	12	13	14	15	16	17
生产负荷/%	100	100	100	100	100	100	100	100
净现金流量/万元	141871	141871	141871	141291	141291	141291	141291	387592

试算 $i_1 = 15\%$：

$$NPV(i_1) = \sum_{t=0}^{n} \frac{(C_1 - C_0)_t}{(1 + i_1)^t}$$

$$= -290169 - \frac{290169}{1 + 0.15} - \frac{80391}{(1 + 0.15)^2} + \frac{103812}{(1 + 0.15)^3} + \frac{141871}{(1 + 0.15)^3} \times$$

$$\frac{(1 + 0.15)^8 - 1}{0.15(1 + 0.15)^8} + \frac{141291}{(1 + 0.15)^{11}} \times \frac{(1 + 0.15)^4 - 1}{0.15(1 + 0.15)^4} + \frac{387592}{(1 + 0.15)^{16}}$$

$$= 11696 \text{ 万元/a} > 0$$

试算 $i_1 = 16\%$：

$$NPV(i_1) = \sum_{t=0}^{n} \frac{(C_1 - C_0)_t}{(1 + i_1)^t}$$

$$= -290169 - \frac{290169}{1 + 0.16} - \frac{80391}{(1 + 0.16)^2} \frac{103812}{(1 + 0.16)^3} + \frac{141871}{(1 + 0.16)^3} \times$$

$$\frac{(1 + 0.16)^8 - 1}{0.16(1 + 0.16)^8} + \frac{141291}{(1 + 0.16)^{11}} \times \frac{(1 + 0.16)^4 - 1}{0.16(1 + 0.16)^4} + \frac{387592}{(1 + 0.16)^{16}}$$

$$= -25435 \text{ 万元}/a < 0$$

可见 IRR 在 15% ~ 16% 之间，由式（8-25）：

$$i' \approx IRR = i_1 + \frac{NPV(i_1)}{NPV(i_1) + |NPV(i_2)|}(i_2 - i_1)$$

$$= 15\% + \frac{11696}{11696 + 25435} \times (16\% - 15\%) \approx 15.31\%$$

$$IRR = 15.31\% > 12\%$$

8.3.3　方案类型与评价方法

上一节详细地介绍了技术方案的经济评价指标，但现实中，企业所面临的选择往往是一组项目群，所追求的目标是项目群整体最优化，因此，企业必须在项目群所组成的方案中进行选优。选优就是从多个满足国家政策、社会、环境等要求的技术方案中，通过比较，选择一个技术上先进、经济上合理的最佳方案。比较是选优的基础。企业在进行项目群选优时，首先必须保证方案间具有可比性，然后分析各项目方案之间的相互关系，相应选择正确的评价指标，才能以相应的方法做出科学的决策。本节介绍了互斥方案、独立方案和相关方案的比较方法。

8.3.3.1　多方案之间的关系类型

A　互斥方案

在没有资源约束的条件下，在一组方案中，选择其中的一个方案则排除了接受其他任何一个的可能性，则这一组方案称为互斥型多方案，简称互斥方案。互斥方案按服务寿命长短不同，可分为：计算期相同的互斥方案、计算期不同的互斥方案和计算期无限的互斥方案。

B　独立方案

在没有资源约束的条件下，在一组方案中，选择其中的一个方案并不排斥接受其他的方案，即一个方案是否采用与其他方案是否采用无关，则称这一组方案为独立型多方案，简称独立方案。

C　相关方案

在一组备选方案中，若采纳或放弃某一方案，会影响其他方案的现金流量；或者采纳或放弃某一方案会影响其他方案的采纳或放弃；或者采纳某一方案必须以先采纳其他方案为前提等，则称这一组方案为相关方案。

8.3.3.2　多方案评价

多方案评价包括两种类型：一是从多种可以相互替代而又相互排斥的方案中，筛选出一个最优方案付诸实施；二是在资源限定条件下各级计划部门对若干个独立的可行方案，按照它们的经济效果好坏，优先安排某些效益好的项目，保证有限资源用到最有利的项目上去，也称项目排队。

互斥方案经济效果评价的特点是要进行多方案比选，故应遵循方案间的可比性。可比性包括技术经济分析所用到数据要采用或转化为同一时期的：各个方案所达到产出的目的相同（取得效益相同）；还有分析的各个方案计算期要相同或转化为相同。

为了遵循可比性原则，下面分方案寿命期相等、方案寿命期不等和无限寿命三种情况讨论互斥方案的经济效果评价。

A　计算期相同的互斥方案的比选

对计算期相同的互斥方案的比选方法有三种：第一种是直接采用净现值或净年值进行比选；第二种是作差额分析，即用差额净现值和差额内部收益率法进行比选；第三种是对于产出相同的互斥方案，可采用费用最小的费用现值和费用年值进行比选。

B　计算期不同的互斥方案比选

尽管没有特别说明，但前面文中所讨论的多方案寿命实际上都是假设是相等的。在严格意义上，只有寿命期相等的方案才能进行经济比较，方案寿命不等是不可比的。但是，在实际工作中常遇到寿命不等的互斥方案比较问题，这时必须对方案的服务期限作出某种假设，使得备选方案在相同服务寿命的基础上进行比较。一般有三种方法处理方案的服务寿命期，一是最小公倍数法，二是年值法，三是研究期法。

C　无限寿命方案的比选

一些公共事业工程项目方案，如铁路、桥梁等，可以通过大修或反复更新使其寿命延长至很长的年限直到无限，这时其现金流量大致也是周期性地重复出现；根据这一特点，可以发现寿命无限方案的现金流量的现值与年值之间的特别关系。

8.4　技术经济不确定性分析方法

8.4.1　概述

收益、风险关系见图 8 - 6。一般把未来可能变化的因素对投资项目效果的影响分析统称为不确定性分析。不确定性产生的主要原因：

（1）客观原因：主要是环境因素的变化，使得影响方案经济效果的各种因素的未来值带有不确定性。

（2）主观原因：预测人员统计的误差、预测模型的不适当简化等。

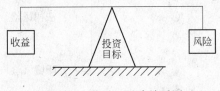

图 8 - 6　收益、风险关系图

不确定性分析的主要方法有盈亏平衡分析法、敏感性分析法、概率分析法。

项目投资风险类别如图 8 - 7 所示。

其中：非系统风险指与随机发生的意外事件有关的风险；

系统风险指与一般经营条件和管理状况有关的风险；

内部风险指与项目清偿能力有关的风险；

外部风险指与获取外部资金的能力有关的风险。

分析不确定性因素，尽量弄清和减少不确定因素对经济效果评价的影响；预测项目可能承担的风险；确定项目在财务上、经济上的可靠性；避免项目投产后不能获得预期的利润和收益。常见的项目风险因素结构见图 8-8。

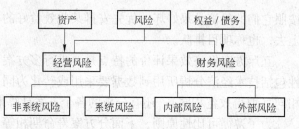

图 8-7　项目投资风险类别图

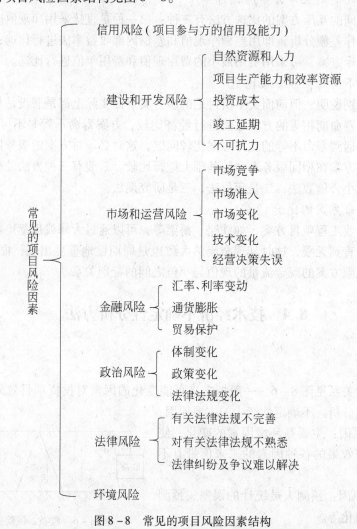

图 8-8　常见的项目风险因素结构

8.4.2　盈亏平衡分析

各种不确定性因素（如投资、成本、销售量、价格、项目寿命期）的变化会影响投资方案的经济效果，当这些因素的变化达到某一临界值时，就会影响到方案的取舍。盈亏平衡分析就是要找出这种临界值，判断投资方案对不确定性因素变化的承受能力，为决策提供依据。

8.4.2.1　独立方案盈亏平衡分析

通过分析产品产量、成本和盈利之间的关系，找出方案盈利和亏损在产量（Q）、单价（P）和成本（C）等方面的临界点，以判断不确定性因素对方案经济效果的影响程度和方案对不确定因素变化的承受能力，说明方案实施的风险大小。

A　销售收入、成本费用与产量之间的关系

投资项目的销售收入与产品销售量（如果按销售量组织生产，产品销售量等于产品产量）的关系有以下两种情况。

第一种情况：该项目的生产销售活动不会对市场供求状况产生明显的影响，假定其他市场条件不变，产品价格不会随该项目的销售量的变化而变化，可以看做是一个常数。销售收入与销售量呈线性关系，即：

$$TR = P \cdot Q \tag{8-26}$$

式中　TR——销售收入；

　　　P——单位产品价格；

　　　Q——产品销售量。

第二种情况：该项目的生产销售活动会明显地影响市场供求状况，随着该项目产品销售量的增加，产品价格有所下降，这时销售收入与销售量之间不再是线性关系，对应于销售量 Q_0，销售收入为：

$$TR = \int_0^{Q_0} P(Q) \mathrm{d}Q \tag{8-27}$$

产品的总成本是固定成本与变动成本之和，它与产品产量的关系也可以近似地认为是线性关系，即：

$$C = C_\mathrm{f} + C_\mathrm{v} Q \tag{8-28}$$

式中　C——总成本费用；

　　　C_f——固定成本；

　　　C_v——单位产品变动成本。

B　盈亏平衡点的确定

将式（8-27）与式（8-28）在同一坐标图上表示出来，可以构成线性量-本-利分析图，如图8-9所示。

图8-9中纵坐标表示销售收入（TR）与产品成本（TC），横坐标表示产品产量（Q）。销售收入线（TR）与总成本线（TC）的交点称盈亏平衡点 BEP，也就是项目盈利与亏损的临界点。在 BEP 的左边，总成本大于销售收入，项目亏

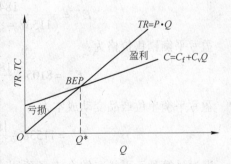

图8-9　线性量-本-利分析图

损；在 BEP 的右边，销售收入大于总成本，项目盈利；在 BEP 点上，项目既无亏损也无盈利。

在销售收入及总成本都与产量呈线性关系的情况下，可以很方便地用解析方法求出以产品产量、生产能力利用率、产品销售价格、单位产品变动成本等表示的盈亏平衡点。

在盈亏平衡点，销售收入 TR 等于总成本 TC，设对应于盈亏平衡点的产量为 Q^*，则有：

$$TR = TC$$
$$PQ^* = C_f + C_v Q^*$$

盈亏平衡产量为：

$$Q^* = \frac{C_f}{P \cdot C_v} \qquad\qquad (8-29)$$

总项目设计生产能力为 Q_c，则盈亏平衡生产能力利用率为

$$E^* = \frac{Q^*}{Q_L} \times 100\% = \frac{C_f}{(P - C_v) Q_s} \times 100\%$$

若按设计能力进行生产和销售，则盈亏平衡销售价格为

$$P^* = \frac{TR}{Q_c} = \frac{TC}{Q_c} = C_v + \frac{C_f}{Q_c}$$

若按设计能力进行生产和销售，且销售价格已定，则盈亏平衡单位产品变动成本为

$$C_v^* = P - \frac{C_f}{Q_c}$$

【例 8-14】 不锈钢项目设计年生产能力 100 万吨，单位产品售价 11538 元/t，生产总成本为 994783 万元，其中固定成本 184267 万元，单位成本 9572 元/t，并与产量成比例关系，求以产量、生产能力利用率及价格表示的盈亏平衡点。

单位产品变动成本为：

$$C_v = \frac{(994783 - 184267) \times 10^4}{100 \times 10^4} = 8105 \text{ 元/t}$$

盈亏平衡产量为：

$$Q^* = \frac{184267 \times 10^4}{11538 - 8105} = 54 \text{ 万吨/a}$$

盈亏平衡生产能力利用率为：

$$E^* = \frac{184267 \times 10^4}{(11538 - 8105) \times 100 \times 10^4} = 54\%$$

盈亏平衡销售价格为：

$$E^* = 8105 - \frac{184267 \times 10^4}{100 \times 10^4} = 9948 \text{ 元/t}$$

盈亏平衡单位产品变动成本为：

$$C_v^* = 11538 - \frac{184267 \times 10^4}{100 \times 10^4} = 9695 \text{ 元/t}$$

通过计算盈亏平衡点结合市场预测，可以对投资方案发生亏损的可能性做出大致判断。在例 8-14 中，如果未来的产品销售价格及生产成本与预期值相同，项目不发生亏损的条件是年销售量不低于 54 万吨，生产能力利用率不低于 54%；如果按设计能力进行生产并能全部销售，生产成本与预期值相同，项目不发生亏损的条件是产品价格不低于 9948 元/t；如果销售量、产品价格与预期值相同，项目不发生亏损的条件是单位产品变动成本不高于 9695 元/t。

C 成本结构与经营风险的关系

产品销量 Q、产品单价 P 及单位变动成本等不确定性因素发生变化所引起的项目盈利额的波动称为项目的经营风险。经营风险的大小与项目固定成本占成本费用的比例有关。

设对应于预期的年销售量为 Q_c、预期的年总成本为 C_c、固定成本占总成本费用的比例为 S。

固定成本为：

$$C_f = C_c S$$

单位产品变动成本为：

$$C_v = \frac{C_c(1-S)}{Q_c}$$

当产品价格为 P 时，盈亏平衡产量为：

$$Q_c^* = \frac{C_c S}{P - \dfrac{C_c(1-S)}{Q_c}} = \frac{Q_c C_c}{\dfrac{1}{S}(PQ_c - C_c) + C_c} \tag{8-30}$$

盈亏平衡单位产品变动成本为：

$$C_v^* = P - \frac{C_c S}{Q_c} \tag{8-31}$$

可以看出，固定成本占总成本的比例 S 越大，盈亏平衡产量越高，盈亏平衡单位变动成本越低。高的盈亏平衡产量和低的盈亏平衡单位变动成本导致项目在面临不确定性因素变化时发生亏损的可能性增大。

设项目的年净收益为 NB，对应于预期的固定成本和单位产品变动成本，则有：

$$NB = PQ - C_f - C_c Q = PQ - C_c S - \frac{C_c(1-S)}{Q_c} Q$$

$$\frac{\mathrm{d}(NB)}{\mathrm{d}Q} = P - \frac{C_c(1-S)}{Q_c} \tag{8-32}$$

显然，当销售量变动时，S 越大，NB 的变动也大，即固定成本的存在扩大了项目的经营风险，固定成本总成本的比例越大，这种扩大作用越强，这种现象称为经营杠杆效应。

固定成本占总成本的比例决定于产品生产的技术要求及工艺设备的选择。一般来说，资金密集型的项目占固定成本的比例高，因而经营风险也比较大。

8.4.2.2 互斥方案盈亏平衡分析

在对若干个互斥方案进行比选的情况下，如果是某个共有的不确定因素影响这些方案的取舍，则可以进行互斥方案盈亏平衡分析。

设定多个（比如两个）方案的经济效果都受到某些不确定性因素（如 x）的影响；选定一个经济效果指标 E（比如总成本、利润、NPV），其以 x 为自变量的函数为：

$$E_1 = f_1(x)$$
$$E_2 = f_2(x)$$

当两个方案的经济效果相同时，有

$$f_1(x) = f_2(x)$$

解出使这个方程式成立的 x 值，即为方案 1 与方案 2 的盈亏平衡点，也就是决定这两个方案孰优孰劣的临界点。结合对不确定因素 x 未来取值范围的预测，也可以做出相应的决策。

【例 8-15】 生产某种产品有 3 种工艺方案。采用方案 1，年固定成本为 8000 万元，单位产品变动成本为 100 元；采用方案 2，年固定成本为 5000 万元，单位产品变动成本为 200 元；方案 3，年固定成本为 3000 万元，单位产品变动成本为 300 元。分析各方案适用的生产规模。

各方案的年总成本均可表示为产量 Q 的函数，则有

$$C_1 = C_{f1} + C_{v1} Q = 8000 + 100Q$$
$$C_2 = C_{f2} + C_{v2} Q = 5000 + 200Q$$
$$C_3 = C_{f3} + C_{v3} Q = 3000 + 300Q$$

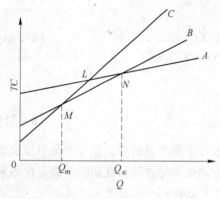

图 8-10 各方案的年总成本函数曲线

各方案的年总成本函数曲线如图 8-10 所示。

由图 8-10 可以看出，3 个方案的年总成本函数曲线两两相交于 L、M、N 三点，各个交点所对应的产量就是相应的两个方案的盈亏平衡点。在本例中，Q_m 是方案 2 与方案 3 的盈亏平衡点，Q_n 是方案 1 与方案 2 的盈亏平衡点。显然，当 $Q < Q_m$ 时，方案 3 的年总成本最低；当 $Q_m < Q < Q_n$ 时，方案 2 的总成本最低；当 $Q > Q_n$ 时，方案 1 的总成本最低。

当 $Q = Q_m$ 时，$C_2 = C_3$，即 $C_{f2} - C_{v2} Q_m = C_{f3} + C_{v3} Q_m$

得
$$Q_m = \frac{C_{f2} - C_{f3}}{C_{v3} - C_{v2}} = \frac{5000 - 3000}{300 - 200} = 20 \text{ 万吨/a}$$

当 $Q = Q_n$ 时，$C_1 = C_2$，即 $C_{f1} + C_{v1} Q_n = C_{f2} + C_{v2} Q_n$

得
$$Q_n = \frac{C_{f1} - C_{f2}}{C_{v2} - C_{v1}} = \frac{8000 - 5000}{200 - 100} = 30 \text{ 万吨/a}$$

由此可知，当预期产量低于 20 万吨/a 时，应采用方案 3；当预期产量在 20 万吨/a 至 30 万吨/a 之间时，应采用方案 2；当预期产量高于 30 万吨/a 时，应采用方案 1。

8.4.3 敏感性分析

敏感性分析是投资项目的经济评价中常用的一种研究不确定性的方法。敏感性因素一般可选择主要参数（如销售收入、经营成本、利率、生产能力、初始投资、寿命期、项目建设期等）考察其对经济效益评价指标的影响（如投资回收期、净现值、净年值、内部收益率等）并进行分析。若某参数的小幅度变化能导致经济效果指标的较大变化，则称此参数为敏感性因素，反之则称其为非敏感性因素。

敏感性分析的一般步骤与内容如下：

（1）确定分析指标。由于敏感性分析是在确定性分析基础上进行的，因此其分析指标与确定性分析使用的指标相同，包括 NPV、NAV、IRR、投资回收期等。选定不确定性因素，并设定其变化范围。

（2）对一般工业项目来说，敏感性因素可以考虑从下列因素中选定，并根据实际确定其变化范围。

1）投资额；2）产量及销售量；3）项目建设期、投产期、达到设计能力所需时间等；4）产品价格；5）经营成本，特别是变动成本；6）寿命期；7）寿命期末资产残值；8）折现率；9）外汇汇率。

（3）计算因素变动对分析指标的影响幅度。计算不确定因素在可能的变动范围内发生不同幅度变动所导致的方案经济效果指标的变动，建立一一对应的数量关系，并用图或表形式表示出来。

（4）确定敏感性因素，对方案的风险情况做出判断。所谓敏感因素，就是其数值变动能显著影响方案经济效果的因素。判别敏感因素的方法有两种。第一种是相对测定法，即设定要分析的不确定性因素均从确定性分析中所采用的数值开始变动，且各因素每次变动的幅度相同，比较在同一变动幅度下各因素的变动对经济效果指标的影响，据此判断方案经济效果对各因素变动的敏感程度。第二种是绝对测定法，即设定各因素均向对方案不利的方向变动，并取其有可能出现的对方案最不利的数值，据此计算方案的经济效果指标，看其是否可达到使方案无法被接受的程度。如果某因素可能出现的最不利数值能使方案变得不可接受，则表明该因素是方案的敏感因素。

综合评价，选择可行的优选方案根据敏感因素对技术项目方案的经济效果评价指标的影响程度，结合确定性分析的结果做出进一步的综合评价，寻求对主要不确定性因素不太敏感的比选方案。

8.4.3.1 单因素敏感性分析

单因素敏感性分析是指每次只变动某一个不确定性因素而假定其他的因素都不发生变化，分别计算其对确定性分析指标影响程度的敏感性分析方法。

（1）敏感度系数：项目评价指标变化的百分率与不确定因素变化的百分率之比。

$$某不确定因素敏感度系数 = \frac{评价指标相对基本方案的变化率}{该不确定因素变化}$$

敏感度系数高，表示项目效益对该不确定因素敏感程度高，提示应重视该不确定因素对项目效益的影响。

（2）临界点（又称开关点）：不确定因素的极限变化，即该不确定因素使项目财务内部收益率等于基准收益率时的变化百分比。临界点的高低与设定的基准收益率有关，对于同一个投资项目，随着设定基准收益率的提高，临界点就会变低（即临界点表示的不确定因素的极限变化变小）。而在一定的基准收益率下，临界点越低，说明该因素对项目效益指标影响越大，项目对该因素就越敏感。

【例 8−16】据测算，年产 100 万吨不锈钢项目的净现值 $NPV = 132848$ 万元，各参数的最初估计值见表 8−11。假定投资额和贴现率保持不变，试对产品产量、产品价格、主要原料价格及投资方案四个因素进行敏感性分析。

表 8−11　各参数的最初估计值

参　　数	初始投资	产品产量	产品价格	主要原料价格	计算期	基准收益率	净现值
估计值	580337 万元	100 万吨/a	11538 元	7763 元	17 年	12%	132848

首先令各因素的变动范围分别取原估计值的 ±15％、±10％、±5％ 并计算变化后的净现值、内部收益率以及敏感性系数和临界点。

当产品产量增加 5％ 时：

$$产量敏感度系数 = \frac{16.52\% - 15.30\%}{15.30\%} \div (+5\%) = 1.59$$

同理可得其他因素变动不同值时的敏感度系数和临界点。结果见表 8-12 ~ 表 8-14。

表 8-12　各因素变动 ±5％ 时的相关参数变化

序号	不确定因素	变化率/%	内部收益率/%	敏感度系数	临界值/%
	基本方案	0	15.30		
1	产品产量	+5	16.52	1.59	12
		-5	14.05	1.64	
2	产品价格	+5	19.7	5.74	12
		-5	10.59	6.16	
3	主要原料价格	+5	11.93	-4.41	12
		-5	18.57	-4.27	
4	建设投资	+5	14.56	-0.97	12
		-5	16.1	-1.04	

表 8-13　各因素变动 ±10％ 时的相关参数变化

序号	不确定因素	变化率/%	内部收益率/%	敏感度系数	临界值/%
	基本方案	0	15.30		
1	产品产量	+10	17.69	1.56	12
		-10	12.74	1.68	
2	产品价格	+10	23.85	5.58	12
		-10	5.4	6.47	
3	主要原料价格	+10	8.42	-4.50	12
		-10	21.74	-4.21	
4	建设投资	+10	13.86	-0.94	12
		-10	16.96	-1.08	

表 8-14　各因素变动 ±15％ 时的相关参数变化

序号	不确定因素	变化率/%	内部收益率/%	敏感度系数	临界值/%
	基本方案	0	15.30		
1	产品产量	+15	18.83	1.54	12
		-15	11.37	1.71	
2	产品价格	+15	27.82	5.45	12
		-15	-0.53	6.90	
3	主要原料价格	+15	4.72	-4.61	12
		-15	24.84	-4.15	

续表 8 – 14

序号	不确定因素	变化率/%	内部收益率/%	敏感度系数	临界值/%
4	建设投资	+15	13.2	-0.92	12
		-15	17.88	-1.12	

由表 8 – 12 ~ 表 8 – 14 得到表 8 – 15，并据此画出敏感性曲线，如图 8 – 11 所示。

表 8 – 15　各因素变动 ±5%、±10%和±15%时收益率　　　　　　%

变化率	-15	-10	-5.00	0	5	10	15
基准内部收益率	12	12	12	12	12	12	12
产品产量	0.1137	0.1274	0.141	15.30	0.1652	0.1769	0.1883
产品价格	-0.0053	0.054	0.106	15.30	0.197	0.2385	0.2782
主要原料价格	0.2484	0.2174	0.186	15.30	0.1193	0.0842	0.0472
建设投资	0.1788	0.1696	0.161	15.30	0.1456	0.1386	0.132
基本方案	15.30	15.30	15.30	15.30	15.30	15.30	15.30

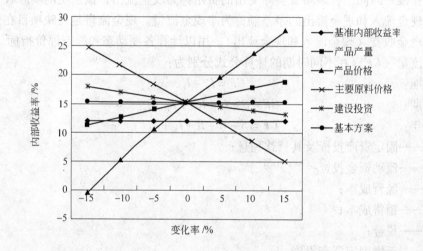

图 8 – 11　敏感性曲线

图中基准收益率水平线与其他各线的交点就是该线的临界点数值。如果各线的交叉点（基本方案）在基准收益率水平线之下说明本项目不可行。临界点符号反映不确定因素与内部收益率变化的相互关系，同向为负，反向为正，其值与图中数值相同。临界点数值的绝对值越小，其对应的不确定因素越敏感。

从图中可以看出本项目受产品价格变动影响最大，其余依次是主要原料价格、产品产量，受建设投资变动影响最小。

8.4.3.2　多因素敏感性分析

实际上许多因素的变动具有相关性，一个因素的变动往往也伴随着其他因素的变动。所以单因素敏感性分析有局限性，改进的方法是多因素敏感性分析，即考察多个因素的同时变动对方案经济效果的影响，以判断方案的风险情况。

多因素敏感性分析要考虑各种因素不同变动幅度的多种组合，计算起来要复杂得多。如果需要分析的不确定性因素不超过三个，而且经济效果指标的计算比较简单，可以用图解法进行分析。

8.5　运用 Excel 计算技术经济评价指标

在经济评价指标和方法的实际运用中，往往遇到这样的难题：即使是简单的问题，计算也比较麻烦，更何况是复杂的建设项目问题。计算机的强大计算功能很好地解决了上述问题，特别是微软公司开发的 Excel 办公软件提供了几百种预定义函数，具有非常强大的数据计算和分析功能。本节介绍如何利用 Excel 计算借款偿还期 T、财务净现值 NPV、财务内部收益率 IRR 等经济评价指标。

8.5.1　现金流量的计算

将某一技术方案作为一个系统，对其在整个寿命周期内所发生的费用和收益进行分析和计量，在某一时间上，该系统实际支出的费用称为现金流出，该系统的实际收益称为现金流入。现金流入和现金流出的净差额称为净现金流量。现金流量是反映项目在计算期内各年度的现金收支（现金流入和现金流出），用以计算各项动态和静态评价指标。

现金流量（CF）在不同时期的计算公式分别为：

建设期：
$$CF = I_P - I_F$$

生产期：
$$CF = S - C - R - I_\varphi - I_W$$

最末年：
$$CF = S - C - R + I_S + I_R$$

式中　I_P——固定资产投资及其贷款利息；

　　　I_F——流动资金投资；

　　　C——经营成本；

　　　S——销售成本；

　　　R——税金；

　　　I_φ——新增固定资产投资；

　　　I_W——新增流动资金投资；

　　　I_S——回收固定资产净残值；

　　　I_R——回收流动资金。

下面以年产 100 万吨不锈钢项目的现金流量计算为例来说明 Excel 的应用。步骤如下：

（1）启动 Excel 软件，将固定资产投资及其贷款利息、流动资金投资、经营成本、新增固定资产投资、新增流动资金投资、回收固定资产净残值、回收流动资金输入工作表，如表 8 – 16 所示。

（2）在单元格 R13 中输入公式" = – B3 – B4 – B5"，然后回车；在单元格 C14 中输入公式" = C7 – C6 – C8 – C9 – C10 – C11 + C12 + C13"，然后回车；将鼠标放在 C14 右下角，待鼠标变成十字，向右拖动至 S14，如表 8 – 17 所示。

表 8 – 16　现金收入与支出 Excel 表

A 序号	B 项目	C 1	D 2	E 3	F 4	G 5	H 6	I 7	J 8	K 9	L 10	M 11	N 12	O 13	P 14	Q 15	R 16	S 17
0	生产负荷(%)	0%	0%	80%	100%	100%	100%	100%	100%	100%	100%	100%	100%	100%	1	1	1	1
1	固定资产投资	290169	290169															
1	流动资金投资	0	0	175781	38055													
1	借款利息支付	0		10779	13120	13120	13120	13120	13120	13120	13120	13120	13120	12865	12865	12865	12865	12865
1	经营成本			762050	928903	928903	928903	928903	928903	928903	928903	928903	928903	909703	909703	909703	909703	909703
2	销售收入			949451	1186813	1186813	1186813	1186813	1186813	1186813	1186813	1186813	1186813	1186813	1186813	1186813	1186813	1186813
2	销售税金及附加			55634	69542	69542	69542	69542	69542	69542	69542	69542	69542	69542	69542	69542	69542	69542
2	所得税			18429	31994	31994	31994	31994	31994	31994	31994	31994	31994	38458	38458	38458	38458	38458
2	新增固定资产投资																	
2	新增流动资产投资																	
3	回收固定资产余值																	29017
3	回收流动资金																	209690

表 8 – 17　净现金流量 Excel 计算表

A 序号	B 项目	C 1	D 2	E 3	F 4	G 5	H 6	I 7	J 8	K 9	L 10	M 11	N 12	O 13	P 14	Q 15	R 16	S 17
0	生产负荷(%)	0%	0%	80%	100%	100%	100%	100%	100%	100%	100%	100%	100%	100%	1	1	1	1
1	固定资产投资	290169	290169															
1	流动资金投资	0	0	175781	38055													
1	借款利息支付	0		10779	13120	13120	13120	13120	13120	13120	13120	13120	13120	12865	12865	12865	12865	12865
1	经营成本			762050	928903	928903	928903	928903	928903	928903	928903	928903	928903	909703	909703	909703	909703	909703
2	销售收入			949451	1186813	1186813	1186813	1186813	1186813	1186813	1186813	1186813	1186813	1186813	1186813	1186813	1186813	1186813
2	销售税金及附加			55634	69542	69542	69542	69542	69542	69542	69542	69542	69542	69542	69542	69542	69542	69542
2	所得税			18429	31994	31994	31994	31994	31994	31994	31994	31994	31994	38458	38458	38458	38458	38458
2	新增固定资产投资																	
2	新增流动资产投资																	
3	回收固定资产余值																	29017
3	回收流动资金																	209690
4	净现金流量	-290169	-290169	-80391	103812	141871	141871	141871	141871	141871	141871	141871	141871	141291	141291	141291	141291	141291

8.5.2　净现值的计算

运用 Excel 软件，能够非常方便地计算给定现金流量的净现值。然而，根据 Excel 软件的定义，函数 NPV 假定投资开始于 Value1 现金流量所在日期的前一期，并结束于最后一笔现金流量的当期。函数 NPV 依据未来的现金流来进行计算。如果第一笔现金流发生在第一个周期的期初（即第一年年初），则第一笔现金必须加到函数 NPV 的结果中，而不应包含在 Value1 参数中。

以年产 100 万吨不锈钢项目为例来说明 Excel 的运用。步骤如下：

（1）启动 Excel 软件，将现金流量输入（或复制）工作表中。

（2）激活单元格 C4。点击工具栏上的 "fx" 按钮。

（3）在弹出的 NPV 函数对话框中，"Rate" 栏中键入 12%，点击 "Value1" 栏右端的 "▦" 图标，弹出 "函数参数" 选择框，拖动 C3 的虚线框到 S3，再点击右端的 "▦" 图标，回到 NPV 函数对话框。该步骤也可简化为：直接在单元格 C4 中输入公式 "= NPV (12%, C3:S3)"。

（4）最后点击 "确定" 按钮，即可输出结果 132848 万元，与手工计算相符，如表 8 – 18 所示。

8.5.3　投资回收期的计算

8.5.3.1　静态投资回收期

如前文所述，静态投资回收期可根据累计净现值流量求得，也就是求累计净现金流量为零的时刻，此时项目投资所产生的收益恰好回收了前期的投资，应该介于累计净现金流量由负值转为正值年份中。下面以年产 100 万吨不锈钢项目来说明 Excel 的应用，步骤如下：

表 8 – 18　净现值 Excel 计算表

◢	A	B	C	D	E	F	G	H	I
1									
2		年份	1	2	3	4	5	6	7
3		净现金流量	-290169	-290169	-80391	103812	141871	141871	141871
4		NPV	132848						

J	K	L	M	N	O	P	Q	R	S
8	9	10	11	12	13	14	15	16	17
141871	141871	141871	141871	141871	141291	141291	141291	141291	387592

（1）启动 Excel 软件，将净现金流量复制到工作表中，计算累计净现金流量。如表 8 – 19 所示。其中，累计净现金流量 = 上年累计净现金流量 + 本年净现金流量，即 C6 = C5，D6 = C6 + D5，点击 D6，将鼠标放在 D6 右下角，待鼠标变成十字状，向右拖动至 P6。

表 8 – 19　净现金流量 Excel 表

◢	A	B	C	D	E	F	G	H	I	J
1										
2		项　目	1	2	3	4	5	6	7	8
3		生产负荷（%）	0%	0%	80%	100%	100%	100%	100%	100%
4		净现金流量	-290169	-290169	-80391	103812	141871	141871	141871	141871
5		累计净现金流量	-290168.505	-580337	-660728	-556916	-415044	-273173	-131302	10570

（2）在单元格 F7 中输入公式 " = J3 – 1 + ABS（I6/J5）"，然后回车。单元格 F7 中显示的结果 7.93a 为静态投资回收期。这一结果与手算结果相符，如表 8 – 20 所示。

表 8 – 20　静态投资回收期 Excel 计算表

◢	A	B	C	D	E	F	G	H	I	J
1										
2		项　目	1	2	3	4	5	6	7	8
3		生产负荷（%）	0%	0%	80%	100%	100%	100%	100%	100%
4		净现金流量	-290169	-290169	-80391	103812	141871	141871	141871	141871
5		累计净现金流量	-290168.505	-580337	-660728	-556916	-415044	-273173	-131302	10570
6		投资回收期(含建设期):				7.93				

8.5.3.2　动态投资回收期

动态投资回收期同样也可用现金流量表中的累计净现值计算求得，只是这里的现金流量要考虑资金的时间价值。投资回收期（PBP）指标，用 IF 函数判断、确定累计净现金流量首次为正数或零的年份数（T），然后利用公式

$$P'_t = T - 1 + \left| \frac{\text{上年净现金流量折现值累计值}}{\text{当年净现金流量折现值}} \right|$$

来计算动态投资回收期（含建设期）。

IF 函数是计算机编程语言函数，即执行真假值判断，根据逻辑计算的真假值，返回不同结果，可以使用函数 IF 对数值和公式进行条件检测。

函数："= IF（A，B，C）"，意思是"如果 A 成立，那么就取 B 值，否则取 C 值"。它的格式是："= IF（条件 1，返回值 1，返回值 2）"。多层嵌套（最多 7 层）的格式：

"=IF（条件1，返回值1，IF（条件2，返回值2，IF（条件3，返回值3，返回值4)))"。这里先写3层嵌套，4、5、6、7层同理。

（1）启动 Excel 软件，将净现金流量复制到工作表中，计算净现金流的折现值，具体做法是：在单元格 C5 中插入函数。先在函数选择类别（C）栏中选择"财务"，然后再在财务函数下边的"选择函数"栏中选择折现值函数 PV，点击"确定"，在弹出的 PV 对话框中，Rate 栏中键入 6.15%（折现率，一般按贷款利率取值），Nper 栏键入年限 C2 - 1，净现金流量终值 FV 中输入 - C4，点击"确定"即可在单元格 C5 中输入公式"= PV（6.15%，C2 - 1，- C4）"，然后拖动单元格 C5 右下角的复制柄，直至单元格 U5。

（2）同理，先计算累计现金流量（现值）。

（3）在 Excel 表格中没有直接计算动态投资回收期的函数，但可利用 IF 函数编辑公式计算获得。当计算出并形成了净现金流量、净现金流量折现值、累计净现金流量的 Excel 表格后，就可利用 Excel 表格计算出动态投资回收期。如表 8 - 21 所示，首先在单元格 F7 中输入公式："F7 = K2 - 1 + ABS（J6/K5）"或者输入 IF 函数"F7 = IF(C6 < 0,1,0) + IF(D6 < 0,1,0) + IF(E6 < 0,1,0) + IF(F6 < 0,1,0) + IF(G6 < 0,1,0) + IF(H6 < 0,1,0) + IF(I6 < 0,1,0) + IF(J6 < 0,1,0) + IF(K6 < 0,1,0) + IF(L6 < 0,1,0) + ABS(K6/L5)"。公式中前9项计算前9年中累计净现金流量现值为负值的年份数，最后1项为当净现金流量现值累计值开始出现正值的年份（T）的前一年份（$T-1$）净现金流量现值累计值与当年（T）净现金流量现值的商的绝对值，然后回车。单元格 F7 中显示的结果 9.61a 为动态投资回收期。这一结果与手算结果相符，如表 8 - 21 所示。

表 8 - 21　动态投资回收期 Excel 计算表

	A	B	C	D	E	F	G	H	I	J	K	L
1												
2		项 目	1	2	3	4	5	6	7	8	9	10
3		生产负荷（%）	0%	0%	80%	100%	100%	100%	100%	100%	100%	100%
4		净现金流量	-290169	-290169	-80391	103812	141871	141871	141871	141871	141871	141872
5		净现金流量折现值（折现率6.15%）	-290169	-273357	-71346	86794	111741	105268	99169	93423	88010	82912
6		累计净现金流量折现值	-290169	-563526	-634871	-548077	-436336	-331068	-231900	-138476	-50466	32406
7		动态投资回收期(含建设期)：				9.61						

8.5.4　内部收益率的计算

从前文中看到，运用线型插值法计算方案的内部收益率是一件非常复杂的工作，而运用 Excel 软件，就能够非常方便地计算内部收益率。它的原理是从某一值开始，IRR 函数进行循环计算，直至结果的精度达到 0.00001%。下面还是以年产 100 万吨不锈钢项目为例，介绍如何通过 Excel 来计算内部收益率，步骤如下：

（1）启动 Excel 软件，将现金流量输入（或复制）工作表中。

（2）激活单元格 C5。点击工具栏上的"fx"按钮，弹出"插入函数"对话框。先在选择类别下拉菜单中选择"财务"，然后在下面的"选择函数"栏中选择"IRR"，最后点击对话框下端的"确定"按钮。

（3）在弹出的 IRR 函数对话框中，点击"Valuel"栏右端的"▨"图标，弹出"函数参数"选择框，拖动 C4 的虚线框到 S4，再点击右端的"▨"图标，回到 IRR 函数对话框。在大多数情况下，并不需要为函数 *IRR* 的计算提供 guess 值。如果省略"guess"，则假设它为 0.1（10%）。如果函数 *IRR* 返回错误值#NUM!，或结果没有靠近期望值，可用另一个 guess 值再试一次。该步骤也可简化为：直接在单元格 C4 中输入公式" = *IRR*（C4:S4）"。

（4）最后点击"确定"按钮。输出结果为 15.30%，如表 8 – 22 所示。

表 8 – 22　内部收益率 Excel 计算表

▲	A	B	C	D	E	F	G	H	I
1									
2		年份	1	2	3	4	5	6	7
3		净现金流量	-290169	-290169	-80391	103812	141871	141871	141871
4		IRR	15.30%						

J	K	L	M	N	O	P	Q	R	S
8	9	10	11	12	13	14	15	16	17
141871	141871	141871	141871	141871	141291	141291	141291	141291	387592

用 Excel 表格计算的年产 100 万吨不锈钢项目技术经济指标见附录 1。

学习思考题

8 – 1　工业企业的成本费用有哪些项目，由哪些费用因素构成？

8 – 2　某企业某项固定资产的原值为 100 万元，预计使用年限是 10 年，采用直线法计算净残值率分别为 30%、11%、9%、7% 和 5% 时各年的折旧额。

8 – 3　什么是经营成本，为什么折旧费、摊销费和利息支出不是经营成本的组成部分？

8 – 4　简述销售收入、总成本、税金、利润之间的关系。

8 – 5　某工厂生产一批原料，设计月生产能力为 6000t，产品售价为 1300 元/t。每月的固定成本为 145 万元。单位产品变动成本 930 元/t，试分别画出月固定成本、月变动成本、单位产品固定成本、单位产品变动成本与月产量的关系曲线，并求出以月产量、生产能力利用率、销售价格、单位产品变动成本表示的盈亏平衡点。

8 – 6　某企业 2006 年生产某产品 1 万件，生产成本 150 万元，当年销售 8000 件，销售单价 220 元/件，全年发生管理费用 10 万元，财务费用 6 万元，销售费用为销售收入的 3%，若销售税金及附加相当于销售收入的 5%，所得税率为 33%，企业无其他收入，求该企业 2006 年的利润总额、税后利润是多少？

8 – 7　内部收益率的经济含义是什么，内部收益率最大的方案一定是最优方案吗？

8 – 8　某工厂拟更换一台设备，其新增的收益额第一年为 10000 元，以后连续 5 年因设备磨损、维护费用增大，使年收益逐年下降。设每年收益下降额均为 300 元，年利率为 10%，试求该设备 5 年的收益现值。

8 – 9　在项目评价中，当其他制造费按制造费用的 20% 计提时，试推导出制造费与修理费和折旧费的关系表达式，要求写出推导步骤。

8 – 10　在项目评价中，当其他管理费按管理费用的 40% 计提时，试推导出管理费与无形资产和其他资产的关系表达式，要求写出推导步骤。

8 – 11　现在市场出现一种性能更佳的高炉高压轴流风机，售价 504 万元。若使用新型设备取代现有设备，估计每年可增加收益 2 万元，使用期为 7 年，期末残值为 0。若预期年收益率为 10%，现有的老式设备的现在残值为 0.4 万元。问从经济的角度看，能否购买新设备取代现有设备？

8-12 某拟建项目建设期为 2 年，第一年初投资 150 万元，第二年初投资 225 万元，固定资产投资为银行贷款，年利率 8%。项目寿命 15 年，生产期第一年达到设计生产能力，正常年份产品销售收入为 375 万元，总成本费用 225 万元，增值税率为 14%（已扣除进项税部分），忽略其他税金及附加，流动资金为 75 万元。若项目的全部注册资金为 950 万元，试求该项目的投资利润率、投资利税率、资本金利润率？

8-13 某项目各年的净现金流量如下表所示，试用净现值评价该项目。

某项目现金流量

万元

年 份	0	1	2	3	4~10
投资	40	700	150		
收入				670	1050
其他支出				450	670

8-14 某企业拟建一套生产装置，现提出两种方案，基准折现率为 12%，试对两方案进行比较和选择。

两种方案的现金流量及寿命

方 案	初始投资/万元	年收益/万元	寿命期/年
A	400	150	13
B	300	100	15

8-15 有四个可供选择的互斥方案，其投资及现金流量如下表所示，寿命均为 15 年，基准收益率 10%，试用净现值法和内部收益率法评价选优。

四个互斥方案的投资及现金流量

万元

方 案	A	B	C	D
投 资	350	275	220	180
年净现金流量	52	43	28	26

8-16 为了更准确地控制和调节反应器的温度，提高生产率，有人建议采用一套自动控制调节设备。该套设备的购置及安装费用为 5 万元，使用寿命为 10 年，每年维修费为 2000 元。采用此设备后，因生产率提高，每年增加净收入为 1 万元。设折现率为 10%，试计算此项投资方案的静态和动态投资回收期，以及内部收益率。

8-17 现有 A、B 两套方案，其现金流量如下表所示，设 $i_c = 12\%$，基准投资回收期为 3 年。

各方案的净现金流量

万元

年 份	方案A	方案B
0	-10000	-1000
1	5000	100
2	5000	200
3	5000	300
4	5000	400
5	5000	500

试求 A、B 方案的：

（1）净现值；

（2）静态和动态投资回收期；

（3）内部收益率，并判断项目是否可行。

8-18 有 3 个项目可供选择，生产规模相同，投资的年成本如下表所示，寿命周期为 5 年，$i = 12\%$，计算各方案的经济效益并比较。

各方案的净现金流量　　　　　　　　　　　　万元

年　份	方案 A	方案 B	方案 C
0	1100	1200	1500
1	1200	1000	800
2	1200	1000	800
3	1200	1000	800
4	1200	1000	800
5	1200	1000	800

8-19 某项目拟增加一台新产品的设备，设备投资为 140 万元，设备的寿命期为 5a，5a 后残值为零。各年的现金流量见下表。当贴现率为 10% 时，试分别用净现值法和外部收益率法分析该投资方案的可行性。

现金流量表　　　　　　　　　　　　万元

时间/a	1	2	3	4	5
销售收入	80	80	70	60	50
经营费用	20	22	24	26	28

8-20 现有 6 个投资项目，期初投资额与每年收益如下表所示，若有效期为 10 年，基准收益率 $= 10\%$，期末市场价值为 0，请用 *IRR* 方法确定应投资哪一个项目？

项　目	A	B	C	D	E	F
投　资	1500	900	2500	4000	7000	5000
年收益	276	150	400	925	1425	1125

8-21 某投资方案初始投资为 100 万元，预计项目寿命为 5 年，每年可提供净收益 28 万元，基准收益率为 8%，项目期末残值为 20 万元，试分析基准收益率、初始投资、年净收益额同时为可变因素时它们对项目净年值的影响。

9   总图运输

总图运输设计是综合利用各种条件，合理确定工业（园）区、工业企业各种建筑物、构筑物及交通运输设施的平面关系、竖向关系、空间关系及与生产活动有机联系的综合性学科。

总图运输设计政策性强、涉及面广、关系复杂，它以研究厂址场地选择、场地内各建（构）筑物、管线、交通运输设施等空间配置以及企业内、外部运输为对象，能全面反映工业企业建设和生产的综合技术水平。

总图运输设计的性质是多对象、多因素、多专业学科且综合性极强的创造性思维活动的实践过程，该过程极其复杂，涉及面相当广泛，它不仅与社会经济、科技文化发展的整体水平密切相关，还受到历史条件、时间阶段、地域场所的制约，加之人们对宏观事物的认识能力及创造精神的发挥存在着差别，亦导致设计指导思想和设计内容的差异。

总图运输的性质决定了总图运输专业人员必须要有强烈的全局观念，必须具备一定的组织能力和表达能力，必须要了解历史和掌握未来发展的长远设想，要有广博的知识面和工程概念，技术业务要精益求精。如果总平面布置不合理，就会给工程留下遗憾，给施工、生产、生活造成不便，甚至对安全、经济、环境等方面也会造成很大的影响。做出符合国情与厂情、因地制宜和经济合理的总图运输设计，将为工厂近期和长远取得良好的经济效益和社会效益提供必要的前提。

冶金总图运输设计内容是根据工厂建厂地区的自然和环境条件，按照工艺和物料流程，正确选定厂址，合理安排各场地和各设施的空间位置，系统地处理物流、人流、能源流和信息流等的设计工作。其主要内容包括：总图布置设计、运输设计和管线综合设计。冶金工厂总图运输设计是按照总图运输学科的原理进行的，总图运输设计关系着能否按生产力布局的原则确定厂址，决定着冶金工厂复杂的生产过程能否均衡地、协调地和连续地进行，影响着基本建设和经营费用投入高低，所以冶金工厂总图运输设计十分重要。

9.1   总体布置

总体布置是指确定建设项目各场地间相互配置及其间交通、能源和信息连接的设计。无论是冶金工厂还是冶金矿山，都是多场地的作业，除通称为厂区的工业场地外，一般还有铁路车站、码头、变电站、水源地、污水处理站、炉渣和工业垃圾弃置场、卫生防护地带等辅助设施场地，以及铺设专用铁路、专用道路和厂外管线等用地。冶金矿山还有排土场（废石场）、尾矿场、爆破材料（厂）库等辅助设施场地。位于城市的企业，职工住宅是城市建设的一部分；不在城市的企业，则建有专门的职工居住区。大、中型冶金企业，需设置施工场地。

总体布置的任务是将上述这些场地，结合自然条件和环境条件，按物流、人流和能源流等要求进行合理的空间布局，形成完整的和统一的生产经营整体。表示总体布置设计的设计成品为区域总平面图。图上表示企业所在的地理位置；四邻现状和规划情况；企业各场地的相互配置及相互间的交通、能源和信息联系。其比例，一般采用 1/10000 ~ 1/50000。

9.1.1　总体布置的一般要求

总体布置的基本要求包括：

（1）工业场地（或称厂区），是总体布置的主体，宜优先选择最佳位置。按冶金企业生产特性，该场地宜靠近厂外主要运输方式的衔接点–铁路车站、码头或公路附近；靠近水源和电源；布置在地形比较平坦且地质条件较好的地段，以及要求洁净场地最小风频的上风向和水体下游，并要在周围留出预测有可能需要扩建的面积。

（2）交通运输设施用地。厂外运输采用水运时，要选择宜于修建码头的港址，特别是采用大型船舶运输的原料码头。厂区宜靠近它，并有合理的物流衔接条件。当采用铁路运输时，要根据接轨条件、车流方向、交接作业方法等选择有建设相应规模的工厂编组站站址。站坪要留有与工厂规模同步扩建的可能。专用铁路和道路要选择路径短且工程量小的路由，并避免切割企业场地间的联系、穿越居住区和妨碍工厂和城市的发展。

（3）水电设施用地。这是取用地表水的取水点，一般选择在本企业、相邻企业和城市排水口的上游。生活饮用水的水源地，需按规定留有防护距离。污水处理站宜选择在工厂污水排出的方向，接近排入的水体或下水管网。设置在厂外的或地区拟建的变电站，尽可能靠近厂区。厂外给、排水管道和输电线路力求路径最短，并与厂区边缘保持一定距离，不致影响厂区扩展。给水和排水明渠，要考虑明渠两侧的交通联系。

（4）炉渣和工业垃圾弃置用地。选择在主要排出炉渣和工业垃圾的方向，尽量利用就近的洼地、荒地、沟谷和滩涂等。炉渣和工业垃圾堆置于沟谷和滩涂时，需采取不污染水体和不影响河流泄洪和航运的措施，也不能由此改变其主流方向和危及下游设施的安全。堆置用地根据需要统一规划，分期实施，但初期堆存量一般不小于 10 年。

如工业废料进行综合利用时，要一并考虑综合利用设施场地的需要。

（5）排土场（废石场）。排土场宜靠近露天采矿场的开采境界以外，并不能影响矿山的发展。倾角小且大面积层状矿体，或是多个分散的深凹孤立主矿体时，要优先采用内部排土场。在山坡、沟谷，靠近采场可以选择多个分散的排土场，有利于分水平开采运输和疏解通过能力。

排土场的规划要为复田造土创造条件，如废石能再生利用时要考虑回收的条件。

（6）尾矿场。尾矿场选择在靠近选矿厂及建坝条件好，对农田影响小的荒山沟谷中，并有实现尾矿自流的条件。尾矿场要采取植被或其他覆盖措施，防止扬尘，有条件时，结合排弃进行复垦。尾矿场周围要栽植防护林带。

（7）爆破材料（厂）库。爆破材料厂（库）应位于矿区的边缘地区，与场地、铁路、道路、居住区及邻近的城镇保持足够的安全距离。

（8）卫生防护地带。厂区与其他场地之间以及其与城镇、相邻企业之间，按工厂经处理后排放的污染物的浓度，根据当地环境评价要求设置一定宽度的卫生防护地带。该地带内，按功能要求进行绿化，也可以布置污染较轻的设施，但不能布置经常居住的房屋。

（9）居住区。不属城镇规划范围的冶金企业，在符合安全和卫生标准以及不影响企业发展的条件下，居住区宜尽量靠近厂区布置，并位于厂区常年最小风频的下风侧。居住区与厂区之间不能布置铁路和繁忙的公路，居住区内不能有过境公路穿过。居住区与相邻的城镇及客运车站和码头间需有方便的联络道路。当厂区范围较大，居住区集中后使职工上下班路途时间过长时，居住区可以分散布置，但每个小区的人口规模不宜少于4万人。

（10）施工用地。为施工需要设置建筑材料的加工设施，一般宜集中布置。其场地宜选择在工业场地的固定端，而且便于利用正式工程的铁路和道路。分期建设的企业，施工用地尽可能利用后期建设的场地和厂区内空隙地等。施工单位职工的居住区和企业生产职工的居住区统一考虑。

9.1.2 卫生防护地带及安全防护距离

卫生防护地带是指产生有害因素的部门（车间或工段）或污染源至居住区等两者相对边缘之间所形成的地带。居住区与工厂之间的卫生防护地带应尽量利用原有绿地、水域、山冈和不利于建筑房屋的地带，不得设置经常居住的房屋，可设置毒害较小的车间或工厂、办公室、门诊部、消防机构、浴室、食堂、警卫室等，但其建筑系数不宜超过10%。卫生防护地带应予以绿化。生活饮用取水点要注意两个方面：（1）与地面水之间，在取水点防护地带内，不得排入工业废水和生活污水，不得设置渣场、有害化学物品仓库或堆场，不得建立装卸垃圾、粪便和有害物品的码头；（2）与地下水之间，在取水点影响范围内，不得设置禽畜饲养场、渗水厕所，不得堆放垃圾、粪便、废渣，不得敷设污水管道，农田不得使用工业废水、生活污水和持久性或有剧毒的农药。

卫生防护距离是从产生职业性有害因素的生产单元（生产区、车间或工段）的边界至居住区边界的最小距离。例如铁矿、黏土矿、锰矿、白云石、石灰石矿等露天采场、选矿厂与居住区之间防护距离为300～500m；居住区与烧结厂之间的卫生防护距离，所在地区近5年平均风速小于2m/s时，应为600m，风速为2～4m/s时，卫生防护距离应为500m，风速大于4m/s时，卫生防护距离应为400m。

9.1.3 交通运输

冶金企业外部交通运输要与所在城市（镇）或工业区的交通运输现状和发展相适应，并为与相邻企业的协作创造条件。采用铁路运输设置接轨站，接轨站的数量由冶金企业运输规模确定，其位置放在原料入口方向。采用水路运输需设水运码头。

9.1.4 渣场

9.1.4.1 渣场位置及要求

（1）对于熔渣、块渣及水渣的一般要求：不要占用农田、好地，考虑分期用地，有满足堆存、渣处理及辅助设施的用地面积；不同种类的冶金渣和工业垃圾应分开堆存，不污染水体，不淤塞河流和影响河流的泄洪；有方便的对外运输条件，若有水运条件时，宜靠向码头。

（2）对熔渣的其他要求：与冶炼车间的距离不宜大于6km，宜位于居住区、厂区及相邻企业常年最小频率风向的上风侧，运渣线应符合有关技术要求。

（3）对块渣及工业垃圾的其他要求：宜靠近厂区边缘，可填浅海区及低洼地，工业垃圾场堆存容量年限，初期不宜小于10年。

（4）对水渣的其他要求：水运时，在码头处应有一定面积的转运渣场；胶带运输时，距渣源间的距离不宜过长；采用水渣池冲渣时，水渣池宜靠近厂区边缘。

9.1.4.2 渣场面积

A 冶金渣数量

生产1t产品的冶金渣数量，根据各厂原料成分、配料等的不同而有异，其数量可按冶炼炉别选取。例如，高炉吨铁的冶金渣数量为0.35~0.70t，转炉吨铁的冶金渣数量为0.03~0.04t，电炉吨铁的冶金渣数量为0.03~0.10t。

B 渣场面积计算

当冶金渣考虑综合利用后余下的冶金渣，尚须选择渣场堆存时，所需渣场面积，按式（9-1）计算：

$$A = \frac{mQ}{\gamma HK} n \qquad (9-1)$$

式中　A——渣场面积，m^2；

　　　m——每吨产品的渣产量，t；

　　　Q——年产量，t；

　　　γ——冶金渣堆密度，t/m^3；

　　　H——渣场平均堆高，m，根据实际情况确定，不宜小于10m；

　　　K——场地利用系数，可取0.7~0.75；

　　　n——渣场堆存年限，根据规划确定。

9.1.5 水、电设施

9.1.5.1 给排水设施

冶金工厂生产用新水量随着给水系统的不同而不同，一般参照单体设备（或车间）的用水量按确定的给水系统进行水量平衡，即可算出；也可按综合指标估算，并参照国内类似企业类比估算。冶金联合企业的用水量见表9-1。

表9-1 冶金联合企业用水量

规模/万吨·a^{-1}	吨产品新水量/m^3	吨产品综合用水量/m^3	全厂循环率/%
钢产量100	约21	约220	93
钢产量200	约16	约210	94
钢产量400	约12	约190	95
钢产量1000	约9	约180	96
铝加工厂20	约160	约420	62
铜加工厂2	约200	约1000	80
镍加工厂	330~500	1300~1600	75~69

注：表中所列总用水量为工厂各用户最大用水量总和，包括蒸汽鼓风机站，不包括热电站用水。

水源选择要考虑以下因素：（1）水量可靠，水质较好，距厂区近；（2）取水、输水、净化设施安全经济；（3）施工、运输、管理维护方便；（4）与农业、水运、航运等综合利用；（5）利用高程向工厂自流供水。

当采用地下水水源时，取水量不应大于开采储量；当采用地表水水源时，枯水流量的保证率，钢铁企业一般采用 95%~97%，矿山可采用 90%~95%。

利用天然河流作为水源时，必须对河流的特征和下游工农业用水情况进行全面分析，根据河流的水深、流速、流向和河床地形等因素，结合取水构筑物形式及参照已有的相似河段取水构筑物的取水量，确定枯水期可取水量。

地下水取水构筑物位置主要根据水文地质条件选择。一般应满足下列要求：（1）位于水质良好的富水地段；（2）卫生条件良好，避免或防止生活用水被工业污水污染；（3）合理开采地下水，妥善解决与农业用水及其他用水矛盾；（4）接近主要用水户、公路和电源。

地表水取水位置的选择，取决于地形、水文特性、地质条件、综合利用条件及施工条件等因素。总体要求如下：

（1）具有稳定的河床及河岸，靠近主流，有足够水深，有较好水质；

（2）具有良好的地形和地质条件，便于建造和维修；

（3）少受或不受漂浮物、泥沙、冰凌、潮水、工业污水及生活污水等影响；

（4）不妨碍泄洪，不影响航运和浮运木材；

（5）与河道整治规划相适应；

（6）接近主要用水户、公路和电源。

在江河中取水位置：在弯曲河段，选在水深岸陡、泥沙量少的凹岸地带；在顺直河段，选在主流靠近岸边，河床稳定，水位较深，流速较大的地段。一般可设在河段较窄处；在有分岔的河段，选在深水主槽河道内；在有支流汇入的顺直河段，注意汇入口附近处沙滩的扩大和发展，取水口与汇入口应保持一定距离；在近海河道上，选在海水潮汐倒灌影响范围以外；取水地点应位于不污染或污染小的地区，一般设在污水排出口、码头、弃渣场、尾矿库、垃圾场等地的上游。

在下列河段一般不宜设置取水口：弯曲河段的凸岸、分岔河道的分岔口、河流出峡谷的三角洲附近、河道变迁的河段、易于崩塌滑动的河岸及其下游附近；沙滩、沙洲上、下游附近；桥梁上、下游附近；堤坝同侧下游附近。

在水库中取水其位置选择在水库淤积范围以外、水位较深处，并尽量避开水草较多的地方；湖泊中的取水位置选择岸边稳定、水位较深处。

排水系统根据《工业企业排水规范》以及当地规划、排水水质、水量、地形、水体情况、卫生要求，结合农田灌溉、污水处理和综合利用等条件，通过全面的技术经济比较来确定。

钢铁企业的排水系统一般采用：厂区内雨水和生产废水合流、生活污水分流系统。

实践证明，排洪对工业企业的安全生产关系重大，处理不当，就要遭受损失。因此在选厂时，必须充分认识洪水的危害，对厂址的排洪条件必须作认真的调查研究，选择适宜的厂址，采取适当的排洪设施，以避开或消除洪水的危害。

排洪沟的布置：因地制宜，首先考虑天然沟进行整治利用，一般不宜大改大动；在厂区外围，不宜穿过厂区（特别是主要生产区）；不宜过长，如厂区范围过大时，结合地形分区分段排出；尽量选择在地质较稳定的地带，尽量避免小曲率半径的弯道；结合工厂的总平面布置、公路、铁路、围墙等排水设施，共同发挥排洪效益。

9.1.5.2 供电设施

（1）冶金厂综合用电量。一般冶金工厂用电量见表9-2。

（2）送电路容量及距离。送电路容量及距离见表9-3。

表9-2 吨产品冶金工厂综合用电量   kW·h

工厂类别	用电量	说 明
大型钢铁厂	100~200（综合）	以吹氧转炉为主
中、小型钢铁厂	100~200（综合）	
特殊钢铁厂	400~500（综合）	以电炉为主
鼓风炉炼铜	650~760	粗铜
反射炉炼铜	约830	粗铜
闪速炉炼铜	约1125	粗铜
铅的鼓风炉熔炼	约1200	
锌的湿法冶炼	约1100	
铝电解	1700~1800	
镍电解	3800~4200	
镁电解	14800	
锌电解	4100~4200	
铜电解	490~520	
铅电解	178~207	
电解锰	8000	
硅铁（Si75）	≤8500	
碳素锰铁合金	≤2600	
硅锰合金	≤4200	
碳素铬铁合金	≤3200	
硅钙合金	10000~12500	
工业硅	11500~13500	
电 石	3250~3400	

表9-3 送电路容量及距离

额定线电压/kV	线路结构	输送功率/kW	输送距离/km
6	架空线	2000 以下	10~5
6	电缆线	3000 以下	8 以下
10	架空线	30000 以下	15~8
10	电缆线	5000 以下	10
35	架空线	2000~10000	50~20
110	架空线	1000~50000	150~50
220	架空线	100000~150000	300~200

（3）送电线路走廊宽度。例如，线路电压为 35kV 的单杆线路，常用杆高度为 15～19m，三角形排列时边导线至建筑物距离 $L_导$ 为 3m，考虑最大风偏后边导线至建筑物距离 $L_安$ 为 3m，开阔地区两回路杆、塔中心线之间的距离为最高杆、塔高度。

9.1.6　居住区

居住区设置符合城市规划的要求，尽可能靠近已有城市（镇），与附近城市（镇）有方便的交通条件，但不应有过境公路穿过居住区；风向宜位于厂区最小风向频率下风侧，山坡地带的居住区，应在不窝风的阳坡；距离在符合卫生防护距离要求前提下，居住区尽可能靠近厂区，职工上下班途中一次时间，不宜超过 30min。

9.2　总平面布置

总平面布置设计是指整个工程的全部生产性项目和辅助性项目的合理配置的设计，关键在于确定各建（构）筑物的平面坐标。因此，应在充分研究区域地形、工程地质、水文及气象等资料的基础上，对厂区建设作出合理的整体平面布置。

总平面布置设计的工作程序一般是由设计单位总图运输专业设计人员，会同甲方、勘测、施工等单位技术人员，根据设计任务书和工艺专业提出的工艺流程图及总平面布置草图进行的。总平面布置设计的内容有：

（1）厂区平面布置。涉及厂区划分，建构筑物的平面布置及其间距确定等问题，确定坐标。

（2）厂内、外运输系统的合理组织。涉及厂内外运输方式的选择，厂内外运输系统的布置以及人流和物流组织等问题。

（3）厂区竖向布置。涉及场地平整、厂区防涝、排水等问题，确定标高。

（4）厂区工程管线。涉及地上、地下工程管线的综合敷设和埋置间距、深度等问题。

（5）厂区绿化及环境卫生等。

在进行总平面布置时，为使总平面布置不致漏项，必须分子项详细列出各建筑物和构筑物的名称，例如：

（1）按生产工艺流程要求的各生产车间，如原料场、材料库、备料车间、成品库、配料站或矿槽、冶炼车间、"三废"治理车间等。

（2）辅助车间及辅助设施：

1）辅助车间是指为生产服务的车间，如机修车间、电修车间、化验室等。

2）动力设施如变电所、锅炉房、空压机房、煤气发生站等。

3）运输设施如铁路、公路、汽车库以及带式运输机通廊与转运站等。

4）工程管线包括供热、供排水、蒸气、煤气、压缩空气、氮气等管线及收尘管线等。

（3）生活福利设施如办公楼、职工宿舍或倒班房、食堂、浴室、娱乐场所、运动场、休闲亭等。

对于冶炼厂来说，有的设施或车间可以合并或增减，有的可以与附近社会机构统筹或协作单位合作。

9.2.1 总平面布置的一般要求

总平面布置应在总体布置的基础上，符合有关规范、规定的要求，并根据工厂的性质、规模、生产流程、物流方向、功能分区、厂内外运输、厂区地形地质、建筑朝向、环境保护、安全卫生、施工检修以及预留发展等条件和要求，全面地、因地制宜地布置工厂所有建（构）筑物、运输线路、管线等，经多方案技术经济比较，选择最佳方案。

9.2.1.1 生产工艺流程和物料流向

冶金工厂总平面布置在符合生产工艺流程和物料流向合理的操作要求和使用功能的前提下，建（构）筑物等设施应联合多层布置，使物料流程顺畅、短捷、连续、贯通，尽量避免和减少折返迂回运输及运输中的倒运和装卸环节。例如钢铁厂生产工艺流程和物料流向，见图 9-1。

9.2.1.2 生产功能分区

总平面布置应按生产功能分区布置。生产功能分区是指将生产性质相同、功能相近、火灾等级相近、环境要求相似、联系密切的主要生产设施与其配套的辅助生产设施、公用和生活设施在内的所有建（构）筑物布置在一个区域内。

例如钢铁厂厂区一般划分为：原、燃料准备、烧结（球团）、焦化、活性石灰、炼铁、炼钢、轧钢、动力、修理、仓库、运输、生产管理及生活设施等功能分区。在进行厂区划分时能合并的尽量合并。

9.2.1.3 厂内外运输条件

A 厂区铁路布置

总平面布置应与厂外接轨站或码头的位置相适应，根据确定的接轨站或码头的位置进行设计。接受厂外大宗原、燃料的原料准备、焦化、烧结、炼铁等车间应靠近原、燃料进厂方向布置。轧钢车间应靠近成品外运方向布置。厂内、外运输的车站和路线，应满足所行使列车或车列（包括冶车）的股道数量及有效长度、线路坡度等运输作业的技术要求。线路布置在符合生产工艺流程、运输操作和连接技术要求的条件下，力求线路短捷，尽量避免迂回和折返运输。铁路运输联系密切的炼铁、炼钢、轧钢车间宜布置在主干道路同侧。尽量避免厂外车流与厂内主要车流、冶车与普通车车流、运输繁忙的铁路与主干道路和主要人流平面交叉。工厂编组站与厂区的距离应满足工厂编组站和厂区的发展需求，并使厂内车列的转线作业不进入工厂编组站。

B 厂区道路布置

满足人流、货流和消防、安全的要求，做到人行便捷、货流顺畅、内外联系方便。与厂外道路布置相协调，工厂一般宜设两个或两个以上道路出入口。与厂区主要建筑物轴线平行或垂直，用主干道把厂区划分为若干分区，形成规则、整齐的道路网。厂区道路布置与厂区竖向布置相协调，利于场地及道路雨水的排除。

C 其他各种运输设施的布置

采用胶带输送机运输时，应将焦化、烧结、石灰、炼铁及热电站等有关车间靠近综合料场布置；胶带输送机线路布置应尽量减少转角运输，其通廊可采用多层布置。采用辊道、链带、电动车、卷扬机、吊车运输时，一般都是短距离支线运输，车间之间应平行或垂直集中布置。采用叉车、汽车运输及管道风力或水力输送时，车间之间布置比较灵活，

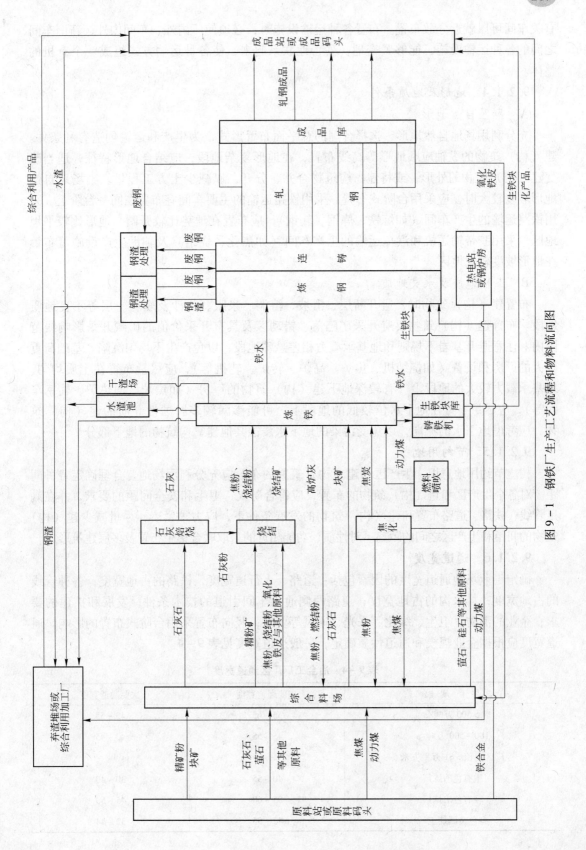

图9-1 钢铁厂生产工艺流程和物料流向图

有关车间可以就近分散布置。布置各种运输设施时，必须使厂内外、车间内外、新旧车间之间的各种运输设施，能够紧密地、妥善地联系起来，使各种运输方式组成一个有机的整体。

9.2.1.4　地形及地质条件

A　厂区自然地形

充分利用场地自然地形，选择合理的总平面布置形式，为生产和运输创造有利条件。建（构）筑物的纵轴应顺地形等高线布置，在地形复杂地段，应结合地形特征，适当改变建（构）筑物的外形，或将建、构筑物合并、分开，以减少土方工程量。当场地自然地形坡度较大时，应采用台阶式布置。采用铁路运输的主要车间宜布置在同一台阶上。采用铁路运输的生产车间（如炼铁、炼钢、轧钢），应布置在地势比较开阔、地形比较平坦地区。采用胶带输送机和汽车运输的生产车间（如焦化、烧结）及辅助生产设施可布置在地形坡度较大地区。

B　工程地质及水文地质

布置建（构）筑物时，避开断层、滑坡、溶洞、泉眼、流沙及软弱土层等不良地质地段。布置建（构）筑物要避开采矿陷落、错动区及具有开采价值的矿藏开采影响线范围内。注意避开基岩不规则和地基承载力相差悬殊地段，以免产生不均匀沉陷。基础荷重较大的厂房和设备（如烧结机、焦炉、高炉、转炉、轧机等），应尽量布置在土质均匀、地基承载力较大的地段上。有较深地下建（构）筑物的厂房（如焦炉、均热炉、轧钢车间等），应尽量布置在地下水位较低的地段上。可能渗漏较多腐蚀性介质的建（构）筑物，应考虑地下水的流向，以免受污染的地下水浸蚀其他建、构筑物的地下部分。

9.2.1.5　节约用地

树立节约用地意识，生产区和建（构）筑物的布置应充分利用场地，合理确定各种间距。对各个生产区和建（构）筑物的布置，应符合防火、卫生和安全间距的要求，并在满足管线、铁路、道路布置和建（构）筑物的发展条件下，应力求紧凑，尽量减少建（构）筑物的间距和生产区之间的距离。对性质、功能相近的采取联合集中布置及多层建筑形式。

9.2.1.6　通道宽度

确定工业场地通道宽度的因素包括：道路、人行道宽度，铁路的占地宽度；各种管线的占地宽度；排水沟的占地宽度；道路两侧通入车间引道的技术条件；发展和扩建的要求；企业的消防、卫生、绿化、采光、通风等要求；竖向布置采用台阶式布置的影响。通道宽度应根据企业规模和通道性质确定，一般通道宽度见表9-4。

表9-4　冶金工厂厂区通道宽度　　　　　　　　　　　　　　　　　　　　m

生　产　规　模	主要通道宽度	次要通道宽度
>500万吨/a	55～65	45～55
100～500万吨/a	45～55	40～45
厂区面积>61万平方米		
重有色冶炼厂	40～55	30～40
轻有色冶炼厂	55～60	45～50
有色金属加工厂	42～55	32～44

生 产 规 模	主要通道宽度	次要通道宽度
厂区面积 30 ~ 60 万平方米		
重有色冶炼厂	36 ~ 50	22 ~ 32
轻有色冶炼厂	50 ~ 55	40 ~ 45
有色金属加工厂	36 ~ 50	24 ~ 36
厂区面积 < 30 万平方米		
重有色冶炼厂	25 ~ 40	15 ~ 30
轻有色冶炼厂	35 ~ 40	20 ~ 30
有色金属加工厂	26 ~ 40	15 ~ 26

注：当通道内铁路、道路、管线较少，或扩建、改建工程场地受限时，可取低值；反之，宜取高值。

9.2.1.7 风向及建筑物朝向

A 风向

总平面布置要根据建筑物的具体使用要求分别采用常年最小频率风向或盛行风向，再按生产影响的主要季节，分别以全年、夏季、冬季不同时期的风向资料分析研究确定建筑物的布置。要求洁净的生产车间和辅助设施，宜布置在有散发污染源建（构）筑物的常年最小频率风向的下风侧。凡对生产有污染影响或容易产生爆炸危险的生产建筑，考虑到生产是不分季节常年进行的，以采用常年最小频率风向为宜。例如：乙炔站应布置在氧气站的吸风口常年最小频率风向的上风侧。凡对人在生产、生活中产生影响的设施宜采用以夏季或冬季为主的风向。例如：生产管理人员比较集中的行政、生活建筑物，宜位于散发粉尘和有害气体设施夏季最小频率风向的下风侧。

B 建筑朝向

良好的建筑朝向应使建筑物在冬季有较多的日照，夏季要避免过多的日照，同时，要使建筑物有良好的自然通风。在炎热地区，建筑朝向主要考虑日照的影响，在湿热地区主要考虑自然通风的条件。

9.2.1.8 防火间距

总平面布置必须符合 GB 50016—2010 《建筑设计防火规范》、GB 50067—1997 《汽车库设计防火规范》、GB 50045—1995 《高层民用建筑设计防火规范》和 GB 50074—2002 《石油库设计规范》等有关防火规范的规定。确定建筑物之间的防火间距，应根据建筑物的耐火等级、层数、高度以及火灾危险性类别执行有关规范的规定。对达不到防火间距要求的建筑物，应按规范的规定采取措施。对火灾危险性大的建筑物，宜避免在其周围布置明火或散发火花的建筑物（或场地）。贮存使用大量甲、乙类液体或可燃气体的车间，不宜设在人多场所及火源的上风侧。大型甲、乙类液体罐区的布置应考虑该液体流散时不致威胁工厂的主要部分及人多的场所。火灾危险性较大的及散发大量烟尘或有害气体的车间，应布置在厂区边缘或主要生产车间的常年最小频率风向的上风侧。消防车道的布置应使消防车能迅速到达扑救火灾地点。消防车道可利用厂区道路，但对无道路而对消防有专门要求的则应专设消防车道。例如：大于 3 万立方米的可燃气体储罐区要求设环形消防车道。火灾危险性较大的建筑物的布置，及改建、扩建厂受条件限制，达不到防火间距要求的建筑物的布置，均应报请当地主管消防部门审核。相邻建（构）筑物防火间距如厂房、库房、储罐、堆场之间的防火间距及其与建筑物、铁路、道路的防火间距，均不应小于国家相关规定。汽车库之间的防火间距及其与其他建（构）筑物之间的防火间距均不应小于国家相关规定。

9.2.2 总平面布置的特殊要求

对于山区建厂，要加强对地形、地质、水文、气象等资料的勘测和调查研究，同时因地制宜，充分利用地形、地势。例如山区地质构造复杂，有些地区有断层、溶洞、滑坡等不良地质条件，因此需详细的工程地质钻探资料，使主要车间和设备位于良好的地质地段上，可充分利用地形高差，采用重力自流运输。

对于沿海、沿江建厂，根据海港或河港码头位置确定总平面布置系统。

对于湿陷性黄土、膨胀土地区和不良地质地段，应认真研究所勘测和调查的资料，充分了解厂区的地形、地貌、土质类别与特性和分布范围，地下水埋藏深度、流向及其分布等情况，应将主要的建（构）筑物避开。

对滑坡的防治应贯彻早期发现，预防为主的原则。对厂区的地质情况应作详细的勘查，有滑坡预兆的地段，应及早进行整治。

对岩溶地区应使建（构）筑物周围50m内无溶洞。

对软土及盐渍土地区，厂区场地为软土或盐渍土（按含盐性质及其含盐量2%～5%以上）地区，由于土壤承载力较低，一般应采取措施提高地基承载力：（1）挖除软土或盐渍土，回填黏土夯实，或采用抛石挤淤、砂垫层、砂井、石灰桩、砂石桩、强夯、深层搅拌等措施，以提高地基承载力。例如，某厂厂区铁路、道路路基在挖除盐渍土40～50cm，回填片石或石灰土夯实后，再铺设铁路轨道和道路路面。又如，某厂厂区铁路、道路路基挖除软土，回填石块平整后再铺设铁路轨道和道路路面。（2）中性建（构）筑物的地基采用深桩基础，以提高地基承载力。例如，某厂采用35m深桩；某厂采用60～70m深桩。

9.2.3 总平面布置的方式

生产线路的总平面布置方式有以下几种：

（1）纵向生产线路布置。按各车间的纵轴顺着地形等高线布置，主要有单列式或多列式，多适应于长方形地带或狭长地带。

（2）横向生产线路布置。工厂主要生产线路垂直于厂区或车间纵轴，并垂直于地形等高线。这种布置多适于山地或丘陵地区，最适宜于物料自流布置。

（3）混合式生产线路布置。工厂主要生产线路呈环状，即一部分为纵向，一部分为横向。

冶金工厂生产线一般较为复杂，特别是湿法冶金工厂及生产多种产品的冶金联合企业，在进行总平面布置时，要根据地形条件和不同的工艺过程布置主要生产线路。

9.3 竖向布置

竖向布置的总要求是：（1）充分利用地形，合理确定建（构）物、铁路、道路的标高，保证生产运输连续性，力争做到物料自流；（2）避免高填深挖，减少土石方工程量，创造稳定的场地和建筑基地；（3）应使场地排水畅通，注意防洪防涝，一般基础底面应高出最高地下水位 0.5m 以上，场地最低表面标高应高出最高洪水位 0.5m 以上；（4）注意厂区环境立体空间的美观要求。

9.3.1 竖向布置的一般要求

9.3.1.1 满足生产工艺的要求

工厂规模、车间性质和工艺特点等生产工艺要求，往往决定了场地大小、总平面布置特点，采用的运输方式和特殊的运输要求（如冶车运输铁路），也决定了土建和排水等方面的特点。生产工艺的要求对竖向布置影响重大，因而在竖向布置中必须予以考虑。如大型钢铁厂的炼钢车间，在采用连铸工艺及铁路运输的条件下，由于各建（构）筑物本身就又宽又长，加之铁路密集，纵坡要求严格，其主台阶必须设置得又宽又长，通铁路的各台阶之间的高差也不宜太大，而且其护坡、排水应做得更加完善。为减少土建工程，并应将其设置在面积较大、地形较平坦的场地上。

在满足生产工艺要求的条件下，垂直等高线方向的建（构）筑物长度宜尽量短些，有些车间地坪可利用地形筑成台阶或斜坡，以减小挖方高度和减少挖方与边坡处理量。

9.3.1.2 适应运输和装卸条件的要求

运输条件的要求：厂外铁路接轨点的标高和厂内、外运输线路的纵坡要求，往往影响场地设计标高的选定；当以汽车和胶带输送代替铁路运输时，相邻台阶或建（构）筑物间可采取更大的标高差。联系密切的建（构）筑物宜组合在同一个台阶上；对运量大、车次频的特种铁路运输，宜充分利用地形，力争采用较好的线路技术条件。充分利用地形，也指尽量使货物运输流向沿工艺流程自高而低进行。

装卸条件的要求：竖向布置应尽量利用地形高差，创造下列方便的装卸条件。铁路高站台（平顶式、滑坡式、漏斗式）、低货位；汽车货物站台高出路面 1.2～1.3m；火车转汽车或汽车转火车阶梯式协作货位（通过料坡和站台由高往低）。

9.3.1.3 考虑厂区地形和地质条件

（1）充分利用地形，选择相适宜的竖向布置形式，合理确定建（构）筑物和铁路、道路的标高，保证生产运输的连续性，并为实现物料重力运输创造条件。

（2）结合厂区地形、工程地质和水文地质条件，因地制宜，合理确定场地平土设计标高，力求土方工程量最小和分期、分区挖填量接近平衡。

（3）地形较平坦地区，建（构）筑物纵轴宜与地形等高线稍成角度，以便于场地排水。

（4）地形自然坡度大的场地，建（构）筑物纵轴宜平行等高线布置，以减少土方和基础埋深，并可改善运输条件。

（5）地形起伏变化较大的地区，应结合地形特点布置，建筑平面可采取不规则形状，立面可采取车间内部台阶或斜坡地面。

（6）有地下室的建筑物、地下构筑物和地下管线较集中的部分，宜布置在地下水位较低的填方地段。

（7）轻型建（构）筑物、堆场、道路一般可布置在场地的填方地段。

（8）当地形条件有利，且工程需要时，竖向布置台阶的设置，应为布置管线设施创造有利条件。

（9）地下水位较高的地段，宜设计成填方，一般基础底面应高出最高地下水位 0.5m以上。

（10）一些有特殊要求的建（构）筑物的布置应利用地形自然屏障，进行防爆、防振、防噪声和避阳。

9.3.1.4　力求节约土石方工程量

节约土石方工程量的措施：竖向布置应与总平面设计统一考虑，因地制宜，充分利用地形；合理选择竖向布置形式和平土方式，合理确定场地和建（构）筑物设计标高；尽量避免和减少石方开挖工程。如石质较好，可供土建和铁路、道路工程使用时，可与石料开采统一考虑；力求土方运距最短和运程合理，运土方向不宜上坡。人工平土经济运距为 10~50m；人工轻轨手推车经济运距为 200~1000m；推土机平土合理运距为 20~60m；铲运机平土经济运距为 300m；最大运距不宜超过 500m；挖土机配合汽车平土，运距宜在 500m 以上；当填土区域内有大量地下工程时，可采取措施，在地下工程地段设置保留区，待地下工程施工完毕后再填土，以避免重复填挖；有条件时，应积极结合土方工程覆土造田，支援农业；如条件允许，部分场地填方可留待投产后用炉渣和工业垃圾填平。在困难条件下，不影响生产的场地内山丘可不予平整。

考虑土石方平衡：除力求全厂挖、填平衡外，适当考虑分期、分区挖、填平衡的要求，后期土石方工程，除有特殊要求外，一般不应在前期工程中同时施工；岩石地带和上层土质好时，一般应尽量少挖。应使填、挖土石方工程量最小，并按施工顺序分期、分区就近平衡；要作好土方平衡设计，土方调运距离应近，尽量不超过所用施工方法的适宜距离；土石方平衡应相应考虑土填松散系数和压实度及建（构）筑物和设备基础、管线等基槽余土量，以及场地耕土层去除量和回填利用量等；土石方用作建筑材料，或拟用投产后的生产废料作填方时，在平衡中也应考虑，如需外取、弃土方能平衡时，对取、弃土场地的地点，征求有关部门的同意。

9.3.1.5　保证物流、人流有良好的运输和通行条件

略。

9.3.1.6　场地排水畅通，并注意防洪、防涝

（1）合理划分汇水区和组织排水系统，配置必要的排水构筑物，使地面水以最短途径排至场外。

（2）充分利用和保护天然排水系统及土地植被。当必须改变原排水系统时，选择宜于导流或拦截的地段，使水流顺畅地引出场外。

（3）山区建厂，在场地上方应设截水沟，以阻止山坡雨水流入场地内。

（4）场地附近如有河流通过，当水流对场地产生不利影响时，采取防护措施。

（5）当竖向布置破坏农田灌溉系统时，应能有对该系统进行改造，使其继续发挥应有效益的措施。

9.3.1.7　考虑建（构）筑物基础埋设深度

当确定填土深度时，应考虑建（构）筑物基础的正常（构造）埋设深度，不宜因填土过深而增加基础工程量。大、中型钢铁厂主要生产车间的建（构）筑物基础埋设深度一般为 3~5m，有时设备基础可达 4~6m 以上。小型厂主厂房和大、中、小型钢铁厂辅

助设施建（构）筑物基础埋深一般为 $1 \sim 2.5m$。但基础埋设深度一般不小于 $0.5m$。

9.3.1.8 创造稳定的场地和良好的基础条件

避免高填深挖，尤其在不良地质地段，更要注意填挖方影响场地的稳定性。在自然地形坡度较大的地区，应当考虑避免上方基础压力影响下方基础、挡土墙或边坡的稳定。基础荷载大的和有强烈振动的建（构）筑物，应布置在地基承载力较高的地段，避免将同一幢建筑物布置在地基承载力相差悬殊的地基上。

9.3.1.9 符合土方工程施工的有关规定

场地填方及基底的处理（不包括作为建（构）筑物基础地基的填土），一般宜符合下列规定：

（1）碎块草皮和有机质含量大于 8% 的土，仅用于无压实要求的填方。土石松散系数，可依据相关手册选取。

（2）土质较好的耕土或表土，一般可作为填料，但当耕土或表土含水量过大，采用一般施工方法不易疏干，影响碾压密实时，不宜作为填料。

（3）碎石类土、砂土（一般不用细砂、粉砂）和爆破石碴，可用作表层下的填料。

（4）填方基底位于耕地或松土上时，应碾压密实或夯实后再行填土；填方基底位于水田或池塘上时，应根据具体情况，采取适当的基底处理措施（排水疏干、挖除淤泥、抛填片石或砂砾、炉渣等）。

（5）基底上的树墩及主根应拔除，坑穴应清除积水、淤泥和杂物等，并分层夯实。

（6）在建（构）筑物地面下的填方，或厚度小于 $0.5m$ 的填方，应清除基底上的草皮和垃圾。

（7）在土质较好的平坦地上（地面坡度不陡于 $1:10$）填方时，可不清除基底上的草皮，但应割除长草。

（8）在稳定山坡上填土，当山坡坡度为 $1:10 \sim 1:5$ 时，应清除基底上的草皮；当山坡坡度陡于 $1:5$ 时，应将基底挖成台阶，其宽度不应小于 $1m$，高度为 $0.2 \sim 0.3m$。

（9）当铁路、道路路堤高度分别低于 $1m$、$1.5m$ 时，路堤下的树墩均应拔除。拔除树根留下的洞穴，应用与地基相同的土回填，并须分层夯实。当路堤高度较大时，在铁路或道路路堤下的树墩，可分别高出原地面不大于 $0.2m$ 或 $0.1m$。

（10）利用运土工具的行驶压实填方时，应水平分层填土。

挖填关系的一般处理方法：

在挖填方总量最小且平衡的原则下，挖填关系一般可考虑如下处理：

（1）多挖少填。由于填方不易稳定，且往往使基础工程量增多，故当弃土方便，尤其在山区建厂中可覆土造田时，可考虑多挖少填。

（2）重挖轻填。即重型建（构）筑物放在挖方地段，轻型辅助设施、堆场和铁路、道路等放在填方地段。

（3）上挖下填，创造下坡运土的条件。

（4）"左"挖"右"填或"右"挖"左"填。有利于局部平衡，就近调配。

（5）无地下室的建（构）筑物宜在挖方地段；有地下室的建（构）筑物宜在填方地段。

关于覆土造田的要求：

（1）采用汽车运输可耕土造田，较为灵活；当采用铁路运输覆土造田时，一般采取边造边移的方式。

（2）复土厚度应按不同地区加以确定，一般采取 0.5～0.6m。

（3）适于耕作的土源，覆土后稍加平整即可；不适于耕作的"生土"，需经土壤改良。

9.3.2　竖向布置的特殊要求

对湿陷性黄土地区，尽量适应地形，充分利用天然排水路线。如改变时，应对新的冲刷面层做好防水处理。

对膨胀土地区，要排水畅通或易于进行排水处理的地形条件，保持自然地形，避免大挖大填。对变形有严格要求的建筑物，应布置在膨胀土埋藏较深、胀缩等级较低或地形较平坦的地段。

9.3.3　竖向布置形式和平土方式

9.3.3.1　竖向布置形式

A　竖向布置形式分类

竖向布置的形式分类及选用条件见表 9-5。

竖向布置的形式分类见图 9-2。

表 9-5　竖向布置的形式分类及选用条件

分类名称		形式特点	形式比较	选用条件
平坡布置形式	（a）水平型平坡式	场地整平面无坡度，自然地形平坦	能为铁路、道路创造良好的技术条件，但平整场地土方量大，排水条件较差，往往需要结合排水管网	在自然地形比较平坦，场地面积不大，利用暗管排水，场地为渗透性土壤的条件下选用
	斜面型平坡式（b）单向斜面型平坡式	场地整平面有平缓坡度，高差小于 1m，自然地形起伏较大	能利用地形、便于排水，可减少平整场地的土方量，若两个坡面的连接处形成汇水形状如"V"、"L"形时，此连接处需设排水明沟、雨水箅井等，以便排水，可与铁路、道路的排水沟、井结合考虑	在自然地形坡度小于 3%，自然地面单向倾斜时选用
	（c）由场地中央向边缘双向斜面型平坡式			在自然地形中央凸出，向周围倾斜时宜选用
	（d）由场地边缘向中央双向斜面型平坡式			在自然地形周围偏高，而中央比较低洼时宜选用
	（e）组合型平坡式	场地由多个接近于自然地形的设计平面和斜面所组成		在自然地形起伏不平时宜选用

分类名称		形式特点	形式比较	选用条件
台阶布置形式	(f) 单向降低的台阶式	设计场地由若干个台阶相连接组成台阶布置，相邻台阶间以陡坡或挡土墙连接，且其高差不小于 1.0m	能充分利用地形、可节约场地平整的土方量和建（构）筑物的基础工程量，排水条件比较好，但铁路、道路连接困难，防排洪沟、跌水、急流槽、护坡、挡土墙等工程增加	（1）在地形复杂、高差大，特别在山区和丘陵地区建厂采用较多；（2）当场地自然坡度大于 3%，或自然地形坡度虽小于 3%，但厂区宽度较大时，宜选用；（3）由于生产工艺要求，两相邻整平场地高差在 1.5~4.0m 时，宜选用
	(g) 由场地中央向边缘降低的台阶式			
	(h) 由场地边缘向中央降低的台阶式			
混合布置形式		设计地面由若干个平坡和台阶混合组成	平坡和台阶两种形式的优缺点兼而有之	当自然地形坡度有缓有陡时选用

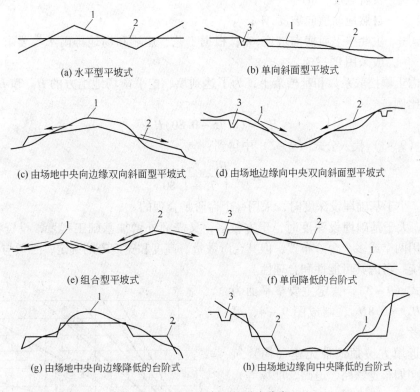

(a) 水平型平坡式　　　　　　　(b) 单向斜面型平坡式

(c) 由场地中央向边缘双向斜面型平坡式　　(d) 由场地边缘向中央双向斜面型平坡式

(e) 组合型平坡式　　　　　　　(f) 单向降低的台阶式

(g) 由场地中央向边缘降低的台阶式　　(h) 由场地边缘向中央降低的台阶式

图 9-2　竖向布置的形式分类

1—原自然地面；2—整平地面；3—排洪沟

B　竖向布置形式选择

竖向布置形式应按照自然地形坡度，厂区宽度，建（构）筑物基础埋设深度，运输方式和运输技术条件等因素进行选择。

（1）按自然地形坡度和厂区宽度选择，见表9-5。

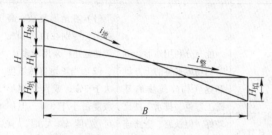

图9-3　单一斜面各尺寸关系示意图

（2）按自然地形坡度、厂区宽度和建（构）筑物基础埋设深度的概略关系式选择。

一般情况下，当总平面布置和运输等条件许可，且场地地形为单一斜面时，台阶宽度、自然地形和设计整平面横向坡度与填挖高度存在的关系见式（9-2）。单一斜面各尺寸关系示意见图9-3。

$$\sum H = H_{挖} + H_{填} = H - H_1 = B(i_{地} - i_{整}) \tag{9-2}$$

式中　$\sum H$——挖填方总高度，m；

$H_{挖}$——挖方高度，m；

$H_{填}$——填方高度，m；

H，H_1——如图9-3所示，m；

B——台阶宽度，m；

$i_{地}$——自然地面横向坡度，%；

$i_{整}$——主要整平面横向坡度，%；根据工艺、运输和场地排雨水等要求确定，一般采用0~2%。

为考虑土壤松散系数和基槽余土，为了达到填、挖平衡场地土方的 $H_{挖}$ 和 $H_{填}$，一般采用下列比例：

$$H_{挖} = (0.75 \sim 0.80)H_{填} \tag{9-3}$$

将式（9-3）代入公式（9-2）中得到：

$$H_{填} = \frac{B(i_{地} - i_{整})}{1.75 \sim 1.80} \tag{9-4}$$

当 $H_{填}$ 小于基础埋设深度时，采用一个台阶是合理的。

当 $H_{填}$ 大于基础埋设深度时，土方较多，又需额外增加基础工程量，投资将大大增多，可采用两个或多个台阶布置，但其台阶数量、高度和宽度等的确定，必须与总平面和运输设计统一考虑其可能性和合理性。

根据式（9-3），假定主要整平面为水平面，$H_{挖} = 0.8H_{填}$，制成图9-4，可供设计参考。

当靠近填方坡顶地带无建（构）筑物基础时（如布置铁路、道路、堆场等），可将由图9-4中查出的 B 适当加宽。

由图9-4可见，当 $i_{地}$ 为2%，基础埋深为2.5m时，B 在225m以下，宜采用一个台阶（即平坡）布置；反之，可采用两个或多个台阶布置。

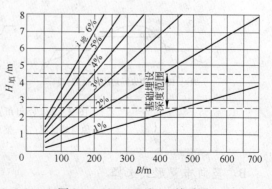

图9-4　$H_{填}$、B 和 $i_{地}$ 关系图

当 $i_\text{地}$ 仍为 2%，但基础埋深为 4.5m 时，则 B 在 405m 以下均可采用平坡布置。

9.3.3.2 平土方式

平土方式种类及选用条件等，见表 9-6。

表 9-6 平土方式种类及选用条件

种 类	选择主要因数	特 点	选 用 条 件
连续式	1. 建（构）筑物，运输线路及管线的密度；	整个厂区或某一个区域内连续进行平土工作，其中不保留原自然地面	大、中型钢铁厂厂区的中心区域或主要生产区，建（构）筑物多，铁路、道路密集，管网复杂者选用
重点式	2. 场地地形和工程地质、水文地质特点； 3. 特殊要求（如保留绿地、水体、山丘等）； 4. 对美化的要求	只对建（构）筑物有关的场地进行平土工作，其余地段保留原自然地面	当建筑系数较小，设有内排水多跨大型厂房，铁路和道路不复杂，管网不密，原自然地形能保证厂区雨水迅速排出，处于岩石类土壤，美化设施要求不高者选用

9.3.4 详细竖向布置

竖向布置标高表示方法如下。

9.3.4.1 建筑物标高表示方法

建筑物应表示室内地坪（地板）标高，室外地坪（平整场地）标高，见图 9-5。图中（a）为室内平室外也平；（b）为室内平而室外陡；（c）为室内平室外台阶；（d）为室内台阶而室外平时建筑物的标高方法。

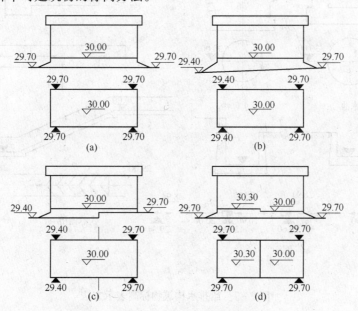

图 9-5 建筑物标高表示方法

9.3.4.2 构筑物标高表示方法

构筑物视其具体情况表示有关的标高。对于烟囱表示所在地点的平整场地标高，见图

9－6。对于给排水构筑物中的水池，要表示池顶标高；水塔要表示所在地点的平整场地标高；明沟要表示起点、终点沟底、沟顶标高。坡段长度、坡度；跌水、急流梢要表示其进水口和出水口的底面标高；雨水算井、检查井、阀门井要表示其算面或井口顶面标高；桥涵要表示进水口和出水口的底面标高，见图9－7。对于挡土墙表示设计地面与墙面交线及墙顶外边缘线处的标高，见图9－8。

9.3.4.3　铁路与道路标高表示方法

铁路要表示起点、终点、变坡点的轨面及变坡点处的路肩标高、坡段长度及纵坡；道路要表示路面中心线的起点、终点、变坡点、交叉点的标高，坡段长度及纵坡，其中城市型道路还须表示雨水口处路缘石顶面标高。

9.3.4.4　场地标高表示方法

A　设计标高点法

该方法就是在图上，用设计标高表示场地设计地面控制点和变坡点的标高，铁路路肩、道路路面、明沟沟顶和沟底的标高，建（构）筑物周围平整场地标高；用箭头表示场地排水方向和明沟内水流方

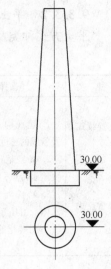

图9－6　烟囱标高
表示方法

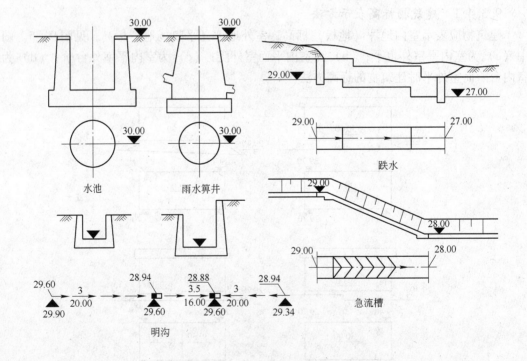

图9－7　给排水构筑物标高表示方法

向，在道路路面上，也用箭头指出下坡方向。这种方法的优点是制图容易，工作量小，修改简单，便于施工人员识别，为设计中普遍采用。其缺点是比较粗略，除标注的各点标高外，其余各点均没有准确的表示，见图9－9。

B 设计等高线法

该方法就是将场地内设计标高相同的各点，用直线或曲线连接，以表示设计地面标高的方法。类似于地形图测量等高线，见图 9 – 10。设计等高线的等高距，根据精度要求不同，一般分别采用 0.1m、0.2m或 0.5m。由于此法对设计场地各点的标高均有准确的表示，所以一般用于平整要求严格的地段，如广场、平交道口或特殊竖向处理的地段。

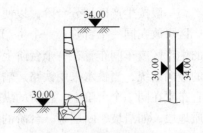

图 9 – 8 挡土墙标高表示方法

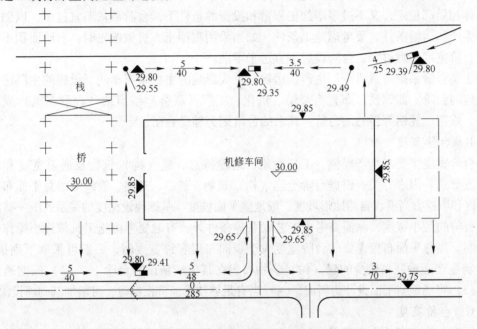

图 9 – 9 设计标高点法示例

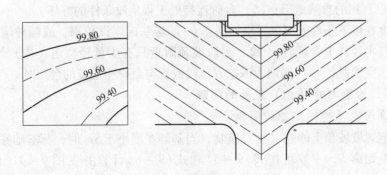

图 9 – 10 等高线表示法示例

9.3.5 台阶式布置

9.3.5.1 台阶划分的原则、宽度和高度

A 台阶划分的原则

一般按生产区划分台阶，以便于生产、运输联系和管网敷设；根据具体条件，几个生产区可放在同一个台阶；一个生产区也可划分为几个台阶。按工艺要求，将生产联系密切的生产区或车间布置在一个台阶上，如钢铁厂炼铁车间及其后部工序，形成一个由高向低的竖向系统，当铁水采用铁路运输和铸锭采用连铸系统时，炼铁、炼钢、轧钢三个生产区宜布置在同一个台阶上。台阶的纵轴宜顺等高线布置，台阶连接处应避免设在不良工程地质地段，如滑坡、断层等。台阶的宽度除应满足建（构）筑物布置的需要外，还需满足生产运输联系和管网敷设的要求。对主要台阶和辅助台阶要区别对待，优先满足主要台阶在生产运输、地形、地质和台阶宽度等方面的要求。台阶的数量应适当，在能保证工程场地整体和局部稳定，又不过多增加工程量和投资的条件下，台阶数量不宜过多，以创造良好的生产和运输条件。要考虑施工条件，如当采用重型土方机械施工时，台阶面积不宜过小，台阶宽度不宜过窄，台阶设置不宜过于零散。

主要台阶系指布置对全厂生产、运输有重大影响的主要生产车间、设施的主厂房和主体设施的台阶。如钢铁厂布置有烧结、焦化、工厂（联合）编组站（含翻车机）或布置炼铁、炼钢、轧钢等设施的台阶，其余的台阶则为辅助台阶。

B　台阶宽度

台阶宽度主要与生产规模、工艺性质、运输特点、建（构）筑物及通道宽度和总平面布置形式等因素有关，根据台阶上建（构）筑物、铁路、道路、管线等的总平面布置所需宽度和填挖方高度、自然地形坡度、场地整平面坡度、基础埋设深度的关系式统一确定。

台阶的最小宽度，除需要考虑工艺联系等条件外，有时要考虑施工机械最小操作宽度的限制。当总平面布置需要的台阶宽度大于竖向布置容许宽度时，一般可采取下列措施：(1) 将生产运输联系较少的建（构）筑物布置在其他或新设的台阶上；(2) 压缩通道宽度；(3) 将场地整平面设计为斜坡；(4) 当有足够技术经济根据时，可增加基础埋设深度。

C　台阶高度

影响台阶高度的主要因素：(1) 生产工艺流程及各种运输方式的技术条件克服高差能力的大小；(2) 建（构）筑物基础埋设深度；(3) 场地地形横向坡度和台阶宽度；(4) 有无可以利用的自然地形；(5) 台阶连接处工程地质条件的好坏。

台阶高度在以下条件下可以适当加高：(1) 当基础埋设较深，或额外增加局部基础埋深，且在技术经济上合理时；(2) 台阶坡顶附近只有少量轻型建（构）筑物及铁路、道路、堆场、空地时；(3) 场地为深挖方地段或有与台阶相适应的台地时。

9.3.5.2　台阶与建（构）筑物的间距

A　坡顶与建（构）筑物的间距

位于稳定边坡坡顶上的建（构）筑物，当基础宽度小于 3m 时，其基础底面外边缘线至坡顶的水平距离 S，一般可按式 (9-5) 和式 (9-6) 计算并见图 9-11，但 S 不得小于 2.5m。

条形基础
$$S \geqslant 3.5B - \frac{h}{\tan\beta} \tag{9-5}$$

矩形基础
$$S \geqslant 2.5B - \frac{h}{\tan\beta} \tag{9-6}$$

式中　B——基础底面宽度，m；

    h——基础埋置深度，m；

    β——边坡坡角，（°）。

当边坡坡角大于45°，坡高大于8m时，尚应进行坡体稳定验算。

当建筑物基础作到原土层上，且边坡是稳定的，则 $S > S_1$ 即可，见图9–12。

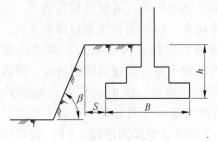 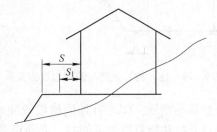

图9–11 基础与边坡的关系   图9–12 建筑物与边坡的关系

                     S—建筑外墙至坡顶的距离；S_1—散水坡宽度

    B 坡脚与建（构）筑物的间距

    建（构）筑物至坡脚的最小距离，一般情况下，可按图9–13考虑。当边坡进行铺砌防护时（见图9–14），建（构）筑物至坡脚的距离应符合如下要求：一般土壤 $S \geqslant 3$m；岩石类土壤 $S \geqslant 2$m；湿陷性黄土 $S \geqslant 5$m。

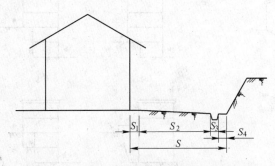

图9–13 建（构）筑物至坡脚的最小距离

S_1—散水坡宽度，一般为 $0.8 \sim 1.0$m；S_2—根据埋设管线、采光、通风、运输、消防、绿化及

施工等要求决定；S_3—排水沟宽度，根据沟型、沟深及土质而定，一般为 $0.6 \sim 1.5$m；

S_4—护坡道宽度，不易风化的岩石，边坡高度低于2m或边坡已加固时，S_4 可不设。

砂类土、黄土、易风化土边坡，一般为 $0.5 \sim 1.0$m；S—最小宽度一般不小于 $3 \sim 4$m，

困难时可为 $2 \sim 3$m（最小宽度未考虑人行道、埋设管线、绿化等因素）

9.3.5.3 台阶的连接及边坡的处理

    A 台阶的连接

    相邻台阶的连接，可采用自然放坡，也可采用边坡防护（加固）和挡土墙等方式。自然放坡可节约投资，但用地宽；加固边坡投资较高；采用挡土墙投资更高，但用地窄。

    B 边坡的处理

    边坡防护和加固的一般要求是：（1）在不良的气候和水文条件下，对易受自然作用破坏的台阶或路基边坡坡面，应根据边坡的土质、岩性、水文地质条件、坡度及高度等，

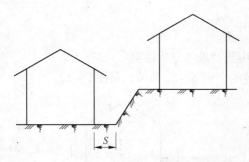

图9-14　建（构）筑物与铺砌边坡的关系

选用坡面防护措施。（2）对于黏土（上）、粉砂、细砂及易风化的岩石边坡，以及黄土及黄土类的边坡，均应在土石方施工完毕后，及时进行防护。（3）人工填土要充分夯压，并应考虑基底沉落的影响，坡面应预先整平，坑洼处应填平捣实。（4）对易生长植物的边坡，采用种草籽铺草皮及植树（灌木）等坡面防护措施；对植物不易生长或过陡的边坡，可选用勾缝、抹面、喷浆、捶面及砌筑边坡渗沟、护坡、护墙等措施。（5）在地面横坡较陡地段，当修筑路堤有顺基底及基底下软弱层滑动可能或开挖路堑有滑动可能时，必须设置挡土墙或采取其他加固措施。（6）边坡防护层不能承受侧压力，所保护的边坡应是稳定的，边坡上的松碴和危石应清除或加固。（7）有地下水露头处，必须将水引走。（8）因地制宜选用适当的防治类型或综合防治措施。

边坡防护和加固工程包括护坡、护墙、小型重力式挡土墙。

C　几种台阶布置示例

利用环境工程的空间示例，见图9-15。

利用地形高差对建筑物设置分层出入口示例，见图9-16。

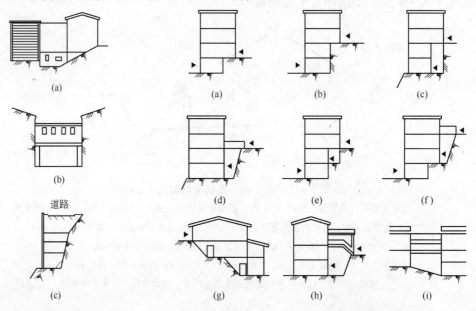

图9-15　利用环境工程的
　　　　空间处理图
（a）梯道平台；（b）过街楼；
（c）道路下部空间

图9-16　分层入口处理图
（a），（b）分两层入口（双侧）；（c），（d）分两层入口（单侧）；
（e），（f）分三层入口（双侧）；（g）利用室外梯道；
（h）室外楼梯；（i）天桥

9.3.6　场地标高的确定及土方计算

9.3.6.1　场地标高的确定

确定场地设计标高时，主要应考虑以下因素：

（1）运输及衔接。确定场地设计标高必须符合厂内、外生产运输要求，必须考虑厂内与厂外，改、扩建企业的新区与老区之间的衔接。

（2）排雨水及防、排洪。确定场地设计标高应考虑排雨水及防、排洪，应能顺畅地排出厂区雨水。在山区建厂中，要特别注意防、排洪问题。

在江、河（包括江、河口）沿岸厂区，按是否设堤防确定。

1）不设堤防时，厂区场地设计标高应高于计算水位0.5m以上，有条件且技术经济合理时，场地设计标高应使其厂区主要排水口高于计算水位0.5m以上。

2）设堤防时，一般有以下两种情况：

①工厂自设堤防时，厂区场地设计标高应高于要求设计频率的最高内涝水位或常年洪水位（大汛平均高潮位）；堤顶标高应高于计算水位0.5m以上。

②当厂区靠近城市，且沿江、河岸设有公共堤防时，在厂区场地设计标高低于要求设计频率的最高内涝水位时，厂区外围须设置顶高不低于上述水位的防内涝堤，反之，则无须设置防内涝堤。

厂区是否设置堤防或防内涝堤，应经技术经济论证，比较后确定。

（3）土石方工程量。确定场地设计标高应尽量减少土、石方量和基础工程量，并使挖、填方接近平衡（力求全厂平衡，并适当考虑分期、分区平衡），宜使设计地面与自然地形尽量接近。在平坦地区，场地设计标高宜略高于该处原地形标高。

（4）室内外高差。确定场地设计标高应满足建筑物室内、外高差的要求，一般为0.15~0.30m，有时更大一些。当有铁路进入建筑物时，要考虑到铁路排水的要求。

（5）地下水位。平土标高应高于地下水位。在地下水位高的地段，不宜挖方，必要时可适当填方。

（6）场地设计标高的调整。当场地设计标高初步定出后，进行土方的概略计算与初步平衡。当考虑土壤松散和压实系数及基槽余土量等以后，挖方或填方数量超过10万立方米时，其挖、填之差宜小于5%；挖、填均在10万立方米以下时，其挖、填之差不宜超过10%，否则，应对已定标高作适当的调整。调整的方法一般有两种：

1）地形平坦时，可按下式将厂区设计标高普遍提高或降低同一高度h。

$$h = \frac{Q_挖 - Q_填}{F} \qquad (9-7)$$

式中　h——调整高度，m，正值为标高提高数值，负值为标高降低数值；

　　　$Q_挖$——厂区挖方总量，m^3；

　　　$Q_填$——厂区填方总量，m^3；

　　　F——厂区平整面积，m^2。

2）地形起伏较大，采用台阶式布置时，可在土方集中地段局部调整。

9.3.6.2　场地土方的计算

A　横断面法

该计算方法适用于原地形复杂且无规律或原地形坡度较陡的场地。用于计算的横断面图应包括：原地形线、场地竖向设计线、铁路中心线、道路中心线、挡土墙定位线和边坡线。在平土范围图中，应绘出平土控制基线、各断面剖切位置及编号。

（1）横断面间距：一般在平坦地区采用40~100m，地形复杂地区采用20m左右。各间距可不相等，有特征的地段可另外增加断面。

（2）比例尺：断面图中纵、横比例一般均采用 1 : 200。

（3）土方计算表：可采用表 9 – 7 的格式。

表 9 – 7　土方计算表

断面号	横断面面积/m²		平均面积/m²		横断面间的距离 /m	土方量/m³	
	填　方	挖　方	填　方	挖　方		填　方	挖　方
Ⅰ—Ⅰ	120.2	61.0					
			102.3	69.5	20	2046.0	1390.0
Ⅱ—Ⅱ	84.5	78.0					
			58.3	90.0	20	1166.0	1800.0
Ⅲ—Ⅲ	32.0	102.0					
			20.2	116.0	40	808.0	4640.0
Ⅳ—Ⅳ	8.4	130.0					
					合　计	4020.0	7830.0

B　方格网法

（1）该计算方法适用于原地形较平缓和起伏变化不大的场地。当采用台阶式布置时，可按台阶分别用方格网法计算土方量，台阶边坡土方可用断面法补充计算，然后汇总入各台阶土方量中。

（2）方格大小的选择：一般全厂采用统一尺寸的方格进行计算，但在地形或布置上有特殊变化，且影响土方量较大时，也可局部加密或放疏方格。

高阶段设计（指可行性研究或初步设计等）一般可采用 40 ~ 100m 方格；施工图设计一般可用 20m 方格，局部也可采用 10m 方格。方格网的一边，宜平行或垂直于厂区或生产区的轴线，也可与施工坐标网重合，视现场放线或计算方便而定。

（3）方格网法有方格网分格计算法和方格网整体计算法两种。

1）方格网分格计算法：当施工图设计阶段，计算精度要求较高时采用。

方格网图由设计单位（一般在 1 : 500 的地形图上）将场地划分为边长 $a = 10 ~ 40m$ 的若干方格，与测量的纵横坐标相对应，在各方格角点规定的位置上标注角点的自然地面标高（H）和设计标高（H_n），如图 9 – 17 所示。

方格网分格计算步骤如下：

①确定初步标高（按挖填平衡），也就是设计标高。如果已知设计标高，A、B 两步可跳过。场地初步标高可按下式计算：

$$H_0 = (\sum H_1 + 2\sum H_2 + 3\sum H_3 + 4\sum H_4)/4M \qquad (9 – 8)$$

式中　　H_1——一个方格所仅有角点的标高；

H_2，H_3，H_4——分别为两个、三个、四个方格共用角点的标高；

M——方格个数。

②场地设计标高的调整。

按泄水坡度、土的可松性、就近借弃土等调整。

按泄水坡度调整各角点设计标高：

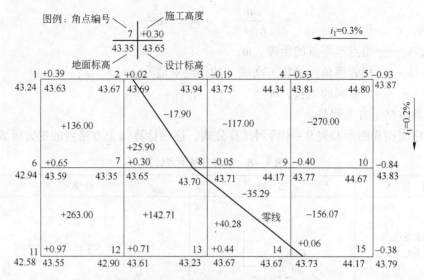

图 9 – 17　方格网法计算土方工程量图

单向排水时，各方格角点设计标高按下式计算：

$$H_n = H_0 \pm Li \qquad (9-9)$$

式中　H_n——场地内任一点的设计标高；

　　　L——该点至设计标高 H_0 的距离；

　　　i——场地泄水坡度（不小于 0.2%）。

双向排水时，各方格角点设计标高按下式计算：

$$H_n = H_0 \pm L_x i_x \pm L_y i_y \qquad (9-10)$$

式中　H_n——场地内任一点的设计标高；

　　L_x，L_y——该点沿 $X—X$、$Y—Y$ 方向距场地中心线的距离；

　　i_x，i_y——场地沿 $X—X$、$Y—Y$ 方向的泄水坡度。

③计算场地各个角点的施工高度。

施工高度为角点设计地面标高与自然地面标高之差，是以角点设计标高为基准的挖方或填方的施工高度。各方格角点的施工高度按下式计算：

$$h_n = H_n - H \qquad (9-11)$$

式中　h_n——角点施工高度即填挖高度（以 " + " 为填，" – " 为挖），m；

　　　n——方格的角点编号（自然数列 1，2，3，…，n）；

　　　H_n——角点设计高程；

　　　H——角点原地面高程。

④计算 "零点" 位置，确定零线。

方格边线一端施工高程为 " + "，若另一端为 " – "，则沿其边线必然有一不挖不填的点，即 "零点"（如图 9 – 18 所示）。

零点位置按下式计算：

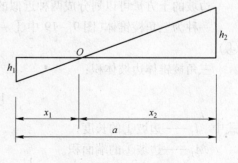

图 9 – 18　零点位置

$$x_1 = \frac{ah_1}{h_1 + h_2} \qquad x_2 = \frac{ah_2}{h_1 + h_2} \qquad (9-12)$$

式中　x_1，x_2——角点至零点的距离，m；

　　　　h_1，h_2——相邻两角点的施工高度（均用绝对值），m；

　　　　　　a——方格网的边长，m。

⑤计算方格土方工程量。

按方格底面积图形和表 9－8 所列计算公式，逐格计算每个方格内的挖方量或填方量。

表 9－8　常用方格网点计算

项　目	图　例	计算公式
一点填方或挖方 （三角形）		$v = \frac{1}{2}bc\frac{\sum h}{3} = \frac{bch_3}{6}$
两点填方或挖方 （梯形）		$v_+ = \frac{b+c}{2}a\frac{\sum h}{4} = \frac{a(b+c)}{8}(h_1+h_2)$ $v_- = \frac{d+e}{2}a\frac{\sum h}{4} = \frac{a(d+e)}{8}(h_3+h_4)$
三点填方或挖方 （五角形）		$v = \left(a^2 - \frac{bc}{2}\right)\frac{\sum h}{5} = \left(a^2 - \frac{bc}{2}\right)\frac{h_1+h_2+h_3}{5}$
四点填方或挖方 （矩形）		$v = \frac{a^2}{4}\sum(h_1+h_2+h_3+h_4)$

⑥边坡土方量的计算。

场地的挖方区和填方区的边沿都需要做成边坡，以保证挖方土壁和填方区的稳定。

边坡的土方量可以划分成两种近似的几何形体进行计算：

一种为三角棱锥体（图 9－19 中①～③、⑤～⑪）；另一种为三角棱柱体（图 9－19 中④）。

三角棱锥体边坡体积：

$$V_1 = \frac{1}{3}A_1 l_1 \qquad (9-13)$$

式中　l_1——边坡①的长度；

　　　A_1——边坡①的端面积。

三角棱柱体边坡体积：

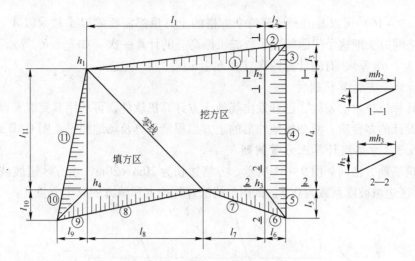

图 9 - 19 边坡土方量计算示意图

h_2—角点的挖土高度；m—边坡的坡度系数（m = 宽/高）

$$V_4 = \frac{A_1 + A_2}{2} l_4 \qquad (9 - 14)$$

两端横断面面积相差很大的情况下，边坡体积

$$V_4 = \frac{l_4}{6} (A_1 + 4A_0 + A_2) \qquad (9 - 15)$$

式中　　l_4——边坡④的长度；

A_1，A_2，A_0——边坡④两端及中部横断面面积。

⑦计算土方总量。

将挖方区（或填方区）所有方格计算的土方量和边坡土方量汇总，即得该场地挖方和填方的总土方量。

2）方格网整体计算法，当高阶段设计时，计算精度要求不甚高时采用。

其计算方式与分格计算法相似。

这种方法是由小方格网的计算方法演化而来的。我们知道，小方格网的计算方法是将一方格的平均施工标高乘上方格面积，就得出了小方格的土方量；总的土方量是这些小方格土方量的总和。如图 9 - 20 所示。

上图中 h_1、h_2、h_3、…是施工标高，假如以 A 来代表每一小方格的面积，则土方数量 Q 可用下式表示：

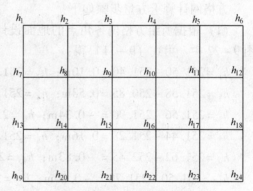

图 9 - 20 整体计算法示意图

$$Q = \frac{h_1 + h_2 + h_7 + h_8}{4} \times A + \frac{h_7 + h_8 + h_{13} + h_{14}}{4} \times A + \frac{h_{13} + h_{14} + h_{19} + h_{20}}{4} \times A +$$

$$\frac{h_2 + h_3 + h_8 + h_9}{4} \times A + \frac{h_8 + h_9 + h_{14} + h_{15}}{4} \times A + \cdots \qquad (9 - 16)$$

从式（9－16）可以看出，计算每个方格的土方量都需要除以 4 和乘以 A，用 20m × 20m 的方格网方法把这个问题解决了，施工标高有的计算一次（如 h_1、h_{19} 等），有的计算两次（如 h_7、h_{13} 等），有的计算四次（如 h_8、h_{14} 等）。

C   场地土方计算机软件

随着计算机技术的发展，已开发出场地土方计算机软件，可利用其完成平原地区或山区建厂所设计的多台阶、复杂场地外形的土方工程量计算及场地粗平土图 CAD 绘制任务。

9.3.6.3 方格网计算土方量例题

某建筑场地方格网如图 9－21 所示，方格边长为 20m × 20m，填方区边坡坡度系数为 1.0，挖方区边坡坡度系数为 0.5，试用公式法计算挖方和填方的总土方量。

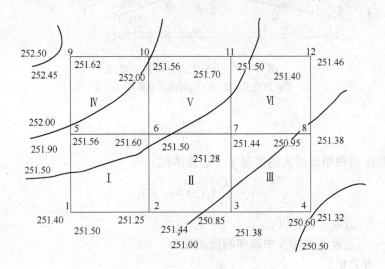

图 9－21 某建筑场地方格网布置图

方格网计算土方量步骤如下：

（1）根据所给方格网各角点的地面设计标高和自然标高，计算施工标高，结果列于图 9－22 中。由式（9－11）得：

$h_1 = 251.50 - 251.40 = 0.10\text{m}$；$h_2 = 251.44 - 251.25 = 0.19\text{m}$

$h_3 = 251.38 - 250.85 = 0.53\text{m}$；$h_4 = 251.32 - 250.60 = 0.72\text{m}$

$h_5 = 251.56 - 251.90 = -0.34\text{m}$；$h_6 = 251.50 - 251.60 = -0.10\text{m}$

$h_7 = 251.44 - 251.28 = 0.16\text{m}$；$h_8 = 251.38 - 250.95 = 0.43\text{m}$

$h_9 = 251.62 - 252.45 = -0.83\text{m}$；$h_{10} = 251.56 - 252.00 = -0.44\text{m}$

$h_{11} = 251.50 - 251.70 = -0.20\text{m}$；$h_{12} = 251.46 - 251.40 = 0.06\text{m}$

（2）计算零点位置。从图 9－22 中可知，1—5、2—6、6—7、7—11、11—12 五条方格边两端的施工高度符号不同，说明此方格边上有零点存在。

由式（9－12）求得：

1—5 线：$x_1 = 4.55\text{m}$；2—6 线：$x_1 = 13.10\text{m}$；6—7 线：$x_1 = 7.69\text{m}$；7—11 线：$x_1 = 8.89\text{m}$；11—12 线：$x_1 = 15.38\text{m}$。

将各零点标于图上，并将相邻的零点连接起来，即得零线位置，如图 9－22 所示。

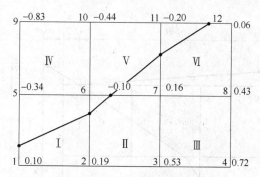

图 9-22　施工高度及零线位置

（3）计算方格土方量。

方格Ⅲ、Ⅳ底面为正方形，土方量为：

$$V_{\text{Ⅲ}}(\,+\,)=20^2/4\times(0.53+0.72+0.16+0.43)=184\text{m}^3$$
$$V_{\text{Ⅳ}}(\,-\,)=20^2/4\times(0.34+0.10+0.83+0.44)=171\text{m}^3$$

方格Ⅰ底面为两个梯形，土方量为：

$$V_{\text{Ⅰ}}(\,+\,)=20/8\times(4.55+13.10)\times(0.10+0.19)=12.80\text{m}^3$$
$$V_{\text{Ⅰ}}(\,-\,)=20/8\times(15.45+6.90)\times(0.34+0.10)=24.59\text{m}^3$$

方格Ⅱ、Ⅴ、Ⅵ底面为三边形和五边形，土方量为：

$$V_{\text{Ⅱ}}(\,+\,)=65.73\text{m}^3;V_{\text{Ⅱ}}(\,-\,)=0.88\text{m}^3$$
$$V_{\text{Ⅴ}}(\,+\,)=2.92\text{m}^3;V_{\text{Ⅴ}}(\,-\,)=51.10\text{m}^3$$
$$V_{\text{Ⅵ}}(\,+\,)=40.89\text{m}^3;V_{\text{Ⅵ}}(\,-\,)=5.70\text{m}^3$$

方格网总填方量：

$$\sum V(\,+\,)=184+12.80+65.73+2.92+40.89=306.34\text{m}^3$$

方格网总挖方量：

$$\sum V(\,-\,)=171+24.59+0.88+51.10+5.70=253.26\text{m}^3$$

（4）边坡土方量计算。

如图 9-23 所示，除④、⑦按三角棱柱体计算外，其余均按三角棱锥体计算，可得：

$$V_{①}(\,+\,)=0.003\text{m}^3;V_{②}(\,+\,)=V_{③}(\,+\,)=0.0001\text{m}^3$$
$$V_{④}(\,+\,)=5.22\text{m}^3;V_{⑤}(\,+\,)=V_{⑥}(\,+\,)=0.06\text{m}^3$$
$$V_{⑦}(\,+\,)=7.93\text{m}^3;V_{⑧}(\,+\,)=V_{⑨}(\,+\,)=0.01\text{m}^3$$
$$V_{⑩}=0.01\text{m}^3;V_{⑪}=2.03\text{m}^3$$
$$V_{⑫}=V_{⑬}=0.02\text{m}^3;V_{⑭}=3.18\text{m}^3$$

边坡总填方量：

$$\sum V(\,+\,)=0.003+2\times0.0001+5.22+2\times0.06+7.93+2\times0.01+0.01=13.29\text{m}^3$$

边坡总挖方量：

$$\sum V(\,-\,)=2.03+2\times0.02+3.18=5.25\text{m}^3$$

9.3.7　场地排雨水

9.3.7.1　厂区雨水排水方式及要求

厂区雨水排水方式包括自然排水方式、明沟排水方式以及暗管排水方式。

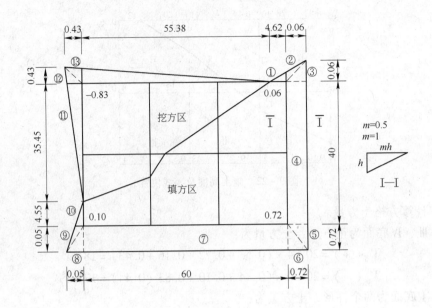

图 9 – 23   场地边坡平面图

在雨量少，土壤渗水性强及厂区边缘设置雨水排水沟、管有困难，且易于地面排水地段，采用自然排水方式，无须设置任何排水设施。

在场地设计平整平面有适于明沟排水的地面坡度、厂区边缘及不宜埋设排水暗管的地段设明沟排水方式，以及多尘易堵塞下水管的中心生产区、铁路调车繁忙区段、装卸作业区及沟上停留或行驶车辆地段，应采用带盖板的矩形明沟。

在场地平坦不适于采用明沟排水的厂区，建筑密度较高且当屋面采用内排水时，道路为城市型或场地运输条件复杂的地区，场地地下水位较高时，对卫生及厂容貌美观要求较高的地区设暗管排水方式。

场地排雨水坡度，一般采用 0.5% ~2%；在个别地段有困难时，可采用不小于 0.3% 的坡度；局部地区的最大坡度不超过 6%。

当采用城市型道路路面排水时，建（构）筑物散水标高要求高于路缘石标高。

对厂内截水沟布置的要求如下：

（1）为了截引坡顶（包括山坡或台阶坡顶）上方的地面径流，应设置截水沟。当设置截水沟确有困难，且径流面积不大，或坡面设有坚固的护砌时，方可将雨水直接排入坡脚下的排水沟内。截水沟的沟边与坡顶，应设有 5m 的安全距离，但土质良好，边坡不高或沟内有铺砌时，不小于 2m。为了更有效地防止地面水漫至边坡，可在坡顶处加设挡水埝。

（2）天沟位置应尽量选择在地形较平缓、地质稳定和挖方的地段，并使水流循环最短径路排至路基以外。一般不应向短堑侧沟排水，当必须排入时，应做好防护措施。

（3）截水沟以分散设置为宜，以避免天沟过长，一般不宜超过 500m 并应尽量与自然地形和沟渠结合考虑。

（4）设置在容易渗水的较松土层中的截水沟，宜用浆砌片石加固，以防止冲刷、渗水及边坡坍塌等病害。

（5）截水沟转弯处，其中心线半径一般应不小于沟内水面宽度的 5~10 倍。

9.3.7.2 雨水明沟与盲沟

场地排水明沟，设在排水地区较低处，并与运输线路设计结合考虑，使雨水能顺利排出，尽量让水流循环最短径路排至雨水口或场地之外。除线路侧有装卸作业外，雨水明沟一般宜沿铁路和道路布置，明沟宜尽量减少与铁路、道路和人行道的交叉，当不可避免一定要交叉时，宜垂直相交。不整平地段的明沟应尽量与原地形相适应，并使土方工程量及护砌工程量为最小。明沟交汇处，应防止水流逆行，并根据具体条件考虑铺砌，以防冲刷。土质明沟不宜设在填方地段，其沟边距建（构）筑物的基础边缘，不小于 3m，距围墙不小于 1.5m。铺砌明沟的转弯处，其中心线的转换半径，不宜小于设计水面宽度的 2.5 倍；无铺砌的明沟，不宜小于设计水面宽度的 5 倍。跌水和急流槽，不宜设在明沟转弯处。

雨水明沟的构造一般采用矩形断面，在场地宽阔或厂区边缘区域，可采用梯形断面；在岩石地段、雨量少、汇水面积和流量较小地段，可采用三角形断面。

依断面材料划分，通常采用的明沟类型有以下几种：土沟、砖沟和石砌沟、混凝土沟。

矩形明沟沟底宽不应小于 0.4m；梯形明沟沟底宽度不应小于 0.3m。

明沟边坡无铺砌明沟边坡坡度，应根据土质确定，一般为 1:0.5~1:2；用砖、石或混凝土块铺砌的梯形明沟边坡坡度，为 1:0.75~1:1。

雨水明沟应设计有一定的纵坡，使雨水可以流畅地流出，不发生淤积，也不致产生冲刷。明沟的最小纵坡一般不应小于 0.5%，在工程困难地段亦不应小于 3%。

雨水明沟中的水流速度，应不小于产生淤积的速度，并应不大于产生冲刷的速度，明沟不淤积的最小容许流速通常用经验公式（9-17）确定：

$$V_{最小} = aR^{0.5} \qquad (9-17)$$

式中　　a——与水中携带的土质有关的系数，见表 9-9；

　　　　R——明沟的水力半径。

表 9-9　与土质有关的系数 a 值

土 的 类 别	a	土 的 类 别	a
淤积的粗砂	0.65~0.77	淤积的细砂	0.41~0.45
淤积的中砂	0.58~0.64	淤积的极细砂	0.37~0.41

为避免淤积，在一般情况下水流的平均速度不得小于 0.25m/s，对于携带细纱的水流，流速不得小于 0.5m/s。为防止沟内喜水植物丛生，致使水流不畅，流速不应小于 0.4~0.5m/s。

如果流速小于产生淤积的流速，则应增大明沟纵坡，以增大流速。

如果流速大于产生容许冲刷的流速，则应采取加固措施，或设法降低纵坡以减小流速。

9.4 管线综合

管线综合是将各种介质管线如工艺管道、通风空调风管、燃气热力管线、给排水管、强弱电桥架等，根据管线输送介质的性质、工艺要求、生产、安全、交通、施工、检修要求及自然、场地条件有等因素进行综合合理布置，使之在满足使用功能的前提下，管线之间、管线与建构筑物之间相互协调、紧凑、安全、经济合理且具美观。

9.4.1 管线综合布置要求

管线综合布置，根据管线性质、用途、敷设方式等技术条件以及管线施工、安全生产和维护检修等要求，本着经济合理与节约用地的原则，全面规划，合理确定管线位置，并尽量将管线集中布置和缩短其长度。主干管线按其类别及敷设要求，布置在所规划的各类管线用地范围内。在道路的一侧布置地上管线，另一侧布置地下管线。各种管线在符合技术、安全的条件下，尽量共架、共杆、共沟（或同槽直埋）布置。管线走向应尽量顺直，并与所在通道内的道路、主要建筑物轴线及相邻管线平行，避免斜穿场地。管线不应穿过露天堆场、建筑物、构筑物及预留发展的用地。管线之间及管线与铁路、道路之间尽量减少交叉，当必须交叉时，宜为垂直交叉，确需斜交叉时，其交叉角不宜小于45°。管线与铁路、道路交叉，有条件时应集中交叉。相邻管线的附属构筑物（如阀门井、检查井等），应相互交错布置。架空管道的附属物（如热力管道的膨胀圈等），尽量布置在敷设该管道的支架用地范围内。在扩建、改建工程中，新建管线要不影响原有管线的使用，并考虑施工条件和交通运输的要求。

布置各种管线发生矛盾需要进行处理时，在满足生产、安全条件下，应符合下列要求：
（1）新设计的让已有的；
（2）压力流的让重力流的；
（3）管径小的让管径大的；
（4）易弯曲的让不易弯曲的；
（5）工程量小的让工程量大的；
（6）施工、检修方便的让施工、检修不方便的。

9.4.2 地下管线

按照管线的埋设深度，自建筑物基础开始向外由浅至深排列各种管线。将埋设深度相同（或相近）、性质类似而又互相不影响的管线集中布置，同性质管线同标高平铺敷设。严禁管线平行敷设在铁路下面。经常检修的管线或埋设深度较浅的管线，不应平行敷设在道路路面下面。生活饮用水管应尽量远离污水管（如生活排水管，含酸、碱、酚等污水管）。消防给水管（单独的或与生产给水或生活给水共管的）应尽可能靠近道路布置，其消火栓及阀门井应设在便于应急使用的地点。地下管线布置在地下矿开采区错动界限和露天开采境界以外，其距离不应小于20m。

9.4.2.1 综合管沟

综合管沟应布置在地下管线较多、场地比较狭窄的地段。可通行的管沟，可布置在绿化地带下面，在困难的条件下，亦可布置在道路路肩或人行道下面。管沟的附属构筑物（出入口、通风口等），应避开路面及道路转弯地点。产生相互影响和干扰的管线，不应敷设在同一管沟内。

9.4.2.2 湿陷性黄土和膨胀土地区管道布置要求

对湿陷性黄土地区，室外管道宜布置在防护范围外；在防护范围内，地下管道的布置应缩短其长度。临时给水管道至建筑物外墙的距离，在非自重湿陷性黄土场地，不宜小于7m；在自重湿陷性黄土场地，不应小于10m。管道宜敷设在地下，防止冻裂或压坏，并应通水检查，不漏水后方可使用。给水支管应装有阀门，在水龙头处，应设排水设施，将废水引至排水系统。所有临时给水管，均应绘在施工总平面图上，施工完毕应及时拆除。

对膨胀土地区，尽量将管道布置在膨胀性较小和土质较均匀的平坦地段，宜避开大填、大挖地段和自然放坡坡顶处；管道距建筑物外墙基础外缘的净距，不得小于3m；在炎热和干燥地区，管道工程每边5m以内不宜种植阔叶树，以减少土质的干缩变形。

9.4.2.3 地下管道之间及与建筑物之间的水平净距检算

（1）埋深不同的管道之间的水平净距检算。

1）无支撑时见图9-24，两管道之间水平净距，按下式计算：

$$L_管 = m\Delta h + B \tag{9-18}$$

式中　$L_管$——两管道间水平净距，m；

　　　m——沟槽边坡的最大坡度；

　　　Δh——两管道沟槽槽底之间高差，m；

　　　B——检算时，所取两管道施工宽度之和（$B = b_1 + b_2$）。

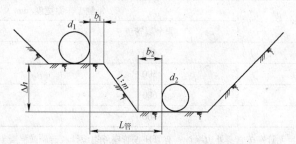

图9-24　无支撑时两管道之间水平净距

2）采用支撑加固沟壁时，两管道之间水平净距，见表9-10。

表9-10　采用支撑加固沟壁时两管道之间水平净距

管径/mm	水平净距/m		
200~300	0.85	0.95	1.05
350~450	0.95	1.05	1.15
500~1200	1.05	1.15	1.25

（2）管道与建筑物基础之间的水平净距检算。管道埋深低于建筑物基础底面时（见图9-25），其水平净距按下式计算：

$$L = \frac{H-h}{\tan\varphi} + b \qquad\qquad (9-19)$$

式中　L——管道与建筑物基础之间的水平间距，m；

　　　H——管道埋设深度，m；

　　　h——建筑物基础埋设深度，m；

　　　φ——土壤内摩擦角，(°)；

　　　b——检查时所需施工宽度，m。

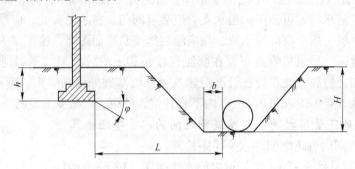

图 9 – 25　管道埋深低于建筑物基础底面

（3）沟槽开挖时的沟底宽度。管沟底部开挖宽度（有支撑者为撑板间的净宽），除管道结构宽度外，应增加工作面宽度。每侧工作面宽度，应符合表 9 – 11 中的规定。

表 9 – 11　管沟底部每侧工作面宽度

管道结构宽度/mm	每侧工作面宽度/mm	
	非金属管道	金属管道或砖沟
200 ~ 500	400	300
600 ~ 1000	500	400
1100 ~ 1500	600	600
1600 ~ 2500	800	800

注：1. 管道结构宽度：无管座按管身外边缘计；有管座按管座外边缘计；砖砌或混凝土管沟按管沟外边缘计；

　　2. 沟底需增设排水沟时，工作面宽度可适当增加；

　　3. 有外防水的砖沟或混凝土沟时，每侧工作面宽度宜取 800mm。

9.4.3　地上管线

地上管线布置，同一通道内的地上管线，尽量集中布置在同一框架内，不影响交通运输、消防、检修和人行，并应注意对厂容的影响，不影响建筑物的自然采光和通风。甲、乙、丙类液体管道及可燃气体通道，不应穿过与其无生产联系的建筑物，不应在存放易燃、易爆物品的堆场和仓库区内敷设。架空电力线路，严禁跨越爆炸危险场所，不应跨越屋顶为易燃材料的建筑物，并避免跨越其他建筑物，如需跨越时，应符合有关规定。沿地面（如管枕、敞开的沟槽、低支架等）敷设的管线，布置在不妨碍交通运输、人流较小、对管线无机械损伤的厂区边缘地段，并避免分隔厂区。注意使管线与建（构）筑物及场地排水等相协调。沿山坡或高差较大的边坡布置管线时，应注意边坡的稳定和防止水流冲刷。沿建（构）筑物墙面敷设的管线，管径较小的管道及照明、通信线路，可沿对管线无腐蚀、无燃烧危险的建筑物门、窗范围以外的墙面敷设。沿挡土墙、护砌边坡敷设管线时，不影响挡土墙和边坡的稳定。管架与建筑物、构筑物之间的最小水平间距见表9－12。架空管线、管架跨越厂内铁路、厂区道路的最小净空高度，应符合表9－13中规定。

表9－12　管架与建筑物、构筑物之间的最小水平间距

建筑物、构筑物名称	最小水平间距/m
建筑物有门窗的墙壁外缘或突出部分外缘	3.0
建筑物无门窗的墙壁外缘或突出部分外缘	1.5
铁路（中心线）	3.75
道　路	1.0
人行道外缘	0.5
厂区围墙（中心线）	1.0
照明及通信杆柱（中心）	1.0

注：1. 表中间距除注明者外，管架从最外边线算起；道路为城市型时，自路面边缘算起，为公路型时，自路肩边缘算起；2. 本表不适用于低架、管墩及建筑物支撑方式；3. 液化烃、可燃液体、可燃气体介质的管线、管架与建筑物、构筑物之间的最小水平间距应符合国家现行有关工程设计标准的规定。

表9－13　架空管线、管架跨越厂内铁路、厂区道路的最小净空高度

名　称	最小净空高度/m
铁路（从轨顶算起）	5.5 并不小于铁路建筑界限
道路（从路拱算起）厂区道路	5.0
人行道（从路面算起）	2.5

注：1. 表中净空高度除注明者外管线从防护设施的外缘算起，管架自最低部分算起；2. 表中铁路一栏的最小净空高度，不适用于由电力牵引机车的线路及有特殊运输要求的线路及有特殊运输要求的线路；3. 有大件运输要求或在检修时有大型起吊设备，以及有大型消防车通过的道路，应根据需要确定其净空高度。

9.4.4　综合管架

综合管架布置在地上管线较多的地段，综合管架一般沿道路的同一侧布置，尽量避免综合管架从道路的一侧转到道路的另一侧。敷设甲、乙、丙类液体管道、燃气管道和液化石油气管道等的全厂性大型综合管架，宜避开火灾危险性较大和腐蚀性较强的生产、贮存和装卸设施，以及有明火作业的地点；特殊困难条件下，沿综合管架下面可布置地下管线、管沟以及道路等。但是乙炔管道不应与导电线路（不包括乙炔管道专用的导电线路）敷设在同一支架上，除氧气管道专用的导电线路之外，其他导电线路不应与氧气管道敷设在同一支架上。

9.5　绿　化

厂区绿化是总图布置的内容之一，也是环境保护的重要措施之一。根据工厂的绿化用地条件及工厂对绿化的功能要求进行，并应组成点、线、面相结合，单层、多层、垂直绿

化相结合，功能明确，布置合理的绿化系统。应充分利用绿化植物的覆盖性能，进行不露土绿化。为此，除选用适应性强的乔、灌木外，尚应广植草皮及配置等方面进行一定的艺术处理。根据工厂条件，适当配置少量园林建筑小品，以便更好地美化环境，同时工厂的绿地率应符合有关标准和规范。树木与建筑物、构筑物及地下管线的最小间距，应符合表9-14的规定。

$$厂区绿地系数 = 厂区绿化用地计算面积/厂区占地面积 \times 100\%$$

厂区绿地率不能大于20%。

表 9 – 14   树木与建筑物、构筑物及地下管线的最小间距

建（构）筑物及地下管线名称	最小间距/m	
	至乔木中心	至灌木中心
建筑物外墙：有窗	3.0 ~ 5.0	1.5
无窗	2.0	1.5
挡土墙顶内或墙角外	2.0	0.5
高及以上的围墙	2.0	1.0
标准轨距铁路中心线	5.0	3.5
窄轨铁路中心线	3.0	2.0
道路路面边缘	1.0	0.5
人行道边缘	0.5	0.5
排水明沟边缘	1.0	0.5
给水管	1.5	不限
排水管	1.5	不限
热力管	2.0	2.0
煤气管	1.5	1.5
氧气管、乙炔管、压缩空气管	1.5	1.0
电　缆	2.0	0.5

注：1. 表中间距除注明者外，建（构）筑物自最外边轴线算起；城市型道路自道路面边缘算起，公路型道路自路肩边缘算起；管线自管壁或防护设施外缘算起；电缆按最外根算起；2. 树木至建筑物外墙（有窗时）的距离，当树冠直径小于5m时采用3m，大于5m时采用5m；3. 树木至铁路、道路弯道内侧的间距应满足视距要求；4. 建（构）筑物至灌木中心系指至灌木丛最外边一株的灌木中心。

9.6 运 输

企业物流系统由原料供应物流、生产物流和销售物流组成。运输是物流活动的核心。厂外运输是指原料供应物流和销售物流的运输，厂内运输是指生产物流的运输。

9.6.1 运输方式的选择

运输方式根据企业所在地区交通运输现状和规划、地形条件、生产年限及生产工艺要求、原料和燃料来源、成品销售地点、运输量、运输距离以及物料种类、性质等因素，经多方案比较确定，组成经济合理的运输结构。

　　靠近通航的江、河、海的钢铁厂的原料、燃料及成品等物料的厂外运输尽量采用水路运输。位于内陆钢铁厂，当原、燃料和成品的运输量较大，且运输距离较远时，宜采用铁路运输。当钢铁厂靠近原、燃料基地，运输距离较近，经技术经济比较有利时，原、燃料可采用带式输送机或管道运输，辅助原料、材料、设备备品备件和副产品采用汽车运输。当厂外运入的大宗原、燃料或发往厂外的产品采和铁路运输时，宜使车辆直接行驶至装卸地点。采用水路运输时，从码头至综合料场的原、燃料宜采用带式输送机运输，从轧钢车间成品跨或钢材仓库至码头的产品宜采用道路或铁路运输。厂内各生产车间之间的大宗散状原、燃料和辅助原料以及烧结矿、焦炭等宜采用带式输送机运输；铁水宜采用铁路运输或道路运输；连铸与轧钢车间毗邻布置时，连铸坯、钢坯等半成品采用辊道等方式运输。粉状和液体物料宜采用管道或汽车运输。

9.6.2　厂区准轨铁路运输

　　主要用于原材料和成品大批量运输的企业，只有当年运输量达到一定规模或有特殊要求时，车间之间采用铁路运输才比较合理。

　　厂内线铁路等级见表 9 – 15，厂内线最高设计速度见表 9 – 16。

表 9 – 15　厂内线铁路等级

线路类别	线路等级		重车方向运输量 /万吨·a^{-1}	最大轴重/t	
				机　车	车　辆
普车线	I	A	≥1000	—	≥30
		B	400 ~ 1000	>20	≥23
	II		150 ~ 400	>16	≥20
	III		<150	≤16	<20
冶车线	I	A	≥500	—	≥40
		B	200 ~ 500		30 ~ 40
	II		100 ~ 200		20 ~ 30
	III		<100		<20

注：铁路等级按运输量与轴重两项中高者确定。

表 9 – 16　厂内线最高设计速度　　　　　　　　　km/h

线路类别	线路和作业名称		速　度
普车线	正　线		40
	调车线	牵引运行	35
		推进运行	25
冶车线	液体金属及液体渣走行线	重车运行	10
		空车运行	15

　　铁路建筑限界：限界最大半宽 2440mm，其组成因素为冶车车辆限界半宽 1900mm、罐体一侧挂渣厚 100mm、罐体不复零位倾斜量 150mm、车辆走行横向摆动偏移量 250m、

安全余量 40mm；限界最大高度 5500mm，其组成因素为冶车车辆限高 5000mm、防辐射热、顶部挂渣、安全余量 500mm。

厂区铁路的最大坡度：普车线一般 2% ~ 2.5%，冶车线（液体金属走行线）一般 0.25%。

9.6.3　厂区道路运输

9.6.3.1　厂内道路运输设计的基本要求

（1）满足生产工艺要求。

（2）符合道路技术标准。

（3）通过能力满足交通量的要求。

（4）运输流程合理、顺畅、短捷。

（5）合理分流货流与人流，并尽量避免道路与运输繁忙的铁路，特别是与冶车线平面交叉。

（6）与厂区总平面及竖向布置相协调，并有利于场地及道路雨水的排除。

（7）有利于功能分区的划分。

（8）道路尽量平行或垂直于主要建（构）筑物。

（9）满足消防要求。

（10）永久性道路应尽量与施工用道路相结合。

（11）车间、库房、堆场等装卸点的货位及内部通道应满足汽车装卸及通行要求。

（12）道路边缘至相邻建（构）筑物及铁路的最小净距见表 9 - 17。当建（构）筑物面道路一侧有汽车出入口时，道路边缘至该建（构）筑物的最小净距应根据通过该出入口汽车的有关技术参数计算确定，但不应小于表 9 - 17 中的规定。当场地紧张，且根据汽车技术参数计算的结果容许时，道路边缘至该建筑物、构筑物的最小净距可采用 6m。与道路有防火安全间距要求的建筑物、构筑物及管线至道路边缘的防火安全间距符合最新国家标准规范的有关规定。

表 9 - 17　道路边缘至相邻建（构）筑物及铁路的最小净距　　　　　　　m

序号	相邻建（构）筑物名称	最小净距
1	建（构）筑物外墙面： 　　当建筑物面向道路一侧无出入口时 　　当建筑物面向道路一侧有不通行汽车的出入口时 　　当建筑物面向道路一侧有汽车出入口时	 1.5 3.0 9
2	管线支架（跨越公路型道路单个管线支架至路面边缘）	1.0
3	标准轨距铁路中心线	3.75

注：表列最小净距除注明者外，城市型道路自路面边缘算起，公路型道路自路肩边缘算起。

9.6.3.2　道路技术标准

厂内道路类型分主干道、次干道、支道、车间引道以及人行道。

主干道：连接厂区主要出入口的道路或交通运输繁忙的全厂性主要道路，供参观的景观道路。

次干道：连接厂区次要出入口的道路或厂内车间、仓库、码头之间交通运输较繁忙的道路。

支道：车辆和行人都较少的道路或专供消防的道路等。

车间引道：连接车间、仓库等出入品与主、次干道或支道的道路。

人行道：通行行人的道路。

厂内主、次干道的计算行车速度不宜大于20km/h。

厂内道路路面宽度见表9-18和表9-19。通行铁水罐车、渣罐车及其他特种运输车辆的道路，路面宽度应根据计算确定。

表9-18　钢铁厂厂区道路路面宽度　　　　　　　　　　　　　　　　　　m

道路类型	钢铁厂生产规模/万吨·a^{-1}		
	>500	100~500	<100
主干道	15.00~20.00	11.50~15.00	8.00~11.50
次干道	11.50~15.00	8.00~11.50	4.50~8.00
支 道	3.50~4.50		
车间引道	与车间大门宽度相适应		
人行道	0.75~2.50		

表9-19　有色冶金厂道路宽度

指标名称		单位	工 厂	矿 山
计算行车速度		km/h	15	15
路面宽度	大型厂主干道	m	7~9	6~7
	大型厂次干道 中型厂主干道	m	6~7	6
	中型厂次干道 小型厂主、次干道	m	4.5~6	3.5~6
	辅助道	m	3.0~4.5	3.0~4.5
	车间引道	m	可与车间大门相适应	
路肩宽度		m	0.5~1.5	

厂区的平曲线设计：（1）厂区道路最小圆曲线半径不应小于30m，极限值不得小于15m。（2）在平坡或下坡的长直线段的尽头处得采用小圆曲线半径；当受场地条件限制需要采用小圆曲线半径时，应设置限制速度标志等安全设施。（3）厂区道路在平曲线路段不设超高和加宽。（4）厂区道路交叉口路面内边缘转弯半径应符合表9-19的规定，并应符合下列要求：

1）当车流量不大时，除陡坡处外，对于车间引道和受场地条件限制的主、次干道和支道，交叉口路面内边缘最小转弯半径可在表9-19的基础上减小3m。

2）表9-20中以外其他车辆行驶时，交叉口路面内边缘最小转变半径应根据车型计算确定。

表 9-20 交叉道路面内边缘最小转弯半径

行驶车辆类型	最小转弯半径/m
载重 4~8t 单辆汽车	9
载重 10~15t 单辆汽车	12
载重 4~8t 汽车带一辆 2~3t 拖车	12
载重 15~20t 平板挂车	15
载 40t 以上平板挂车、铁水罐车、渣罐车	18

厂内道路最大纵坡一般要求：主干道6%、次干道8%、支道、车间引道9%、铁水车道3%。

9.6.4 道路形式及路面选择

道路形式包括城市型道路和公路型道路。

城市型道路：厂区中心地带行人较多的道路，生产管理区及对环境有较高要求的生活设施和车间附近的道路，宽度较窄且管线较多的通道内的道路，地下水位较高、明沟铺砌有困难地段的道路，附近有下水道可利用的道路。

公路型道路：厂区边缘或傍山地带的道路，与铁路连续平交的道路，短期内拟扩建的道路以及其他不适合采用城市型的道路。

道路路面等级应与道路类型相适应。厂区主干道和次干道可选用高级或次高级路面，支道可选用中级、低级或次高级路面，车间引道可选用与该引道相接道路相同的路面。

道路路面类型应结合当地气候、路基状况、材料供应以及施工条件确定。在防尘、防振及防噪声要求较高的生产区（或车间）附近的道路宜选用沥青混凝土、沥青碎石、沥青贯入式碎（砾）石或沥青表面处治等类路面；对沥青有侵蚀、熔解作用或有防火要求的场所不应选用沥青类路面；在埋有地下管线并经常开挖检修的路段应选用水泥混凝土预制块或块石路面。所选定的路面面层类型不宜过多。

9.7 总图技术经济指标

总图技术经济指标可用于多方案比较或与国内、外同类先进工厂的指标对比，以及进行企业改、扩建时与现有企业指标对比，可以用于衡量设计方案的经济性、合理性和技术水平。几个重要的用地控制指标如下。

9.7.1 投资强度计算

投资强度是指项目用地范围内单位面积固定资产投资额。

投资强度 = 项目固定资产总投资/项目总用地面积

项目固定资产总投资包括厂房、设备和地价款、相关税费，按万元计。项目总用地面积按公顷（万平方米）计。

9.7.2 建筑系数及场地利用系数的计算

建筑系数 =（建筑物占地面积 + 构筑物占地面积 + 堆场用地面积）÷ 项目总用地面

积×100%

场地利用系数 = 建筑系数 + [（道路、广场及人行道占地面积 + 铁路占地面积 + 管线及管廊占地面积）÷项目总用地面积×100%]

建筑系数是指项目用地范围内各种建（构）筑物、堆场占地面积总和占总用地面积的比例。一般工业项目，建筑系数不应小于30%，重有色冶炼厂不小于24%，电解铝厂不小于27%，氧化铝厂不小于21%。

9.7.3 容积率计算

容积率是指项目用地范围内总建筑面积与项目总用地面积的比值。

$$容积率 = 总建筑面积 ÷ 总用地面积$$

当建筑物层高超过8m，在计算容积率时该层建筑面积加倍计算。工业建筑要求容积率大于0.6。

9.7.4 行政办公及生活服务设施用地所占比重

行政办公及生活服务设施用地所占比重 = 行政办公、生活服务设施占用土地面积/项目总用地面积×100%

当无法单独计算时，可以采用行政办公和生活服务设施建筑面积占总建筑面积的比重计算得出的分摊土地面积代替。工业项目所需行政办公及生活服务设施用地面积不得超过工业项目总用地面积的7%。主要技术经济指标表格形式，见表9-21。

表9-21 总图运输主要技术经济指标

序 号	指标名称	单 位	数 量	备 注
1	厂区用地面积	m²		
2	建（构）筑物及堆场面积	m²		
3	建筑系数	%		
4	铁路长度	m		
5	道路长度	m		
6	铁路运输量	t/a		
7	道路运输量	t/a		
8	厂区绿地率	%		
9	土石方工程	m³		

学习思考题

9-1 名词解释：总图运输设计，卫生防护地带，卫生防护距离，管线综合，投资强度，建筑系数，场地利用系数，绿化系数，容积率。

9-2 冶金工厂总图设计的重要性体现在哪些方面？

9-3 总图运输设计对技术人员的基本要求有哪些？

9-4 简述总图运输设计的主要内容。

9-5 简述总体布置的一般要求。

9-6 冶金工厂水源选择需要考虑哪些因素？

9-7　简述竖向布置的一般要求。

9-8　简述竖向布置的形式分类及其各自的特点。

9-9　简述平土方式的种类及其选用条件。

9-10　归纳详细竖向布置时标高的表示方法。

9-11　总图设计中确定场地标高应考虑哪些因素？

9-12　简述管线综合布置的要求。

9-13　厂内道路类型有哪些，总图运输设计时如何选择合适的道路类型？

9-14　厂内道路运输设计的基本要求有哪些？

9-15　简述厂区雨水排水的方式。总图运输设计时如何选用合适的排水方式？

9-16　竖向布置的总要求有哪些？

9-17　地下水位及最高洪水位与总图布置有什么关系？

9-18　场地整平工程，长 80m，宽 60m，土质为粉质黏土，取挖方区边坡坡度为 1:1.25，填方区边坡坡度为 1:1.5，已知平面图挖填边界线尺寸及角点标高如图 9-26 所示。试求边坡挖填方量。

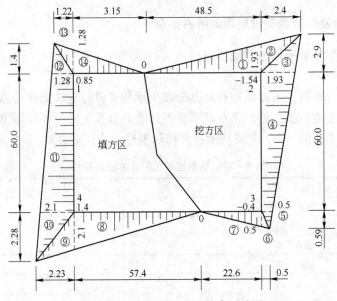

图 9-26　场地边坡平面轮廓尺寸图

9-19　厂房场地平整，部分方格网如图 9-27 所示，方格边长为 20m×20m，试计算挖填总土方工程量。

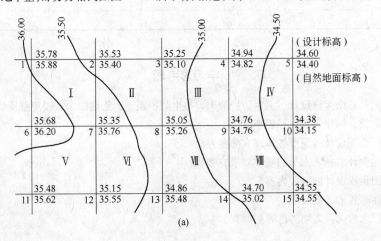

(a)

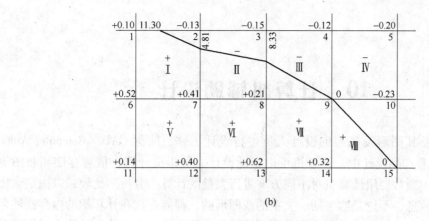

(b)

图 9 – 27　方格网法计算土方量

（Ⅰ、Ⅱ、Ⅲ等为方格编号；1、2、3等为角点号）

（a）方格角点标高、方格编号、角点编号图；（b）零线、角点挖、填高度图

10   计算机辅助设计

利用计算机及其图形设备帮助设计人员进行设计工作，简称 CAD（Computer Aided Design）。在工程和产品设计中，计算机可以帮助设计人员担负计算、信息存储和制图等项工作。在设计中通常要用计算机对不同方案进行大量的计算、分析和比较，以决定最优方案；各种设计信息，不论是数字的、文字的或图形的，都能存放在计算机的内存或外存里，并能快速地检索。设计人员通常用草图开始设计，将草图变为工作图的繁重工作可以交给计算机完成。利用计算机可以进行与图形的编辑、放大、缩小、平移和旋转等有关的图形数据加工工作。在现代冶金工程设计中，CAD 扮演极其重要的角色。

10.1   基本概念

10.1.1   CAD 主要工作内容

（1）建立产品设计数据库。产品设计数据是指设计某类产品时所需的各种信息，如有关标准、设计线图和表格、计算公式等。建立产品设计数据库，可以供 CAD 作业时检索或调用，也便于数据管理及数据资源的共享。

（2）建立基础图形库。在通用 CAD 系统平台上，开发产品设计所需的标准件库、零部件图库、模块图库以及特征库。

（3）建立应用程序库。汇集解决某一类工程设计问题的通用及专用设计程序，如通用数学方法计算程序、常规机械设计程序、优化设计程序和有限元方法计算程序等。

（4）实施产品 CAD 设计。根据设计要求建立产品模型，包括：几何模型和材料、制造精度等非几何模型；通过人－机交互方式对初步设计模型进行实时修改，确认设计结果；对产品模型进行计算机仿真；输出设计结果。

10.1.2   CAD 的特点

（1）强交互性。计算机在设计过程中需要不断与设计者交流，反馈设计信息，输入设计决策，直至完成产品设计。

（2）高效率。加快设计的计算速度，快速绘图、规范设计、质量高，除保证设计技术文档的高质量外，通过建立合理的 CAD 应用规范，可以规范设计流程、统一技术文档格式，提高设计质量。

（3）产品修改、变形与系列化。快速完成对产品局部修改的图形处理。当对产品设计实施参数化后，可以实现产品的变形设计与系列化设计。

（4）设计可视化。（产品）零件的设计结果出来后，可以在计算机上获得其几何形状、力学分析和运动仿真等，提高设计的直观性。

（5）资源共享。有效集成企业各种技术资源和生产资源，并为协同设计和异地设计创造条件。

10.1.3 CAD 技术的发展

随着计算机硬件与软件的发展，CAD 技术也在不断向以下几方面发展：

（1）智能化。美国麻省理工学院（MIT）的研究小组提出 CAD 概念时，对 CAD 作了这样的设想：计算着坐在 CRT 控制台前，通过人 - 机对话，实现从概念设计到生产设计以致制造的全过程，这是一种人工智能的设想。目前的 CAD 技术主要用于处理数值型的工作，包括计算、分析与绘图。但对设计活动中的另一类符号推理性工作，如方案设计与选择、评价以及参数选择等，CAD 系统工作能力不足。尚需将人工智能与专家系统技术同传统的 CAD 技术结合起来，使 CAD 系统更灵活、高效并富有创造力。

（2）集成化。为适应设计与制造自动化的要求，特别是近年来出现的计算机集成制造系统，进一步提高 CAD 系统的集成水平，是 CAD/CAM 集成水平的一个重要发展方向。通过集成，设计师可以利用计算机进行运动分析、动力分析和应用分析，确定零部件的合理结构形状，生成零部件的加工工艺和数控代码，实现无纸化生产，降低生产成本，提高竞争力。

（3）网络化。协同设计和异地设计正成为研究的热点，并逐步改变企业技术与组织管理的模式。个人 CAD 系统的局限性得到有效改善，信息共享方便快捷。

（4）建模、参数化及可视化。线框建模、表面建模、实体造型和特征造型等建模技术已逐步完善，标准化达到实用水平，新的建模方法如虚拟场景建模、图形图像融合建模等，使 CAD 系统描述设计客体的能力和手段不断增强。建模的参数化不仅可以提高建模效率，而且可以提高 CAD 系统灵活性、覆盖面和并行设计能力；而可视化与仿真技术可以快速获取 CAD 设计原型的应力分布、振动分布、加工分布、测试与工作建模等。

（5）多媒体化。运用多媒体技术，可以更好地模拟真实场景。

10.2 CAD 中信息处理

信息室描述客观事物的数、字符及所有能输入到计算机中、并能被计算机处理的符号及由计算机产生的各种结果的集合，亦可称之为数据。随着 CAD 应用领域的不断扩大，方案设计、结构设计、生产设计等工作正逐步由计算机完成。CAD 信息以及信息之间的关系变得复杂，需要组织、管理与存储，以满足信息共享与集成的需要。

10.2.1 设计资料的处理

在工程设计过程中，经常需要应用数据资料，比如有关的图表、各种标准和各种规范等。在实施 CAD 后，这些数据由计算机处理和管理。在一些专业 CAD 系统中，也带有一些常用图表的计算机处理附件，大大方便了用户。

对于大量的产品设计开发，需要一些专门的标准、图表和实验数据，它们也可纳入计算机处理。设计资料的处理方法可以按以下两种方式进行：（1）程序化。即在应用程序内部对这些图表进行处理或计算。（2）数据库存储。即将图表中的数据（或经散化处理后的数据）按数据库的规定存入。

10.2.2　图形几何变换与参数化技术

　　图形变换是构造 CAD 系统的基础之一。构成图形的基本要素是点，因此用点的集合来表示平面或空间的图形。通过 CAD 技术，可以方便地实现二维图形和三维图形各种变换。机械产品中，存在大量的标准件如键、销、螺钉、螺母和滚动轴承等，而且很多零部件是相似的，如果能赋予这些形体一组定义参数（变量），当改变这组参数的取值时，该形体就随之发生所期望的改变，就可以大大提高设计效率，这就是参数化技术。模型的参数化就是给形体施加约束，而模型的描述参数常与形体的工程尺寸和工程参数有关。模型参数化有：二维图形参数化、三维图形参数化和三维特征参数化三种形式。其中特征参数化因可以提供很完整的工程信息与灵活的建模操作而成为未来重要的产品设计辅助手段。

　　目前工厂设计已经由传统的以面向几何元素为主的二维设计转向以面向设计对象为主的三维设计。国内石油化工行业已经在 20 世纪 90 年代先后采用了三维工厂设计技术。

　　三维设计是计算机技术发展的必然成果，它是对传统设计模式的一场革命，甚至比20 年前的"甩掉图板运动"更有意义。"甩掉图板运动"只是将传统的设计工具（图板、铅笔、丁字尺、三角板、圆规等）改变成 CAD，它只是设计工具的改变；而三维设计则是彻底地改变了传统的设计方法，它将设计师的传统设计模式"三维构思＝＝＞二维设计＝＝＞三维展示'还原'成三维构思＝＝＞三维设计＝＝＞三维展示"的符合人类大脑思维的模式。这也排除了经过二维设计转换过程中的错误，保证了设计思维的连贯性，回归到三维认识世界的本质。

　　冶金建设项目的工厂设计采用三维模型设计技术，是冶金建设上的一次革命。与传统的二维设计相比，用三维设计方法建立起来的各种工艺设备、管道、结构的三维模型能直观、真实地反映其在未来冶金工厂中的空间关系，有利于布置设计的多方案比较、优化，通过对三维模型进行碰撞检查，有利于在设计过程中消灭设计常见病、多发病，提高设计质量和效率，使无差错设计和无碰撞施工成为可能，具有良好的经济效益和社会效益。

　　三维设计作为一种先进工具，既能解决相当一部分的设计质量问题，又能提高设计效率，特别是在大型复杂需要多专业协调的工程中更能发挥事前检查，预防专业之间矛盾的功能，减少设计变更，降低工程返修率，提高设计质量和效率。

　　目前各大设计院或工程技术公司使用较多的三维软件，除了 CAD 本身的三维图形处理功能外，另外主要用于机械设备设计的有 Solidworks、Inventor，三维工厂设计的是以Microstation 为核心的 Bentley 系列软件，适合各专业通用。针对冶金建设工程设计的特点，通过对多个三维设计软件进行比较、分析，多数冶金设计工程技术公司或设计院选择了Bentley 公司的三维软件。本章对这几个软件作简略介绍，便于学习时参考。

10.3　基本制图规范

　　机械制图是用图样确切表示机械的结构形状、尺寸大小、工作原理和技术要求。图样由图形、符号、文字和数字等组成，是表达设计意图和制造要求以及交流经验的重要技术文件。工程图，常被称为工程语言，要求按照约定俗成的方式进行绘制。国家标准的制图规范罗列如下：

GB/T 14689—2008　技术制图　图纸幅面及格式

GB/T 4457.2—2003　技术制图　图样画法　指引线和基准线的基本规定

GB/T 14691—1993　技术制图　字体

GB/T 4457.4—2002　机械制图　图样画法　图线

GB/T 4457.5—1984　机械制图　剖面符号

GB/T 4458.1—2002　机械制图　图样画法　视图

GB/T 4458.2—2003　机械制图　装配图中零、部件序号及其编排方法

GB/T 4458.3—1984　机械制图　轴测图

GB/T 4458.4—2003　机械制图　尺寸注法

GB/T 4458.5—2003　机械制图　尺寸公差与配合注法

GB/T 4458.6—2002　机械制图　图样画法　剖视图和断面图

GB/T 106010.1—2008　技术制图　标题栏

10.4　软件 AutoCAD 初级使用

10.4.1　AutoCAD 概述

AutoCAD 是美国欧特克（Autodesk）公司于 1982 年首次推出的自动计算机辅助设计软件，早期的软件仅用于二维绘图、详细绘制、设计文档。但经过数个版本的改进，如今的 AutoCAD2014 已经具有完善的图形绘制功能，强大的图形编辑功能，较强的数据交换能力及对多种硬件设备、多种操作平台的适应运行能力。

10.4.2　AutoCAD 界面认识

A—标题栏；B—菜单栏；C—标准工具栏；D—工作空间工具栏；E—绘图工具栏；F—图形坐标；G—命令行；H—图形坐标；I—图层工具栏；J—特性工具栏；K—十字光标；L—快捷工具栏；M—图形横滚动条；N—图形纵滚动条；O—帮助及通讯工具栏；P—样式工具栏；Q—修改工具栏；R—绘图次序工具栏；S—命令行滚动条。

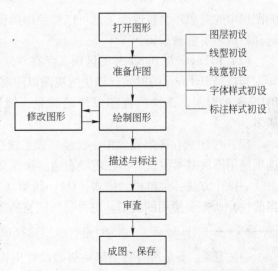

10.4.3　AutoCAD 绘图

单纯绘图其实比较简单，本教材旨在对冶金工程专业最为常用的 AutoCAD2014 绘制总平、立面图，设备三视、透视图进行论述。

绘制二维图步骤如图 10-1 所示。

图 10-1　AutoCAD 绘图基本步骤

10.4.3.1 打开 CAD、保存文件

以 AutoCAD 2014 for MS Windows 为例，双击 dwg ▨文件，或 dxf ▨文件进行直接打开，或双击▲进入软件后单击🗁，在目录树中选择需要打开的文件。

10.4.3.2 作图准备

对于高级制图人员而言，作图之前，形已成图于心。但对大多数学习人员来说，应该先有手绘草图或参考实物以提高制图准确性及效率。

在作图之前应做好前期调整，包括：图层安排、颜色控制、线型控制、线宽控制、字体样式初步调整、标注样式初步调整等。对冶金工艺工程设计而言，需要完成的图前准备主要包括：

（1）确定图幅中需要描绘对象的种类，从而确定图层数。一般情况下，不同的描绘种类要放在不同的图层上，并以不同的绘图颜色归类。在黑色为底色的绘图环境下（工作环境选为 AutoCAD 经典）一般以黄色、蓝色、红色表达最重要的环节。

→操作方法：菜单栏，格式（O）→图层（L）…→图层选项卡。点击 ⚒（新建图层）按钮增加新图层→在新建的图层所在行选择颜色、线型、线宽。图层编辑器按其左上方✖按钮退出。✖（删除图层）、✔（置为当前）按钮分别用以对图层进行调整、切换。或直接点击操作面板上

▨ 🔳 ▨ 💡 ☼ ▨ 🔓 □ 0 ▼ ▨ ▨ ▨栏进行图层作业。

→注意 1：0 图层是用作底图图层的，一般不用于用户作图。

→注意 2：图层可以通过💡、💡（开/关图层）按钮进行开关，被关掉的图层在视图中不可见，在实际操作中，这可以更有利于针对需要修改的对象进行编辑。图层关闭状态下，该层对象不可见，不可被选择，更不可能被编辑。

→注意 3：图层可以通过🔒、🔓（锁定/解锁图层）按钮进行锁定及解锁，锁定后的图层中的对象不会被改变，这可以避免误操作。图层锁定状态下，该层对象可见，可被选择，但不可能被编辑。

（2）ByLayer 与 ByBlock 的区别。存在"块"操作的情况下，对该块的视图产生了差异。当选择 ByLayer 的时候，该块的视图以图层的颜色、线型、线宽进行显示，而当选择 ByBlock 的时候，该块的视图以块的颜色、线型、线宽进行显示。通常以选择 ByLayer 居多。

（3）考虑到在图层设置中，已经完成了线型的选择，故大部分线型可以采用 ByLayer 选项使用图层基本线型，但在需要表达特殊意义时，同样需要在本图层加载不同的线型。

→操作方法：菜单栏，格式（O）→线型（N）…→线型选项卡。可选择当前图层（或当前块）所需要使用的线型。也可临时调整所需线型。或直接点击操作面板上

▭———————— ByLayer ▼进行线型选择或进入线型选项卡。

→注意 1：不是所有线型都是初始设置里面有的，如虚线、点划线等需要进行加载。

加载(L)... 选项按钮在线型选项卡右上方。

　　→注意 2：线型的比例是标准比例。如果绘制图形太大或太小，有时候会造成线型细节显示不出来。这种情况下需要在线型选项卡右上方点击 显示细节(D) 按钮，调整比例因子。

　　（4）考虑到在图层设置中，已经完成了线宽的选择，故大部分线型可以采用 ByLayer 选项使用图层线宽，但在需要表达特殊意义时，同样需要灵活选择线宽进行作图。

　　→操作方法：菜单栏，格式（O）→线宽（W）…→线宽选项卡。可选择当前图层（或当前块）所需要使用的线宽。也可临时调整所需线宽。或直接点击操作面板上 ───── ByLayer ▼ 进行线宽选择。

　　→注意 1：需要在线宽选项卡中打钩确认"显示线宽"，才可在编辑过程中看出线宽的区别。

　　→注意 2：由于计算机显示的缺陷，以 AutoCAD2014 而言，0.25mm 以下的线宽都会被显示成 0.25mm 的线单元，但打印时会有区别。

　　（5）字体初步设置非常重要。

　　→操作方法：菜单栏，格式（O）→文字样式（S）…→文字调整选项卡。或直接由面板上 A Standard ▼ 进行快捷操作。前者为文字样式选项卡快捷按钮，后者为字体样式选择下拉菜单。

　　→注意 1：文字样式会影响标注样式。

　　→注意 2：按国标及 ISO 要求，在实践中总结出在 AutoCAD2014 中最适合冶金工程设计作图的字体组合为：字体调整选项卡"字体名（F）："下拉选择"gbenor"→打钩确认"使用大字体（U）"→"大字体（B）"下拉菜单选择"gbcbig"。这种组合方式文字与字符高度一致，具有整齐的外观。

　　→注意 3：文字调整是一个全局过程，首先是要确定好字型，但由于绘图对象的不同，"文字高度（T）"及"宽度因子（W）"需要在实际绘图过程中实时调节。"宽度因子（W）"不影响纵向长度，其在小于 1.000 时，横向长度压缩。往往把字体块分解后更方便编辑宽度因子，进行横向压缩。

　　（6）标注初步设置是需要在作图前完成的。

　　→操作方法：菜单栏，格式（O）→标注样式（D）…→标注调整选项卡，如果需要调整再点击 修改(M)… 进入修改选项卡。或直接由面板上 ✍ ISO-25 ▼ 进行快捷操作。或直接输入 D 进行快捷键操作。前者为标注样式选项卡快捷按钮，后者为标注样式选择下拉菜单，默认情况下标注是按照 ISO-25 标准样式给出。

　　→注意 1：标注的调整内容较多，包括：标注所用线条、符号和箭头、文字、单位及公差等。标注绘制单元本身是一个块结构。所以其线条颜色、线宽、文字及颜色一般选择 ByBlock。

　　→注意 2：不同专业的作图对标注的箭头要求是不一样的，按照国标要求，机械制图一般采用箭头作为尺寸线的终端。故而在我们冶金工艺工程设计范畴内，箭头第一个、第二个及引线都应选择 ▶实心闭合 ▼ 项。

　　→注意 3：在绘图过程中，如果出现标注后看不见箭头或文字的情况，很可能是标注比例太小，在这个时候可以采用调整全局比例的办法。在修改选项卡中，进入"调整"页面，并在右下角进行全局比例调整。

10.4.3.3 绘制图形

绘制图形主要使用：菜单栏，绘图（D）下面的命令。最为常用的是在绘图工作板中有快捷按键的命令。绘图方法中"X"代表进入命令过后的鼠标左键的单次点击，其上面数字代表点击顺序。

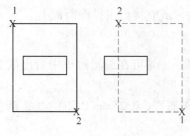

图 10 – 2   对象选择方法

对绘制好的图形对象进行选择的方法是：在空白处点击鼠标左键拉出矩形框，再点鼠标左键完成框选。终选点在始选点右侧仅选中所有完全框入的对象，终选点在始选点左侧则选中所有框到的对象，如图 10 – 2 所示。如果需要多选，分别点击需要选择图元，或多次框选即可。取消选择按 Esc 键，选择到的图形线条会变成虚线，节点处会有蓝色小方块。选择好图形后才能对该图形进行复制、编辑或删除。

对绘制图形进行缩放的方法主要有：第一，通过视图工具进行缩放；第二，通过鼠标滚轮进行缩放。需要注意的是，使用滚轮时，缩放基点就是鼠标所在的位置，即以十字光标为中心，按照滚轮滚动数进行缩放，向下滑为缩小，向上滑为放大。缩放过程中可根据视图需要实时调整十字光标位置。

10.4.3.4 修改与调整

修改图形主要使用：菜单栏，修改（M）下面的命令。最为常用的是在绘图修改工作板中有快捷按键的命令。绘图方法中"□""X"代表进入命令之后鼠标的左键选择及点击，其上面数字代表点击顺序。

10.4.3.5 描述与标注

标注环节主要使用：菜单栏，标注（N）下面的命令。最为常用的是在绘图标注工作板中有快捷按键的命令。绘图方法中"□""X"代表进入命令之后鼠标的左键选择及点击，其上面数字代表点击顺序。

→注意：标注工具栏在 AutoCAD 2014 的初始界面中并没有列出。可在其他操作栏按钮上，点击右键弹出工具栏/面板控制菜单，选择"标注"，调出标注操作栏。

10.4.3.6 审查、成图

工程制图是一个很严肃的过程，成图产品更是关系重大，所以画出的图一定要经过比较细致的检查过程。至少要经过如下几个审查过程：

（1）视窗检查，即直接利用电脑窗口检查画的图片。

（2）蓝图检查，由于电脑运行系统和打印机系统有时候可能存在一定的不同步现象，在打印出蓝图后，一定需要将蓝图进行仔细审查，并与电脑文件进行仔细比对。

（3）审查团队会审，需要组建课题组的相关人员对图纸进行相互纠错，查漏。

（4）主任审核，一个在本领域具备长期工程及绘制经验的高级别工程师更清楚绘制难重点及易错点。同时，主任需要考虑本套图纸设计成品与其他相关工程环节的联系，并最终为图纸负责。

审图时使用最多的是在视图操作，即菜单栏，视图（V）下面的命令。最为常用的是在视图工作板中有快捷按键的命令。实时状态下，右键退出，并可以进行命令切换。实时控制不改变图形中对象的位置及比例，仅改变视图。

图框加入的方法：首先按照图纸比例画出图框，例如一个拟以 A4 图纸出图的零件图，按照国标规定，先画出一个 210×297 的图框。再按照比例对图框进行放大，直至图框可以饱满地容纳下整个图形。图框的放大倍数 N 需要在图框标题栏中注明"图纸比例 $1 : N$"。

10.4.4　提高绘图速度

10.4.4.1　快捷键的使用

在 AutoCAD 软件操作中，如果鼠标既要点击界面上的按钮完成操作命令输入，又要回到绘图区域完成绘画，会大大影响绘图速度。为了方便使用者，可以利用键盘快捷键入命令，完成绘图，修改，保存等操作。

10.4.4.2　图层的利用

要提高制图效率、审阅效率，首先需要搞清楚的问题是：在错综的线条中，如何找到绘图逻辑？而图层的设置及各图层的区别就是为回答这个问题而存在的。

通过图层差异，应该区分出的信息主要包括：

不同类型的绘图元素：以冶金工程工艺平面图的绘制为例，冶炼设备、建筑结构、给排水、电气、电控、辅助设备、供暖供气等子项都需要各自存在于不同图层的。整个平面的设计是复杂的，可能有成千上万条各种线条。当需要对某子项内的绘图对象进行更改时，可以将其他图层隐藏，以便选择更改，也可将其他图层锁定，避免编辑时选到其他子项的图元。

在不影响绘图元素分类的情况下，可以利用图层区别线型：中心线、可见棱边线、不可见轮廓线、中心线等。

此外，需要突出的图元可以单独图层，并选择较明亮的颜色。例如，标注、说明、特殊工程符号等。图框及标题栏一般也采用单独的图层。

图层信息是不会带到最终的蓝图当中的，但在编辑或者修改过程中十分有用。

10.4.5　AutoCAD 的三维设计

AutoCAD 软件既具有二维绘图的功能，同时又具有三维绘图的功能，并且随着软件逐渐的升级，它的三维功能越来越强大。在 AutoCAD 2014 中更是增强了它的三维绘图功能。在 AutoCAD 中进行三维图形设计，主要有以下几方面：

（1）显示控制。三维图形不同于二维图形，它提供的是物体在三维空间中的真实结构，需要在显示器上模拟显示观察物体效果。不管是在绘图过程中还是为了便于观察，总是要不断地改变观察的角度、远近，以提高绘图的效率和准确性。AutoCAD 2014 提供了用户正交视图、等轴测视图、视点设置和三维动态观察器等显示控制工具。在三维模型中，为了定位或检查已建模型的正确性，需创建多个视图，由于对每个视图都能设置观察方向，也可对每个视图建立用户坐标系，在命令执行过程中能够从一个视图转为另一个视图作图。在作图时，可采用常用的四个视图，设置为主视图、俯视图、左视图及轴测视图，对每个视图定义不同的 UCS，采用激活便于作图的当前视图绘图。

（2）建模。三维图形设计的主要工作之一就是建立模型。用户可以根据需要建立线框模型、表面模型或者实体模型。AutoCAD2014 提供有基本三维对象绘图命令，也提供有通过二维图形对象创建三维对象的拉伸、旋转等命令。创建三维模型时，首先应对模型的结构进行分析，无论多复杂的模型总是由简单实体构成。因此，复杂模型的建立过程实际上是不断创建简单三维模型并将其组合的过程。分析复杂模型的方案可能有好几种，应选择一种较好的进行建模。对较复杂的三维模型在建模过程中要仔细划分图层，如将某些图层冻结可以大大减少 AutoCAD 重新生成图形的时间，而且可以通过关闭或冻结图层使一些实体不可见，模型的显示更清晰，以便于选择或定位其他三维对象。另外，合理地划分图层并定义不同的颜色，可以在作图过程中区分不同的实体，以便于更清晰地作图，为后续的着色处理和材质的分配带来方便。

10.4.5.1　设置三维环境

AutoCAD 2014 专门为三维建模设置了三维的工作环境，需要使用时，只要从工作空间的下拉列表中选择【三维建模】即可，新建图形时选 "acadiso3D.dwg" 样板图，并且选择了【三维建模】工作空间后，整个工作界面成为专门为三维建模设置的环境，绘图区域成为一个三维的视图，上方的按钮标签成为一些三维建模常用的设置。

10.4.5.2　创建和编辑三维实体模型

AutoCAD 2014 可直接创建出 7 种基本形体，分别为长方体、楔体、圆锥体、圆柱体、球体、棱锥体、圆环体在【常用】标签|【建模】面板可以找到这些命令的按钮。

10.4.5.3　几种由平面图形生成三维实体的方法

（1）拉伸：主要用于由二维平面生成创建三维实体；命令：_exclude

（2）旋转：主要用于由二维平面绕空间轴旋转创建三维实体；命令：_revolve

（3）扫掠：主要用于沿开放的或闭合的二维或三维路径扫掠开放或闭合的平面曲线创建三维实体；命令：_sweep

（4）放样：主要用于对包含两条或两条以上横截面曲线的一组曲线进行放样创建三维实体；命令：_loft

10.4.5.4　布尔运算求并集、交集、差集

实体编辑的布尔操作命令可以实现实体间的交、并、差运算，在【常用】标签|【实体编辑】面板可以找到这些命令的按钮。

（1）并集：能把实体组合起来，创建新的实体。

（2）差集：从实体中减去另外的实体，从而创建新的实体。

（3）交集：将实体的公共相交部分创建为新的实体。

10.5　软件 Solidworks 初级使用

10.5.1　Solidworks 简介

Solidworks 是法国达索系统（Dassault Systemes S.A.）旗下的 Solidworks 公司开发的，运行在微软 Windows 平台下的三维机械设备 CAD 软件。Solidworks 自 1995 年发表其第一款产品 Solidworks 95 以来，一直被认为是世界上最热门的 CAD 软件之一。截至 2011 年第

一季度，全球约有 150 多万工程师、设计师和约 15 万家公司是 Solidworks 的用户。资料显示，目前全球发放的 Solidworks 软件使用许可约 28 万，涉及航空航天、机车、食品、机械、国防、交通、模具、电子通讯、医疗器械、娱乐工业、日用品/消费品、离散制造等分布于全球 100 多个国家的约 3 万 1 千家企业。在教育界，每年来自全球 4300 所教育机构的近 145000 名学生通过 Solidworks 的培训课程。Solidworks 因为运算量较大，建议使用 64 位操作系统，2011 及 2012 版可以在 Windows7、Windows Vista 及 Windows XP 下运行，而新版本的 2013 则仅适应 Windows8、Windows7 及 Windows Vista。

10.5.2　Solidworks 作图步骤

10.5.2.1　打开及准备

作图的第一步是打开及准备。首先在 Windows 环境下打开 SW，或加载 sldprt 文件打开 Solidworks2011。

Solidworks 作图分为三类：零件、装配体及工程图。零件绘制一般指单一几何体或简单几何体。装配体是将多个零件配合的相互关系定义。而工程图是类似 AutoCAD 那样的二维工程图绘制。

在开始菜单栏里面点击新建文档，然后选择"零件"。

Solidworks 是一个很全面的软件，主要涉及零件、装配体、工程图及工程设计任务等。该软件的装配体运动、产品外观设计及渲染、模型物理模拟等等功能，对冶金工艺工程设计也有很重要的作用，但本处仅简单论述零件及装配体的绘制方法。

零件是单一的或者简单的几何体，零件的绘制也是 Solidworks 机械设计的重要过程。

根据绘图者自己的绘图经验，将零件绘制分为三个步骤：草图绘制→创建实体→特征编辑。

单一零件可以是这几种几何体，或这几种几何体的组合。它们主要包括：柱（锥）体（台）、旋转体、扫描体、过渡体。

10.5.2.2　草图绘制

作图的第二步是草图绘制首先要选好基准面，草图是所有 3D 模型的基础，草图包括 2D 轮廓或横断面及延 X 轴、Y 轴和 Z 轴连续完成的 3D 草图。

如果需要在不同平面绘制草图（边界凸台、放样操作一般需要绘制多平面草图），需要在命令栏左下侧 特征　草图　评估　DimXpert　办公室产品 菜单中选择"特征"，并在参考几何体下选择基准面，并在"PropertyManager"中选择参考源。

提示，添加绘图曲面时可在图形区域左上方的"绘图目录树"中选择参考源。

绘制草图的时候，首先要在前导视图工具栏选择好视图。在作图区上侧 按钮包括下拉菜单中。

在实体审阅及视图调整时，需要在前导视图工具栏选择好显示样式。

10. 5. 2. 3 形成实体

作图的第三步是形成实体。对于初级 Solidworks 绘图人员而言，形成实体主要通过拉伸、旋转、扫描及过渡等几种方式进行。

10. 5. 2. 4 审查实体

作图的第四步是审查实体。初级审查多停留在视觉审查上，此外 Solidworks 软件还提供力学、热学、运动等方面的模拟与审查。视觉检查主要是从各角度看，可以通过更改显示样式透视检查实体，也可以通过旋转、缩放实体进行检查。命令包括：

命 令	效 果
鼠标滚轮滑动上、下	缩小、放大
按住鼠标滚轮（中键）移动鼠标	自由旋转
按键←、↑、↓、→	向左、上、下、右旋转 15°
Shift + 按键←、↑、↓、→	向左、上、下、右旋转 90°
Ctrl + 按键←、↑、↓、→	向左、上、下、右移动
Alt + 按键←、→	顺、逆时针旋转 15°

10. 6 软件 Inventor 初级使用

10. 6. 1 Inventor 简介

Inventor 和 AutoCAD 共同出自美国 AutoDesk 公司。Autodesk Inventor Professional（AIP）是一款三维可视化实体模拟软件，AIP 2014 已刚刚上市。Inventor 软件较 SolidWorks 提供了更方便的二维到三维转换路径，对于中国设计者而言，Inventor 有很好的市场前景，因为中国设计人员目前正处于从传统习惯的 AutoCAD 二维制图向三维制图转变的过程，而达索系统的 Solidworks 虽然在三维设计领域略有领先，却很可能因为 Inventor 强大的同平台整合能力和对 dwg 文件的最好兼容性而受到竞争挑战。

Autodesk Inventor 虽然与 Autodesk AutoCAD 师出同门，Inventor 却正在改变传统的 CAD 工作流程。因为简化了复杂三维模型的创建，工程师即可专注于设计的功能实现。工程师既可以直接通过三维创作更直观地进行设计，也可以通过数字模拟来验证设计产品，极大地方便了工程设计与工业设计，因此 Inventor 在问世以后取得了不小的成功。

Autodesk Inventor 所处理的文件与 Solidworks 相似，主要包括以 dwg 为扩展名的二维工程图文件（AutoCAD 产品）、以 ipt 为扩展名的零件文件、以 iam 为扩展名的装配件(部件)文件、以 idw 为扩展名的工程图文件及以 ipn 为扩展名的装配动画(表达视图)文件。

Inventor 的大致作图顺序与 Solidworks 类似，画图的思考方式也很相似，但具体操作名称和按钮名称有些许变化。对于冶金工程的初级作图需求，按照冶金工艺工程设计要求，主要完成非标单元设计以及非标设备装配。所以大致的作图程序仍然是草图→特征→选材→建模→零件→装配→验证→渲染→装配体。创建特征的名称与 Solidworks 不一样。

10.6.2　Inventor 零件设计

新建零件⬚，在 Inventor 设计中，草图特征指：构建一个形状所需要表达的图形元素。实体指：一组形成封闭外壳的相连表面，包围一定体积的材料。零件通过二维、三维草图的绘制，通过主要特征形成实体。

主要特征形成三维实体后，再由附加特征对实体进行调整，这些特征称为"基于特征的特征"。附加特征一般是在已有实体后才可以使用的。

对三维实体进行调整后，得到零件。

大部分操作都可以在选项卡中对该步骤进行具体操作。对选项卡的认识有助于更熟练的操作每一个特征形成的操作。选项卡的一般逻辑为：操作选择→集合规则→终止方式（方向选择）→输出方式等。

不同的终止方式决定完成该项特征的程度。以拉伸为例，中止方式包括"距离"及"到"等。"距离"是达到指定距离后终止形成（切除）实体，而"到"是使形成（切除）过程按指定方向达到指定面、线、点后终止。

终止方式往往包括方向选择。一般可以选择正向、反向、双向对称及双向不对称。

按照作图要求，可以对作图步骤的结果进行要求：输出实体⬚，或输出曲面⬚。大部分时候输出的是实体，用于进一步的零件设计和装配；而输出曲面多用于更复杂的零件设计。

Inventor 有强大的钣金设计功能。钣金设计是对一定厚度的板材进行加工的特殊实体设计（修剪）环境。其中，除出了对板材的拉伸、旋转、放样命令外，对于板材特有的卷边、折弯、折叠命令非常实用。

Inventor 还有强大的后台数据库，包括国标在内的标准件，标准件可以直接插入。

需要特别提出的是：

（1）二维草图可以从 AutoCAD 的 dwg 文件导入。

（2）选择一个重要的基准面往往是零件形成的关键，初始平面既可以在浏览器中选择 XY 平面等标准平面，也可以在已经形成的实体面上寻找，或新建一个平面。

（3）草图约束是零件设计以及后期调整的重点，未完成约束的草图单元呈黄色，而成功完成约束后的草图单元呈蓝色。

10.6.3　Inventor 装配体

谈到装配体，首先需要明确什么是约束。约束表达了定义几何体（包括草图中的元素及插入装配操作界面的零件）的位置、运动程度及运动方式。约束对于装配体十分重要。

设计完成的部件可使用工程图模板生成二维工程图。工程图模板包含各工程规范的所有要求，如线宽、纸张及其他视图规范。作者也可根据自己的需求调整模板。201×年的 Inventor 生成的 dwg 文件需要本年或更新版本的 AutoCAD 软件才能打开，且低版本的不能打开高版本的 Inventor 文件。

10.7　三维软件 MicroStation 的初级使用

Bentley（奔特力）工程软件有限公司 1984 年创立于美国宾州，是一家顶尖的软件技术提供者，致力于改进建筑、道路、制造设施、公共设施和通讯网路等永久资产的创造与运作过程。包括建筑师、工程师、营建商、资产所有人或营运商在内的专业人士，都可以从 Bentley（奔特力）的技术中获益，其业务已扩展至众多行业。Bentley 公司与中国的中冶赛迪、首钢设计院、宝钢工程技术公司、中冶北方、中冶京诚、中冶焦耐、沈阳铝镁、东北大学设计院、中国恩菲、中国瑞林、北京市建筑设计院等在内的中国优秀机构和组织的成功合作，向所有中国客户提供了成功的样板，提供数字化工厂设计的整体解决方案。

10.7.1　MicroStation 三维软件简介

（1）MicroStation 系列软件是 Bentley 公司研发的核心产品之一，主要应用于基础设施的设计、建造与实施，经过版本 V8、V8 XM、V8i 的更新和发展，目前已在全球 90 多个国家的工程公司广泛应用。当前，提高工程设计效率和交付直观清晰的产品是提升专业核心竞争力的一个方向。在传统 AutoCAD 二维设计效率发挥到极致的今天，MicroStation 三维设计软件已经被越来越多的设计者所关注和认可。下面介绍应用 MicroStation 软件在提高工程设计效率、优化产品表现形式方面所做的一些探索及其效果。

（2）Bentley 部分软件组成：

MicroStation 是集二维制图、三维建模于一体的图形平台，具有照片级的渲染功能和专业级的动画制作功能，是所有 Bentley 三维专业设计软件的基础平台，可应用于所有专业。

Project Wise，是功能强大的三维模型设计工具。为在 MicroStation 基础上针对智能三维全信息模型应用的功能扩展。它能从智能化的三维模型中得到任意位置的平面、剖面、正交视图和透视图等，并能依据模型统计材料数量、材料规格以及进行成本估计等。在工程项目设计中主要用于建立各类三维构筑物的模型，应用于建筑专业。

Bentley Architecture，是专业建筑应用软件。具有面向对象的参数化创建工具，能实现智能的对象关联、参数化门窗洁具等，能够实现二维图样与三维模型的智能联动。在此项目中主要用于建立各类三维构筑物的全信息模型，应用于建筑专业。Bentley Structural，专业结构建模软件。适用于各类混凝土结构、钢结构等各类信息结构模型的创建。结构模型可以连接结构应力分析软件（如 STAAD. Pro 等）进行结构安全性分析计算。从结构模型中可以提取可编辑的平、立面模板图，并能自动标注杆件截面信息。在工程项目设计中主要用于建立各类三维构筑物的模型，应用于建筑专业、结构专业。

Bentley Building Mechanical Systems，是建筑物内通风空调系统（HVAC）、给排水系统设计模块。能够快速实现三维通风及给排水管道的布置设计、材料统计以及平、立、剖面图自动生成等功能，实现二维、三维联动。在工程项目设计中主要用于创建通风空调管道及设备布置设计，应用于通风、空调和给排水专业。

Bentley Building Electrical Systems，是基于三维设计技术和智能化的建模系统，可以快速完成平面图布置、系统图自动生成，能够生成各种工程报表，完成电气设计的相关工作，结合 BIM 完成协同设计和工程施工模拟进度，满足了建筑行业对三维设计的需求的日益提高，可应用于建筑电气专业。STAAD. Pro，是通用的结构分析和设计软件，适用于多个行业中的多种材料的设计市场，包括工厂、塔架、桥梁、建筑、地下结构和机场等，适用于结构专业。

BentleyRebar，可完成钢筋混凝土截面详图设计与 3D 配筋布置，可关联图样与 3D 模型，使得混凝土详图和模型之间也是相互关联，包括：桥梁、建筑以及土木结构（如码头、桥墩和基础），适用于结构专业。

ProSteel，可完成钢结构三维及节点建模和详图，包括：楼梯、扶手和直爬梯等；节点；自动生成钢结构详图，适用于结构专业。

Bentley Interference Manager，三维模型碰撞检查模块，嵌入 Bentley Navigator 或 MicroStation TriForma 软件中。它能实现不同文件格式的三维模型自身或相互间的碰撞检查，产生详细的碰撞结果报告及碰撞位置详图，应用于所有专业。

（3）MicroStation 与 CAD 三维建模的区别比较。两种工具的三维建模命令和思路基本一致，主要在一些具体命令的使用和操作便携性上有所差别。

1）三维建模中比较重要的空间点和线的绘制中，MicroStation 可以随时切换到三个面上，比较方便；在 CAD 三维中需要建立 UCS 坐标系来进行转换。

2）MicroStation 中剖切的剖面直接生成一张剖面图文件，并且可以把剖面尺寸标注上，虽然标注的尺寸不全面；在 CAD 中剖切出来的剖面在剖切位置生成，需要手动移出来，再进行编辑。

3）实际 Bentley 建模相比 CAD 建模要灵活一些，对实体的编辑也要灵活一些。MicroStation 刚刚开始土建三维设计，由于缺少二次开发和常用插件，在使用中发现 Bentley 的二维编辑能力没有 CAD 成熟，如果以后 Bentley 比较成熟，模板图可以不用转化成 CAD 直接在 MicroStation 里面出图，这样可以保证模型有修改时剖面也随之修改，提高效率。

10.7.2　MicroStation 画面介绍

（1）标题栏：显示标题名称及屏幕控制按钮；

（2）菜单栏：显示 MicroStation 的各项功能；

（3）标准工具栏：与一般的 Windows 软件相同的标准按钮；

（4）附属工具栏：包含精准绘图工具、参考图档等工具；可供你设定图层、线型、线宽等；

（5）主工具栏：绘图所需的基本工具；

（6）视图窗口：用来绘图的区域，最多可同时开 8 个；

（7）工具设置窗口：随功能而改变内容，以辅助绘图；

（8）状态栏：显示工作状态。

10.7.3　MicroStation 绘图基本指令

工具	中文指令	英文指令
	聪绘线工具	Place SmartLine
	放置直线	Place Line
	放置多重线	Place Multi-line
	放置自动抓点连续线段(徒手画)	Place Stream Line String
	放置点或自动抓点连续曲线	Place Point or Stream Curve
	建立角等平分线	Construct Angle Bisector
	建立最短距离直线	Construct Minimum Distance Line
	以现行角度建立直线	Construct Line at Active Angle

工具	中文指令	英文指令
	放置矩形	Place Block
	放置多边形	Place Shape
	放置正交多边形	Place Orthogonal Shape
	放置正多边形	Place Regular Polygon

工具	中文指令	英文指令
	放置弧	Place Arc
	放置半椭圆	Place Half Ellipse
	放置四分之一椭圆	Place Quarter Ellipse
	修改圆弧半径	Modify Arc Radius
	修改圆弧角	Modify Arc Angle
	修改圆弧轴	Modify Arc Axis

工具	中文指令	英文指令
	画圆	Place Circle
	放置椭圆	Place Ellipse

工具	中文指令	英文指令
	放置现行符号	Place Active Point
	在二点间建立点	Construct Points Between Data
	将点投影到像素	Project Active Point Onto Element
	在交点放置点	Construct Active Point at Intersection
	沿像素放置点	Construct Points Along Element
	沿一像素在指定距离放置点	Construct Active Point at Distance

工具	中文指令	英文指令
⊠	放置等视角矩形	Place Isometric Block
⊠	放置等视角圆	Place Isometric Circle

10.7.4　MicroStation 零件、文字与剖面基本指令

工具	中文指令	英文指令
A	放置文字	Place Text
↙A	放置注释	Place Note
♭̥	编辑文字	Edit Text
ABC	拼字检查器	Spell Checker
?ABC	显示文字属性	Display Text Attributes
A↗	符合文字属性	Match Text Attributes
A♩	变更文字属性	Change Text Attributes
⁺₊	放置文字节点	Place Text Node
A1A A2A	复制/递增文字	Copy and Increment Text
A1 A1	复制输入数据域	Copy Enter Data Field
A1 A2	复制并递增输入数据域	Copy and Increment Enter Data Field
ABC	填满单一资料输入栏	Fill in Single Enter Data Field
⫶⫶⫶	自动填满资料输入栏	Automatic Fill in Enter Data Fields

工具	中文指令	英文指令
⌐|	区域剖线	Hatch Area
⌐|	区域交叉剖面	Crosshatch Area
⌂	区域彩样	Pattern Area
┼┼┼┼	线性彩样	Linear Pattern
⌂?	显示剖面属性	Show Pattern Attributes
⌂♩	符合现行剖面	Match Pattern Attributes
⊠	删除彩样	Delete Pattern

学习思考题

10-1　什么是计算机辅助设计 AutoCAD?

10-2　AutoCAD 能否完成方案设计与参数选择等设计工作?

10-3　与传统的手工画图相比，举例说明 AutoCAD 是如何提高设计效率的?

10-4　描述用 AutoCAD 进行二维工程图作图的一般步骤。

10-5　试指出 AutoCAD 中图层的含义。

10-6　指出 AutoCAD 图层与线型、图层与线宽间的相互关系。

10-7　在使用 AutoCAD 进行工程图作图时，设置文字类型、文字高度及尺寸标注时应当注意哪些问题?

10-8 在使用 AutoCAD 进行工程图作图时，如何解决图幅大小与绘图比例的关系？

10-9 用 AutoCAD 进行工程图作图时，如何解决同一图幅内不同视图的绘图比例关系？

10-10 当要绘图的图幅比例不是 1∶1 时，在 AutoCAD 的绘图界面上，怎样设置才能显示出线宽、线型（虚线、点画线）？

10-11 AutoCAD 三维建模与 MicroStation 三维建模操作步骤有什么区别？

10-12 AutoCAD 三维建模与 Solidworks 三维建模操作步骤有什么区别？

10-13 AutoCAD 三维建模与 Inventor 三维建模操作步骤有什么区别？

10-14 比较 AutoCAD、MicroStation、Solidworks、Inventor 在三维建模时的优缺点。

10-15 除 AutoCAD、MicroStation、Solidworks、Inventor 外，是否还有其他工程设计软件？

附　　录

附录1　年产100万吨不锈钢项目技术经济指标

附表1-1　年产100万吨不锈钢成本估算表

序号	项目	吨钢单耗/t	单价（不含税价）/元·t⁻¹	单位成本/元	年耗量	总成本/万元	备注
	成　本			9571.59		994782.54	
1	原辅材料			7762.81		796689.22	
1.1	镍　铁	0.70	8390.85	5873.5944	72.00 万吨	604157.92	
1.2	铬　铁	0.34	5203.58	1769.2160	34.97 万吨	181981.56	
1.3	金属锰	0.01	12820.51	102.5641	0.82 万吨	10549.74	
2	燃料及动力			169.0188		13826.01	
2.1	电　耗	200.00	0.487179487	97.4359	205720000.00kW·h	10022.26	
2.2	焦炉煤气	31.26	1.061946903	69.1647	32155658.63m³	3414.76	
2.3	新　水	1.09	2.212389381	2.4182	1758240.00m³	388.99	
3	工人工资及福利		80000	334.44	4300 人	34400.00	
4	制造费用			489.50		50348.36	
4.1	维修费用			125.55		12913.87	
4.2	折旧费用			251.10		25827.75	
4.3	其　他			112.84		11606.74	
5	管理费用			524.22		53920.00	均为
6	销售费用			230.77		23735.97	正常年
7	财务费用			212.56		21862.97	
8	总成本费用			9671.50		994782.54	
8.1	其中：折旧费			251.10		25827.75	
8.2	摊销费			22.56		2320.00	
9	经营成本			9185.28		944771.82	

附表1-2　年产100万吨不锈钢厂销售收入

序号	产品名称	生产负荷/元·t⁻¹	80%		100%	
			销售量/t	销售收入/万元	销售量/万吨	销售收入/万元
1	销售收入			949439		1186799
1.1	304 不锈钢	11538	82.285716	949439	102.86	1186799

续附表 1 - 2

序号	产品名称	生产负荷/元·t⁻¹	80%		100%	
			销售量/t	销售收入/万元	销售量/万吨	销售收入/万元
2	销售税金及附加			55628		69535
2.1	增值税			51508		64385
2.2	城市维护建设税			2575		3219
2.3	教育费附加			1545		1932

附表 1 - 3　年产 100 万吨不锈钢厂投资信息

建设投资/万元	580337.01	流动资金贷款/%	1.00
建设投资银行贷款/%	0.00	流动资金贷款利率/%	6.15
建设投资贷款利率/%	6.15	建设投资折旧年限/a	20
无形资产/万元	11600	无形资产摊销年限/a	10
递延资产/万元	11600	递延资产摊销年限/a	10
工资及福利（生产员工）/万元	8.00	劳动定员/人	4300
工资及福利（管理员工）	0.00	劳动定员	0

年　份	1	2	3	4
生产负荷/%	0	0	80	100
固定资产投资比例/%	50	50	0	100

附表 1 - 4　年产 100 万吨不锈钢厂固定资产还本付息表　　　万元

序号	项目	年限/利率	1	2	3	4	5	6	7	8	9	10	11
1.0	借款及还本付息	0.0615											
1.1	年初借款本息累计			32056.3	29403.9	25450.0	21331.9	17042.8	12575.7	7923.1	3077.5	0.0	0.0
1.1.1	建设期借款		290168.5	290168.5									
1.1.2	建设期利息		8922.7	9197.1									
1.2	本年借款		290168.5	290168.5									
1.3	本年应计利息		8922.7	9197.1	1808.3	1565.2	1311.9	1048.1	773.4	487.3	189.3	0.0	0.0
1.4	本年还本			3954.0	4118.1	4289.1	4467.1	4652.6	4845.7	3077.5	0.0	0.0	
1.5	本年付息		0.0	0.0	0.0	0.0	0.0	0.0	0.0	0.0	0.0	0.0	
2.0	偿还借款本金的资金来源				68219	122481	122481	122481	122481	122481	122481	122481	122481
2.1	利润				46048	82674	82674	82674	82674	82674	82674	82674	82674
2.2	折旧				25828	25828	25828	25828	25828	25828	25828	25828	25828
2.3	摊销				2320	2320	2320	2320	2320	2320	2320	2320	2320
	借款偿还期：	年（自借款年算起）	8.6										

附表 1-5　年产 100 万吨不锈钢厂流动资金估算表

万元

序号	项目	周转次数	1	2	3	4	5	6	7	8	9	10	11	12	13	14	15	16	17
1	流动资产		0	0	260277	318599	318599	318599	318599	318599	318599	318599	318599	318599	318599	318599	318599	318599	318599
1.1	应收账款	8	0	0	97240	118096	118096	118096	118096	118096	118096	118096	118096	118096	118096	118096	118096	118096	118096
1.2	存货		0	0	158183	195217	195217	195217	195217	195217	195217	195217	195217	195217	195217	195217	195217	195217	195217
1.2.1	原辅材料	8	0	0	79669	99586	99586	99586	99586	99586	99586	99586	99586	99586	99586	99586	99586	99586	99586
1.2.2	燃料动力	8	0	0	1383	1728	1728	1728	1728	1728	1728	1728	1728	1728	1728	1728	1728	1728	1728
1.2.3	在产品	110	0	0	6411	8014	8014	8014	8014	8014	8014	8014	8014	8014	8014	8014	8014	8014	8014
1.2.4	产成品	11	0	0	70720	85888	85888	85888	85888	85888	85888	85888	85888	85888	85888	85888	85888	85888	85888
1.3	现金	11	0	0	4854	5285	5285	5285	5285	5285	5285	5285	5285	5285	5285	5285	5285	5285	5285
2	流动负债		0	0	81052	101314	101314	101314	101314	101314	101314	101314	101314	101314	101314	101314	101314	101314	101314
2.1	应付账款	8	0	0	81052	101314	101314	101314	101314	101314	101314	101314	101314	101314	101314	101314	101314	101314	101314
3	流动资金		0	0	179225	217284	217284	217284.14	217284	217284	217284	217284	217284	217284	217284	217284	217284	217284	217284
4	流动资金当期增加额		0	0	179225	38059	0	0	0	0	0	0	0	0	0	0	0	0	0

附表 1-6　年产 100 万吨不锈钢厂总成本费用估算表

万元

序号	项目	合计	1	2	3	4	5	6	7	8	9	10	11	12	13	14	15	16	17
0	生产负荷/%		0	0	80	100	100	100	100	100	100	100	100	100	100	100	100	100	100
1	生产成本	12511625	0	0	733161	895264	895264	895264	895264	895264	895264	895264	895264	895264	895264	895264	895264	895264	895264
1.1	直接材料费	11791000	0	0	637351	796689	796689	796689	796689	796689	796689	796689	796689	796689	796689	796689	796689	796689	796689
1.2	直接燃料及动力费	204625	0	0	11061	13826	13826	13826	13826	13826	13826	13826	13826	13826	13826	13826	13826	13826	13826
1.3	直接工资及福利费	516000	0	0	34400	34400	34400	34400	34400	34400	34400	34400	34400	34400	34400	34400	34400	34400	34400
1.4	制造费用	755225	0	0	50348	50348	50348	50348	50348	50348	50348	50348	50348	50348	50348	50348	50348	50348	50348
1.4.1	修理费	193708	0	0	12914	12914	12914	12914	12914	12914	12914	12914	12914	12914	12914	12914	12914	12914	12914

续附表 1-6

万元

序号	项目	合计	1	2	3	4	5	6	7	8	9	10	11	12	13	14	15	16	17
1.4.2	折旧费	387416	0		25828	25828	25828	25828	25828	25828	25828	25828	25828	25828	25828	25828	25828	25828	25828
1.4.3	其他制造费用	174101			11607	11607	11607	11607	11607	11607	11607	11607	11607	11607	11607	11607	11607	11607	11607
2	管理费用	797200	0	0	53920	53920	53920	53920	53920	53920	53920	53920	53920	53920	51600	51600	51600	51600	51600
2.1	无形资产摊销费	11600	0	0	1160	1160	1160	1160	1160	1160	1160	1160	1160	1160					
2.2	其他资产摊销费	11600	0	0	1160	1160	1160	1160	1160	1160	1160	1160	1160	1160					
2.3	其他管理费用	774000	0	0	51600	51600	51600	51600	51600	51600	51600	51600	51600	51600	51600	51600	51600	51600	51600
3	财务费用	325604	0	0	19522	21863	21863	21863	21863	21863	21863	21863	21863	21863	21863	21863	21863	21863	21863
3.1	固定资产贷款利息		0	0	0															
3.2	流动资金贷款利息	198104	0	0	11022	13363	13363	13363	13363	13363	13363	13363	13363	13363	13363	13363	13363	13363	13363
3.3	其他财务费用	127500	0	0	8500	8500	8500	8500	8500	8500	8500	8500	8500	8500	8500	8500	8500	8500	8500
4	销售费用	351292	0	0	18989	23736	23736	23736	23736	23736	23736	23736	23736	23736	23736	23736	23736	23736	23736
5	总成本费用	14740947	0	0	825592	994783	994783	994783	994783	994783	994783	994783	994783	994783	992463	992463	992463	992463	992463
5.1	其中:固定成本	2745322	0	0	177179	184267	184267	184267	184267	184267	184267	184267	184267	184267	181947	181947	181947	181947	181947
5.2	可变成本	11995625	0	0	648412	810515	810515	810515	810515	810515	810515	810515	810515	810515	810515	810515	810515	810515	810515
6	经营成本	14004727	0	0	777922	944772	944772	944771.82	944772	944772	944772	944772	944772	944772	944772	944772	944772	944772	944772

附表 1-7　年产 100 万吨不锈钢利润与利润分配表

万元

序号	项目	合计	1	2	3	4	5	6	7	8	9	10	11	12	13	14	15	16	17
0	生产负荷/%		0	0	80	100	100	100	100	100	100	100	100	100	100	100	100	100	100
1	产品销售收入	17564620	0	0	949439	1186799	1186799	1186799	1186799	1186799	1186799	1186799	1186799	1186799	1186799	1186799	1186799	1186799	1186799
2	销售税金及附加	1029124	0	0	55628	69535	69535	69535	69535	69535	69535	69535	69535	69535	69535	69535	69535	69535	69535
3	总成本费用	14740947	0	0	825592	994783	994783	994783	994783	994783	994783	994783	994783	994783	992463	992463	992463	992463	992463

续附表 1－7

序号	项目	合计	1	2	3	4	5	6	7	8	9	10	11	12	13	14	15	16	17
4	利润总额	1794549	0	0	68219	122481	122481	122481	122481	122481	122481	122481	122481	122481	124801	124801	124801	124801	124801
5	应纳税所得额	1794549	0	0	68219	122481	122481	122481	122481	122481	122481	122481	122481	122481	124801	124801	124801	124801	124801
6	所得税	448637	0	0	17055	30620	30620	30620	30620	30620	30620	30620	30620	30620	31200	31200	31200	31200	31200
7	税后利润	1345912	0	0	51164	91861	91861	91861	91861	91861	91861	91861	91861	91861	93601	93601	93601	93601	93601
8	可供分配利润	1345912	0	0	51164	91861	91861	91861	91861	91861	91861	91861	91861	91861	93601	93601	93601	93601	93601
8.1	提取法定盈余公积金	134591	0	0	5116	9186	9186	9186	9186	9186	9186	9186	9186	9186	9360	9360	9360	9360	9360
8.2	可供投资者分配的利润	1211321	0	0	46048	82674	82674	82674	82674	82674	82674	82674	82674	82674	84240	84240	84240	84240	84240
8.3	未分配利润	1211321	0	0	46048	82674	82674	82674	82674	82674	82674	82674	82674	82674	84240	84240	84240	84240	84240
9	息税前利润	1794549	0	0	68219	122481	122481	122481	122481	122481	122481	122481	122481	122481	124801	124801	124801	124801	124801
10	息税折旧摊销前利润	2193565	0	0	95207	149468	149468	149468	149468	149468	149468	149468	149468	149468	150628	150628	150628	150628	150628

附表 1－8 年产100万吨不锈钢项目投资现金流量表

万元

序号	项目	合计	1	2	3	4	5	6	7	8	9	10	11	12	13	14	15	16	17
0	生产负荷/%				80	100	100	100	100	100	100	100	100	100	100	100	100	100	100
1	现金流入	17810921	290168.505	290168.505	949439	1186798.68	1186798.68	1186798.68	1186798.68	1186798.68	1186798.68	1186798.7	1186798.7	1186798.7	1186798.7	1186798.7	1186798.7	1186798.68	1433100
1.1	营业收入	17564620.5			949439	1186799	1186799	1186799	1186799	1186799	1186799	1186799	1186799	1186799	1186799	1186799	1186799	1186799	1186799
1.2	回收固定资产余值	29016.8505																	29016.8505
1.3	回收流动资金	217284																	217284
2	现金流出	16280110	290168.505	290168.505	1029830	1082986	1044927	1044927	1044927	1044927	1044927	1044927	1044927	1044927	1045507	1045507	1045507	1045507	1045507

续附表 1－8

序号	项目	合计	1	2	3	4	5	6	7	8	9	10	11	12	13	14	15	16	17
2.1	固定资产投资	580337	290169	290169															
2.2	流动资金	217284			179225	38059													
2.3	经营成本	14004727			777922	944772	944772	944772	944772	944772	944772	944772	944772	944772	944772	944772	944772	944772	944772
2.4	销售税金及附加	1029124			55628	69535	69535	69535	69535	69535	69535	69535	69535	69535	69535	69535	69535	69535	69535
2.5	所得税	448637			17055	30620	30620	30620	30620	30620	30620	30620	30620	30620	31200	31200	31200	31200	31200
3	净现金流量	1530812	−290168.51	−290168.51	−80391	103812	141871	141871	141871	141871	141871	141871	141871	141871	141291	141291	141291	141291	387592
4	累计净现金流量		−290168.51	−580337	−660728	−556916	−415044	−273173	−131302	10570	152441	294312	436183	578055	719346	860637	1001928	1143220	1530812
5	所得税前净现金流量	1979449	−290168.51	−290168.51	−63336	134433	172491	172491	172491	172491	172491	172491	172491	172491	172491	172491	172491	172491	418792
6	所得税前累计净现金流量		−290168.51	−580337	−643673	−509241	−336749	−164258	8234	180725	353217	525708	698200	870691	1043182	1215674	1388165	1560657	1979449
	计算指标				所得税后					所得税前									
	财务内部收益率/%				15.30					18.97									
	财务净现值(Ic=12%)				132848					289984									
	投资回收期(含建设期)				7.93					6.95									

附表 1－9　年产 100 万吨不锈钢项目资产负债表

万元

序号	项目	1	2	3	4	5	6	7	8	9	10	11	12	13	14	15	16	17
0	生产负荷/%	0	0	80	100	100	100	100	100	100	100	100	100	100	100	100	100	100
1	资产	290169	290169	1022159	1300085	1519689	1739293	1958897	2178502	2398106	2617710	2837314	3056918	3274202	3491486	3708770	3926055	4389640
1.1	流动资产总额	0	0	467650	771403	1016835	1262267	1507699	1753131	1998563	2243995	2489427	2734859	2977970	3221082	3464194	3707306	4196719
1.1.1	应收账款			97240	118096	118096	118096	118096	118096	118096	118096	118096	118096	118096	118096	118096	118096	118096
1.1.2	存货			158183	195217	195217	195217	195217	195217	195217	195217	195217	195217	195217	195217	195217	195217	195217
1.1.3	现金			4854	5285	5285	5285	5285	5285	5285	5285	5285	5285	5285	5285	5285	5285	5285
1.1.4	累计盈余资金			207373	452805	698237	943669	1189101	1434532	1679964	1925396	2170828	2416260	2659372	2902484	3145596	3388708	3878120
1.2	在建工程	290169	290169															
1.3	固定资产净值			554509	528682	502854	477026	451198	425371	399543	373715	347887	322060	296232	270404	244576	218749	192921
2	负债及所有者权益	290168.505	469393.7531	311440.9793	628404	553484	645344	737205	829066	920926	1012787	1104647	1196508	1290108	1383709	1477309	1570910	1664510
2.1	流动负债总额	0	179225	81052	101314	101314	101314	101314	101314	101314	101314	101314	101314	101314	101314	101314	101314	101314
2.1.1	应付账款	0		81052	101314	101314	101314	101314	101314	101314	101314	101314	101314	101314	101314	101314	101314	101314
2.1.2	短期借款	0	179225															
2.2	建设投资借款	0	0															
2.3	流动资金借款	0	0	179225	217284	217284	217284	217284	217284	217284	217284	217284	217284	217284	217284	217284	217284	217284
2.4	负债小计	0	179225	260277	318599	318599	318599	318599	318599	318599	318599	318599	318599	318599	318599	318599	318599	318599
2.5	所有者权益	290168.505	290169	51164	309806	234885	326746	418606	510467	602328	694188	786049	877909	971510	1065110	1158711	1252311	1345912
2.5.1	资本金	290168.505	290169	0	38059	0	0	0	0	0	0	0	0	0	0	0	0	0
2.5.2	累计盈余公积金			5116	14302	23489	32675	41861	51047	60233	69419	78605	87791	97151	106511	115871	125231	134591
2.5.3	累计未分配利润			46048	257445	211397	294071	376746	459420	542095	624769	707444	790118	874359	958599	1042840	1127080	1211321
	计算指标																	
	资产负债率/%	0	61.8	25.5	24.5	21.0	18.3	16.3	14.6	13.3	12.2	11.2	10.4	9.7	9.1	8.6	8.1	7.3
	流动比率			1.80	2.42	3.19	3.96	4.73	5.50	6.27	7.04	7.81	8.58	9.35	10.11	10.87	11.64	13.17
	速动比率			14.17	10.12	6.57	4.62	3.44	2.66	2.12	1.73	1.44	1.21	1.04	0.90	0.79	0.70	0.55

328

附录2　各种高阶段设计的内容与格式

一、企业规划的章节内容和格式

1　概述	3.3　厂址与交通运输条件
1.1　编制依据	4　规划目标
1.2　企业的自然状况	4.1　生产规模及产品方案
1.3　存在的主要问题及建议	4.2　工艺流程与辅助生产设施
2　市场预测分析	4.3　投资与经济效益
2.1　国际市场	5　建设计划安排
2.2　国内市场	6　存在问题与建议
3　建设条件	附图：1.　全厂总平面布置图
3.1　资源、原燃材料供应	2.　工艺流程图
3.2　水、电供应	3.　主要车间平面布置图

二、行业或区域规划的章节内容和格式

首先概述行业在国民经济中的地位和作用，行业规划的目的意义（无标题）。

1　行业现状	4.1　投资需求
1.1　资源的开发	4.2　投资来源
1.2　产品的开发	4.3　投资效益
1.3　应用研究开发	4.4　投资项目
1.4　差距及问题	5　主要对策
2　市场预测分析	5.1　普法教育（必要时列入）
2.1　国际市场	5.2　加大资源的勘探投入
2.2　国内市场	5.3　强化科技开发
3　规划目标	5.4　组建企业集团
3.1　发展思路（国家发展行业的政策、方针、精神，行业的发展纲领）	5.5　合理布局
	5.6　加强环境保护和资源综合利用
3.2　综合计划指标（总产品年产量与企业规模、数量）	5.7　强化企业管理
	5.8　重视信息交流和人员培训
3.3　产品方案（含物料平衡）	附件：1.　产品物料平衡图
4　投资分析	2.　投资项目一览表

三、项目建议书章节内容和格式

1　项目建设的目的和意义	2　市场分析
1.1　编制依据	3　厂址及建设条件
1.2　背景及建设的必要性	3.1　厂址选择

3.2 工程地质及水文条件

3.3 主要原材料条件

3.4 交通运输条件

3.5 供电条件

3.6 供水条件

4 建设方案

4.1 建设规模和产品方案

4.2 生产工艺

4.3 电力

4.4 给排水

4.5 自动化仪表

4.6 通风除尘

4.7 总图运输

4.8 机修、检验

4.9 土建

4.10 能源分析

5 环境保护

5.1 废气

5.2 废渣

5.3 废水

6 工程概要（简述工厂车间组成）

7 项目实施进度

8 投资估算与资金筹措

9 主要技术经济

9.1 产品成本和费用估算

9.2 财务分析（投资回收期、贷款偿还年限）

10 经济评价

附图：全厂总平面布置图（必要时附）

附表：设计主要技术经济指标表

四、可行性研究章节内容和格式

1 总论

1.1 提出的背景、投资必要性和经济意义

1.2 编制的依据和原则

1.3 产品方案及生产规模

1.4 建厂条件

1.5 原料、辅助材料及燃料的供应

1.6 主要技术经济指标表

1.7 结论（简要综合结论存在的问题和建议）

2 市场预测

2.1 需求预测

2.2 产品价格分析

3 冶炼工艺

3.1 生产方法选择

3.2 主要原材料及成品

3.3 工艺流程

3.4 物料平衡

3.5 主要设备的选择

3.6 车间组成及配置说明

3.7 主要技术经济指标

4 供电

4.1 电力负荷

4.2 电源及供电方案

4.3 主要车间的电力传动及控制

4.4 其他

5 总图运输

5.1 地理位置、经济及交通

5.2 自然条件

5.3 总平面布置原则

5.4 工厂运输

5.5 竖向布置

5.6 厂区绿化、消防及警卫

6 给排水

6.1 给水系统

6.2 循环水系统

6.3 排水系统

6.4 消防用水

7 自动控制

7.1 概述

7.2 各车间主要检测内容

7.3 仪表选型

7.4 控制室设置

7.5 仪表维修室

五、初步设计章节内容和格式

一般情况下初步设计阶段均要编制各种专篇：环境保护专篇、安全生产设施设计专篇、节能减排专篇、消防专篇、职业卫生专篇，对于特大型项目还应编写循环经济专篇、劳动定员专篇。

附录3　设计委托任务书内容及格式

以炼铁专业给总图专业提出设计委托任务为例，其他专业（如炼钢、铁合金、重金属、稀土等）可参照执行，并根据情况适当删减有关内容，可行性研究的委托任务可在初步设计的基础上简化。

一、初步设计阶段

有关＿＿＿＿＿炼铁车间（厂）初步设计资料提供如下：

1. ＿＿＿＿＿炼铁车间(厂)新建＿＿＿＿＿布置的有效容积＿＿＿＿＿ m³ 高炉＿＿＿＿＿座。原有＿＿＿＿＿布置的有效容积＿＿＿＿＿ m³ 高炉＿＿＿＿＿座。将来可能增建布置的有效容积＿＿＿＿＿ m³ 高炉＿＿＿＿＿座（在平面图上以虚线示出）。

2. 炼铁厂的辅助车间计有＿＿＿＿＿、＿＿＿＿＿、＿＿＿＿＿，其中，＿＿＿＿＿、＿＿＿＿＿、＿＿＿＿＿车间是新建的。

3. 生产规模：年产炼钢生铁＿＿＿＿＿万吨，除送炼钢厂外，尚有＿＿＿＿＿万吨送铸铁机铸块后作商品生铁外销。生产最终规模为年产炼钢生铁＿＿＿＿＿万吨，其中＿＿＿＿＿万吨为商品生铁。

4. 车间内部原料、燃料、熔剂及产品的运输方式。要求含铁原料、熔剂分不同规格、品种分别运入车间内部。

（1）烧结矿采用＿＿＿＿＿车辆送至高炉烧结矿槽，每个烧结矿槽有效容积为＿＿＿＿＿ m³，每座高炉共＿＿＿＿＿个烧结矿槽。

（2）球团矿采用＿＿＿＿＿车辆送至球团矿槽，每个球团矿槽有效容积为＿＿＿＿＿ m³，每座高炉共＿＿＿＿＿个球团矿槽。

（3）块矿采用＿＿＿＿＿车辆送至高炉块矿槽，每个块矿槽有效容积为＿＿＿＿＿ m³，每座高炉共＿＿＿＿＿个块矿槽。

（4）石灰石采用＿＿＿＿＿车辆送至高炉熔剂槽，每个熔剂槽有效容积为＿＿＿＿＿ m³，每座高炉共＿＿＿＿＿个熔剂槽。

（5）白云石采用＿＿＿＿＿车辆送至高炉熔剂矿槽，每座高炉设白云石矿槽共＿＿＿＿＿个。

（6）焦炭采用＿＿＿＿＿车辆送至高炉焦炭槽，每个焦炭槽有效容积＿＿＿＿＿ m³，每座高炉共＿＿＿＿＿个焦炭槽。

（7）＿＿＿＿＿＿＿＿＿＿＿＿＿

注：

1）高炉矿槽配置形式及平、断面尺寸见资料图。

2）如槽上采用皮带输送，则无此项目。

产品输送

①铁水采用型号＿＿＿＿＿、＿＿＿＿＿ t 铁水罐车输送。

②熔渣采用型号＿＿＿＿＿、＿＿＿＿＿ m³ 渣罐车输送（如采用水渣设施则无此项内容）。

③干渣采用＿＿＿＿＿输送。

④水渣堆场的水渣采用_____输送。

⑤除尘器煤气灰采用_____输送。

⑥筛下烧结粉矿采用_____输送。

5. 车间内部专用铁路线的特殊要求（见附表 3 - 1）

附表 3 - 1 车间内部专用铁路线的特殊要求

序号	专用铁路线名称	特 殊 要 求	备 注
1	出铁场侧铁水罐车停放线	要求出铁前_____min，必须将铁水罐车送到罐位正确的位置	出铁出渣作业时间见附表 3-2。
2	渣罐车停放线	出铁、出渣前_____min，必须将渣罐车送到罐位正确的位置	同上。如采用水渣设施则无此项
3	水渣场装车线	要求每天定期外输，如不能实现，两次外输的间隔时间不能超过一天	运输量见附表 3-3。炉渣其他处理方法视具体情况提交任务
4	铸铁机前铁水罐车停放线	要求铸完铁水后的空罐及时拉走；此线不允许其他车辆通过	
5	重力除尘器清灰线	要求定期清灰，每_____天清灰一次。除尘器日产煤气灰为_____t。清灰能力为_____t	如采用翻斗汽车输送，则无此项
6	碎焦输送线	碎焦仓按高炉中心线左、右分别各设置_____个，每个碎焦仓的有效容积为_____m³。每座高炉日产碎焦量为_____t。要求定期外运。每_____天外运一次	如采用翻斗汽车输送，则无此项。平面布置见资料图
7	烧结矿筛下粉矿	粉矿槽按高炉中心线左、右分别设置_____个，每个矿槽有效容积为_____m³，每座高炉日产粉矿_____t，要求定期外运，每_____天外运一次	如采用翻斗汽车输送，则无此项。平面布置见资料图
8	—		

6. 对一些用量不大，而又经常使用的一些辅助材料，如炮泥、沟泥、黄沙等，可根据具体情况，与总图专业商讨后，提出用专用车辆（汽车或其他车辆）送至出铁场一端。

7. 出铁出渣作业时间表（见附表 3 - 2）

附表 3 - 2 出铁出渣作业时间

序号	炉号 / 项目	1	2	3	…
1	每昼夜出铁次数				
2	每昼夜开始出第一次铁的时间				
3	每出两次铁之间，出上渣次数				
4	出完铁后与出第一次上渣的间隔时间				
5	第一次上渣与第二次上渣的间隔时间				
6	每炉铁出铁所需时间/min				
7	每次放上渣所需时间/min				
8	—				

注：如采用水渣设施，则无 3、4、5、7 项。

8. 炼铁车间货物周转量（见附表 3 – 3）

附表 3 – 3　炼铁车间货物周转量

	序号	货 物 名 称	运 输 地 点	运输方式	日最大运输量/t		年平均运输量/万吨	
					一期建成	全部建成	一期建成	全部建成
运出	1	一、产品	炼钢 高炉					
	2	铁水	铸铁机					
	3	水渣	水渣场→外地					
	4	干渣	干渣场→外地					
	5	二、副产品						
	6	碎焦	碎焦仓→烧结					
	7	筛下粉矿	粉矿仓→烧结					
	8	附尘器煤气灰	除尘器→烧结					
	9	工业垃圾	出铁场→弃渣场					
运入	1	一、原燃料						
	2	块矿	原料场→矿槽					
	3	烧结矿	烧结厂→矿槽					
	4	球团矿	→矿槽					
	5	焦炭	焦化厂→矿槽					
	6	无烟煤（烟煤）	→喷吹					
	7	重油	→喷吹					
	8	二、辅助原料及熔剂						
	9	萤石	原料场→矿槽					
	10	锰矿	原料场→矿槽					
	11	石灰石	原料场→矿槽					
	12	白云石	原料场→矿槽					
	13	三、辅助材料						
	14	炮泥	碾泥机房→出铁场					
	15	沟泥	碾泥机房→出铁场					
	16	焦粉	碾泥机房→出铁场					
	17	碎焦	高炉碎焦仓→碾泥机房					
	18	沥青	焦化厂→碾泥机房					
	19	生耐火黏土	→碾泥机房					
	20	熟耐火黏土	→碾泥机房					
	21	蒽油	焦化厂→碾泥机房					
	22	石灰	→铸铁机					
	23	煤泥	→铸铁机					
	24	耐火砖	→修罐库					
	25	河沙	→出铁场					

9. 附图：

（1）炼铁车间（厂）总平、断面图。

（2）各辅助车间（工艺部分）或设施平面图。

10. 说明：由于对碾泥机房缺乏设计经验，同时，国内炼铁厂对各种泥料的工艺生产过程也有所不同，各个生产环节的专用设备相互之间的配合也缺乏可选性，目前编制"委托设计任务书"的条件尚不成熟，待今后补充。

二、施工图设计阶段

说明：

（1）在初步设计基础上，向总图专业进一步落实炼铁车间（厂）总平、断面的主要尺寸。

（2）在开展施工图设计时，要求总图专业提供炼铁车间（厂）各主要部位的地坪绝对标高、车间（厂）内部铁公路绝对标高以及各车间、设施和构筑物的坐标。

（3）在开展施工图时，对高炉上料系统、水力冲渣、喷吹煤粉设施尚需补提资料。

1. 上料系统

（1）设计基本参数：

高炉有效容积_____ m^3 _____座；

最高日产生铁量_____ t/d _____座；

正常日产生铁量_____ t/d _____座；

入炉矿石配比：

        烧结矿_____%；

        球团矿_____%；

        块   矿_____%。

原燃料、辅助原料用量、贮存性能见附表 3－4。

附表 3－4 原燃料、辅助原料用量、贮存性能

项 目	烧结矿	球团矿	块 矿	焦 炭	石灰石	白云石	锰 矿	碎 焦	碎 矿
吨铁单耗/t									
吨焦矿单产/t									
温度/℃									
粒度/mm									
自然堆角/(°)									
动堆角/(°)									
堆密度/t·m^{-3}									
料仓数/个									
总贮量/t									
贮存时间/h									

（2）工艺流程简介：

1）该高炉矿槽、焦槽为火车送料，烧结矿从烧结厂运来，块矿、球团矿、石灰石、白云石、锰矿从原料场运来；焦炭从焦化厂运来，全为火车运输。碎焦、碎矿也用火车或汽车运出（球团矿也有从生产车间直接运至矿槽）。

2）焦炭从焦仓经闸门、焦炭筛入焦炭称量斗，然后卸入料车，被送往炉顶进入高炉。筛下焦用皮带机（或碎焦车）送到碎焦仓中贮存，以后由汽车或火车运出。

3）烧结矿从烧结矿仓中，经闸门、给料机到烧结矿筛，筛上烧结矿进入称量斗，然后由皮带机转运到料坑料车中，被送到炉顶进入高炉。筛下碎烧结矿用皮带机（或碎矿车）送到矿仓中贮存，以后由汽车或火车运出。

4）其他原料不过筛，在槽下称量后，由皮带机转运至料坑入料车，被送往炉顶进入高炉。

（3）委托任务内容

1）槽上原燃料、辅助材料运输机及车辆的选型、铁路的布置、运输作业的安排。

工艺运输条件包括：

①矿槽、焦槽结构几何尺寸，仓位布置，原燃料、辅助材料的品种仓位安排。

②高炉原燃料、辅助材料消耗量见附表3-5。

附表3-5　高炉原燃料、辅助材料消耗量

项　目		烧结矿	球团矿	块　矿	焦　炭	石灰石	白云石	锰　矿
日耗量/t	最大							
	正常							
小时耗量/t	最大							
	正常							

2）碎焦、碎矿运出设备（火车或汽车）的选型与布置，运输作业的安排。

工艺运出条件包括：

①碎焦仓、碎矿仓结构尺寸，以及卸料设备的型号、安装尺寸、作业尺寸、作业方式。

②碎焦仓、碎矿仓贮存量见附表3-6。

附表3-6　碎焦仓、碎矿仓贮存量

项　目	日产生量/t		小时产生量/t		仓中允许最大贮存量/t
	最　大	正　常	最　大	正　常	
碎　矿					
碎　焦					

③运输距离

碎焦仓↔碎焦堆存处：_____ m；

碎矿仓↔碎矿堆存处：_____ m。

3）槽下、主卷扬机室、炉顶大型设备更换时，部件或大型设备的运输安排。

①运输工具的选型：

槽下大型部件有：

焦筛：外形尺寸：＿＿＿＿×＿＿＿＿×＿＿＿＿mm，重＿＿＿t；

烧结矿筛：外形尺寸：＿＿＿＿×＿＿＿＿×＿＿＿＿mm，重＿＿＿t；

称量车：外形尺寸：＿＿＿＿×＿＿＿＿×＿＿＿＿mm，重＿＿＿t。

斜桥上大型部件有：

绳轮组：外形尺寸：＿＿＿＿×＿＿＿＿×＿＿＿＿mm，重＿＿＿t；

料车：外形尺寸：＿＿＿＿×＿＿＿＿×＿＿＿＿mm，重＿＿＿t。

炉顶大型部件有：

大钟大料斗组合件：外形尺寸：＿＿＿＿×＿＿＿＿×＿＿＿＿mm，重＿＿＿t；

布料器：外形尺寸：＿＿＿＿×＿＿＿＿×＿＿＿＿mm，重＿＿＿t。

②运输道路，起落点的位置决定：

炉顶设备检修小车轨迹方位，料车更换位置，焦筛、矿筛进出矿槽方向。

4）总图布置。该系统包括的建筑物、构筑物有矿槽（包括焦槽）、料坑操作室、主卷扬机室、斜桥、称量车修理库、碎焦仓、碎矿仓、槽下除尘机室等，请按附图资料进行总图布置。

（4）附图

1）矿槽、焦槽系统平、断面图。

2）碎焦、碎矿系统平、断面图。

3）高炉车间平、断面总图。

2. 水力冲渣设施（附高炉水力冲渣设施平面布置图）

（1）设计任务内容：

1）高炉水力冲渣设施总图位置确定。

2）水渣运出铁路接轨。

3）高炉水力冲渣设施附近需设公路。

（2）设计条件：

1）每昼夜运出水渣量＿＿＿＿t。

2）以铁路运出水渣为主，汽车运输为辅。

3）水渣场的水渣堆场，最多可贮存＿＿＿＿天。

4）水渣场装车线的有效长约为＿＿＿＿m。

3. 喷吹煤粉设施

（1）任务内容：

1）确定喷吹车间总图位置及其车间地坪绝对标高。

2）安排燃料运输车辆。

（2）设计资料：

1）喷吹车间由原煤场、转运站、制粉、喷煤等系统组成。

2）喷吹燃料为＿＿＿＿煤，故为粉尘防爆车间，总体布置考虑防火、防爆、消防通道等安全距离。

3）燃料消耗量：平均每天＿＿＿＿t，最高＿＿＿＿t，每年平均＿＿＿＿t，最高＿＿＿＿t；钢球消耗量＿＿＿＿t。

（3）应附委托图：车间总平、侧面图。

4. 铸铁机车间

（1）基本资料：

1）＿＿＿＿＿＿＿厂（车间）由＿＿＿＿＿＿＿座高炉（m³）组成。年工作日＿＿＿＿＿＿＿天，高炉平均利用系数为＿＿＿＿＿＿＿，全车间日产生铁＿＿＿＿＿＿＿t，最高日产为＿＿＿＿＿＿＿t，年产量为＿＿＿＿＿＿＿t。

2）每座高炉出铁时配有＿＿＿＿＿＿＿t 铁水罐车＿＿＿＿＿＿＿辆。全厂由＿＿＿＿＿＿＿座高炉分成＿＿＿＿＿＿＿组出铁，每昼夜每座高炉出铁＿＿＿＿＿＿＿次。

3）厂为钢铁联合企业（独立炼铁厂）每日平均有＿＿＿＿＿＿＿t 铁水需送往铸铁机铸块。当炼钢检修时最大块量为＿＿＿＿＿＿＿t。

4）铸铁机车间由铸铁机间、铁水罐修理库和烤罐间组成，本设计考虑这不是分开的（合并在一起的），详见资料图。

5）铸铁机间设有＿＿＿＿＿＿＿台长＿＿＿＿＿＿＿m $\frac{滚轮固定}{滚轮移动}$ 式铸铁机，每台平均铸铁能力为＿＿＿＿＿＿＿t/昼夜，最大能力为＿＿＿＿＿＿＿t/昼夜。

6）铁水罐采用（固定倾翻卷扬、滑轮小车翻罐卷扬、曲柱卷扬、桥吊倾翻卷扬等）进行浇铸作业。

7）机前采用 5t 桥式吊车进行检修作业，$L_k = $＿＿＿＿＿＿＿m。

8）机前采用＿＿＿＿＿＿＿t 卷扬，机后采用＿＿＿＿＿＿＿t 卷扬。

9）铸铁机后喷水冷却扬长＿＿＿＿＿＿＿m，同时能停靠＿＿＿＿＿＿＿t 板车＿＿＿＿＿＿＿辆。冷却后的铁块送往生铁仓库。

10）铁水罐修理库采用＿＿＿＿＿＿＿t 桥式吊车作为检修吊车。$L_k = $＿＿＿＿＿＿＿m，全长＿＿＿＿＿＿＿m，库内有＿＿＿＿＿＿＿个修罐坑位，并设有专用垃圾车停放线，详见资料图。

11）烤罐间设有＿＿＿＿＿＿＿套烤罐装置。利用高（焦）炉煤气烘烤铁水罐，烤罐间另设有备用罐停放线。

12）铁水罐修理库，只修罐体，不承担罐车修理。

13）铸铁机间设有办公室、小机修、工人休息室、浴室、耐火材料砖库等辅助设施。详见资料图。

14）运量表，见附表 3－7。

附表 3－7　运量表

项目	物 料 名 称	运输起讫地点	平均运量/t·d⁻¹	最大运量/t·d⁻¹
运入	铁　水	高炉──→铸铁机		
	生石灰	厂外──→ —″—		
	煤　泥	—″—		
	沙　子	—″—		
	耐火砖	耐火厂──→修罐库		
	耐火粉	—″—		
	沟　泥	碾泥机──→铸铁机 修罐库		

项目	物 料 名 称	运输起讫地点	平均运量/t·d⁻¹	最大运量/t·d⁻¹
运出	铁 块	铸铁机 ⟶ 生铁仓库		
	小于 10mm 机前残铁	—"—烧结厂		
	残 渣	—"—弃渣场		
	沉淀池渣子	—"—弃渣场		

注：—"—表示根据项目情况填写内容。

（2）任务：

1）确定车间施工坐标；

2）确定车间地坪及地坪上轨面标高。

说明：如残渣能综合利用，则直接运用户。

附录4 流程图常用设备符号及常用管道符号

1. 固体输送机

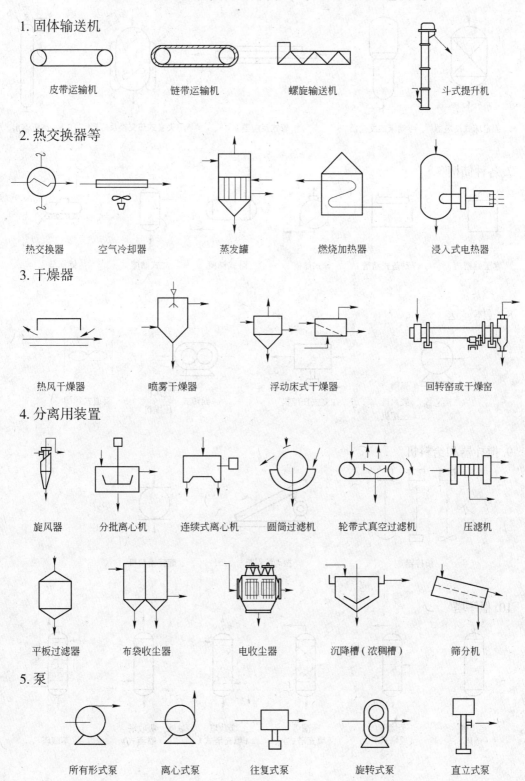

皮带运输机   链带运输机   螺旋输送机   斗式提升机

2. 热交换器等

热交换器   空气冷却器   蒸发罐   燃烧加热器   浸入式电热器

3. 干燥器

热风干燥器   喷雾干燥器   浮动床式干燥器   回转窑或干燥窑

4. 分离用装置

旋风器   分批离心机   连续式离心机   圆筒过滤机   轮带式真空过滤机   压滤机

平板过滤器   布袋收尘器   电收尘器   沉降槽(浓稠槽)   筛分机

5. 泵

所有形式泵   离心式泵   往复式泵   旋转式泵   直立式泵

6. 反应器

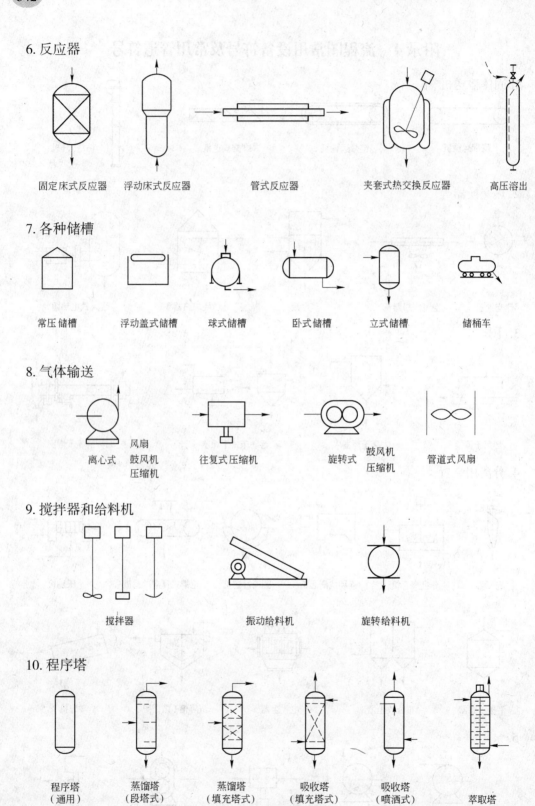

固定床式反应器　浮动床式反应器　管式反应器　夹套式热交换反应器　高压溶出

7. 各种储槽

常压储槽　浮动盖式储槽　球式储槽　卧式储槽　立式储槽　储桶车

8. 气体输送

离心式
鼓风机
压缩机　风扇　往复式压缩机　旋转式
鼓风机
压缩机　管道式风扇

9. 搅拌器和给料机

搅拌器　振动给料机　旋转给料机

10. 程序塔

程序塔
(通用)　蒸馏塔
(段塔式)　蒸馏塔
(填充塔式)　吸收塔
(填充塔式)　吸收塔
(喷洒式)　萃取塔

11.破碎机

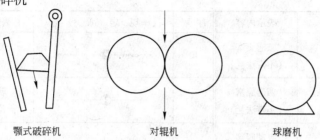

颚式破碎机　　　　　对辊机　　　　　球磨机

12.其他

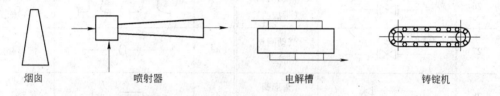

烟囱　　　　　喷射器　　　　　电解槽　　　　　铸锭机

附表4－1　常用设备符号及常用管道符号

序 号	规 定 符 号	表示内容	序 号	规 定 符 号	表示内容
1		裸 管	12		相接支管段
2		保护管	13		不相接 向左或向右
3		保温管	14		相交不相接 管段
4		地沟管	15		管道流体 流向
5		埋地管	16	$i=0.005$	管道坡向及 坡道
6		可移动胶管	17		带法兰 截止阀
7		固定胶管	18		不带法兰 截止阀
8		管道由此 向下或向里	19		带法兰闸阀
9		管道由此 向上或向外	20		不带法兰闸阀
10		管道有向上 或向外支管	21		带法兰旋塞
11		管道有向下 或向里支管	22		不带法兰旋塞

序号	规 定 符 号	表示内容	序号	规 定 符 号	表示内容
23		三通旋塞（不带法兰）	40		差压式流量计
24		四通旋塞（不带法兰）	41		转子式流量计
25		电动闸阀（带法兰）	42		孔 板
26		液动闸阀（带法兰）	43		π 形弧形伸缩节
27		气动闸阀（带法兰）	44		波形补偿器
28		角形阀（带法兰）	45		填料补偿器
29		蝶 阀（带法兰）	46		胶管夹
30		球 阀（带法兰）	47		油分离器
31		隔膜阀（带法兰）	48		脏物过滤器
32		胶管阀（带法兰）	49		底 阀
33		升降式止回阀（带法兰）	50		疏水器
34		旋启式止回阀（带法兰）	51		丝接变径管
35		减压阀	52		带法兰变径管
36		弹簧式安全阀	53		丝 堵
37		重锤式安全阀	54		带法兰盲板
38		压力表	55		焊接盲板
39		温度计			

附录5　制图的有关规定

一、图纸幅面及格式（根据国标 GB/T 14689—2008）

1. 图纸幅面尺寸，见附表5-1。

附表5-1　图纸幅面尺寸

幅面符号	A0	A1	A2	A3	A4	A5
$B \times L$	841×1189	594×841	420×594	297×420	210×297	148×210
a	25					
c	10			5		
e	20			10		

幅面加长的原则：对 A0、A2、A4 三种幅面的加长量，按 A0 幅面长边的 1/8 的倍数增加；对 A1、A3 两种幅面的加长量，按 A0 幅面短边的 1/4 的倍数增加，见附图5-1 的实线部分；A0 及 A1 幅面允许同时加长两边，见附图5-1 的虚线部分。

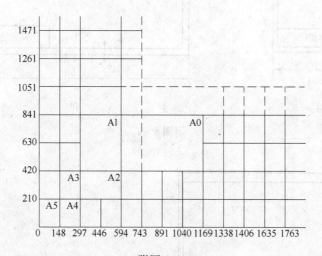

附图5-1

2. 图框格式。如附图5-2 所示，图框线用粗实线绘制。需要装订的图纸，如附图5-2（a）、（b）所示，一般采用 A4 幅面竖装或 A3 幅面横装；不需要装订边的图纸，如附图5-2（c）、（d）所示。

3. 标题栏的位置。标题栏的位置按附图5-2 的方式配置，必要时，也可按附图5-3 所示的方式。

二、比例

根据国标 GB/T 14689—2008，见附表5-2。

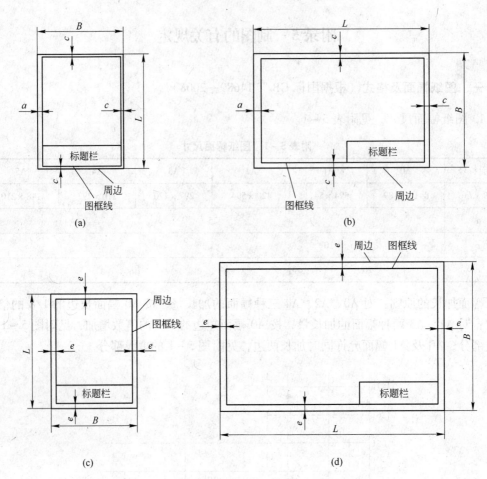

附图 5 − 2

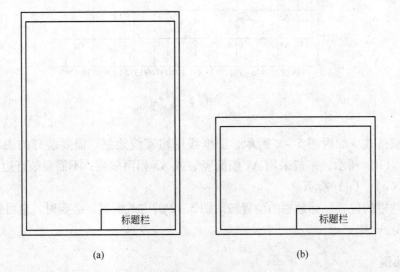

附图 5 − 3

附表 5 - 2　比例

与实物相同	1:1
缩小的比例	$1:1.5,\ 1:2,\ 1:2.5,\ 1:3,\ 1:4,\ 1:5,\ 1:10^n$ $1:1.5 \times 10^n,\ 1:2 \times 10^n,\ 1:2.5 \times 10^n,\ 1:5 \times 10^n$
放大的比例	$2:1,\ 2.5:1,\ 4:1,\ 5:1,\ (10 \times n):1$

注：n 为正整数。

三、各种图纸的应用

根据国标 GB/T 14689—2008。图线说明见附表 5 - 3。

附表 5 - 3　图线说明

图线名称	图线形式及代号	图线宽度	一　般　应　用
粗 实 线	——————— A	b	A1　可见轮廓线 A2　可见过渡线
细 实 线	——————— B	约 $2/3b$	B1　尺寸线及尺寸界线 B2　剖面线 B3　重合剖面的轮廓线 B4　螺纹的牙底线及齿轮的齿根线 B5　引出线 B6　分界线及范围线 B7　弯折线 B8　辅助线 B9　不连续的同一表面的连线 B10　成规律分布的相同要素的连线
波 浪 线	～～～～～ C	约 $2/3b$	C1　断裂处的边界线 C2　视图和剖视的分界线
双 折 线	─／\／\── D	约 $2/3b$	D1　断裂处的边界线
虚　线	- - - - - - - - F	约 $2/3b$	F1　不可见轮廓线 F2　不可见过渡线
细点划线	—— · —— · —— G	约 $2/3b$	G1　轴线 G2　对称中心线 G3　轨迹线 G4　节圆及节线
粗点划线	━━ · ━━ · ━━ J	b	J1　有特殊要求的线或表面的表示线
双点划线	—— ·· —— ·· —— K	$b/3$	K1　相邻辅助零件的轮廓线 K2　极限位置的轮廓线 K3　坯料的轮廓线或毛坯图中制成品的轮廓线 K4　假想投影轮廓线 K5　试验或工艺用结构（成品上不存在）的轮廓线 K6　中断线

注：图线宽度 b 视图样大小和复杂程度，在 $0.5 \sim 2mm$ 之间选择，新标准推荐了以下系列：0.18，0.25，0.35，0.5，0.7，1，1.4，2mm。

四、剖面符号

根据国标 GB/T 14689—2008，见附表 5 - 4。

附表 5 - 4　剖面符号

金属材料 （已有规定剖面符号者除外）		木质胶合板 （不分层数）	
线圈绕组元件		基础周围的泥土	
转子、电枢、变压器和 电抗器等的迭钢片		混　凝　土	
非金属材料 （已有规定剖面符号者除外）		钢筋混凝土	
型砂、填砂、粉末冶金砂轮、 陶瓷刀片、硬质合金刀片等		砖	
玻璃及供观察用的其他透明材料		网　　格 （筛网、过滤网）	
木　材 纵剖面		液　体	
横剖面			

注：1. 剖面符号仅表示材料的类别，材料的名称和代号必须另行注明；

    2. 迭钢片的剖面线方向，应与安装中迭钢片的方向一致；

    3. 液面用细实线绘制。

五、常用材料图例（见附表 5 - 5）

附表 5 - 5　常用材料图例

序号	剖面图例	材料名称	序号	剖面图例	材料名称
1		自然土壤	4		钢筋混凝土 钢筋耐热混凝土
2		块　石	5		木　材
3		混凝土 耐热混凝土	6		玻璃 及其他透明材料

续附表 5－5

序　号	剖面图例	材料名称	序　号	剖面图例	材料名称
7		橡皮或塑料 （底图背面涂红）	15		铬　砖
8		薄金属材料 （底图背面涂红）	16		铝镁砖
9		液体水	17		铝镁砖
10		金属普通砖	18		硅　砖
11		黏土质耐火砖	19		炭砖、氮化硅砖
12		轻质耐火黏土砖	20		硅藻土砖
13		镁质耐火砖	21		捣打料
14		铬镁质耐火砖	22		格　网

附录6　常用材料性能

一、常用耐火制品的主要特性（附表6-1）

附表6-1　常用耐火制品的主要特性

名称	耐火度/℃	荷重软化开始点(2kg/cm²)/℃	使用温度/℃	显气孔率/%	常温耐压强度/MPa (kg/cm²)	体积密度/g·cm⁻³	真密度/g·cm⁻³	抗热震性(水冷次数)	导热系数/W·(m·℃)⁻¹	比热容/kJ·(kg·℃)⁻¹	重烧线收缩/%	热膨胀系数/m·(m·℃)⁻¹
硅砖	1690~1710	1620~1650	1600~1650	16~25	17.15~49 (175~500)	1.9	2.36~2.4	1~4	$1.05+0.93\frac{t}{1000}$	$0.79+2.93\frac{t}{10000}$	胀0.8	$(11.5~13)×10^{-6}$ (200~1000℃)
半硅砖	1670	1250~1320	1200~1300	22~25	14.7~19.6 (150~200)	2	2.5~2.6	4~15	$0.7+0.64\frac{t}{1000}$	$0.84+2.64\frac{t}{10000}$	0.5 (1400℃)	$(7~9)×10^{-6}$ (200~1000℃)
高密度硅砖	1720~1740	1660	1600	<13~14	54.88~117.6 (560~1200)	2.1	2.34~2.37				1.66~1.68 (700℃以下)	
黏土砖	1610~1730	1250~1400	<1400	18~26	12.25~53.9 (125~550)	1.8~2.2	2.6	5~25	$0.7+0.58\frac{t}{1000}$	$0.84+2.64\frac{t}{10000}$	0.5 (1350℃)	$(4.5~6)×10^{-6}$ (200~1000℃)
高铝砖	1750~1790	1400~1530	1650~1670	18~23	24.5~58.8 (250~600)	2.3~2.75	3.8~3.9	5~6	$2.09+1.86\frac{t}{1000}$	$0.84+2.35\frac{t}{10000}$	0.5 (1550℃)	$6×10^{-6}$ (20~1200℃)
刚玉砖	2000	1840~1850	1600~1670	18.6~22.8	137.2 (1400)	2.96~3.1	4		2.68(300℃) 2.09(1000℃)	$0.8+4.19\frac{t}{10000}$	0	$(8~8.5)×10^{-6}$ (200~1000℃)
镁砖	2000	1470~1520	1650~1670	20	39.2(400)	2.5~2.9	3.5~3.6	2~3	$4.3+0.48\frac{t}{1000}$	$1.09+2.51\frac{t}{10000}$	稍胀	$(14~15)×10^{-6}$ (200~1000℃)

续附录6-1

名称	耐火度/℃	荷重软化开始点(2kg/cm²)/℃	使用温度/℃	显孔隙率/%	常温耐压强度/MPa (kg/cm²)	体积密度/g·cm⁻³	真密度/g·cm⁻³	抗热震性(水冷次数)	导热系数/W·(m·℃)⁻¹	比热容/kJ·(kg·℃)⁻¹	重烧线收缩/%	热膨胀系数/m·(m·℃)⁻¹
镁铬砖	1850~2000	1420~1520	1750	23~25	14.7~19.6 (150~200)	2.7~2.85	3.65~3.75	25	1.98	$0.71+3.89\dfrac{t}{10000}$		
镁铝砖	2100	1520~1580	1650~1750	19~21	24.5~34.3 (250~350)	2.8~3		17~35				10.6×10^{-6} (20~1000℃)
镁硅砖	1800~2100	>1550	1600~1700	20~22	39.2 (400)	2.6		1~3				11×10^{-6} (20~700℃)
白云石砖	>1950	1710		7.8~10	188.16 (1920)	2.85~2.96	3~3.45	3~7	3.26 (1000℃)		1.0 (1650℃)	12.5×10^{-6} (25~1400℃)
炭素砖	3000	2000	2000	20~35	24.5~49 (250~500)	1.55~1.65		好	$23.26+3.49\dfrac{t}{1000}$		<0.3	3.7×10^{-6} (0~700℃)
石墨砖	3000	1800~1900	2000	20~35	24.5 (250)	1.42		好	$162.82-40.7\dfrac{t}{1000}$	0.84	<0.3	$(5.2\sim5.8)\times10^{-6}$ (0~900℃)
碳化硅砖	SiC>85% 2000~2100 SiC>75%	1700 1500	1600 1400	<15 <20		2.1~2.8	3.65~3.75	50~60	16.5(400℃), 14.2(600℃) 11.98(800℃) 10.9(1000℃) 9.3(1200℃)	$0.96+1.47\dfrac{t}{10000}$		4.76×10^{-6} (800~900℃)

二、不同种类的耐火制品间的反应（附表6-2）

附表6-2　不同种类的耐火制品间的反应

耐火制品名称	耐火制品反应温度/℃	黏土砖	高铝砖(Al₂O₃ 70%)	高铝砖(Al₂O₃ 90%)	硅砖	烧成镁砖
黏土砖	1500	—	不	不	中	严
	1600	—	不	不	严	整
	1650	—	不	不	严	整
	—	—	—	—	—	—
高铝砖(Al₂O₃ 70%)	1500	不	—	不	不	中
	1600	不	—	不	中	中
	1650	不	—	不	中	中
	1710	—	—	—	中	严
高铝砖(Al₂O₃ 90%)	1500	不	不	—	不	不
	1600	不	不	—	不	中

耐火制品名称	耐火制品反应温度/℃	黏土砖	高铝砖(Al₂O₃ 70%)	高铝砖(Al₂O₃ 90%)	硅砖	烧成镁砖
高铝砖(Al₂O₃ 90%)	1650	不	不	—	中	严
	1710	—	—	—	—	—
硅砖	1500	中	不	不	—	中
	1600	严	中	不	—	中
	1650	严	中	中	—	严
	1710	—	中	—	—	—
烧成镁砖	1500	严	中	不	中	—
	1600	整	中	中	严	—
	1650	整	中	严	整	—
	1710	—	严	严	—	—

注：不—不起反应；中—中等反应；严—严重反应；整—整个破坏反应。

三、熔剂、金属和气氛与耐火材料的反应（附表6-3）

附表 6-3　熔剂、金属和气氛与耐火材料的反应

耐火制品名称	碱性熔剂	酸性熔剂	无氧化物的熔融金属	氧化气氛	还原气氛
黏土砖	有作用。其毁损速度根据化学成分、颗粒度、孔隙率而定	作用微弱	使用于 1750℃ 以下	不毁坏	1400℃ 以下抵抗较好，因砖中铁化合物的影响，CO 在 400～500℃时损坏耐火材料
半硅砖			使用于 1700℃ 以下	不毁坏	1400℃ 以下抵抗较好
高铝砖	抵抗较好	抵抗尚好	抵抗较好	不毁坏	1800℃ 以下抵抗较好
硅砖	作用激烈	抵抗较好，与氟化合物作用较强烈	对 Zn、Cd、Sn 抵抗较好	不毁坏	1050℃ 以下抵抗良好。温度至 900℃ 时，H_2 和 SiO_2 作用，形成 SiH_4 和 H_2O
碳化硅砖	与 FeO 作用激烈，于 1300℃ 开始反应。与 MgO 在 1360℃、与 CaO 在 1000℃ 开始反应	在 1200℃ 开始反应，抵抗液态和气态酸类良好	渐渐毁坏	1400℃ 以下可用	抵抗较好
炭块（包括石墨砖）	抵抗较好	抵抗尚好，因形成 SiC 而逐渐损坏	抵抗较好，尤其对 Cu、Sb、Al 等。在 1400～1500℃ 熔铁逐渐使之损坏	遭受激烈损坏	抵抗较好
镁砖	抵抗很好	有作用	抵抗较好，对 Fe、Ni、Cr 的碳化物有作用	不作用	1450℃ 以下抵抗很好

四、各种隔热材料性能（附表6-4）

附表 6-4　各种隔热材料性能

材料名称	体积密度 /g·cm^{-3}	允许工作温度 /℃	导热系数 /W·(m·℃)$^{-1}$
硅藻土砖	0.55	900	$0.093 + 0.244 \times 10^{-3}t$
硅藻土砖	0.50	900	$0.111 + 0.145 \times 10^{-3}t$
硅藻土砖	0.60	900	$0.145 + 0.314 \times 10^{-3}t$
硅藻土砖	0.70	900	$0.198 + 0.268 \times 10^{-3}t$

续附表 6 - 4

材 料 名 称	体积密度 /g·cm⁻³	允许工作温度 /℃	导热系数 /W·(m·℃)⁻¹
泡沫硅藻土砖	0.50	900	$0.111 + 0.233 \times 10^{-3} t$
轻质黏土砖	0.40	900	$0.081 + 0.221 \times 10^{-3} t$
优级石棉绒	0.34	500	$0.087 + 0.233 \times 10^{-3} t$
石棉水泥板	0.30 ~ 0.40	500	$0.07 + 0.175 \times 10^{-3} t$
矿渣棉	0.30	750	$0.07 + 0.157 \times 10^{-3} t$
玻璃绒	0.25	600	$0.037 + 0.256 \times 10^{-3} t$
蛭 石	0.25	1100	$0.072 + 0.256 \times 10^{-3} t$
石棉板	0.9 ~ 1.0	500	$0.163 + 0.175 \times 10^{-3} t$
石棉绳	0.80	300	$0.073 + 0.314 \times 10^{-3} t$
白云石石棉板	0.40 ~ 0.45	400	$0.085 + 0.093 \times 10^{-3} t$
硅藻土	0.55	900	$0.093 + 0.244 \times 10^{-3} t$
硅藻土石棉灰	0.32	800	0.085
碳酸钙石棉灰	0.31	700	0.085
浮 石	0.90	700	0.254

五、常用保温材料类别、特性及制品（附表 6 - 5）

附表 6 - 5　常用保温材料类别、特性及制品

类别	名　称	容重 /kg·m⁻³	导热系数 /W·(m·K)⁻¹ (kcal/(m·h·℃))	使用温度 /℃	特　性	制　品
纤维型	玻璃棉	80 ~ 120	$(4.65 ~ 9.3) \times 10^{-2}$ (0.04 ~ 0.08)	350	无毒，耐腐蚀，不燃烧，对皮肤有刺痒感，密度小、导热系数小，吸水性大	保温板，保温管、壳、棉毡
	超细玻璃棉	10 ~ 20	3.26×10^{-2} (0.028) （常温）	有碱450℃ 无碱 60 ~ 650℃	纤维细而软，对皮肤无刺激感，密度小，导热系数小，吸湿性大	碱超细棉毡，无碱超细棉及棉毡，酚醛超细棉板、管
	矿渣棉	100 ~ 200	4.65×10^{-2} (0.04) （常温）	500℃	有较好的抗酸、碱性能、有刺激感，密度小，导热系数小，吸水率大	原棉、沥青棉毡管壳及毡半硬板，酚醛保温带，吸音板，绝热板
	岩石棉			600 ~ 800	耐腐蚀，不燃，耐高温，密度小，导热系数小，吸水性大	

类别	名 称		容重 /kg·m⁻³	导热系数 /W·(m·K)⁻¹ (kcal/(m·h·℃))	使用温度 /℃	特 性	制 品
纤维型	石棉板	石棉绒 石棉绳	300~400	8.14×10^{-2} (0.07) （常温）	400~480	较高的热稳定性，耐碱性强，耐酸性弱	石棉绒，石棉绳、布，石棉纸板等
		石棉碳酸镁 硅藻土石棉	350~400	2.79×10^{-1} (0.24) （常温）	500 900		
发泡型	硅藻土				1280	耐火度高，机械强度高，密度大，导热系数大，吸水性大	砖、板、管壳
	泡沫混凝土		400~500	1.163×10^{-1} (0.1)		孔隙率大，密度大，强度低，易破碎	
	微孔硅酸钙		180~200	$(5.23~9.3) \times 10^{-2}$ (0.045~0.08)		机械强度大，抗压强度大，容重小，导热系数小，吸水率大	板、瓦
	泡沫塑料	聚氨基甲酸酯	40~60	2.33×10^{-2} (0.02)		结构强度大，能防水，耐腐蚀，隔音性能好，化学稳定性好，导热系数小，容重小，适宜冷保温	
		聚苯乙烯	15~50	4.42×10^{-1} (0.38)			
	泡沫玻璃					耐水、耐酸、耐碱、轻质不燃，导热系数较大，不耐磨，适于冷保温	
多孔颗粒	膨胀珍珠岩		70~350	$(4.1~8.14) \times 10^{-2}$ (0.04~0.06)	800	不腐蚀，不燃烧，不隔音，化学稳定性好，导热系数小，容重范围大	水玻璃、水泥或磷酸盐珍珠岩制品等（砖、管壳）
	膨胀蛭石		80~200	$(4.65~6.98) \times 10^{-2}$ (0.04~0.06)	约1000	耐火度高、不易变质、耐蚀性差，导热系数小，强度大，吸水率大，加胶结剂后的蛭石制品保温性能比膨胀蛭石差	水玻璃或水泥膨胀蛭石制品（砖、管壳等），沥青膨胀蛭石制品（管壳、板）
	碳化软木					抗压强度高，无毒，无刺激，稳定性好，不易腐烂，防潮，易被虫蛀，鼠咬	碳化软木板，砖、管壳等

六、常用材料的导热系数和比热容（附表 6 – 6）

附表 6 – 6　常用材料的导热系数和比热容

材料名称	体积密度/kg·m^{-3}	导热系数 λ/W·(m·K)$^{-1}$	平均比热容/kJ·(kg·K)$^{-1}$
干　土	1500	0.138	
湿　土	1700	0.657	2.01
花岗石	2700	2.908	0.921
碎　石	1900	1.279	0.837
砾　石	1800	1.163	0.837
干　砂	1500	0.291 ~ 0.582	0.837
湿　砂	1650	1.128	2.093
锅炉渣	700 ~ 1000	0.209	0.754
水　渣	500 ~ 550	0.116 ~ 0.174	0.754
煤　渣	700 ~ 1000	0.209 ~ 0.349	0.754
普通混凝土	2000 ~ 2200	1.279 ~ 1.547	0.837
钢筋混凝土	2200 ~ 2500	1.547	0.837
泡沫混凝土	400 ~ 600	0.116 ~ 0.209	0.837
块石砌体	1800 ~ 2000	1.279	0.879
云　母	290	0.582	0.879
地沥青	2100	0.698	2.093
石膏板	1100	0.407	0.837
石灰灰浆	1600	0.814	0.837
水泥砂子灰浆	1800	0.93	0.837
无烟煤	1400 ~ 1700	0.233	0.909
焦炭块	1000 ~ 1200	0.965 ~ 2.5	0.850
焦炭粉	450	0.214 ~ 0.605	1.214
铁矿石		约 1.745	
石灰石		0.93	
硅酸盐水垢		0.081 ~ 0.233	
石膏水垢		0.233 ~ 2.908	
碳酸钙水垢		0.233 ~ 5.815	
水	1000	0.587	4.187

附录7 常用燃料

一、我国主要煤种的元素分析（附表7-1）

附表7-1 我国主要煤种的元素分析

煤的类别	元素组成/%					工业分析组成/%		$Q_{低}^{用}/kJ \cdot kg^{-1}$
	$C^{燃}$	$H^{燃}$	$O^{燃}$	$N^{燃}$	$S^{燃}$	$A^{干}$	$W^{用}$	
无烟煤	89.7~96	3.6~3.8	2.2~4.2	0.2~1.3	0.4	6~16	1~3	26921~32657
瘦 煤	89.3~92	3.8~4.5	2.2~4.0	1.3~2.3	0.3	8~17	3~16	30145~32866
蒸气结焦煤	88.5~90	4.1~4.6	2.4~5.3	1.2~2.2	0.4	10~15	3~16	30145~32866
结焦煤	88.5~89.3	4.6~5.0	3.5~5.3	1.2~1.7	0.5	8.5~16	3~16	31401~33411
蒸气肥煤	81~89	5.0~5.6	3.5~9.5	0.9~1.9	0.5~3.0	7~26	3~16	27633~33076
煤气用煤	76~84	5.2~6.3	8.5~16.8	1.0~2.0	0.5~1.5	7.5~31	3~16	20097~32238
长焰煤	76~84.5	6.3~7.5	10.5~16.5	0.97~1.97	0.4~1.1	0.4~1.1	3~16	25121~26796
褐 煤	72.7~78.5	4.4~5.6	15.0~21.1	1.35~1.46	0.4	11~30.5	35~50	17585

二、我国部分煤矿产煤的特性（附表7-2）

附表7-2 我国部分煤矿产煤的特性

产 地	煤的品种	工业分析组成/%			元素组成/%					$Q_{低}^{用}$ /kJ·kg⁻¹	灰分熔点 /℃
		$W^{用}$	$A^{干}$	$V^{燃}$	$C^{燃}$	$H^{燃}$	$O^{燃}$	$N^{燃}$	$S^{燃}$		
双鸭山	烟 煤	4.0	23	32.6	86.2	5.3	7.1	1.2	0.2	25121	
本 溪	烟 煤	3.0	27.5	20	89.7	4.8	—	1.4	—	24577	
井 陉	烟 煤	4.0	15	24.2	88.5	5.0	—	1.6	—	28135	
汾 西	烟 煤	2.5	18	32.7	86.7	5.2	4.6	1.5	2.0	27277	
潞 安	烟 煤	—	18	16	88.0	—	5.0	1.6	0.5	27214	
淮 南	烟 煤	7.5	20	38	80.5	4.8	4.8	1.5	1.4	23237	
萍 乡	烟 煤	7.0	27	34.3	85.3	5.8	6.2	2.2	—	23488	
资 兴	烟 煤	5.5	20	26.1	87.4	5.2	5.6	1.2	0.6	26586	
天 府	烟 煤	4.0	30	19.3	89.1	4.7	4.7	1.5	—	23404	
冰 川	烟 煤	4.0	27	32.5	84.5	5.3	8.1	1.4	0.7	23823	
阿干镇	烟 煤	7.5	15	33.3	82.7	4.4	10.0	0.9	2.0	25372	
扎赉诺尔	褐 煤	36.0	10	44.7	72.5	5.0	20.0	2.1	0.4	14821	
扎赉诺尔	褐 煤	19.7	7.67	49.69	66.48	7.11	24.62	1.56	0.26	19850	
焦 坪	气 煤	8.91	12.56	37.51	80.71	5.11	11.45	0.84	1.63	24911	1160
鹤 岗	气 煤	2.79	19.43	35.22	82.8	5.67	9.87	1.5	0.12	25368	1393
淮 南	气 煤	4.6	18.6	36.1	84.1	6.24	1.42	6.5	1.37	24970	>1500
阿干镇	不黏结煤	4.28	11.6	25.66	80.2	4.5	12.0	0.74	2.31	27352	1309

产　地	煤的品种	工业分析组成/%			元素组成/%					$Q_{低}^{用}$ /kJ·kg^{-1}	灰分熔点 /℃
		$W^{用}$	$A^{干}$	$V^{燃}$	$C_{燃}$	$H_{燃}$	$O_{燃}$	$N_{燃}$	$S_{燃}$		
抚 顺	气 煤	3.5	7.89	44.46	80.2	6.1	11.6	1.4	0.63	27809	1450
大 同	弱黏结煤	2.28	4.69	29.59	83.38	5.24	10.21	0.64	0.53	29684	1350
焦 作	无烟煤	4.32	20	5.62	92.29	2.87	3.32	1.05	0.38	25117	>1500
阳 泉	无烟煤	2.44	16.61	9.57	89.78	4.37	4.37	1.02	0.38	27784	
京西城子	无烟煤（中块）	2.8	18	6.5	—	—	—	—	0.32	24983	
京西门头沟	无烟煤（中块）	2.5	22	6.4	—	—	—	—	0.24	24170	
贾 汪	烟 煤	6.0	18	35.5	83.6	5.4	8.9	1.5	0.6	25037	
宜 洛	烟 煤	4.0	21	22	88.0	6.0	3.5	1.3	2.2	26628	
开 滦	肥煤（三号原煤）	5.0	28.0	32.0					1.73	23350	
开 滦	肥煤（三号原煤）	5.0	31.0	34.0					1.67	22208	
铜 川	瘦 煤	1.62	17.18	15.58	82.93	3.3	5.51	1.13	2.83	28445	

注：$W^{用}$、$A^{干}$、$V^{燃}$ 分别为水分、灰分、挥发分的百分含量。

三、各种气体燃料的组成及发热量（附表 7-3，附表 7-4）

附表 7-3　各种气体燃料的组成及发热量

种　类		煤气平均成分/%							低发热量 /kJ·m^{-3}
		$CO_2 + H_2S$	O_2	CO	H_2	CH_4	C_mH_n	N_2	
高发热值煤气	天然气	0.2~2		0.02~0.13	0.05~0.14	85~97	0.5~10.5	0.2~4	33494~39356
	乙炔气	0.05~0.08			微	微	97~99		46055~58615
	半焦化煤气	12~15	0.2~0.3	7~12	6~12	45~62	5~8	2~10	22190~29308
	重油裂化气	6.9	1.5	3	36	27.4	16.7	3.5	25849
	焦炉煤气	2~3	0.7~1.2	4~8	53~60	19~25	1.6~2.3	7~13	15491~16747
中发热值煤气	双重水煤气	10~20	0.1~0.2	22~32	42~50	6~9	0.5~1.0	2~5	11304~11723
	水煤气	5~7	0.1~0.2	35~40	47~52	0.3~0.6		2~6	10048~10467
	高炉和焦炉混合煤气	7~8	0.3~0.4	17~19	21~27	9~12	0.7~1.0	33~39	8583~10300
	蒸气-富氧煤气	16~26	0.2~0.3	27~41	34~43	2~5		1~2	9211~10258
低发热值煤气	空气发生炉煤气	0.5~1.5		32~33	0.5~0.9			64~66	4145~4312
	高炉煤气	9~15.5		25~31	2~3	0.3~0.5		55~58	3559~4606
	地下气化煤气	16~22		5~10	17~25	0.8~1.1		47~53	3098~4103
	蒸汽-空气发生炉煤气	5~7	0.1~0.3	24~30	12~15	0.5~3	0.2~0.4	46~55	4815~6490

附表7-4　几种发生炉煤气的组成及发热量

燃料名称	$Q_{低}^{用}$ /kJ·kg⁻¹	水分 /%	煤气成分/%							
			CO	CO₂	H₂	CH₄	C_mH_n	H₂S	O₂	N₂
发生炉煤气1	4773	4.2	26.1	6.6	13.5	0.5		0.2	0.2	52.9
发生炉煤气2	5368		28.4	3.4	12.9	1.0			0.2	54.1
发生炉煤气3	5443	4.2	24.0	6.0	14.1	2.3	0.3	0.3	0.2	52.8
发生炉煤气4	5694	4.2	25.0	7.0	13.5	2.4	0.3	1.0	0.2	50.6
发生炉煤气5	5820	4.2	29.5	4.5	13.5	1.9	0.2	0.2	0.2	50.0
发生炉煤气6	6176	4.2	28.6	6.5	14.0	3.0	0.4		0.2	47.9
发生炉煤气7	6071	4.2	24.1	9.0	17.5	3.0	0.4		0.2	54.8
发生炉煤气8	10195	4.2	37.6	6.2	50.8	0.8		0.4		4.2
大同弱黏结煤制发生炉煤气	6364		31.6	2.4	13.3	1.8	0.4		0.2	
抚顺气煤制发生炉煤气	6197		31.3	2.35	11.2	1.71	0.6		0.2	
阿干镇不黏结煤制发生炉煤气	6113		27.6	5.13	18.3	1.6	0.1	0.27	0.2	
鹤岗气煤制发生炉煤气	6029		21.1	8.05	13.9	3.01	0.43	0.05	0.1	
铜川瘦煤制发生炉煤气	5677		26.7	3.25	15.4	1.2	0.3	0.85	0.2	
阳泉无烟煤制发生炉煤气	5527		24.2	5.86	14.6	1.02			0.3	
焦作无烟煤制发生炉煤气	5234		25.9	6.83	15.3	0.8		0.04	0.1	
焦坪长焰煤制发生炉煤气	6322		29.8	4.3	15.3	1.9	0.42		0.22	48.06
萍乡烟煤制发生炉煤气	5342		21.93	8.5	19.16	1.18		0.03	0.14	48.46
淮南气煤制发生炉煤气	5736		28.5	5.8	11.3	1.7	0.3		0.2	
扎赉诺尔褐煤制发生炉煤气	6431		27.6	6.0	16.4	2.2	0.47		0.1	

附录8　总平面布置图图例（总图制图标准 GB/T 50103—2001）

序号	名　称	图　例	备　注
1	新建建筑物		1. 需要时，可用▲表示出入口，可在图形内右上角用点数或数字表示层数； 2. 建筑物外形（一般以±0.00高度处的外墙定位轴线或外墙面线为准）用粗实线表示。需要时，地面以上建筑用中粗实线表示，地面以下建筑用细虚线表示
2	原有建筑物		用细实线表示
3	计划扩建的预留地或建筑物		用中粗虚线表示
4	拆除的建筑物		用细实线表示
5	建筑物下面的通道		
6	散状材料、露天堆场		需要时可注明材料名称
7	其他材料、露天堆场或露天作业场		
8	铺砌场地		

续表

序号	名　称	图　例	备　注
9	敞棚或敞廊	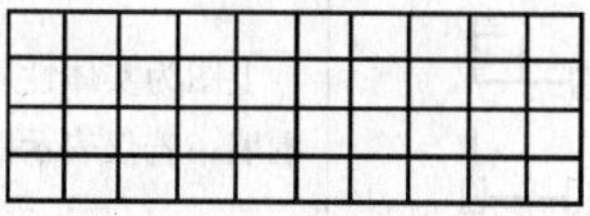	
10	高架式料仓	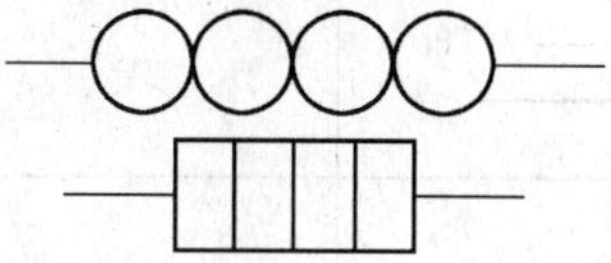	
11	漏斗式贮仓		左、右图为底卸式；中图为侧卸式
12	冷却塔（池）	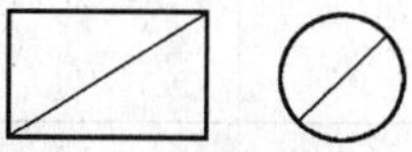	应注明冷却塔或冷却池
13	水塔、贮罐	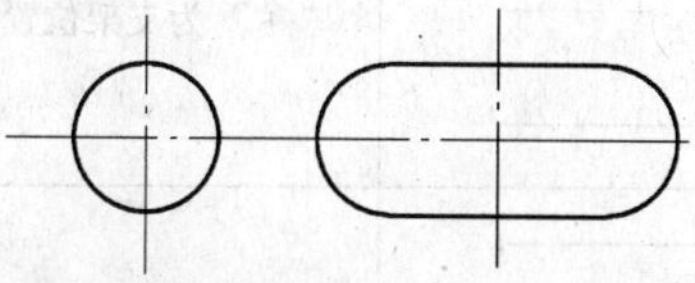	左图为水塔或立式贮罐，右图为卧式贮罐
14	水池、坑槽		也可以不涂黑
15	明溜矿槽(井)	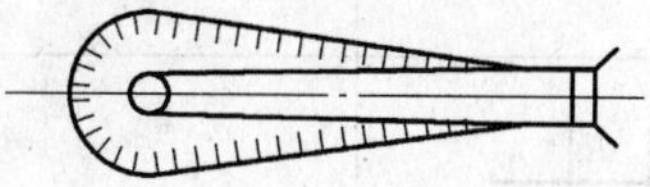	
16	斜井或平洞	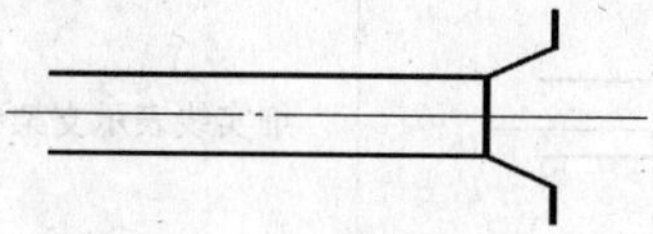	
17	烟囱		实线为烟囱下部直径，虚线为基础，必要时可注写烟囱高度和上、下口直径

续表

序号	名　称	图　例	备　注
18	围墙及大门	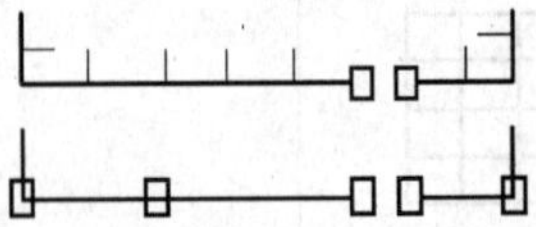	上图为实体性质的围墙，下图为通透性质的围墙，若仅表示围墙时不画大门
19	挡土墙	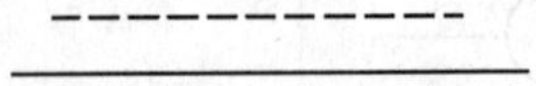	
20	挡土墙上设围墙	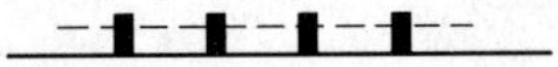	被挡土在"突出"的一侧
21	台阶	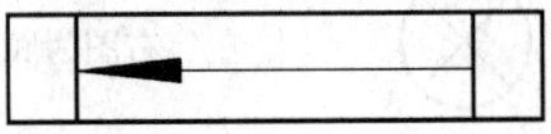	箭头指向表示向下
22	露天桥式起重机		"＋"为柱子位置
23	露天电动葫芦	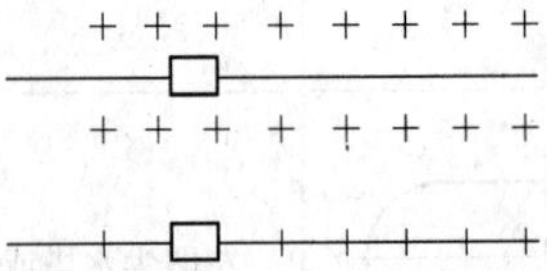	"＋"为支架位置
24	门式起重机	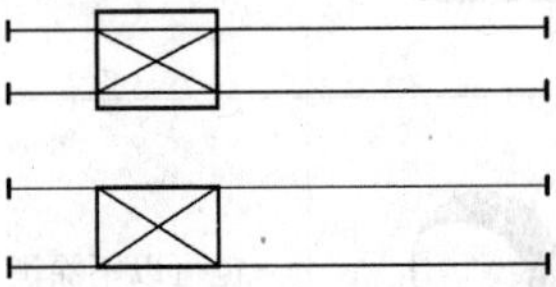	上图表示有外伸臂 下图表示无外伸臂
25	架空索道	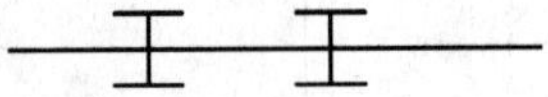	"I"为支架位置
26	斜坡卷扬机道	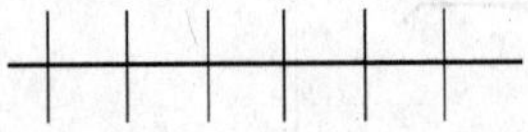	
27	斜坡栈桥（皮带廊等）	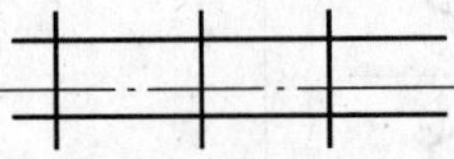	细实线表示支架中心线位置
28	坐标	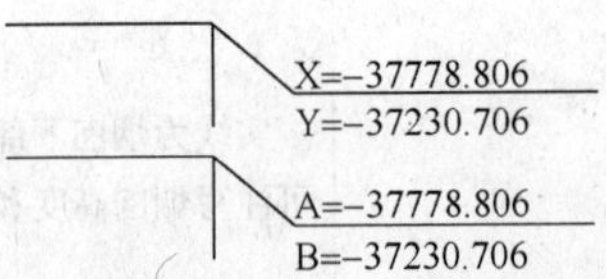 X=−37778.806 Y=−37230.706 A=−37778.806 B=−37230.706	上图表示测量坐标 下图表示建筑坐标

续表

序号	名　称	图　例	备　注
29	方格网交叉点标高	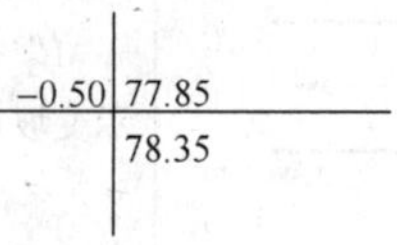 −0.50 77.85 78.35	"78.35" 为原地面标高 "77.85" 为设计标高 "−0.50" 为施工高度 "−" 表示挖方 （"+" 表示填方）
30	填方区、挖方区、未整平区及零点线	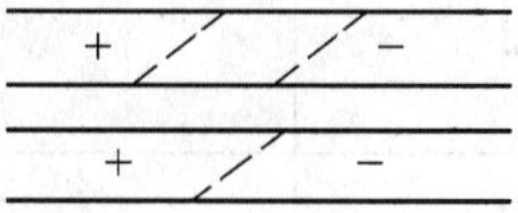 + / / − + / −	"+" 表示填方区 "−" 表示挖方区 中间为未整平区 点划线为零点线
31	填挖边坡		
32	护坡	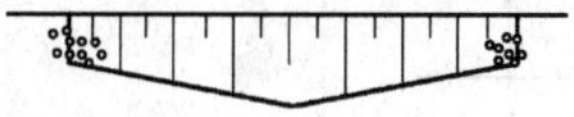	1. 边坡较长时，可在一端或两端局部表示； 2. 下边线为虚线时表示填方
33	分水脊线与谷线	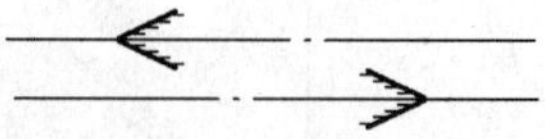	上图表示脊线 下图表示谷线
34	洪水淹没线	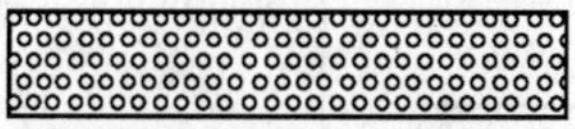	阴影部分表示淹没区（可在底图背面涂红）
35	地表排水方向	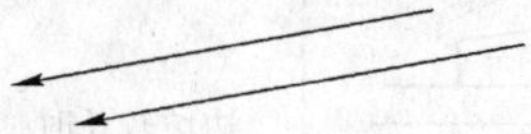	
36	截水沟或排水沟	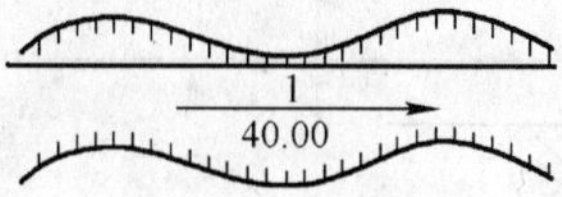 1 40.00	"1" 表示 1% 的沟底纵向坡度，"40.00" 表示变坡点间距离，箭头表示水流方向
37	排水明沟	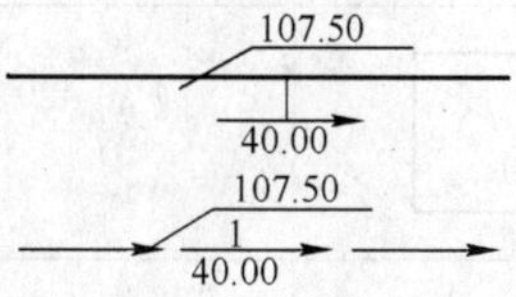 107.50 40.00 107.50 1 40.00	1. 上图用于比例较大的图面，下图用于比例较小的图面； 2. "1" 表示 1% 的沟底纵向坡度，"40.00" 表示变坡点间距离，箭头表示水流方向； 3. "107.50" 表示沟底标高
38	铺砌的排水明沟	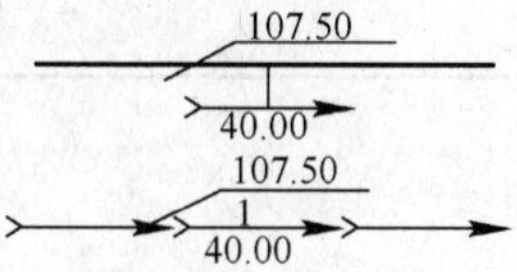 107.50 40.00 107.50 1 40.00	

续表

序号	名　称	图　例	备　注
39	有盖的排水沟		"1"表示1%的沟底纵向坡度，"40.00"表示变坡点间距离，箭头表示水流方向
40	雨水口		
41	消火栓井		
42	急流槽		
43	跌水		箭头表示水流方向
44	拦水(闸)坝		
45	透水路堤		边坡较长时，可在一端或两端局部表示
46	过水路面		
47	室内标高	±151.00	
48	室外标高	143.00　　143.00	室外标高也可采用等高线表示

参 考 文 献

[1] 袁熙志. 冶金工艺工程设计 [M]. 北京：冶金工业出版社，2003.

[2] 蔡祺风. 有色冶金工厂设计基础 [M]. 北京：冶金工业出版社，1991.

[3] 张树勋. 钢铁厂设计原理（上册）[M]. 北京：冶金工业出版社，1994.

[4] 李传薪. 钢铁厂设计原理（下册）[M]. 北京：冶金工业出版社，1995.

[5] 邹兰，阎传智. 化工工艺工程设计 [M]. 成都：成都科技大学出版社，1998.

[6] 牛存镇，党洁修. 化工工艺设计概论 [M]. 成都：成都科技大学出版社，1996.

[7] 倪进方，化工过程设计 [M]. 北京：化学工业出版社，1999.

[8] 袁康. 轧钢车间设计基础 [M]. 北京：冶金工业出版社，1986.

[9] 赵润恩. 炼铁工艺设计原理 [M]. 北京：冶金工业出版社，1993.

[10] 《炼铁设计参考资料》编写组. 炼铁设计参考资料 [M]. 北京：冶金工业出版社，1975.

[11] 中国冶金建设协会. 钢铁企业原料准备设计手册 [M]. 北京：冶金工业出版社，1997.

[12] 冶金工业部长沙黑色冶金矿山设计研究院. 烧结设计手册 [M]. 北京：冶金工业出版社，1990.

[13] 《有色冶金炉设计手册》编委会. 有色冶金炉设计手册 [M]. 北京：冶金工业出版社，2000.

[14] 国家医药管理局上海医药设计院. 化工工艺设计手册（上册）[M]. 北京：化学工业出版社，1996.

[15] 白礼懋. 水泥厂工艺设计手册 [M]. 北京：中国建筑工业出版社，1997.

[16] 范光前. 冶金单元设计 [M]. 北京：冶金工业出版社，1994.

[17] 北京有色冶金设计研究总院，等. 重有色金属冶炼设计手册. 铅锌铋卷 [M]. 北京：冶金工业出版社，1996.

[18] 北京有色冶金设计研究总院，等. 重有色金属冶炼设计手册. 铜镍卷 [M]. 北京：冶金工业出版社，1996.

[19] 张训鹏. 冶金工程概论 [M]. 长沙：中南工业大学出版社，1998.

[20] 宋航. 化工技术经济 [M]. 3 版. 北京：化学工业出版社，2013.

[21] 冯聚和. 炼钢设计原理 [M]. 北京：化学工业出版社，2005.

[22] 有色金属工程设计项目经理手册编委会. 有色金属工程设计项目经理手册 [M]. 北京：化学工业出版社，2003.

[23] 那树人. 炼铁计算 [M]. 北京：冶金工业出版社，2005.

[24] 傅永新，彭学诗. 钢铁厂总图运输设计手册 [M]. 北京：冶金工业出版社，1996.

[25] 中华人民共和国国家标准，GB 50544—2009：有色金属企业总图运输设计规范.

[26] 中华人民共和国国家标准，GB 50187—2012：工业企业总平面设计规范.

[27] 中华人民共和国国家标准，GB/T 50103—2001：总图制图标准.

[28] 葛霖. 筑炉手册 [M]. 北京：冶金工业出版社，1994.

[29] 中华人民共和国国家标准，GB/T 14689—2008：技术制图　图纸幅面和格式.

[30] 项钟庸，王筱留，等. 高炉设计——炼铁工艺设计理论与实践 [M]. 北京：冶金工业出版社，2007.

[31] 国家发展改革委，建设部发布. 建设项目经济评价方法与参数 [M]. 北京：中国计划出版社，2006.

[32] 郭鸿发. 冶金工程设计 第 1 册 设计基础 [M]. 北京：冶金工业出版社，2006.

冶金工业出版社部分图书推荐

书　名	作　者	定价(元)
物理化学（第4版）（本科国规教材）	王淑兰	45.00
冶金物理化学研究方法（第4版）（本科教材）	王常珍	69.00
冶金与材料热力学（本科教材）	李文超	65.00
热工测量仪表（第2版）（国规教材）	张　华	46.00
相图分析及应用（本科教材）	陈树江	20.00
冶金原理（本科教材）	韩明荣	40.00
钢铁冶金原理（第4版）（本科教材）	黄希祜	82.00
耐火材料（第2版）（本科教材）	薛群虎	35.00
钢铁冶金原燃料及辅助材料（本科教材）	储满生	59.00
现代冶金工艺学——钢铁冶金卷（本科国规教材）	朱苗勇	49.00
钢铁冶金学（炼铁部分）（第3版）（本科教材）	王筱留	60.00
炼铁学（本科教材）	梁中渝	45.00
炼钢学（本科教材）	雷　亚	42.00
炉外精炼教程（本科教材）	高泽平	39.00
连续铸钢（第2版）（本科教材）	贺道中	30.00
复合矿与二次资源综合利用（本科教材）	孟繁明	36.00
冶金设备（第2版）（本科教材）	朱　云	56.00
冶金设备课程设计（本科教材）	朱　云	19.00
冶金设备及自动化（本科教材）	王立萍	29.00
冶金工厂设计基础（本科教材）	姜　澜	45.00
炼铁厂设计原理（本科教材）	万　新	38.00
炼钢厂设计原理（本科教材）	王令福	29.00
轧钢厂设计原理（本科教材）	阳　辉	46.00
冶金科技英语口译教程（本科教材）	吴小力	45.00
冶金专业英语（第2版）（国规教材）	侯向东	36.00
冶金原理（高职高专教材）	卢宇飞	36.00
金属材料及热处理（高职高专教材）	王悦祥	35.00
烧结矿与球团矿生产（高职高专教材）	王悦祥	29.00
高炉冶炼操作与控制（高职高专教材）	侯向东	49.00
转炉炼钢操作与控制（高职高专教材）	李　荣	39.00
炉外精炼操作与控制（高职高专教材）	高泽平	38.00
连续铸钢操作与控制（高职高专教材）	冯　捷	39.00
矿热炉控制与操作（第2版）（高职高专国规教材）	石　富	39.00